H.-J. Möller und G. Laux (Hrsg.)

Fortschritte in der Diagnostik und Therapie schizophrener Minussymptomatik

Springer-Verlag Wien New York

Prof. Dr. Hans-Jürgen Möller
Prof. Dr. Gerd Laux
Psychiatrische Universitätsklinik und Poliklinik
Sigmund-Freud-Straße 25
D-53105 Bonn

Satz: Tau Type, A-7202 Bad Sauerbrunn

Gedruckt auf säurefreiem, chlorfrei gebleichtem Papier-TCF

Mit 58 teilweise farbigen Abbildungen

ISBN-13:978-3-211-82547-1 e-ISBN-13:978-3-7091-9349-5
DOI: 10.1007/978-3-7091-9349-5

Vorwort

Die Frage der Behandlungsmöglichkeiten schizophrener Minussymptomatik ist in den letzten Jahren mehr und mehr in das Zentrum der Schizophrenie-Forschung gerückt.
Im November 1989 fand zu Ehren von Emil Kraepelin das 1. Bonner Kraepelin-Symposium mit dem Tagungsthema „Neue Ansätze zur Diagnose und Therapie schizophrener Minussymptomatik“ statt. Dieses Symposium liegt zwischenzeitlich als Buchband, herausgegeben von Möller und Pelzer (Springer 1990), vor.
Zweieinhalb Jahre später schien es uns angesichts der Bedeutung dieser Thematik angezeigt, in diesem Forschungsgebiet ausgewiesene Experten zum 2. Bonner Kraepelin-Symposium einzuladen, um einen aktuellen Überblick über (erhoffte) Fortschritte in der Diagnose und Therapie schizophrener Minussymptomatik zu erhalten.
Die Vorträge dieses Symposiums liegen nun in überarbeiteter Form als Sammelband vor. Dieser umfaßt im ersten Teil die Beiträge zur Diagnostik, im zweiten Teil Verlaufsaspekte, im dritten Teil biologisch-psychiatrische Aspekte und im vierten Teil therapeutische Ansätze.
Dank gebührt vor allem den Damen M. Linz und J. Kühn für ihr unermüdliches Engagement bei der Organisation sowie der Firma Janssen für die großzügige Sponsorierung des Symposiums und die finanzielle Unterstützung bei der Drucklegung dieses Buches.

Bonn, im April 1994

H.-J. Möller
G. Laux

Inhaltsverzeichnis

Biologisch-psychiatrische Aspekte

Therapeutische Ansätze

Klinische Differentialdiagnostik schizophrener Minussymptomatik

J. Klosterkötter und **M. Albers**

Psychiatrische Klinik, RWTH Aachen, Bundesrepublik Deutschland

Vorbemerkung

Am Anfang dieses Sammelbandes zum 2. Bonner Kraepelin-Symposium ist es vielleicht ganz angebracht, mit einem kurzen Rückblick auf die Pioniertat des großen Namengebers der Symposiums-Reihe zu beginnen. Was fand E. Kraepelin 1896 eigentlich vor, als er vor fast 100 Jahren die „Dementia praecox" schuf, jene neue Krankheitskonzeption, die dann 12 Jahre später von E. Bleuler erstmals den heute weltweit eingebürgerten Namen der Schizophrenie beigelegt bekam? Es waren dies die Katatonie, die Hebephrenie und die „Dementia paranoides", und jedes dieser klinischen Bilder hatten die damaligen Erstbeschreiber selbst schon als Krankheitseinheit mit natürlichen symptomatologischen Grenzen und unverwechselbarem Verlauf angesehen (Klosterkötter 1992). Das aber, zeigte nun Kraepelin, war so nicht haltbar. Die drei klinischen Bilder wiesen vielmehr im Langzeitverlauf fließende Übergänge – Syndromshifts, wie man heute sagen würde – ineinander auf, und, was noch mehr gegen ihre Eigenständigkeit sprach, sie mündeten auch oft in die gleichen „eigenartigen Schwächezustände" aus „Verstandesabnahme, Gemütsabstumpfung sowie Einbußen an Willensfestigkeit und Tatkraft" ein (s. Abb. 1).

Also konnte man sie jetzt nur ihrerseits zu Unterformen oder Typen einer neuen nosologischen Einheit zusammenschließen wie auch heute noch in den aktuellen Fassungen der „International Classification of Diseases" (ICD-10) der „World Health Organisation" (WHO 1991) oder des „Diagnostic and Statistical Manual of Mental Disorders" (DSM-III-R) der „American Psychiatric Association" (APA 1991). Dies gelang Kraepelin durch die in Abb. 2 mit angedeutete symptomatologische Dichotomie. Die oft schon bis zum Beginn der Verläufe zurückverfolgbare und mitunter nach den Beobachtungen von Diem (1903) auch von vornherein als „Dementia simplex" ganz ohne katatone, hebephrene oder paranoid-halluzinatorische Überlagerungen bleibenden Schwächesymptome wurden als „dauernde und kennzeichnende Grundstörungen" eingestuft und alle übrigen Symptombildungen als „mehr zufällige und vorübergehende Begleiterscheinung" davon abgehoben (Kraepelin 1904, s. Abb. 2).

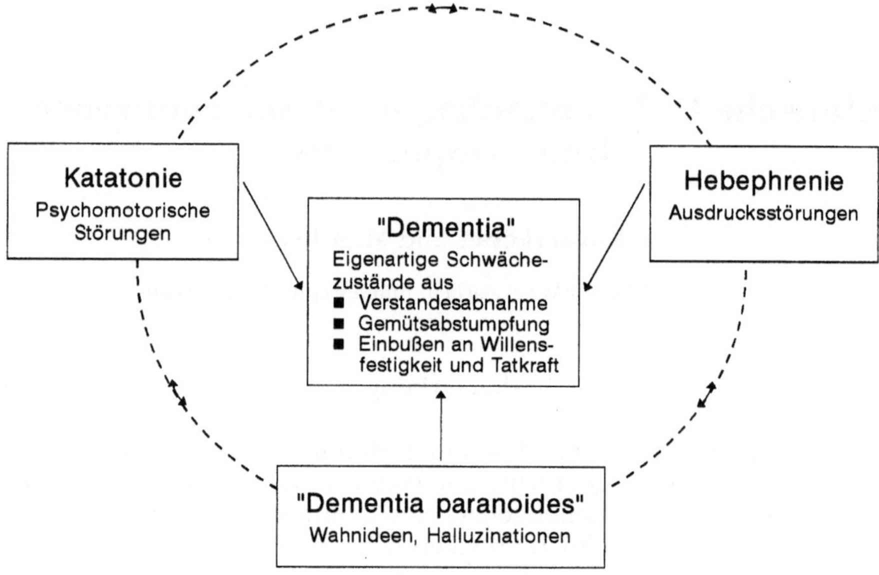

Abb. 1. E. Kraepelin's (1896) Synthese der „Dementia praecox" oder Schizophrenie (E. Bleuler 1908)

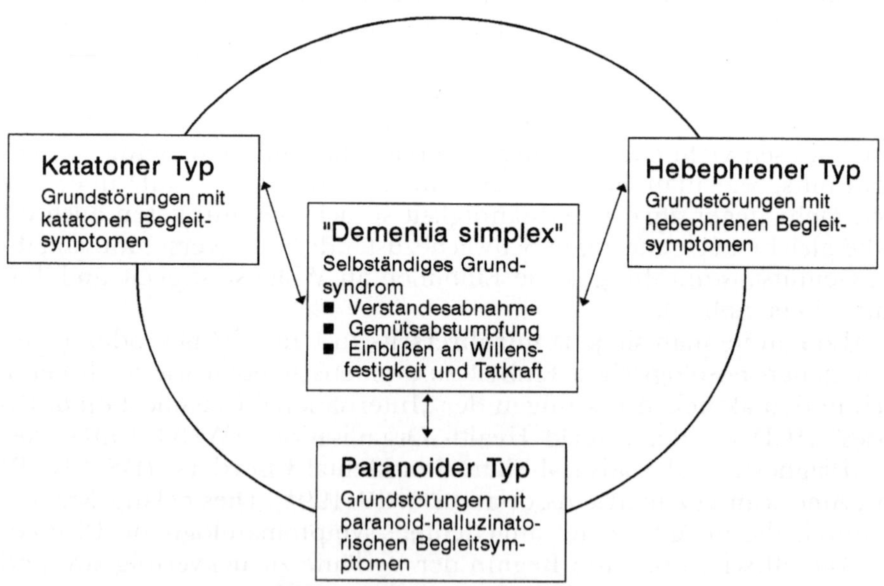

Abb. 2. E. Kraepelin's (1896) Synthese der „Dementia praecox" oder Schizophrenie (E. Bleuler 1908)

Eben diese Zweiteilung hat E. Bleuler (1911) dann weiter fortentwickelt und mit seinem heute wieder so aktuellen Pathogenese-Modell unterlegt, wonach die chronische Grundsymptomatik direkte Folge einer hirnstrukturellen neuronalen Netzwerkstörung ist, während die meist akute akzessorische Symptomatik durch zusätzliche, episodisch wirksame Bedingungsfaktoren vermittelt wird (Crow 1985). Blickt man von diesen Anfängen her auf die derzeit so vielfach verwandte angloamerikanische Positiv-Negativ-Dichotomie, dann fällt auf, daß N. Andreasen (1982) mit ihrer „Scale for the Assessment of Negative Symptoms" (SANS) nichts anderes als eine Operationalisierung von E. Bleuler's Grundsymptomen vorgenommen und auch T. Crow (1980) sein Typ-II-Syndrom als Neufassung von E. Kraepelin's „eigenartigen Schwächezuständen" verstanden hat (Johnstone et al. 1978). Zwar wanderte die schizophrene Denkzerfahrenheit – in der alten Verstandesabnahme, so wie sie Kraepelin, und in der Assoziationsstörung, so wie sie Bleuler verstand, noch jeweils das wichtigste Element – dabei auf die Seite der Positivsymptomatik hinüber. Von dieser Umverteilung aber einmal abgesehen, läuft doch die neue Positiv-Negativ-Dichotomie, wie aus Tabelle 1 zu ersehen, sehr weitgehend auf eine Reaktualisierung des alten Symptom-Dualismus hinaus.

Tabelle 1. Wiederkehr des Kraepelin-Bleuler'schen Symptom-Dualismus als Positiv-Negativ-Dichotomie

Kraepelin (1904)	Bleuler (1911)	Crow (1980)	Andreasen (1982)
Grundstörungen	*Grundsymptome*	*Typ-II-Syndrom*	*Negative Symptome*
Verstandesabnahme	Assoziationsstörung	–	–
		Sprachverarmung	Sprachverarmung (Alogie)
			Aufmerksamkeits-störungen
Gemütsabstumpfung	Affektivitäts-störung	Affektverflachung	Affektverflachung
	Autismus		Anhedonie-Asozialität
Einbuße an Willens-festigkeit u. Tatkraft	Abulie, Ambi-tendenz, Ambivalenz	Energieverlust	Abulie-Apathie
Begleiter-scheinungen	*Akzessorische Symptome*	*Typ-I-Syndrom*	*Positive Symptome*
–	–	Positive formale Denkstörungen	Positive formale Denkstörungen
Paranoid-halluzina-torische Symptomatik	Paranoid-halluzina-torische Symptomatik	Wahn u. Halluzina-tionen	Wahn u. Halluzina-tionen
Katatone u. hebe-phrene Symptomatik	Katatone u. hebe-phrene Symptomatik		Bizarres u. desorgani-siertes Verhalten

Fragestellung

Bei so vielen definitorischen Übereinstimmungen kann dann auch eine weitere Parallele eigentlich nicht verwundern. Schon die Grundstörungen sollten ja, wie eben erwähnt, nicht nur „dauerhaft“ im Verlauf, sondern auch „kennzeichnend“ für die Erkrankung, also diagnostisch valide sein. Zur gleichen Einschätzung sind offenbar Andreasen und Flaum (1991) jetzt auch für die operationalisierten Nachfolgebestimmungen gelangt. Jedenfalls läßt sich ihren Optionen für die Schizophrenieerfassung im neuen amerikanischen Diagnosesystem DSM-IV entnehmen, daß dort die Negativsymptomatik nun auch unter den Diagnosekriterien ein viel stärkeres Gewicht bekommen soll. Dem haben interessanterweise kürzlich zwei englische Forscher, David und Appleby (1992), entschieden widersprochen und zwar vor allem deshalb, weil die diagnostische Brauchbarkeit dieser Symptomatik derzeit noch ganz unerwiesen sei. In der Tat war die Negativsymptom-Forschung bisher etwa mit der faktoriellen Aufschlüsselung des Phänomenbereichs (Bilder et al. 1985, Liddle 1986), mit den Trennungsmöglichkeiten der sekundären – als Folge dysfunktionaler Bewältigungsversuche von akuten psychotischen Exazerbationen, als ungünstige Begleiterscheinung der neuroleptischen Medikation, als Folge sozialer Unterstimulation oder als Ausdruck dysphorischer Syndrome aufzufassenden – von der primären krankheitsbedingten Negativsymptombildung (Carpenter et al. 1985), mit den potentiellen experimentalpsychologischen, psychophysiologischen, hirnstrukturellen und anderen biologischen Korrelaten (Harvey und Walker 1987) sowie vor allem auch mit den psychopharmakologischen und psychologischen Behandlungsmöglichkeiten beschäftigt, alles Fragestellungen, die ja in den weiteren Beiträgen dieses Sammelbandes jeweils noch speziell behandelt werden. Wie es aber um die Prävalenz bei unterschiedlichen Diagnosegruppen bestellt ist, dazu liegen derzeit nur sehr wenige Studienresultate vor (Nestadt und McHugh 1985, Sommers 1985, Kulhara und Chadda 1987, Carpenter 1991, David und Appleby 1992). In diesem Beitrag soll nun die klinische Differentialdiagnostik schizophrener Minussymptomatik dargestellt werden. Differentialdiagnostik heißt im geläufigen klinischen Sinn ja nicht in erster Linie, daß man sich wie in der bisherigen Negativsymptom-Forschung fast ausschließlich nur für die unterschiedlichen Entstehungsmechanismen bei ein und derselben Diagnosegruppe, nämlich eben der Schizophrenie, interessiert. Vielmehr muß es doch zunächst einmal um die Erkundung des ganzen Spektrums an psychischen Störungen gehen, bei denen die Negativsymptomatik möglicherweise auch außerhalb der Schizophreniegruppe noch auftreten kann. Ein kleines solches differentialdiagnostisches Spektrum mit signifikant höherer Prävalenz bei den Schizophrenien würde dann zugleich für eine gute diagnostische Eignung sprechen und umgekehrt ein breites differentialdiagnostisches Spektrum mit nur geringem oder gar keinem Prävalenzvorsprung bei den Schizophrenien zugleich eine schlechte Eignung der Negativsymptome zu Diagnosekriterien bedeuten. Eben diese Alternative wurde durch die im folgenden dargestellte Studie einmal ganz schlicht aus der Perspektive klinischer Routinediagnostik heraus zu entscheiden versucht.

Patientengruppe und Methodik

Bei den zu dieser Untersuchung herangezogenen Patienten handelt es sich um fortlaufende Aufnahmen der Aachener Psychiatrischen Universitätsklinik. Eingeschlossen wurden alle Aufnahmen, die sich nach ICD-10-Kriterien eindeutig einer der sechs großen Diagnosegruppen dieses internationalen Klassifikationssystems zuordnen ließen. Dies war bei insgesamt 489 Patienten der Fall, ihre Verteilung über die für diese Studie berücksichtigten ICD-10-Diagnosegruppen ist aus Abb. 3 zu ersehen.

Zur Erfassung der Negativsymptomatik wurden 2 Skalen verwandt: einmal die Subskala „Apathisches Syndrom" (APA) des AMDP-Systems (1981) und zum anderen die vorläufige Züricher Negativsymptom-AMDP-Skala (NAMDP) nach Angst et al. (1989). Die NAMDP-Skala schließt die APA-Subskala weitgehend ein, geht aber mit Entsprechungen zur alten Grundsymptomatik – wie der Inkohärenz oder der Parathymie – auch deutlich darüber hinaus und setzt sich aus denjenigen 14 AMDP-Items zusammen, die hoch mit der „Negative Symptom Rating Scale – NSRS" von Iager et al. (1985) und vor allem der SANS (Andreasen 1982) korrelieren (s. Tabelle 2).

Auch die von Huber (1957, 1986) im Zuge seiner langjährigen Verlaufsforschung herausgearbeitete Basissymptomatik verkörpert als sub-tile Differenzierung schizophrener Defizienzerlebnisse gleichfalls etwas Negatives. Sie sollte aber dennoch nicht einfach als deutsche Version der Negativsymptomatik betrachtet werden, weil ihr in der angloamerikanischen Symptomatologie eher die „Early Symptoms" (Chapman 1966) oder „Early Signs" (Herz et al. 1989) sowie die Schizotypie-Merkmale (Chapman et al. 1980) als die schon gröberen und mehr dynamischen negativen Verarmungssymptome entsprechen (Klosterkötter 1990). Dementsprechend wurde die Basissymptomatik getrennt von der Negativsymptomatik erfaßt und zwar mit Hilfe der Subskala „Informationsverarbeitungsstörungen" (BIV) aus einer fortentwickelten Fassung der „Bonn Scale for the Assessment of Basic Symptoms – BSABS" (Gross et al. 1987, Klosterkötter et al. 1993), die vorrangig feine, selbst wahrnehmbare Denk- und Wahrnehmungsstörungen umfaßt (s. Tabelle 3).
Zur Operationalisierung der Positivsymptomatik diente die ein Großteil von K. Schneider's (1987) Symptomen ersten und zweiten Ranges einschließende AMDP-Subskala „Paranoid-halluzinatorisches Syndrom" (PARHAL). Depressive Symptombildungen und extrapyramidale Nebenwirkungen der neuroleptischen Medikation wurden gleichfalls mit Hilfe der entsprechenden Subskalen des AMDP-Systems erfaßt.

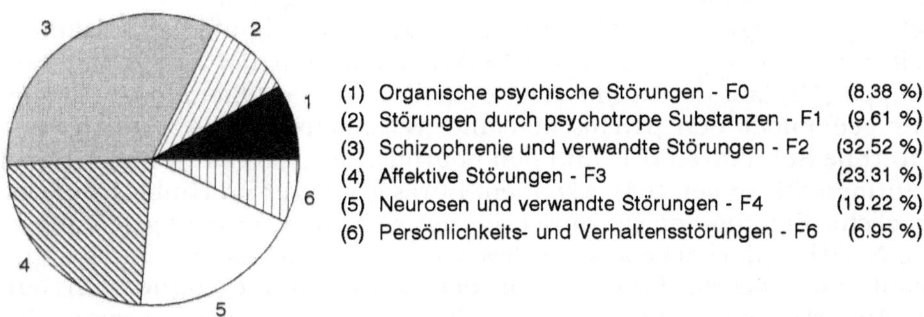

Abb. 3. Verteilung von 489 (= 100 %) fortlaufenden Aufnahmen der Psychiatrischen Klinik der RWTH Aachen über die zweistelligen ICD-10-Diagnosekategorien

Tabelle 2. Negative Symptome im AMDP-System (NAMDP nach Angst et al. 1989)

	– Konzentrationsstörungen
	Im Denken
APA	– gehemmt
APA	– verlangsamt
APA	– eingeengt
	– gesperrt/Gedankenabreißen
	– inkohärent/zerfahren
	– Gefühl der Gefühllosigkeit
APA	– affektarm
	– Parathymie
APA	– affektstarr
APA	– antriebsarm
	– mutistisch
APA	– sozialer Rückzug
	– verminderte Libido

Tabelle 3. Basissymptom – Cluster „Informationsverarbeitungsstörungen"

- Kognitive Denkstörungen
  Gedankeninterferenz, Gedankendrängen, Störungen der rezeptiven u. der expressiven Sprache u. a.
- Kognitive Wahrnehmungsstörungen
  Photopsien, Mikro- u. Makropsien, Scheinbewegungen von Wahrnehmungsobjekten, Geräuschüberempfindlichkeit u. a.
- Kognitive Handlungsstörungen
  Motorische Interferenz, motorische Blockierung, Automatismenverlust u. a.
- Unfähigkeit zur Diskriminierung verschiedener Gefühlsqualitäten

Ergebnisse

Die Merkmale des APA streuen breit über alle Diagnosegruppen und treten bei den affektiven Störungen (F3) sogar noch etwas häufiger als in der auch schizotype und wahnhafte Störungen mit umfassenden Schizophreniegruppe (F2) auf (s. Abb. 4). Einen signifikanten Häufigkeitsunterschied ($p < 0.01$ – ANOVA) zugunsten der Schizophreniegruppe (F2) läßt die Negativsymptomatik in dieser Operationalisierung nur gegenüber den psychischen und Verhaltensstörungen durch psychotrope Substanzen (F1) und den neurotischen, Belastungs- und somatoformen Störungen (F4) erkennen. Etwas günstiger im Hinblick auf die fragliche Eignung zu Diagnosekriterien sieht die Verteilung schon für die NAMDP-Merkmale aus. In dieser Fassung weist die Negativsymptomatik die höchste Prävalenz in der Schizophreniegruppe (F2) auf (s. Abb. 4). Der Häufigkeitsunterschied zugunsten dieser Gruppe ist nicht nur gegenüber den substanzinduzierten Störungen (F1) und den Neurosen (F4) genauso wie bei den APA-Merkmalen, sondern auch ge-

Tabelle 4. Signifikanzangaben (exakter Test von Fisher) für die in der Schizophreniegruppe (F2) gegenüber den ICD-10-Diagnosegruppen F0, F1, F3, F4, F6 häufiger oder weniger häufig vertretenen NAMDP-Items (n = 489)

	ICD-10-Diagnosen				
NAMDP-Items	F0	F1	F3	F4	F6
Konzentrationsstörungen	–*	+*		+**	+**
Denken gehemmt			–*	+**	
Denken verlangsamt	–**			+**	+**
Denken eingeengt		+**		+**	+*
Denken gesperrt/ Gedankenabreißen	+*	+**	+**	+**	+**
Denken inkohärent/ zerfahren	+*	+**	+**	+**	+**
Gefühl der Gefühllosigkeit			–**		
affektarm		+*		+*	
Parathymie	+*	+*	+**	+**	+*
affektstarr				+**	
antriebsarm		+**			
mutistisch			+*	+*	
sozialer Rückzug		+**			
verminderte Libido			–*		

+ = häufiger bei F2; – = weniger häufig bei F2. * $p<0.05$; ** $p<0.01$

genüber den Persönlichkeits- und Verhaltensstörungen (F6) signifikant ($p < 0.01$ – ANOVA). Prüft man im einzelnen, welche der NAMDP-Merkmale die Schizophreniegruppe am besten von den anderen Diagnosegruppen trennen, dann ergibt sich das aus Tabelle 4 zu ersehende Bild. Nur die formalen Denkstörungen „gesperrt/Gedankenabreißen" und „inkohärent/zerfahren" sowie die Affektivitätsstörung „Parathymie" wurden in der Schizophreniegruppe signifikant häufiger gegenüber allen anderen Diagnosegruppen erfaßt. Damit scheint aber die etwas stärkere Verknüpfung der NAMDP-Merkmale mit der Schizophreniegruppe gegenüber dem APA auf dem Einschluß gerade solcher Symptome zu beruhen, von denen man zumindest zwei, nämlich die Denkzerfahrenheit und die Parathymie, in den meisten angloamerikanischen Dichotomisierungen gar nicht den Negativ-, sondern den Positivsymptomen zugeordnet findet.

In der Tat sieht die Diagnoseverteilung der Positiv- deutlich anders als die der Negativsymptomatik aus. Zwar streuen auch die Merkmale des „Paranoid-halluzinatorischen Syndroms" (PARHAL) über alle berücksichtigten Diagnosegruppen (s. Abb. 4). Für die Schizophreniegruppe kommt aber ein sehr klarer Prävalenzvorsprung heraus mit signifikanten Häufigkeitsunterschieden (p < 0.01 – ANOVA) nicht nur gegenüber den substanzinduzierten Störungen (F1), den Neurosen (F4) und den Persönlichkeitsstörungen (F6), sondern auch gegenüber den organischen, einschließlich symptomatischer psychischer Störungen (F0) und den affektiven Störungen (F3). Dabei bleibt allerdings zu bedenken, daß sich in der ICD-10-Schizophreniegruppe auch die schizoaffektiven Störungen mit befinden. Die Basissymptomatik „Informationsverarbeitungsstörungen" (BIV) trennt die Schizophreniegruppe genauso gut wie die positive Symptomatik von den affektiven Störungen (F3), den Neurosen (F4) und den Persönlichkeitsstörungen (F6) ab (p < 0.01 – ANOVA). Für sie ist dieser Unterschied jedoch gegenüber den substanzinduzierten Störungen (F1) nicht signifikant und bei den psychoorganischen Störungen (F0) kommen die kognitiven Denk-, Wahrnehmungs- und Handlungsstörungen umgekehrt deutlich, wenn auch nicht signifikant, häufiger als in der Schizophreniegruppe vor (s. Abb. 4).

136 (86 %) von den insgesamt 159 in die Schizophreniegruppe fallenden Patienten wiesen mindestens ein APA-Merkmal auf. Unter ihnen fand sich jedoch nur ein Fall, der nicht zugleich auch mindestens ein Merkmal des „Paranoid-halluzinatorischen Syndroms" (PARHAL) und/oder des „Depressiven Syndroms" (DEPRES) und/oder des „Extrapyramidalmotorischen Syndroms" (AMDP-Items 132, 134–137) bot. Nur bei diesem einen Patienten konnte man also sicher sein, daß es sich bei den APA-Merkmalen um eine primäre Negativsymptombildung handelte,

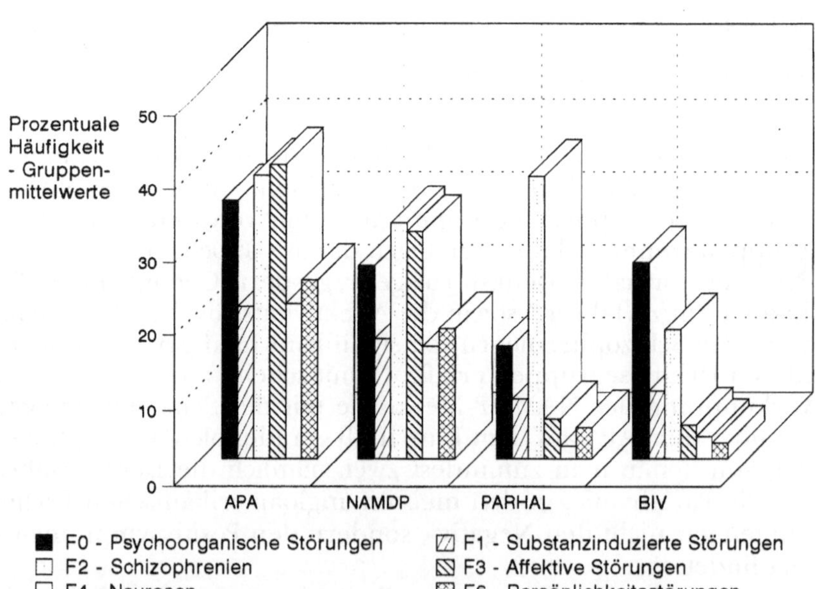

Abb. 4. Vergleich der Verteilungen über die ICD-10-Diagnosegruppen (n = 489). *APA* Apathisches AMDP-Syndrom; *NAMDP* Negative AMDP-Symptome; *PARHAL* Paranoid-halluzinatorisches AMDP-Syndrom; *BIV* Basissymptom-Cluster Informationsverarbeitungsstörungen

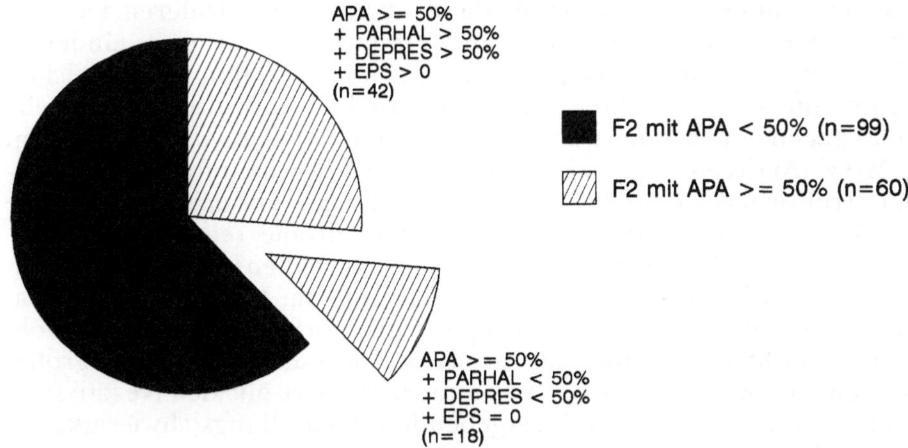

Abb. 5. Anteile der Schizophrenen mit nicht dominierender (F2, APA < 50 %), dominierender wahrscheinlich *sekundärer* (F2, APA ≥ 50 %, PARHAL > 50 %, DEPRES > 50 %, EPS > 0) sowie dominierender wahrscheinlich *primärer* (F2, APA ≥ 50 %, PARHAL < 50 %, DEPRES < 50 %, EPS = 0) *Negativsymptomatik*

die weder aus produktiv-psychotischer Positivsymptomatik, noch aus depressiv-dysphorischen Verstimmungen, noch auch aus extrapyramidalmotorischen Nebenwirkungen der neuroleptischen Medikation ableitbar war. 60 (38 %) der in die Schizophreniegruppe fallenden Patienten wiesen mehr als 50 % der APA-Merkmale auf. Von ihnen boten 18 (11 %) zugleich weniger als 50 % der PARHAL-Merkmale, weniger auch als 50 % der DEPRES-Merkmale und kein extrapyramidalmotorisches Störungszeichen. In dieser Subgruppe mit dominierendem APA-Syndrom ließ sich zumindest mit einer gewissen Wahrscheinlichkeit von einem primären, direkt krankheitsbedingten Entstehungsmodus der gebotenen Negativsymptomatik ausgehen (s. Abb. 5).

Diskussion

Diese Ergebnisse lassen eine überraschend klare Entscheidung der als Fragestellung skizzierten Alternative zu. Die klinische Differentialdiagnostik der schizophrenen Minussymptomatik ist außerordentlich breit und der Prävalenzvorsprung zugunsten der Schizophreniegruppe nur gegenüber den substanzinduzierten Störungen und Neurosen (APA) oder auch noch den Persönlichkeitsstörungen (NAMDP) signifikant. Außerdem fällt es auch innerhalb der Schizophreniegruppe schwer, überhaupt Patienten mit eindeutig primärer Negativsymptomatik zu finden. In den weitaus meisten Fällen muß es offen bleiben, ob die betreffenden Symptombildungen nicht auf einem der von Carpenter et al. (1985) angegebenen sekundären Wege entstehen. Im Vergleich zur Positivsymptomatik, die die Schizophreniegruppe klar von allen übrigen

Diagnosegruppen trennt, läuft dieses beides, die Differenzierungsschwierigkeit nach außen und auch immanent, auf eine eindeutig schlechtere Eignung zu Diagnosekriterien hinaus. Damit unterstreichen die Ergebnisse die erwähnten englischen Bedenken (David und Appleby 1992) gegen eine diagnostische Aufwertung der Negativsymptomatik im DSM-IV (Andreasen und Flaum 1991). Natürlich könnte die diagnostische Treffsicherheit für besser operationalisierte Spezialskalen wie die SANS höher als für die beiden AMDP-Syndrome sein, zumal dann, wenn man die Operationalisierungen noch verhaltensanalytisch objektiviert (Gaebel 1990, s. auch den Beitrag in diesem Band). Aber die diagnostische Validität der Positivsymptomatik dürfte auch dadurch wohl kaum erreichbar sein, und das wäre ja vielleicht auch gar kein so großes Problem. Denn in der Regel bekommt man es ja mit der Negativsymptomatik und den sich daraus ergebenden Behandlungsschwierigkeiten erst nach produktiv-psychotischen Erstmanifestationen zu tun. Nicht von ungefähr gibt es in der gesamten einschlägigen Forschung unserer Kenntnis nach bis heute keine einzige Studie, in der nicht die Schizophreniediagnose an schon gebotenen Positivsymptomen festgemacht worden wäre. Demgegenüber hat aber die deutsche Basissymptomforschung (Huber 1986, Süllwold 1986) gezeigt, daß die nach psychotischen Episoden zurückbleibenden Defizite oft auch schon Jahre oder sogar Jahrzehnte vor der psychotischen Erstmanifestation anzutreffen sind. Dieses Resultat stimmt auch gut mit Ergebnissen der „High risk"-Forschung überein, etwa der Nachweisbarkeit von Aufmerksamkeitsstörungen, kognitiven Gleitvorgängen und affektiven Auffälligkeiten bei später psychotisch gewordenen Kindern schizophrener Eltern schon ab dem 15. Lebensjahr (Parnas und Mednick 1990). Die Erkrankung beginnt offenbar nicht erst mit der meist zur Ersthospitalisierung führenden ersten Manifestation positiver Symptome, sondern mit der in Abb. 6 angedeuteten vorauslaufenden Störanfälligkeit, die sich auch schon in feinen subklinischen Symptombildungen äußern kann.

Dies ist durch den retrospektiven Nachweis früher, teilweise mit Basissymptomen identischer Negativsymptome schon Jahre vor der ersten Positivsymptomatik in der repräsentativen Studie von Häfner's Arbeitsgruppe eindringlich bestätigt worden (s. den Beitrag von An der Heiden in diesem Band). Also müßte man doch schon vor der erstmaligen Manifestation positiver Symptome eine Diagnosestellung versuchen, zumal es sich bei den Frühwarnzeichen dann um sicher primäre Symptombildungen mit zentraler Bedeutung für die Ursachen- und Therapieforschung handelt. Daß dies gar nicht so ausgeschlossen ist, wie es angesichts der offenkundigen Unspezifität der Negativsymptomatik scheint, zeigt das für die Basissymptomatik „Informationsverarbeitungsstörungen" ermittelte Resultat. Der signifikante Prävalenzvorsprung in der Schizophreniegruppe gegenüber affektiven Störungen, Neurosen und Persönlichkeitsstörungen, nicht aber gegenüber substanzinduzierten und psychoorganischen Störungen paßt gut zu der Auffassung als substratnahe Symptomatik direkten hirnorganischen Ursprungs (Huber

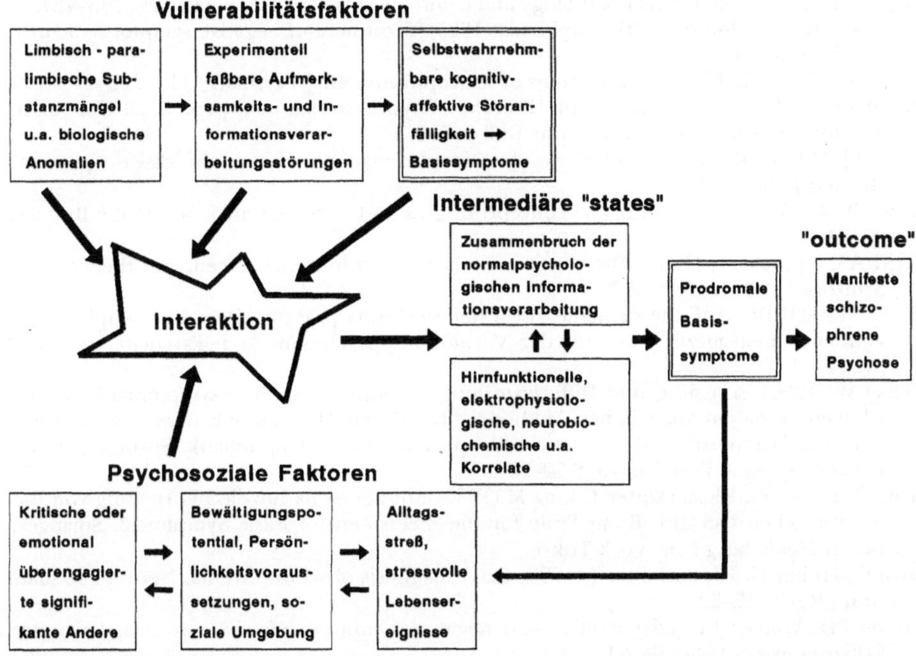

Abb. 6. Psychosenentstehung nach der Vulnerabilitäts-Streß-Hypothese (Nuechterlein 1987) und dem Basisstörungskonzept (Klosterkötter et al. 1990)

1986) ganz in dem schon von Kraepelin und E. Bleuler für das kognitiv-affektive Defizit vorgegebenen Sinn. Entsprechend wurde in einer noch laufenden prospektiven Früherkennungsstudie (Gross et al. 1992, Klosterkötter et al. 1992) auch vor allem für solche basalen Informationsverarbeitungsstörungen bereits eine gute Diskriminationsleistung später schizophren gewordener Patienten von solchen mit bloßen Neurosen und Persönlichkeitsstörungen gefunden.

Literatur

AMDP (1981) Das AMDP-System. Manual zur Dokumentation psychiatrischer Befunde, 4. Aufl. Springer, Berlin Heidelberg New York

American Psychiatric Association (1987) Diagnostic and statistical manual of mental disorders, 3rd edn, revised. APA, Washington

Andreasen NC (1982) Negative symptoms in schizophrenia: definition and reliability. Arch Gen Psychiatry 39: 784–788

Andreasen NC, Flaum M (1991) Schizophrenia: the characteristic symptoms. Schizophr Bull 17: 27–49

Angst J, Stassen HH, Woggón B (1989) Effect of neuroleptics on positive and negative symptoms and the deficite state. Psychopharmacology 99: 41–46

Bilder RM, Mukherjee S, Rieder RO, Pandurangi AK (1985) Symptomatic and neuropsychological components of defect states. Schizophr Bull 11: 409–419

Bleuler E (1911) Dementia praecox oder Gruppe der Schizophrenien. In: Aschaffenburg G (Hrsg) Handbuch der Psychiatrie, Teil 4. Deuticke, Leipzig Wien

Carpenter WT jr (1991) Psychopathology and common sense. Biol Psychiatry 29: 735–737

Carpenter WT jr, Heinrichs DW, Alphs LD (1985) Treatment of negative symptoms. Schizophr Bull 11: 440–452

Chapman JP (1966) The early symptoms of schizophrenia. Br J Psychiatry 112: 225–251

Chapman LJ, Edwell WS, Chapman JP (1980) Physical anhedonia, perceptual aberration and psychosis proneness. Schizophr Bull 6: 639–53

Crow TJ (1980) Molecular pathology of schizophrenia: more than one disease process? Br Med J 280:66–68

Crow TJ (1985) The two-syndrome concept: origins and current status. Schizophr Bull 11: 471–486

David AS, Appleby L (1992) Diagnostic criteria in schizophrenia: accentuate the positive. Schizophr Bull 18: 551–557

Diem O (1903) Die einfache demente Form der Dementia praecox (Dementia simplex). Ein klinischer Beitrag zur Kenntnis der Verblödungspsychosen. Arch Psychiatr Nervenkr 37: 111–187

Gaebel W (1990) Erfassung und Differenzierung schizophrener Minussymptomatik mit objektiven verhaltensanalytischen Methoden. In: Möller HJ, Pelzer E (Hrsg) Neuere Ansätze zur Diagnostik und Therapie schizophrener Minussymptomatik. Springer, Berlin Heidelberg New York Tokyo, S 79–90

Gross G, Huber G, Klosterkötter J, Linz M (1987) Bonner Skala für die Beurteilung von Basissymptomen (BSABS: Bonn Scale for the Assessment of Basic Symptoms). Springer, Berlin Heidelberg New York Tokyo

Gross G, Huber G, Klosterkötter J (1992) Early diagnosis of schizophrenia. Neurol Psychiatr Brain Res 1: 17–22

Harvey PD, Walker EF (eds) Positive and negative symptoms of schizophrenia. Lawrence Erlbaum Assoc, Hillsdale NJ

Herz MI, Szymanski MV, Simon JC (1982) Intermittent medication of stable schizophrenic outpatients: an alternative to maintenance medication. Am J Psychiatry 139:918–922

Huber G (1957) Pneumencephalographische und psychopathologische Bilder bei endogenen Psychosen. Springer, Berlin Göttingen Heidelberg

Huber G (1986) Psychiatrische Aspekte des Basisstörungskonzeptes. In: Süllwold L, Huber G (Hrsg) Schizophrene Basisstörungen. Springer, Berlin Heidelberg New York Tokyo, S 39–143

Iager AC, Kirch DG, Wyatt RJ (1985) A negative symptom rating scale. Psychiatr Res 16: 27–36

Johnstone EC, Crow TJ, Frith CD, Stevens M, Kreel L, Husband J (1978) The dementia praecox. Acta Psychiatr Scand 57: 305–324

Klosterkötter J (1990) Minussymptomatik und kognitive Basissymptomatik. In: Möller HJ, Pelzer E (Hrsg) Neuere Ansätze zur Diagnostik und Therapie schizophrener Minussymptomatik. Springer, Berlin Heidelberg New York Tokyo, S 15–24

Klosterkötter J (1992) Schizophrenie. In: Battegay R, Glatzel J, Pöldinger W, Rauchfleisch U (Hrsg) Handwörterbuch der Psychiatrie, 2. Aufl. Enke, Stuttgart, S 559–578

Klosterkötter J, Gross G, Huber G, Gnad M (1990) Basissymptomorientierte Diagnostik schizophrener Vulnerabilität. In: Huber G (Hrsg) Idiopathische Psychosen: Psychopathologie – Neurobiologie – Therapie. Schattauer, Stuttgart New York

Klosterkötter J, Breuer H, Gross G, Huber G, Gnad M, Steinmeyer EM (1992) New approaches to early recognition of idiopathic psychoses. In: Ferrero F, Haynal AE, Sartorius N (eds) Schizophrenia and affective psychoses. Nosology in contemporary psychiatry. John Libbey CIC, Rom Paris London New York, pp 97–102

Klosterkötter J, Breuer H, Brockmann M, Ebel H, Menges CH, Steinmeyer EM (1993) Neue Untersuchungen zur diagnostischen Validität von Basissymptomen. In: Peters UH, Schifferdecker M (Hrsg) 150 Jahre Psychiatrie

Kraepelin E (1904) Psychiatrie, 7. Aufl, II. Band. Barth, Leipzig

Kulhara P, Chadda R (1987) Study of negative symptoms in schizophrenia and depression. Compr Psychiatry 28: 229–235

Liddle PF (1986) The symptoms of chronic schizophrenia: a re-examination of the positive-negative dichotomy. Br J Psychiatry 151: 145–151

Nestadt G, McHugh PR (1985) The frequency and specifity of some „negative“ symptoms.

In: Huber G (Hrsg) Basisstadien endogener Psychosen und das Borderline-Problem. Schattauer, Stuttgart New York, S 183–189

Nuechterlein KH (1987) Vulnerability models for schizophrenia: state of the art. In: Häfner H, Gattaz WF, Janzarik W (eds) Search for the causes of schizophrenia. Springer, Berlin Heidelberg New York Tokyo, pp 297–316

Parnas J, Mednick SA (1990) Early predictors of onset and course of schizophrenia and schizophrenia spectrum. In: Häfner H, Gattaz WF (eds) Search for the causes of schizophrenia, vol 2. Springer, Berlin Heidelberg New York Tokyo, pp 34–47

Schneider K (1987) Klinische Psychopathologie. Thieme, Stuttgart

Sommers AA (1985) Negative symptoms: conceptual and methodological problems. Schizophr Bull 11: 364–379

Süllwold L (1986) Psychologische Aspekte der Basisstörungskonzeption. In: Süllwold L, Huber G (Hrsg) Schizophrene Basisstörungen. Springer, Berlin Heidelberg New York Tokyo

World Health Organisation (1991) Dilling H, Mombour W, Schmidt MH (eds) Tenth revision of the international classification of diseases, chapter V (F). Mental and behavioural disorders. Clinical descriptions and diagnostic guidelines. Huber, Bern Stuttgart Göttingen Toronto

Korrespondenz: Priv.-Doz. Dr. J. Klosterkötter, Psychiatrische Klinik, RWTH Aachen, Pauwelsstraße 30, D-52057 Aachen, Bundesrepublik Deutschland

Möglichkeiten und Grenzen der Positiv-Negativ-Dichotomie der Schizophrenie

A. Marneros, A. Deister und **A. Rohde**

Psychiatrische Universitätsklinik, Bonn, Bundesrepublik Deutschland

Einleitung

Es ist modern geworden in den letzten Jahren, nicht nur von Minus- und Plussymptomatik, nicht nur von produktiver/aproduktiver, sondern auch von negativer und positiver Symptomatik der Schizophrenie zu sprechen. Aus den Arbeiten von Berrios (1985, 1991) erfährt man jedoch, daß Beschreibungen von psychopathologischen Phänomenen, die man heute als positiv bzw. negativ bezeichnet, schon in der altindischen, griechischen und römischen Medizin zu finden sind, selbstverständlich unter anderen Bezeichnungen. Die Begriffe ‚positiv' und ‚negativ' wurden in die Psychiatrie wahrscheinlich zuerst von Reynolds im Jahre 1858, also vor 135 Jahren, eingeführt. Will man Grenzen und Möglichkeiten der Positiv-Negativ-Dichotomie der Schizophrenie beschreiben, dann muß man auf die Ansichten von Jackson und Henry Ey zurückgreifen: Im Jahre 1887, also vor über 100 Jahren, beschrieb Jackson in seiner Arbeit „Remarks on evolution and dissolution of the nervous system" die „negativen" Symptome als Defizite oder Einschränkungen und die „positiven" Symptome als produktive psychotische Erscheinungen. Diese Lehre Jackson's wurde konsequent dann von Henry Ey weitergeführt und durch die Unterscheidung zwischen Synchronie – also der Querschnittssymptomatik – und Diachronie – also der Längsschnittssymptomatik – bereichert. Ey betrachtete die negativen Symptome psychischer Erkrankungen als substratnah und als Kernmanifestationen psychischer Erkrankungen; dagegen wurden von ihm die positiven Symptome als restaurativ im Sinne einer gesunden, psychologisch bedingten Reaktion gedeutet. Positive und negative pathologische Erscheinungen im Bereich der Leistung, des Erlebens, des Verhalten und des Ausdrucks sind seit den Anfängen der Schizophrenieforschung erkannt und beschrieben worden, allerdings unter verschiedenen anderen Bezeichnungen. Zu nennen sind hier insbesondere E. Kraepelin, E. und M. Bleuler, K. Schneider, G. Huber und andere (Andreasen 1990, Scharfetter 1990).

Die „Grundsymptome“ Eugen Bleulers (1911) – also die Assoziationsstörungen, Aufmerksamkeitsstörungen, die Ambivalenz, der Autismus und die Störung des Willens – wären nach der modernen Nomenklatur größtenteils – aber nicht vollständig – als negative Symptome zu bezeichnen. Die Bedeutung der Grundsymptome, wie sie von Bleuler verstanden wurden, ging jedoch größtenteils in den sechziger und siebziger Jahren unter. Damals gewannen mit dem steigenden Bedürfnis nach Operationalisierung der psychiatrischen Forschung sogenannte positive Symptome, wie etwa Kurt Schneiders schizophrene Symptome ersten Ranges, an Bedeutung und verdrängten Bleulers Grundsymptome (Marneros 1984a, b). Die schizophrenen Symptome ersten Ranges erwiesen sich trotz partieller Schwierigkeiten in der Regel als gut eruierbar, sehr gut reliabel und wenig beeinflußbar durch kulturelle, ethnische und religiöse Faktoren (Carpenter und Strauss 1974, Marneros 1984a, b, Mellor 1970, Taylor 1972). Diese Eigenschaften führten dazu, daß die schizophrenen Symptome ersten Ranges einer der wichtigsten Bestandteile weit verbreiteter und gut etablierter operationaler diagnostischer Systeme wurden, wie etwa der Present State Examination (Wing et al. 1982) oder auch der Research Diagnostic Criteria (Spitzer et al. 1978), des DSM-III (APA 1980) usw. Wahn und Halluzinationen sind zwar vergleichsweise leicht zu eruieren, aber sie sind nicht unbedingt die bedeutsamsten Symptome der Schizophrenie. Dieser Rang kommt eher anderen Symptomen zu, die man als Basissymptome, Grundsymptome, Minussymptome, aproduktive Symptome oder eben auch als negative Symptome bezeichnen kann. Eine Vielzahl von Arbeiten zeigt inzwischen, daß solche negativen Symptome sowohl von klinischer als auch von theoretischer Seite her von viel größerer Bedeutung sind als eine bunte, floride, produktiv-psychotische Symptomatik (Andreasen et al. 1991, Carpenter et al. 1991, Gross 1989, Huber 1983, Mundt 1985).

Diese Erkenntnis hat zu einer intensiveren Beschäftigung mit negativen Symptomen und ihrer genaueren Erfassung geführt; vor allem die Arbeiten von N. Andreasen und Mitarbeitern haben wesentlich dazu beigetragen. Von Andreasen wurden – auch in der „Scale for the Assessment of Negative Symptoms“ (SANS; Andreasen 1983) integriert – fünf große Gruppen von negativen Symptomen erfaßt, die als repräsentativ für den negativen Bereich angenommen wurden. Diese Gruppen sind Alogie, Affektverarmung, Anhedonie/Asozialität, Apathie und Aufmerksamkeitsstörung.

In der „Scale for the Assessment of Positive Symptoms“ (SAPS; Andreasen 1984) wurden 4 Gruppen von Symptomen erfaßt, die als repräsentativ für den positiven psychopathologischen Bereich gelten: Wahn, Halluzinationen, positive Denkstörungen (wie etwa Inkohärenz oder Umständlichkeit), bizarres oder desorganisiertes Verhalten und inadäquate Affekte.

Inzwischen kann man von einer Plethora von Skalen sprechen, die die negative bzw. positive Symptomatik erfassen, von denen einige in der Tabelle 1 aufgeführt sind.

Tabelle 1. Rating-Skalen zur Erfassung negativer Symptomatik (modifiziert nach Stieglitz 1991)

Rating Skala	Abkürzung	Autor(en)	S	G	Ss	T
Activity Withdrawal Scale	AWS	Venables	10			1
Rating Scale for Chronic Schizophrenics	RSCS	Wing	4			
Manchester Rating Scale	MRS	Krawiecka et al.	4			
Rating Scale for Emotional Blunting	EBS	Abrams und Taylor	16		3	1
Scale for the Assessment of Negative Symptoms	SANS	Andreasen	19	5	5	5
Negative Symptom Rating Scale	NSRS	Iager et al.	10		4	1
Negative Symptom Behavior Rating Scale	NSBRS	Pogue-Geile und Harrow	13		3	1
Intentionalitäts-Skala	InSka	Mundt	60		6	1
Positive and Negative Syndrome Scale for Schizophrenia	PANSS	Kay et al.	7			1
Subjective Experience of Deficits in Schizophrenia	SEDS	Liddle und Barnes	21		5	
Schedule for the Deficit Syndrome	SDS	Kirkpatrick et al.	6		2	1
Behavioral Observation Schedule	BOS	Atakan und Cooper	82		15	5
High Royds Evaluation of Negative Scale	HEN	Mortimer et al.	18	6	6	1
WHO Psychological Impairments Rating Schedule	WHO/PIRS	Biehl et al.	20			1

S Zahl der Symptome (nicht nur für negative Symptome); *G* globales Rating; *Ss* Subskalen; *T* Gesamtscore

Möglichkeiten und Grenzen

Die Erkennung der Relevanz der negativen Symptome und die intensive Beschäftigung damit eröffnete viele Forschungsmöglichkeiten; Möglichkeiten, die auch gleichzeitig Forschungsgrenzen darstellen. So etwa im genetischen Bereich.

Die genetischen Untersuchungen der Gruppe um McGuffin (McGuffin et al. 1991) zum Beispiel zeigten eine Häufung von schizophrenen Erkrankungen in der Familie von Probanden, die vorwiegend eine Negativ-Symptomatik aufweisen. Von der gleichen Gruppe, aber auch von anderen Gruppen, wurde eine größere Vererbbarkeit der negativen Symptomatik festgestellt. Die Brockton-Harvard-Familien-Studie (Tsuang et al. 1991) und die genetischen Studien von Farmer und Mitarbeitern (Farmer et al. 1983) lassen vermuten, daß negative Symptome die schwerere Form einer Schizophrenie darstellen und die positiven Symptome eine leichtere Form. Aber darüber hinaus geht die genetische Forschung nicht. Sie sieht ihre Grenze hier.

Betrachtet man die inzwischen umfangreiche Literatur, die andere biologische Parameter in Verbindung mit Negativ- bzw. Positiv-Symptomatik untersucht, ist man sehr beeindruckt von der Inkonsistenz und Widersprüchlichkeit der Befunde. So etwa bezüglich der ursprünglichen Hypothese von Crow (1980), der in der Negativ-Positiv-Dichotomie auch eine non-dopaminerge-dopaminerge Dichotomie sah; die Hypothese wurde von anderen Autoren aber nicht bestätigt (Andreasen 1990, van Kammen et al. 1991). Während von einigen Forschungsteams eine Reduktion von dopaminergem „turn-over" und dopaminerger Aktivität mit dem Vorhandensein von stabilen negativen Symptomen in Verbindung gebracht wurde – so etwa von der Gruppe von van Kammen (van Kammen et al. 1991) – konnte dies von anderen Autoren nicht bestätigt werden (Pickar 1990). Auch die Würdigung von morphologischen Befunden – eruiert mit neuropathologischen, computertomographischen, PET-, SPECT- und MRT-Untersuchungen – zeigen, daß ein Teil davon eine Beziehung zwischen positiver schizophrener Symptomatik und Störungen im limbischen Bereich des linken Temporallappens vermuten läßt, während für die negative Symptomatik eine mehr diffuse kortikale Störung mit bilateraler Temporallappendysfunktion und präfrontaler kortikaler Überaktivität angenommen wird (Bogerts 1991). Auch diese Befunde konnten jedoch von anderen Autoren nicht bestätigt werden (Olson et al. 1991). Von 28 Studien, die von Marks und Luchins (1990) metaanalytisch gewürdigt wurden, zeigten 18 Hinweise auf strukturelle Veränderungen des Gehirns vorwiegend bei einer negativ geprägten Schizophrenie, 5 Studien konnten dies nicht bestätigen, und 3 zeigten sogar gegenteilige Befunde.

Auch die epidemiologische und soziodemographische Forschung bediente sich der Positiv-Negativ-Dichotomie. Es gibt Hinweise darauf, daß eine negative initiale Episode im Vergleich zu einer positiven initialen Episode mit niedrigerem Alter bei Erstmanifestation, eingeschränkter Art und Umfang prämorbider sozialer Interaktionen und häufig mit der Unfähigkeit, stabile heterosexuelle Beziehungen zu unterhalten, korreliert (Marneros et al. 1991, Rohde et al. 1991).

Auch die Prognoseforschung sah teilweise eine Korrelation mit negativen und positiven Symptomen in dem Sinne, daß die negative Symptomatik eher einen prognostisch ungünstigen Faktor darstellt (Deister et al. 1991).

Die Positiv-Negativ-Dichotomie scheint also an ihre Grenzen gestoßen zu sein. Worauf ist das zurückzuführen?

Zum einen auf die Symptome selbst. Vor allem die Erfassung der negativen Symptomatik durch standardisierte Skalen ist mit vielen Problemen verbunden. Skalen sind zwar unverzichtbar in der modernen

Forschung, jedoch sind sie teilweise mit einer „Perversion" psychopathologischen Denkens verbunden. Tiefgreifende Zusammenhänge, Ableitbarkeit und Nicht-Ableitbarkeit von Phänomen werden dadurch kaum erfaßt. Umfangreiche Angaben in der Literatur beschäftigen sich mit diesem Problem. Die Gruppe um Carpenter machte vor allem auf die Probleme aufmerksam, die mit den sogenannten sekundären negativen Symptomen verbunden sind und die in fast allen Evaluationsskalen nicht als solche ausgewiesen sind (Carpenter et al. 1988, 1991). Als sekundäre negative Symptome werden die Symptome definiert, die nur als Folge der Erkrankung oder als Folge von damit korrespondierenden Faktoren anzusehen sind, aber nicht primär der Erkrankung zugehören. Dazu gehört etwa die Akinese durch die Behandlung mit Neuroleptika oder Anhedonie durch begleitende depressive Zustände. „Sekundär" bedeutet aber auch Reaktion, Kompensation, psychodynamische Determinierung, wie M. Bleuler (1972), Huber et al. (1979), Janzarik (1968), Mundt (1985) und andere hervorgehoben haben. Die Interferenz von negativen Symptomen mit psychodynamisch oder soziodynamisch determinierenden Variablen stellt sowohl klinisch als auch theoretisch einen bedeutsamen Aspekt dar, der bei ungenauer Erfassung durch Skalen unberücksichtigt bleibt, wie u. a. Carpenter et al. (1991), Lewine (1991) und Mundt und Kasper (1990) gezeigt haben.

Ein weiteres Problem, das mit der Erfassung von negativen Symptomen verbunden ist, ist die große Interferenz und die große Korrelation von positiven und negativen Symptomen, vor allem in der ersten Dekade der Erkrankung (Abb. 1).

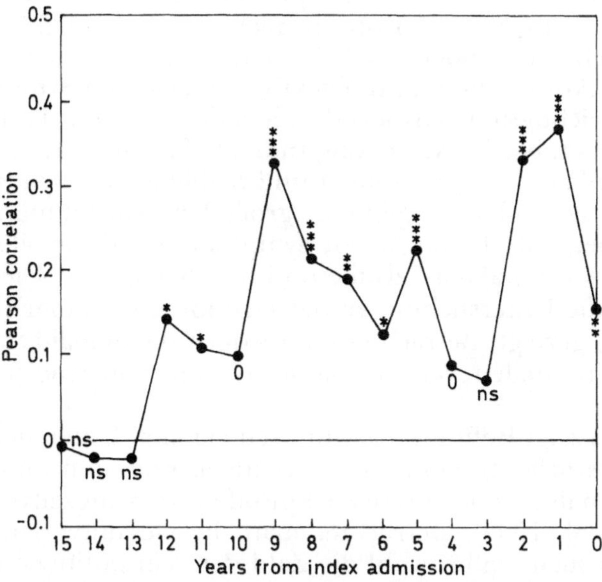

Abb. 1. Korrelation von positiven und negativen Symptomen während einer Erkrankungsdauer von 15 Jahren vor der ersten Krankenhausaufnahme (aus Häfner und Maurer 1991)

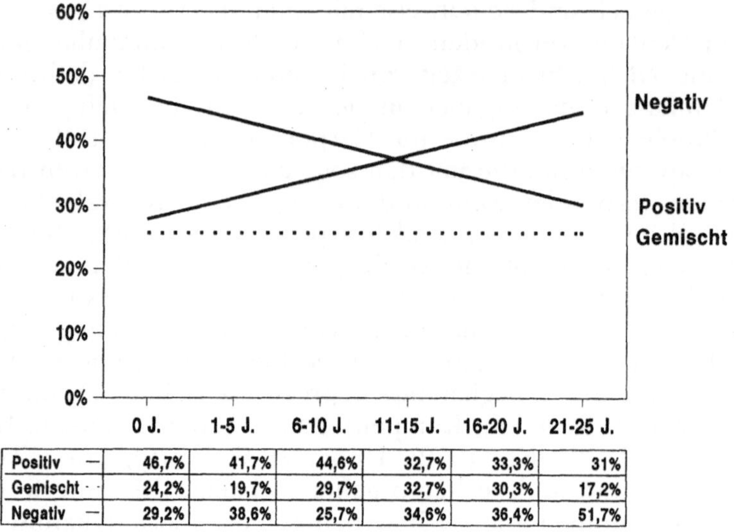

	0 J.	1-5 J.	6-10 J.	11-15 J.	16-20 J.	21-25 J.
Positiv —	46,7%	41,7%	44,6%	32,7%	33,3%	31%
Gemischt ··	24,2%	19,7%	29,7%	32,7%	30,3%	17,2%
Negativ —	29,2%	38,6%	25,7%	34,6%	36,4%	51,7%

Abb. 2. Häufigkeit positiver, negativer und gemischter Episoden (bezogen auf die Gesamtzahl der Episoden) in 5-Jahres-Epochen nach Erstmanifestation (lineare Regression)

Ein drittes Problem: Positive Symptome können durch ihre Eindringlichkeit und florides Auftreten „leisere" negative Symptome überdecken und verdrängen, teilweise aber auch umgekehrt.

Ein weiteres Problem: Negative Symptome sind wenig spezifisch, sie können bei sehr vielen psychopathologischen Zuständen auftreten, nicht ausschließlich bei der Schizophrenie. Eine weitere Differenzierung, die im Positiv-Negativ-Konzept nicht gemacht wird, wird von der Gruppe um Huber (Huber 1983) betont, nämlich die Unterscheidung zwischen subjektiv erlebten und objektiv beobachteten Symptomen.

Eine der wichtigsten Schwierigkeiten jedoch, die das Positiv-Negativ-Konzept bereitet, betrifft seine longitudinale Stabilität. Hier müssen wir zwischen Stabilität von Symptomen und Stabilität von Syndromen oder Episoden unterscheiden. Es gibt eine große Übereinstimmung in der Literatur darüber, daß die negativen Symptome relativ stabile Symptome sind, auf jeden Fall stabilere als die positiven Symptome. Dies haben unter anderem die Untersuchungen der Gruppe um Häfner (Häfner und Maurer 1991) gezeigt. Betrachtet man jedoch die Stabilität von Syndromen im longitudinalen Verlauf, dann erkennt man eine hohe Instabilität.

Die Abb. 2 zeigt Befunde von unseren eigenen Untersuchungen, die eine kontinuierliche Zunahme von negativen Episoden und eine kontinuierliche Abnahme von positiven Episoden im Langzeitverlauf zeigen (Marneros et al. 1992). Betrachtet man die Gesamtverläufe (Abb. 3), dann erkennt man, daß sowohl die Zahl der rein positiven als auch die der rein negativen Verläufe kontinuierlich mit der Erkrankungsdauer abnimmt. Rein negativ bedeutet hier, daß im gesamten Verlauf nur negative Episoden auftreten, und rein positiv, daß nur positive Episoden auftreten. Nach einem 25jährigen Verlauf findet man kaum noch stabile Verläufe.

Mit Hilfe einer Berechnung von Kappa-Werten (Marneros et al. 1992; Abb. 4) konnten wir zeigen, daß über 10 Episoden der Erkrankung eine große Turbulenz der Symptomatik besteht und sogar nach der 6. Episode eine kontinuierliche Abnahme der Kappa-Werte zu sehen ist, bis hin in den negativen Bereich.

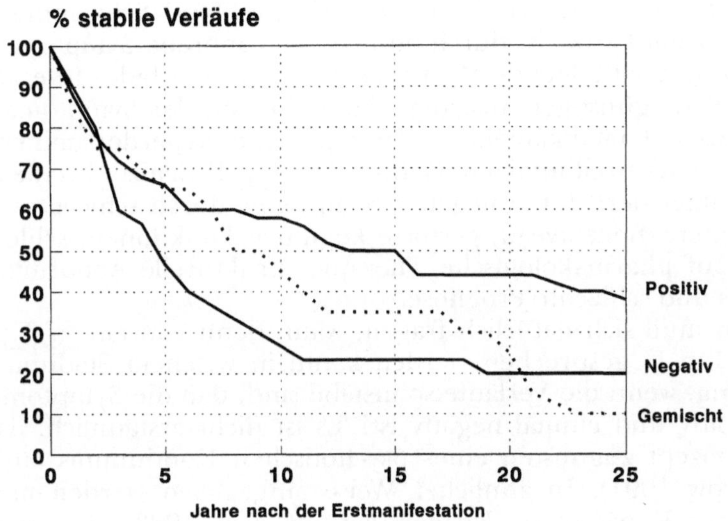

Abb. 3. Anteil der stabilen Verläufe in Abhängigkeit von der Erkrankungsdauer

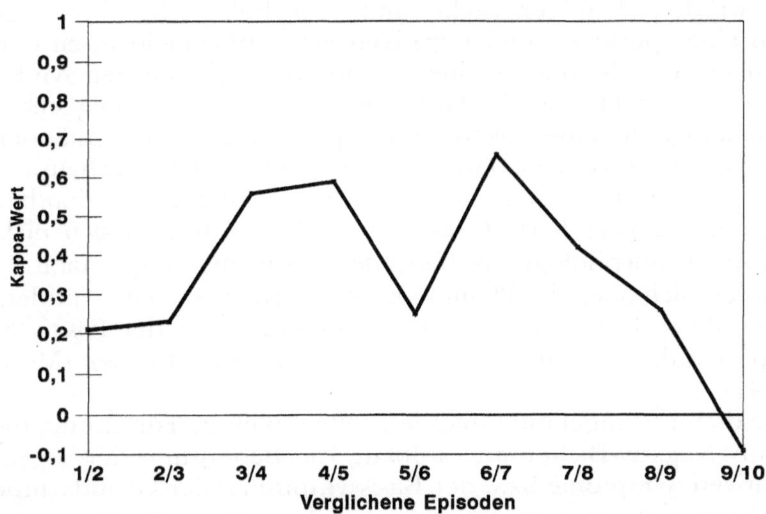

Abb. 4. Stabilität der Symptomatik im Krankheitsverlauf (Kappa-Werte, Vergleich jeweils zweier aufeinanderfolgender Episoden)

Schlußfolgerungen

Die longitudinale Instabilität von positiven bzw. negativen Episoden wirft einige sehr relevante Fragen auf. So ist der Entwurf von einigen, auf der Positiv-Negativ-Dichotomie basierenden Konzepten als voreilig zu bezeichnen. Am bekanntesten ist sicherlich die von Crow (1980) entworfene radikale Dichotomie der schizophrenen Psychosen, die über die rein phänomenologische Positiv-Negativ-Dichotomie weit hinausging. Er unterschied den Typ I vom Typ II. Die Typ-I-Schizophrenie nach dem Konzept Crows ist durch positive schizophrene Symptome charakterisiert und hat folgende Merkmale: Gutes prämorbides Interaktionsniveau, relativ günstiger Ausgang, akuter Beginn der Symptomatik, gute Resonanz auf medikamentöse Therapie und hyperdopaminerge Aktivität bei strukturell intaktem Gehirn. Die Typ-II-Schizophrenie dagegen ist charakterisiert durch negative Symptome, durch schlechtes prämorbides Interaktionsniveau, gestörte kognitive Funktionen, schlechte Reaktion auf pharmakologische Therapie, strukturelle Abnormitäten des Gehirns und schlechte Prognose.

Man muß sich natürlich fragen, wann denn von einem Typ I oder einem Typ II gesprochen werden kann; in welchem Stadium der Erkrankung, wenn die Verläufe so instabil sind, daß die Symptomatik einmal positiv und einmal negativ ist? Es ist nicht erstaunlich, daß Crow sein Konzept zugunsten eines psychotischen Kontinuums aufgegeben hat (Crow 1991). In ähnlicher Weise aufgegeben werden mußte das dichotome Konzept von Farmer (Farmer et al. 1983), der einen P-Typ unterschied (ähnlich wie der Typ I von Crow) und einem H-Typ (ähnlich dem Typ II). Unter diesem Aspekt müssen alle Studien, vor allem die morphologischen Studien und die genetischen Studien, kritisch betrachtet werden. Um genetische und morphologische Korrelationen zwischen einer positiven und negativen Schizophrenieform zu erarbeiten, braucht man als conditio sine qua non die Stabilität der Syndrome, vor allem die Stabilität der Verläufe. Dieses ist aber nicht gegeben. Eine phänomenologisch reine positive Schizophrenie und eine phänomenologisch reine negative Schizophrenie gibt es entweder überhaupt nicht, oder es sind extreme Ausnahmen. Was wird dann aber mit den biologischen Befunden korreliert? Genetische Befunde ändern sich nicht im Verlauf. Auch morphologische Befunde sind in der Regel stabil. Umso mehr ändert sich aber die Phänomenologie. So ist es kein Wunder, daß Genetiker, die sich im Frühstadium dieses Konzeptes der Positiv-Negativ-Symptomatik verbunden fühlten, davon distanziert haben (McGuffin et al. 1991).

Trotz dieser Mängel muß man feststellen, daß die Forschung, die auf der Positiv-Negativ-Dichotomie aufbaut, die Bedeutung der sogenannten negativen Symptome bzw. der Basissymptome, der Grundsymptome oder Defizitsymptome noch unterstrichen hat. Die sogenannten negativen Symptome gewannen wieder ihre ursprüngliche Bedeutung. Es kam nicht nur zur Gleichberechtigung von den eher stillen negativen

Symptomen mit den farbenfrohen floriden positiven Symptomen der Schizophrenie, wie es einmal Andreasen bezeichnet hat, sondern ihre Kernbedeutung wurde dadurch unterstrichen. Und obwohl eine strenge Dichotomie Positiv-Negativ wohl nicht möglich ist, kann man sagen, daß gerade die Beziehung zwischen positiver und negativer Symptomatologie, die Entstehungsmechanismen, die kompensatorischen interagierenden Faktoren und ihre Beeinflussung für zukünftige Forschung nicht unbedeutend sind.

Literatur

American Psychiatric Association (1980) Diagnostic and statistical manual of mental disorders, 3rd ed. American Psychiatric Press, Washington

Andreasen NC (1983) The scale for the assessment of negative symptoms. University of Iowa, Iowa City

Andreasen NC (1984) The scale for the assessment of positive symptoms. University of Iowa, Iowa City

Andreasen NC (1990) Positive and negative symptoms: historical and conceptual aspects. In: Andreasen NC (ed) Schizophrenia: positive and negative symptoms and syndromes. Karger, Basel

Andreasen NC, Flaum M, Arndt S, Alliger R, Swayze VW (1991) Positive and negative symptomes: assessment and validity. In: Marneros A, Andreasen NC, Tsuang MT (eds) Negative vs. positive schizophrenia. Springer, Berlin Heidelberg New York Tokyo

Berrios GE (1985) Positive and negative symptoms and Jackson. Arch Gen Psychiatry 42: 95–97

Berrios GE (1991) Positive and negative signals: a conceptual history. In: Marneros A, Andreasen NC, Tsuang MT (eds) Negative vs. positive schizophrenia. Springer, Berlin Heidelberg New York Tokyo

Bleuler E (1911) Dementia praecox oder Gruppe der Schizophrenien. In: Aschaffenburg G (Hrsg) Handbuch der Psychiatrie. Spezieller Teil, Bd 4. Deuticke, Leipzig

Bleuler M (1972) Die schizophrenen Geistesstörungen im Lichte langjähriger Kranken- und Familiengeschichten. Springer, Berlin Heidelberg New York

Bogerts B, Falkai P, Degreef G, Lieberman J (1991) Neuropathological and brain imaging studies in positive and negative schizophrenia. In: Marneros A, Andreasen NC, Tsuang MT (eds) Negative vs. positive schizophrenia. Springer, Berlin Heidelberg New York Tokyo

Carpenter WT, Strauss JS (1974) Cross-cultural evaluation of Schneider's first-rank symptoms of schizophrenia: a report from the international pilot study of schizophrenia. Am J Psychiatry 131: 682–687

Carpenter WT, Heinrichs DW, Wagman AMI (1988) Deficit and nondeficit forms of schizophrenia: the concept. Am J Psychiatry 145: 578–583

Carpenter WT, Buchanan RW, Kirkpatrick B, Thaker G, Tamminga C (1991) Negative symptoms: a critique of current approaches. In: Marneros A, Andreasen NC, Tsuang MT (eds) Negative vs. positive schizophrenia. Springer, Berlin Heidelberg New York Tokyo

Crow TJ (1980) Positive and negative schizophrenic symptoms and the role of dopamine. Br J Psychiatry 137: 383–386

Crow TJ (1991) The demise of the Kraepelinian binary concept and the etiological unity of the psychoses. In: Marneros A, Andreasen NC, Tsuang MT (eds) Negative vs. positive schizophrenia. Springer, Berlin Heidelberg New York Tokyo

Deister A, Marneros A, Rohde A (1991) Long-term outcome of patients with a positive initial episode versus patients with a negative initial episode. In: Marneros A, Andreasen NC, Tsuang NC (eds) Negative versus positive schizophrenia. Springer, Berlin Heidelberg New York Tokyo

Farmer AE, McGuffin P, Spitznagel E (1983) Heterogeneity in schizophrenia. A cluster analytic approach. Psychiatry Res 8: 1–12

Gross G (1989) The ‚basic‘ symptoms of schizophrenia. Br J Psychiatry 155 [Suppl 7]: 21–25

Häfner H, Maurer K (1991) Are there two types of schizophrenia? True onset and sequence of positive and negative syndromes prior to first admission. In: Marneros A, Andreasen NC, Tsuang MT (eds) Negative vs. positive schizophrenia. Springer, Berlin Heidelberg New York Tokyo

Huber G (1983) Das Konzept substratnaher Basissymptome und seine Bedeutung für Theorie und Therapie schizophrener Erkrankungen. Nervenarzt 54: 23–32

Huber G, Gross G, Schüttler R (1979) Schizophrenie. Eine verlaufs- und sozialpsychiatrische Langzeitstudie. Springer, Berlin Heidelberg New York

Jackson JH (1887) Remarks on evolution and dissolution of the nervous system. J Ment Sci 33: 25–48

Janzarik W (1968) Schizophrene Verläufe. Eine strukturdynamische Interpretation. Springer, Berlin Heidelberg New York

Lewine RJ (1991) Anhedonia and the amotivational state of schizophrenia. In: Marneros A, Andreasen NC, Tsuang MT (eds) Negative vs. positive schizophrenia. Springer, Berlin Heidelberg New York Tokyo

McGuffin P, Harvey I, Williams M (1991) The negative/positive dichotomy: does it make sense from the perspective of the genetic researcher? In: Marneros A, Andreasen NC, Tsuang MT (eds) Negative vs. positive schizophrenia. Springer, Berlin Heidelberg New York Tokyo

Marks RC, Luchins DJ (1990) Relationship between brain imaging findings in schizophrenia and psychopathology. In: Andreasen NC (ed) Schizophrenia: positive and negative symptoms and syndromes. Karger, Basel

Marneros A (1984a) The pathognomonic value of K. Schneider's first rank symptoms in schizophrenia. Psychiatr Fenn 15: 99–105

Marneros A (1984b) Frequency of occurrence of Schneider's first rank symptoms in schizophrenia. Eur Arch Psychiatry Neurol Sci 234: 78–82

Marneros A, Deister A, Rohde A (1991) Affektive, schizoaffektive und schizophrene Psychosen. Eine vergleichende Langzeitstudie. Springer, Berlin Heidelberg New York Tokyo

Marneros A, Deister A, Rohde A (1992) Validity of negative/positive dichotomy of schizophrenic disorders under long-term conditions. Schizophr Res

Mellor CS (1970) First rank symptoms of schizophrenia. Br J Psychiatry 140: 423–424

Mundt C (1985) Das Apathiesyndrom der Schizophrenen. Eine psychopathologische und computertomographische Untersuchung. Springer, Berlin Heidelberg New York Tokyo

Mundt C, Kasper S (1990) Skalen zur Erfassung schizophrener Minussymptomatik im Vergleich. Lassen sich primäre und sekundäre Minussymptome differenzieren. In: Möller HJ, Pelzer E (Hrsg) Neuere Ansätze zur Diagnostik und Therapie schizophrener Minussymptomatik. Springer, Berlin Heidelberg New York Tokyo

Olson SC, Nasrallah HA, Coffman JA, Schwarzkopf SB (1991) CT and MRI abnormalities in schizophrenia: relationsships with negative symptoms. In: Greden JF, Tandon R (eds) Negative schizophrenic symptoms: pathophysiology and clinical implications. American Psychiatric Press, Washington DC

Pickar D, Litman RE, Konicki PE, Wolkowitz OM, Breier A (1990) Neurochemical and neural mechanisms of positive and negative symptoms in schizophrenia. In: Andreasen NC (ed) Schizophrenia: positive and negative symptoms and syndromes. Karger, Basel

Reynolds JR (1858) On the pathology of convulsions, with special reference to those of children. Liverpool Med Chir J: 1–14

Rohde A, Marneros A, Deister A (1991) Premorbid and sociodemographic features of initially positive and initially negative schizophrenia. In: Marneros A, Andreasen NC, Tsuang MT (eds) Negative versus positive schizophrenia. Springer, Berlin Heidelberg New York Tokyo

Scharfetter C (1990) Geschichtliche und psychopathologische Bemerkungen zur sogenannten Negativsymptomatik Schizophrener. In: Möller HJ, Pelzer E (Hrsg) Neuere Ansätze zur Diagnostik und Therapie schizophrener Minussymptomatik. Springer, Berlin Heidelberg New York Tokyo

Spitzer RL, Endicott J, Robins E (1978) Research diagnostic criteria: rationale and reliability. Arch Gen Psychiatry 35: 773–782

Stieglitz RD (1991) Assessment of negative symptoms: instruments and evaluation criteria.

In: Marneros A, Andreasen NC, Tsuang MT (eds) Negative vs. positive schizophrenia. Springer, Berlin Heidelberg New York Tokyo

Taylor MA (1972) Schneiderian first rank symptoms and clinical prognostic features in schizophrenia. Arch Gen Psychiatry 26: 64–67

Tsuang MT, Gilbertson MW, Faraone SV (1991) Genetic transmission of negative and positive symptoms in the biological relatives of schizophrenics. In: Marneros A, Andreasen NC, Tsuang MT (eds) Negative vs. positive schizophrenia. Springer, Berlin Heidelberg New York Tokyo

van Kammen DP, Peters JL, Yao J, van Kammen WB, Neylan T, Shaw D (1991) Noradrenergic mechanisms, state dependency, and negative symptoms in schizophrenia. In: Greden JF, Tandon R (eds) Negative schizophrenic symptoms: pathophysiology and clinical implications. American Psychiatric Press, Washington DC

Wing JK, Cooper JE, Sartorius N (1982) Die Erfassung und Klassifikation psychiatrischer Symptome: Beschreibung und Glossar des PSE (Present State Examination). Beltz, Weinheim

Korrespondenz: Prof. Dr. A. Marneros, Psychiatrische Universitätsklinik, Julius-Kühn-Straße 7, D-06112 Halle, Bundesrepublik Deutschland

Probleme der Abgrenzung von Depression, Akinese und Minussymptomatik mittels Beurteilungsskalen und Verhaltensbeobachtung: Meßmethodisches Artefakt oder Ausdruck pathogenetischer Identität?

W. Gaebel und **W. Wölwer**

Psychiatrische Klinik, Heinrich-Heine-Universität, Rheinische Landes- und Hochschulklinik, Düsseldorf, Bundesrepublik Deutschland

Einleitung

Die sogenannte Minussymptomatik stellt ein mit sozialen Defiziten eng verknüpftes und heute noch schwer behandelbares Krankheitsmerkmal Schizophrener dar. Sie ist kein einheitliches Konstrukt, sondern umfaßt z. B. nach der Definition von Andreasen (1982) unter anderem affektive, kognitiv-attentionale und sozialintegrative Teildimensionen. Vor allem im affektiven Bereich bestehen klinisch Überschneidungen zu einer Reihe phänomenologisch ähnlicher neuropsychiatrischer Syndrome mit veränderter Psychomotorik wie Depressivität, Parkinsonoid und Akinese. Hieraus erwachsen therapeutisch relevante differentialdiagnostische Probleme, die dringend einer Lösung bedürfen. Allerdings ist erst nach Ausschluß meßmethodischer Ursachen für diese psychopathologischen Abgrenzungsschwierigkeiten die Frage gemeinsamer pathogenetischer Mechanismen in Betracht zu ziehen. Gewisse Hinweise auf derartige Gemeinsamkeiten und damit Belege für die intra- und inter-nosologische Unspezifität der Minussymptomatik – d. h. Abgrenzungsprobleme sowohl innerhalb als auch zwischen nosologischen Gruppen – ergeben sich u. a. aus entsprechenden neurobiologischen Konzepten und Befunden (Gaebel 1993).

Klinische Syndromcharakteristika

Akinese, auch als „motorische Sperrung" bezeichnet, wird zu den katatonen Störungen gerechnet. Diese sind unwillkürliche motorische Erscheinungen, die in ausgeprägter Form zum (katatonen) Stupor mit Bewegungslosigkeit und Mutismus führen können. Von Kahlbaum (1874) zunächst als nosologische Einheit beschrieben, von Kraepelin später als besondere Form der Dementia praecox klassifiziert, stellt die Katatonie mit Sperrungs- oder Erregungszuständen bis heute vor allem eine typologische Unterform der Schizophrenie dar (z. B. ICD 9/10, DSM-III-R), wenngleich das Auftreten katatoner Symptome auch im Rahmen verschiedenster Hirnkrankheiten oder – wie nachfolgend ausgeführt – als neuroleptische Behandlungskomplikation beobachtet wird (Taylor 1990).

Im Aufnahmebefund eines unausgelesenen klinischen Krankenguts schizophrener Patienten (ICD 9, Psychiatrische Klinik der Freien Universität Berlin) waren gemäß AMDP – differentialtypologisch mehrdeutige – akinetische Merkmale wie Mutismus, Antriebsarmut und Affektarmut in 15 bis 42 %, eindeutige katatone Merkmale wie Parakinesen und Manirismus in 6 bis 21 % der Patienten zu beobachten. Der Anteil dieser Merkmale lag bei katatonen Schizophrenien z. T. erheblich höher.

Neben dem Vorkommen bei katatonen Störungen bildet Akinese zusammen mit Rigor und Tremor auch die motorische Trias des neuroleptisch induzierten Parkinsonoids. Akinese, Hypokinese oder Bradykinese – auch zusammenfassend als Akinese bezeichnet (Marsden 1989) – kennzeichnen dabei ein hinsichtlich Initiative, Ausmaß und Geschwindigkeit reduziertes Bewegungsverhalten, das bereits wenige Tage nach Beginn einer Neuroleptikamedikation auftreten kann, später gefolgt von Rigor, Tremor, Gang- und Haltungsanomalien sowie vegetativen Erscheinungen. Das klinische Bild ist charakterisiert durch ein ausdrucksloses Gesicht, fehlende Mitbewegungen, monotone Sprache, Handschriftverkleinerung und allgemein reduzierte Bewegungsabläufe.

Die klinische Inzidenz des Parkinsonoids wird – abhängig von der Art und Dosierung des Neuroleptikums, von Individualdisposition, Alter und Geschlecht – mit durchschnittlich 15 % angegeben (Simpson et al. 1981), Prävalenzraten streuen zwischen 2 %–95 % (Sovner und Dimascio 1978). Am schizophrenen Krankengut der Berliner Universitätsklinik lag die Prävalenz von Merkmalen der Symptomtrias bereits im Aufnahmebefund zwischen 5 % (Hypokinese) und 8 % (Rigor, Tremor), bei katatonen Schizophrenien deutlich höher.

Von der vielschichtigen Symptomatik eines *depressiven Syndroms* erscheinen im vorliegenden Zusammenhang insbesondere die üblicherweise mit der subjektiv erlebten depressiven Stimmung einhergehende psychomotorische Verlangsamung und das reduzierte affektive Ausdrucksverhalten relevant. Eine depressive Symptomatik wird auch im Rahmen schizophrener Psychosen in allen Verlaufsabschnitten beobachtet. Vermutlich als Ausdruck von Differenzierungsschwierigkeiten werden katatone dabei häufiger als schizoaffektive Psychosen als depressiv eingeschätzt.

Im Aufnahmebefund des Patientenguts der Berliner Universitätsklinik war eine – auch auf subjektiver Patienteneinschätzung beruhende – deprimierte Stimmung gemäß AMDP bei der Hälfte aller Schizophrenen zu beobachten. Allerdings war ein depressives Syndrom bei Schizophrenien nur etwa halb so häufig wie bei Affektpsychosen. In einer prospektiven post-stationären 3-Jahres-Verlaufsstudie (ICD 9, n = 86; Gaebel 1989a) fand sich ein depressives Syndrom (AMP) bei Entlassung in 23 %, nach 1 Jahr in 31 % und nach 3 Jahren in 27 % der Fälle, Zahlen, die den Ergebnissen anderer Studien entsprechen (McGlashan und Carpenter 1976, Bandelow et al. 1990).

Zur Depressionsentstehung bei Schizophrenen sind verschiedene Hypothesen aufgestellt worden, die sich im wesentlichen auf das unterschiedlich akzentuierte Zusammenspiel morbogener, pharmakogener und psychoreaktiver Faktoren beziehen (Heinrich 1967, Helmchen und Hippius 1967, Bandelow et al. 1990). Im Kontext der vorliegenden Arbeit sind zwei Varianten dieser Hypothesen von besonderer Bedeutung: die Vortäuschung einer Depression durch eine (pharmakogene) Akinese („akinetic depression") oder durch eine (morbogene) Negativsymptomatik (s. u.).

Hinsichtlich der Verlaufsstabilität wiesen im stationären Akutverlauf 56 % der Schizophrenen Besserungen und nur 13 % Verschlechterungen auf, nach einjährigem post-stationärem Verlauf entsprechend 14 % Besserungen und 24 % Verschlechterungen (Gaebel 1989a). Diese Zahlen entsprechen für den Akutverlauf den Befunden von Möller und von Zerssen (1981, 1982), während Lerner und Moscovich (1985) über eine Persistenz depressiver Symptomatik unter neuroleptischer Akutbehandlung berichten. Insgesamt weisen diese Befunde eher darauf hin, daß Neuroleptika in der Mehrzahl der Fälle depressive Syndrome bei schizophrener Grunderkrankung bessern oder unbeeinflußt lassen, an ihrem Neuauftreten jedoch nur in einer Minderzahl der Fälle beteiligt sind. Dies ist möglicherweise im poststationären Verlauf anders (Bandelow et al. 1990). Galdi et al. (1981) weisen unter pharmakogenetischem Aspekt darauf hin, daß Schizophrene mit depressiver Heredität unter Neuroleptika verschiedener Substanzklassen bevorzugt ein depressives Syndrom und Parkinsonsymptomatik entwickeln.

Am meisten im Fluß ist derzeit der konzeptuelle, methodische und empirische Forschungsstand zur sogenannten *Negativ- oder Minussymptomatik.* Fragen, wie die nach exakter Definition, nosologischer Spezifität, Zeitstabilität, Verlaufsstadienspezifität, klinischen Korrelaten, Behandlungsansprechen, prognostischer Wertigkeit und Ätiopathogenese sind nach wie vor nicht befriedigend beantwortet (Gaebel 1989b, 1990a). Hinsichtlich der Definition wird in den meisten Konzeptionen jedoch ein Störungsmuster aus Affektverflachung, Inaktivität, Interessen- und Initiativeverlust sowie sozialem Rückzug als Negativsymptomatik bezeichnet (Klosterkötter 1990). Besondere Relevanz kommt für das vorliegende Problem dabei der Affektverflachung zu, die sich – entsprechend der Affektdefinition im Glossar des DSM-III-R (APA 1987) – phänomenologisch im wesentlichen in einem reduzierten Ausdrucksverhalten darstellt.

Die Beobachtungshäufigkeit negativer Symptomatik hängt erheblich von der Auswahl ihrer Definitionskriterien, aber auch von der betrachteten schizophrenen Untergruppe ab. Bei affektiven, speziell depressiven Psychosen finden sich Negativsymptome häufig jedoch noch stärker ausgeprägt als bei schizophrenen Psychosen. In der bereits genannten prospektiven Verlaufsstudie (Gaebel 1989a) wurde ein apathisches Syndrom (AMP) – als Äquivalent der Minussymptomatik – bei Entlassung bei 72 %, nach einem Jahr bei 71 % und nach 3 Jahren bei 61 % der Schizophrenen beobachtet. Hinsichtlich der Verlaufsstabilität wiesen im vorangehenden stationären Verlauf 61 % Besserungen und 26 % Verschlechterungen auf, nach einjährigem post-stationärem Verlauf hatten sich 40 % gebessert, 36 % verschlechtert und 24 % nicht verändert. Demnach muß insbesondere das postakute Syndrom als relativ persistent gelten (Pogue-Geile und Harrow 1984, 1985, Johnstone et al. 1986). Aber auch im Akutverlauf erweist sich die Ausprägung einzelner

Dimensionen der SANS (Scale for the Assessment of Negative Symptoms, Andreasen 1982) bei Schizophrenen unter neuroleptischer Behandlung im Vergleich zu depressiven Patienten trotz ähnlicher Ausgangsbefunde als stärker veränderungsresistent. Vergleichbare Befunde berichtet Lewine (1990).

Methodische Abgrenzungsprobleme

Wie bereits in der Übersicht zum klinischen Vorkommen der einzelnen Syndrome betont, sind einige Kernsymptome bei affektiven Psychosen in ähnlicher Häufigkeit zu beobachten wie bei schizophrenen Psychosen. Dies mag als ein Hinweis auf die nosologische Unspezifität der Syndrome oder auf Abgrenzungsprobleme zwischen ihnen gewertet werden. Auch korrelativ findet sich zwischen den verschiedenen Syndromen häufig ein beträchtlicher Zusammenhang, der auf Überlappungen hinweist. So ergab sich in verschiedenen eigenen Studien bei schizophrenen Psychosen eine Korrelation zwischen depressiver und negativer Symptomatik um r = .35–.40 mit leicht ansteigender Tendenz in späteren Verlaufsstadien (Gaebel 1989a, Gaebel et al. 1988, 1990a). Zwischen extrapyramidal-motorischer und depressiver bzw. negativer Symptomatik fanden sich etwas geringere, obgleich statistisch noch immer signifikante Zusammenhänge um r = .30 (Bandelow et al. 1990; vgl. auch Gaebel 1993).

Schwierigkeiten der gegenseitigen Abgrenzung werden in der Literatur vielfach diskutiert. Verschiedene Arbeiten befassen sich speziell mit Fragen der Abgrenzung von depressiver Symptomatik und Parkinsonoid (Van Putten und May 1978, Hogarty und Munetz 1984, Siris 1987), von negativer Symptomatik und Parkinsonoid (Van Putten et al. 1990), von depressiver und negativer Symptomatik (Siris et al. 1988, Kulhara et al. 1989), sowie von allen drei Syndromen (Rifkin et al. 1975, Craig et al. 1985, Lindenmayer und Kay 1987, Prosser et al. 1987, Van Putten und Marder 1987, Barnes et al. 1989, DeLeon et al. 1989, Lewine 1990). Katatone Akinese spielt hingegen vor allem eine Rolle bei der Abgrenzung zum malignen neuroleptischen Syndrom (Caroff et al. 1991).

Die Unsicherheit hinsichtlich der Abgrenzbarkeit bzw. der nosologischen Unspezifität der verschiedenen Syndrome basiert nicht zuletzt auch auf der Unterschiedlichkeit der jeweiligen Konzeptualisierung und der benutzten meßmethodischen Zugänge (Walker und Lewine 1988). Am häufigsten werden für eine Beschreibung der verschiedenen Syndrome Daten aus Fremd- und Selbstbeurteilungen verwendet, während Daten aus kontrollierten Erhebungen mit objektivierter Verhaltensbeobachtung oder direkter Reaktionsmessung bislang kaum verfügbar sind. Gerade von Daten, die über die letztgenannten meßmethodischen Zugänge gewonnen werden, wäre allerdings allein aufgrund deren höherer Meßqualität (Objektivität, Reliabilität, Differenzierungsgrad) ein genauerer Aufschluß über Abgrenzungsmöglichkeiten und nosologiespezifische Häufigkeitsverteilungen zu erwarten. Ebenso beziehen sich die vorhandenen Befunde in der Regel auch nur auf einen Teilbereich der potentiell nutzbaren Informationsquellen: so finden beispielsweise physiologische Veränderungen im Vergleich zu subjektiv-verbalen oder motorischen Veränderungen kaum Berücksichtigung (Wölwer 1992).

Kulhara et al. (1989) führen den korrelativen Zusammenhang zwischen depressiver und negativer Symptomatik auf syndromunspezifische Merkmale wie motorische Verlangsamung zurück. Ähnlich sieht Benson (1990) in einer psychomotorischen Retardierung, die mit subjektiv unspezifischen und objektiv charakteristischen mentalen (Bradyphrenie) und motorischen Phänomenen einhergeht, das unspezifische Achsensyndrom der hier betrachteten Symptombilder. Tatsächlich ist phänomenologisch allen Syndromen eine reduzierte Motorik, insbesondere im Ausdrucksverhalten gemein. Unklar bleibt jedoch, inwieweit dieses gemeinsame Bindeglied im overten Verhalten auf eine gemeinsame oder auf eine jeweils unterschiedliche neurobiologische Grundlage zurückzuführen ist. Denkbar erscheint, daß es sich bei der Akinese – zumindest bei der neuroleptisch induzierten – um eine primäre Störung des motorischen Outputs, bei der Negativsymptomatik und insbesondere der Depressivität dagegen primär um eine Störung der Emotionalität handelt, die sich – neben subjektiv-verbalen und physiologischen Veränderungen i. S. der für emotionale Reaktionen allgemein angenommenen Reaktionstrias (Lolas 1988) – unter anderem in veränderter Ausdrucksmotorik niederschlägt. Untersuchungen, die einer daraus ableitbaren Reaktionsdissoziation zwischen subjektiv-verbalen und physiologischen Veränderungen auf der einen und motorisch-verhaltensmäßigen Reaktionen auf der anderen Seite bei akinetischen Syndromen gegenüber kongruenten Mehrebenenveränderungen bei depressiven und negativen Syndromen nachgegangen wären, fehlen jedoch bislang. Zu einer darüber hinausgehenden Differenzierung zwischen Depressivität und Affektverflachung im Rahmen der Minussymptomatik könnte wiederum ein Vergleich des „Reaktions- bzw. Symptommusters“ und des Zusammenhangs zwischen verschiedenen Komponenten der Syndrome bei den jeweiligen „Kriteriumsgruppen“, d. h. bei Depressiven (Depressivität) und Schizophrenen (Minussymptomatik), beitragen.

Eigene empirische Befunde

In einer Untersuchung zur objektivierenden Verhaltensanalyse schizophrener Residualsyndrome (Gaebel und Renfordt 1988, Gaebel 1990b) wurden an 34 akut Schizophrenen (RDC) sowie an 23 Depressiven (Major Depression, RDC) mittels Fremdbeurteilungsskalen u. a. Positiv- und Negativsymptomatik (BPRS, SANS), Depressivität (HAMD) und Akinese (EPS, AMDP) nach vierwöchiger medikamentöser Behandlung (bei Schizophrenen mit Perazin oder Haloperidol) erfaßt. Darüber hinaus wurden verschiedene Ausdrucksmerkmale (Mimik, Gestik, Stimmfrequenz, Sprechaktivität) in einem halbstandardisierten, emotionsinduzierenden Interview sowie in verschiedenen Standardreizsituationen aus Videoaufzeichnungen off-line mittels objektiver Methoden erfaßt und quantitativ analysiert. Mimische Aktivität wurde über die Anzahl der pro Zeiteinheit gezeigten muskulären Aktionseinheiten (Action Units) gemäß dem Facial

Action Coding System (FACS, Ekman und Friesen 1978) operationalisiert, gestische Aktivität entsprechend über die zeitrelativierte Anzahl von sprach- bzw. körperbezogenen Gesten (Illustratoren bzw. Adaptoren, Freedman 1972), Sprechaktivität über die prozentuale Sprechzeit des Patienten während des Interviews und die Prosodie der Sprache über die Variation der Stimmgrundfrequenz beim Vorlesen von Standardsätzen.

Zum Vergleich wurden 22 psychiatrisch unauffällige, altersparallelisierte Kontrollpersonen unter gleichen Bedingungen untersucht.

Hinsichtlich der auf Skalenebene erfaßten Depressivität (HAMD) zeigte sich, daß die im Vergleich zu Depressiven insgesamt deutlich geringeren HAMD-Summenwerte von Schizophrenen insbesondere auf depressions-unspezifischen Symptomen basierten, wie z. B. Beeinträchtigung der Arbeit (Motivationsverlust), paranoide Symptome, Depersonalisation und mangelnde Krankheitseinsicht sowie – in geringerem Maße – Angst und Erregung, für die bei Schizophrenen z. T. sogar höhere Ausprägungen ermittelt wurden als bei Depressiven. Im engeren Sinne depressionsspezifische Merkmale wie depressive Stimmung und depressive Hemmung waren bei Schizophrenen nur sehr gering und im Vergleich zu Depressiven deutlich niedriger ausgeprägt. Diese Befunde verdeutlichen den in Abhängigkeit vom Kriterium „Diagnose" unterschiedlichen Stellenwert von „Depressivität" für das Vorliegen eines skalenmäßig erfaßten „depressiven" Syndroms.

Bezüglich der verschiedenen Symptome aus der SANS-Subskala „Affektverflachung" war im akuten Querschnitt nahezu kein Unterschied zwischen Schizophrenen und Depressiven feststellbar (von deutlich häufigeren – jedoch für Affektverflachung eher untypischen – parathymen Reaktionen bei Schizophrenen abgesehen). Lediglich im Zeitverlauf sowie in der Übereinstimmung von fremd- und selbstbeurteilter Affektverflachung zeigten sich Unterschiede zwischen Schizophrenen und Depressiven: letztere wiesen bei gleichem Ausgangsniveau eine ausgeprägtere Besserung ihrer fremdbeurteilten Affektverflachung auf und schätzten deren Niveau und Verlauf selbst adäquater ein.

Auch anhand objektiver Ausdrucksmerkmale waren Depressive und Schizophrene im akuten Querschnitt zunächst nicht zu differenzieren. Beide Gruppen zeigten gegenüber gesunden Kontrollen in allen untersuchten Bereichen ein deutliches Ausdrucksdefizit. Im Verlauf zeigten allein Depressive eine Zunahme gestischer Aktivität, insbesondere bzgl. körperfokussierter Gestik. Für die anderen Merkmale zeigten sich keine bedeutsamen Veränderungen. Entsprechend trugen nach vierwöchiger Behandlung in einer Diskriminanzanalyse Merkmale der Gestik von allen objektiven Ausdrucksmerkmalen am meisten zu einer signifikanten Trennung zwischen Schizophrenen und Depressiven bei (insgesamt $Chi^2 = 24.7$, $p<.001$, 80.6 % korrekt klassifizierte Patienten).

Zur Frage des Zusammenhangs von objektiv erhobenen Ausdrucksmerkmalen und subjektiv erlebter Affektverflachung mit den verschiedenen skalenmäßig erfaßten Syndromen wurden – getrennt für Depressive und Schizophrene – Regressionsanalysen berechnet. Die mittels

Tabelle 1. Signifikante Prädiktoren von Kernmerkmalen der Depressivität. Negativsymptomatik und Akinese bei Schizophrenen und Depressiven

	Bedeutsame Prädiktoren bei			
	Schizophrenen		Depressiven	
Kriterium (Symptom)	Variable	kum.R^2	Variable	kum.R^2
Depress. Stimmung (HAMD-Item 1)	subj. Affektverflachung	.23	subj. Affektverflachung	.47
			Sprechaktivität I	.61
			Sprechaktivität II	.71
Depress. Hemmung (HAMD-Item 8)	——		Sprechaktivität I	.52
			subj. Affektverflachung	.64
Akinese (EPS-Item „Gang")	mimische Aktivität I	.09	///	
Akinese (AMDP-Item „Hypokinesien")	——		///	
Affektverflachung (SANS-Subskala)	Sprechaktivität	.33	subj. Affektverflachung	.46
	subj. Affektverflachung	.47		
	mimische Aktivität I	.53		
	mimische Aktivität II	.64		
	Prosodie	.68		

mimische Aktivität I : mimische Aktivität während des Interviews
mimische Aktivität II : mimische Aktivität während Betrachtung emotionaler Bilder
Sprechaktivität I : prozentuale Sprechdauer des Patienten im Interview
Sprechaktivität II : mittlere Dauer einer Sprecheinheit des Patienten im Interview
Prosodie : Variabilität der Stimmgrundfrequenz bei Standardsätzen

—— = keine bedeutsamen Prädiktoren nachweisbar; /// = aufgrund fehlender Varianz des Kriteriums nicht bestimmbar

Fremdbeurteilungsskalen erhobenen „Kriterien" der verschiedenen Syndrome wurden dabei zur Vermeidung von Unschärfen durch Einbeziehung von eher syndromunspezifischen Symptomen auf die für die vorliegende Problemstellung relevanten Kernbereiche eingeengt (vgl. Tabelle 1). D. h. statt der alle Items umfassenden Skalensummenwerte wurden als Kernmerkmale der Depressivität lediglich die HAMD-Items „Depressive Stimmung" und „Depressive Hemmung" und als Merkmale der Akinese das EPS-Item „Störungen des Gangs"[1] sowie das AMDP-Item „Hypokinesien" verwendet. Negativsymptomatik wurde auf den Bereich der Affektverflachung beschränkt, die über den Summenwert der entsprechenden SANS-Subskala operationalisiert wurde. Im Hinblick auf das sich erst im Behandlungsverlauf entwickelnde Parkinsonoid bei Schizophrenen wurden die Berechnungen ausschließlich auf der Basis der Werte zum Vierwochenzeitpunkt vorgenommen.

[1] Die hier verwendete EPS-Skala (Simpson et al. 1970) enthält – im Gegensatz zur Skala von Webster (1968) – keine spezifischer auf akinetische Symptome ausgerichteten Items als „Störungen des Gangs"

Es zeigte sich, daß objektive Ausdrucksmerkmale wie Sprechaktivität, Mimik und Stimmfrequenz bei Schizophrenen ausschließlich mit dem Symptombereich „Affektverflachung" der SANS, nicht jedoch mit der anhand der HAMD beurteilten depressiven Stimmung oder depressiven Hemmung zusammenhingen. Umgekehrt zeigte sich bei depressiven Patienten kein Zusammenhang zwischen Ausdrucksverhalten und fremdbeurteilter Affektverflachung, wohl aber zwischen Ausdrucksmerkmalen – insbesondere Sprechaktivität – und Depressivität. Die subjektive Einschätzung veränderten Affektverhaltens wies dagegen in beiden Patientengruppen jeweils Beziehungen zu beiden Syndromen auf, trennte also nicht zwischen Negativsymptomatik und Depressivität. Interessanterweise ließ sich bei Schizophrenen kein Zusammenhang dieses subjektiven Urteils zu Merkmalen der Akinese nachweisen. Für dieses Syndrom fand sich lediglich eine – allerdings schwache – Beziehung zu reduziertem mimischen Verhalten.

Das in den Referenzgruppen der Schizophrenen und Depressiven zunächst vergleichbar anmutende und damit mehrdeutige und – zumindest im akuten Querschnitt – nicht differenzierende Ausdrucksdefizit könnte demnach in den beiden Gruppen unterschiedliche psychopathologische Konstellationen widerspiegeln: bei Depressiven dürfte es Ausdruck von Depressivität, bei Schizophrenen Ausdruck von Affektverflachung im Rahmen von Negativsymptomatik sein. Depressivität im engeren Sinn scheint dagegen bei Schizophrenen lediglich Ausdruck eines subjektiven Gefühls von Affektverflachung ohne kovariierende Ausdrucksveränderungen zu sein. In diesem Zusammenhang könnte der bereits oben genannte Befund einer – gemessen an der Fremdbeurteilung sowie an objektiven Kriterien – inadäquaten Selbstbeurteilung von Affektverflachung bei Schizophrenen neue Relevanz i. S. einer subjektiven Differenzierungsschwierigkeit zwischen den beiden Syndromen gewinnen. Geht „Depressivität" bei Schizophrenen offensichtlich nur auf

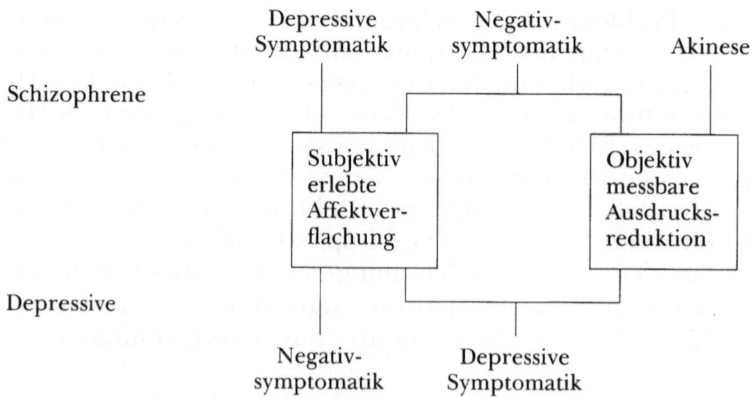

Abb. 1. Hypothetische Zusammenhänge zwischen subjektiver und objektiver Komponente der Affektverflachung und Negativsymptomatik, Depressivität sowie Akinese bei Schizophrenen und Depressiven

die subjektive Einschätzung veränderter Affektivität zurück, scheint das akinetische Syndrom im Gegensatz dazu lediglich ein reduziertes Ausdrucksverhalten, insbesondere in den feinmotorischen Bewegungen mimischer Muskulatur, widerzuspiegeln, ohne damit einhergehende subjektiv-gefühlsmäßige Veränderungen. Abbildung 1 gibt diese hypothetischen Zusammenhänge schematisch wieder.

Obgleich anhand der bislang lediglich in quantitativer Hinsicht betrachteten objektiven Ausdrucksmerkmale eine hinreichend gute Trennung der beiden Gruppen möglich war (s. o.), die bei zusätzlicher Berücksichtigung qualitativer Aspekte (z. B. gruppenspezifische mimische Ausdrucksmuster) noch verbessert werden dürfte, ist die eigentliche Bedeutung von Ausdrucksveränderungen offensichtlich nur durch Berücksichtigung weiterer Beobachtungsebenen, wie z. B. subjektiv-verbaler Beurteilungen, adäquat erschließbar.

Schlußfolgerungen

Zusammengefaßt ergibt sich der Eindruck, daß die hier untersuchten überlappenden Syndrome neben aller Disparität des methodischen Zugangs nach wie vor an einer mangelnden begrifflichen und konzeptuellen Klarheit leiden (Alpert et al. 1989). Die Differenzierung dieser Syndrome unter Berücksichtigung intentionaler, kognitiver, affektiv-motorischer und sozial-kommunikativer Dimensionen erfordert ein adäquates methodisches Instrumentarium, wie es derzeit nur bedingt verfügbar ist oder eingesetzt wurde. Zur Klärung der Frage nach dem meßmethodischen „Artefakt" hinsichtlich der beschriebenen Syndromüberlappung und somit zur Entscheidung über weiterführende neurobiologische Differenzierungsversuche müssen künftig neben psychiatrischen Fremd- und Selbstbeurteilungsskalen vermehrt objektive Methoden der Verhaltensbeobachtung und der Psychophysiologie zum Einsatz kommen (vgl. auch Holzman 1988). Auch wenn die Analogie in ausdrucksmäßigen Komponenten der verschiedenen Syndrome eine ihnen gemeinsame Pathologie zugrundeliegender neuronaler Systeme nahelegt (Gaebel 1993), sollten aus dieser Ähnlichkeit auf *einer* Betrachtungsebene nicht vorschnell Rückschlüsse auf eine pathogenetische Identität gezogen werden, solange andere Betrachtungsebenen nicht systematisch in die Syndromdifferenzierung einbezogen wurden. Erst durch eine solche methodische Erweiterung dürfte es möglich sein, bestimmte Störungsmuster sicher voneinander abzugrenzen und hinsichtlich ihrer nosologischen Spezifität und Zeitstabilität, ihrer pathogenetischen Determinanten sowie ihres Therapieansprechens genauer zu charakterisieren.

Literatur

Alpert M, Rosen A, Welkowitz J, Sobin C, Borod JC (1989) Vocal acoustic correlates of flat affect in schizophrenia. Br J Psychiatry 154: 51–56

Andreasen NC (1982) Negative symptoms in schizophrenia. Definition and reliability. Arch Gen Psychiatry 39: 784–788

APA American Psychiatric Association (1987) Diagnostic and statistical manual of mental disorders (DSM-III-R). APA, Washington DC

Bandelow B, Müller P, Gaebel W, Köpcke W, Linden M, Müller-Spahn F, Pietzcker A, Reischies FM, Tegeler J (1990) Depressive syndromes in schizophrenic patients after discharge from hospital. Eur Arch Psychiatry Clin Neurosci 240: 113–120

Barnes TRE, Liddle PF, Curson DA, Patel M (1989) Negative symptoms, tardive dyskinesia and depression in chronic schizophrenia. Br J Psychiatry 155: 99–103

Benson DF (1990) Behavioral aspects of movement disorders. Neuropsychiat Neuropsychol Behav Neurol 3: 1–2

Caroff SN, Mann SC, Lazarus A, Sullivan K, MacFadden W (1991) Neuroleptic malignant syndrome: diagnostic issues. Psychiatr Ann 21: 130–147

Craig TJ, Richardson MA, Pass R, Bregman Z (1985) Measurement of mood and affect in schizophrenic inpatients. Am J Psychiatry 142: 1272–1277

DeLeon J, Wilson WH, Simpson GM (1989) Measurement of negative symptoms in schizophrenia. Psychiatr Dev 3: 211–234

Ekman P, Friesen WV (1978) Facial action coding system. Consulting Psychologists Press, Palo Alto/Ca

Freedman N (1972) The analysis of movement behavior during the clinical interview. In: Siegman AW, Pope B (eds) Studies in dyadic communication. Pergamon Press, New York

Gaebel W (1989a) Indikatoren und Prädiktoren schizophrener Krankheitsstadien und Verlaufsausgänge. Habilitationsschrift, Freie Universität Berlin

Gaebel W (1989b) Treatment course, clinical and neurobiological correlates of negative symptoms – towards an integrative model of schizophrenia. Schizophr Res 2: 62

Gaebel W (1990a) Erfassung und Differenzierung schizophrener Minussymptomatik mit objektiven verhaltensanalytischen Methoden. In: Möller HJ, Pelzer E (Hrsg) Neuere Ansätze zur Diagnostik und Therapie schizophrener Minussymptomatik. Springer, Berlin Heidelberg New York Tokyo, S 79–90

Gaebel W (1990b) Verhaltensanalytische Forschungsansätze in der Psychiatrie. Nervenarzt 61: 527–535

Gaebel W (1993) Parkinsonoid, Akinese, negative und depressive Symptomatik bei schizophrenen Erkrankungen. In: Möller HJ, Przuntek H (Hrsg) Therapie im Grenzgebiet von Psychiatrie und Neurologie. Springer, Berlin Heidelberg New York Tokyo, S 54–74

Gaebel W, Renfordt E (1988) Objektivierende Verhaltensanalyse schizophrener Residualsyndrome im Verlauf verschiedener therapeutischer Interventionen. Bewilligtes Forschungsvorhaben im Förderschwerpunkt „Therapie und Rückfallprohylaxe psychischer Erkrankungen im Erwachsenenalter" des BMFT

Gaebel W, Pietzcker A, Ulrich G, Schley J, Müller-Oerlinghausen B (1988) Möglichkeiten der Voraussage des Behandlungserfolgs einer Akutbehandlung mit Perazin anhand der Reaktion auf eine Perazintestdosis. In: Helmchen H, Hippius H, Tölle R (Hrsg) Therapie mit Neuroleptika – Perazin. Thieme, Stuttgart New York

Gaebel W, Köpcke W, Linden M, Müller P, Müller-Spahn F, Pietzcker A, Tegeler J (1990) Determinanten schizophrener Residualsymptomatik. In: Lungershausen E, Kaschka WP, Wittkowski RJ (Hrsg) Affektive Psychosen. Schattauer, Stuttgart New York, S 403–405

Galdi J, Rieder RO, Silber D, Bonato RR (1981) Genetic factors in the response to neuroleptics in schizophrenia: a psychopharmacogenetic study. Psychol Med 11: 713–728

Heinrich K (1967) Zur Bedeutung des postremissiven Erschöpfungs-Syndroms für die Rehabilitation Schizophrener. Nervenarzt 38: 487–491

Helmchen H, Hippius H (1967) Depressive Syndrome im Verlauf neuroleptischer Therapie. Nervenarzt 38: 455–458

Hogarty GE, Munetz MR (1984) Pharmacogenetic depression among outpatient-schizophrenic patients: a failure to substantiate. J Clin Psychopharmacol 4: 17–24

Holzman PS (1988) Basic behavioral sciences panel. In: National Institute of Mental Health (ed) A national plan for schizophrenia research. Report of the National Advisory Mental Health Council, Maryland, pp 28–33

Johnstone EC, Owen DGC, Frith CD, Crow TJ (1986) The relative stability of positive and negative features in chronic schizophrenia. Br J Psychiatry 150: 60–64

Kahlbaum K (1874) Die Katatonie. Hirschwald, Berlin

Klosterkötter J (1990) Minussymptomatik und kognitive Basissymptome. In: Möller HJ, Pelzer E (Hrsg) Neuere Ansätze zur Diagnostik und Therapie schizophrener Minussymptomatik. Springer, Berlin Heidelberg New York Tokyo, S 15–24

Kulhara P, Avasthi A, Chadda R, Chandiramani K, Mattoo SK, Kota SK, Joseph S (1989) Negative and depressive symptoms in schizophrenia. Br J Psychiatry 154: 207–211

Lerner Y, Moscovich D (1985) Depressive symptoms in acute schizophrenic hospitalized patients. J Clin Psychiatry 46: 483–484

Lewine RRJ (1990) A discriminant validity study of negative symptoms with a special focus on depression and antipsychotic medication. Am J Psychiatry 147: 1463–1466

Lindenmayer JP, Kay SR (1987) Affective impairment in young acute schizophrenics: its structure, course and prognostic significance. Acta Psychiatr Scand 75: 287–296

Lolas F (1988) Psychophysiological triad and verbal system in the study of affect and emotion. Psychopathology 21: 76–82

Marsden CD (1989) Slowness of movement in Parkinson's disease. Mov Disord 4: 26–37

McGlashan TH, Carpenter WT (1976) An investigation of the postpsychotic depressive syndrome. Am J Psychiatry 133: 14–19

Möller HJ, von Zerssen D (1981) Depressive Symptomatik im stationären Behandlungsverlauf von 280 schizophrenen Patienten. Pharmacopsychiat 14: 172–179

Möller HJ, von Zerssen D (1982) Depressive states occurring during the neuroleptic treatment of schizophrenia. Schizophr Bull 8: 109–117

Pogue-Geile MF, Harrow M (1984) Negative and positive symptoms in schizophrenia and depression: a follow up. Schizophr Bull 10: 371–387

Pogue-Geile MF, Harrow M (1985) Negative symptoms in schizophrenia: their longitudinal course and prognostic importance. Schizophr Bull 11: 427–439

Prosser ES, Csernansky JG, Kaplan J, Thiemann S, Becker TJ, Hollister LE (1987) Depression, parkinsonian symptoms, and negative symptoms in schizophrenics treated with neuroleptics. J Nerv Ment Dis 175: 100–105

Rifkin A, Quitkin F, Klein DF (1975) Akinesia. A poorly recognized drug-induced extrapyramidal behavioral disorder. Arch Gen Psychiatry 32: 672–674

Simpson GM, Angus CHB, Angus JWS (1970) A rating scale for extrapyramidal side effects. Acta Psychiatr Scand 212: 11–19

Simpson GM, Pi EH, Sramek JJ (1981) Adverse effects of antipsychotic agents. Drugs 21: 138–151

Siris SG (1987) Akinesia and postpsychotic depression: a difficult differential diagnosis. J Clin Psychiatry 48: 240–243

Siris SG, Adan F, Cohen M, Mandeli J, Aronson A, Casey E (1988) Postpsychotic depression and negative symptoms: an investigation of syndromal overlap. Am J Psychiatry 145: 1532–1537

Sovner R, DiMascio A (1978) Extrapyramidal syndromes and other neurological side effects of psychotropic drugs. In: Lipton MA, DiMascio A, Killam KF (eds) Psychopharmacology: a generation of progress. Raven, New York, pp 1021–1032

Taylor MA (1990) Catatonia. Neuropsychiat Neuropsychol Behav Neurol 3: 48–72

Van Putten T, May PRA (1978) Akinetic depression in schizophrenia. Arch Gen Psychiatry 35: 1101–1107

Van Putten T, Marder SR (1987) Behavioral toxicity of antipsychotic drugs. J Clin Psychiatry 48: 13–19

Van Putten T, Marder SR, Mintz J (1990) A controlled dose comparison of haloperidol in newly admitted schizophrenic patients. Arch Gen Psychiatry 47: 754–758

Walker E, Lewine RJ (1988) The positive/negative symptom distinction in schizophrenia. Schizophr Res 1: 315–328

Webster DD (1968) Clinical analysis of the disability in Parkinson's disease. Mod Treat 5: 257–282

Wölwer W (1992) Die Bedeutung verschiedener methodischer Ansätze zur Erfassung und Differenzierung emotionaler Prozesse bei psychiatrischen Patienten. In: Gaebel W, Laux G (Hrsg) Biologische Psychiatrie – Synopsis 1990/1991. Springer, Berlin Heidelberg New York Tokyo, S 143–146

Korrespondenz: Prof. Dr. med. W. Gaebel, Psychiatrische Klinik, Heinrich-Heine-Universität, Rheinische Landes- und Hochschulklinik, Postfach 120510, D-40605 Düsseldorf, Bundesrepublik Deutschland

Schizophrene Minussymptomatik: Ein Indikator für die familiär vermittelte Vulnerabilität zur Schizophrenie?

W. Maier, D. Lichtermann, J. Minges und **P. Franke**

Psychiatrische Universitätsklinik, Mainz, Bundesrepublik Deutschland

Negativsymptome der Schizophrenie stellen nicht nur eine Begleitsymptomatik der Positivsymptomatik oder eine Residualsymptomatik nach abgelaufener Positivsymptomatik dar. Verschiedene Varianten von Negativsymptomatik sind in der klassischen Literatur als mögliche Vorläufer (Frühmanifestationen der Positivsymptomatik im Rahmen der Verläufe) der schizophrenen Erkrankungen beschrieben worden. Die neuere Verlaufsforschung hat belegen können, daß Negativsymptome nahezu regelmäßig der Positivsymptomatik zeitlich vorangehen, und daß die mittlere zeitliche Differenz zwischen der Erstmanifestation von negativer und positiver Symptomatik bei Schizophrenen unabhängig von Ersterkrankungsalter und Geschlecht ungefähr zwei Jahre beträgt (Häfner et al. 1992). Die Negativsymptomatik stellt also nach der gegenwärtigen Forschungslage einen fundamentalen Bestandteil der Schizophrenie dar, während Positivsymptomatik hinsichtlich des Zeitpunktes der Erstmanifestation eher sekundärer Natur ist. Diese Zuordnung von Negativ- zu Positivsymptomatik geht auf Jackson zurück (Berrios 1985) und ist daher nicht neu; die Allgemeingültigkeit dieser These wird aber erst aufgrund der neueren Verlaufsforschung weitgehend akzeptiert.

Diese zeitliche Relation des Erstmanifestationsalters legt die Vermutung nahe, daß die sich zuerst manifestierende Negativsymptomatik die spezifischere Symptomatik darstellt, die von der weniger spezifischen Positivsymptomatik gefolgt sein kann. Einige Befunde und Konzepte weisen in diese Richtung. Ohne den Begriff „Negativsymptomatik" zu verwenden hat z. B. Bleuler chronische Formen der Minussymptomatik, die während des gesamten Krankheitsverlaufs keine Positivsymptomatik manifestieren, unter dem Bild einer Schizophrenia simplex beschrieben. Dagegen wird die Gemeinsamkeit der ätiologischen Grundlage zwischen

Schizophrenie und Wahnsyndromen ohne gleichzeitiger Negativsymptomatik eher skeptisch gesehen (Rogers und Winokur 1988). Zu diesen Fragen liegen keine sorgfältigen epidemiologischen Daten vor, denn alle aussagefähigen epidemiologischen Datensätze zur Schizophrenie müssen sich wegen der geringen Prävalenz in der Allgemeinbevölkerung auf hospitalisierte Fälle mit Schizophrenie und verwandten Störungen beziehen. Anlaß der Hospitalisierung ist sehr häufig das zusätzliche Auftreten einer Produktivsymptomatik bzw. die daraus resultierende Verhaltensstörung, so daß bei Vollbildern einer Schizophrenie von einer nahezu hundertprozentigen Rate an Lebenszeithospitalisierungen ausgegangen werden kann. Negativsymptomatik ohne zusätzliche Produktivsymptomatik wird zwar auch bei hinlänglichem Ausprägungsgrad als diagnostisch faßbares Krankheitsbild gewertet (z. B. schizotype Persönlichkeitsstörung oder Schizophrenia simplex). Diese Symptomatik wird aber wahrscheinlich häufig keinen Anlaß zur Inanspruchnahme ärztlicher Dienste geben.

Eine praktikable Strategie zur Identifikation von Personen mit Negativsymptomen, die aber keine produktive Symptomatik aufweisen, können Familienstudien darstellen. Es ist bekannt, daß Schizophrene Störungen zusammen mit den Erkrankungen des „schizophrenen Spektrums" familiär gehäuft auftreten. Daher ist in Familien Schizophrener auch eine Häufung solcher Störungen zu erwarten, die mit der Schizophrenie ätiologische Faktoren oder zumindest ätiologisch relevante, familiäre Faktoren gemeinsam haben. Wenn also die Negativsymptomatik die primäre Symptomatik der Schizophrenie darstellt, ist eine Häufung von Fällen mit Negativsymptomatik in Familien Schizophrener zu erwarten. Da Angehörige Schizophrener nicht über ihr eigenes Inanspruchnahmeverhalten rekrutiert wurden, müßten sich in diesem Kollektiv auch Fälle mit „reiner" Negativsymptomatik, d. h. ohne nachfolgende Positivsymptomatik, finden, vorausgesetzt, Fälle mit „reiner" überdauernder Negativsymptomatik zeigen eine hinlänglich hohe Prävalenz.

Untersuchungen zu Negativsymptomen bei gesunden Angehörigen Schizophrener liegen bisher nur in sporadischer Form vor (Kendler und Diehl 1988). Die Hypothese eines gehäuften Vorkommens von Negativsymptomen bei gesunden Angehörigen Schizophrener ist insofern berechtigt, als einzelne Kriterien der schizotypen Persönlichkeitsstörung Negativsymptome kennzeichnen und schizotypische Persönlichkeitsstörungen gehäuft in Familien Schizophrener vorkommen.

Die hier dargestellten Befunde einer Familienstudie sollen klären:

a) ob in Familien Schizophrener, die durch das Vorliegen einer Positivsymptomatik identifiziert wurden, auch überdauernde Negativsymptome übertragen werden, die nicht Folge schizophrener oder affektiver Psychosen sind und die auch nach einer längeren Verlaufsstrecke nicht in eine schizophrene oder affektive Psychose übergegangen sind;

b) ob die Negativ- oder die Positivsymptomatik als spezifische Komponente der Schizophrenie betrachtet werden kann. Zu diesem Zweck ist zu prüfen, ob eines der beiden Symptommuster ausschließlich in Familien Schizophrener gehäuft vorkommt, oder ob sich auch in Familien affektiv Kranker ein ähnliches Häufungsmuster findet.

Zur Untersuchung dieser Fragestellung ist es erforderlich, Fälle mit Negativsymptomen, die sich sekundär auf der Basis vorbestehender psychischer Erkrankungen entwickelten, auszuschließen. Daher erfolgt eine Beschränkung auf solche Angehörige, die keine psychiatrische Lebenszeitdiagnose von akuter, d. h. Achse-I-Störungen aufwiesen. Diese Einschränkung ist insofern überkonservativ, als Unterschiede sowohl zwischen Angehörigen von Kontrollen als auch Angehörigen von Patienten eine reduzierte Wahrscheinlichkeit haben, entdeckt zu werden. Als Negativ- und Positivsymptomatik werden im folgenden lediglich eine überdauernde Symptomatik oder eine mehrfach manifestierte Verhaltensdisposition betrachtet. Dieses Vorgehen entspricht den meisten ausgearbeiteten Konzepten von Negativsymptomatik (z. B. Carpenter).

Methoden und Stichprobenumfang

Rekrutierungsmodus und diagnostische Erfassung

Nachfolgend berichten wir über eine Teilstichprobe aus einer umfassenden Familienstudie (Maier et al. 1993). Siebenhundertfünfundzwanzig konsekutiv rekrutierte stationäre Patienten (Ausschlußkriterien: organische Krankheitsursache, zerebrales Anfallsleiden, Demenz) mit wenigstens einem lebenden Verwandten 1. Grades, der zu einem persönlichen Interview bereit war, wurden als Probanden in diese Familienstudie eingeschlossen. Alle Probanden wurden mittels des halbstrukturierten, standardisierten SADS-LA Interview zur Erfassung von Achse-I Störungen (Mannuzza et al. 1986) sowie dem strukturierten SCID-II Interview für Persönlichkeitsstörungen (Spitzer et al. 1986) befragt. Sofern ein Proband die RDC und/oder DSM-III-R Kriterien entweder für Schizophrenie, schizophreniformer Störung oder schizoaffektiver Störung, affektiver Störung, Alkoholismus oder Panikstörung erfüllte (n = 625), wurden sämtliche Angehörigen 1. Grades persönlich mit den gleichen Instrumenten befragt. Die vorliegende Arbeit berichtet über die Familien von 101 Patienten mit Schizophrenie (DSM-III-R) und von 160 Patienten mit nicht-psychotischer unipolarer Depression.

109 Kontrollprobanden aus der Allgemeinbevölkerung mit wenigstens einem erreichbaren Angehörigen für ein persönliches Interview wurden von einem Marketing Unternehmen rekrutiert. Die Probanden der Kontrollgruppe wurden nach Alter, Geschlecht, Schulbildung, Sozialstatus und Wohnorten zu einer Zufallsstichprobe von 109 stationären Probanden der Patientengruppe parallelisiert. Darüberhinaus stellte die Kontrollgruppe eine repräsentative Stichprobe aus der Allgemeinbevölkerung dar und wurde nicht nach psychiatrischen oder sonstigen Diagnosen ausgewählt. Neunundzwanzig Kontrollpersonen litten an einer Achse-I Störung (DSM-III-R), zwölf der Kontrollen erfüllten die Kriterien für eine Achse-II Störung, wovon wiederum sechs Kontrollprobanden eine Achse-I Lebenszeitdiagnose erhielten. Alle Probanden der Kontrollgruppe und alle ihrer erreichbaren Verwandten 1. Grades wurden persönlich mit dem SADS-LA und dem SCID-II Interview befragt. Die Befragungen der Angehörigen aus beiden Gruppen wurden blind bezüglich der Diagnosen des Patienten oder Index-Kontrollprobanden durchgeführt; gleichwohl ist in einer Studie dieser Art die vollständige Wahrung der Blindbedingung

nicht immer garantiert. Trotz dieser Einschränkungen ist die Wahrscheinlichkeit eines Beobachtungsbias mit falsch positiver Verstärkung des familiären Risikos für Erkrankungen des schizophrenen Spektrums oder einer fälschlicherweise erhöhten intrafamiliären diagnostischen Homogenität als gering zu erachten.

Lebenszeitdiagnosen wurden entsprechend der von Leckman et al. (1982) vorgeschlagenen Best Estimate Procedure aus sämtlichen verfügbaren Informationsquellen gebildet. Hierbei wurde über alle Probanden der Studie eine ultimative Achse-I Diagnose von zwei erfahrenen Psychiatern, die eine Durchsicht des Interviews, der Krankenakte (sofern es sich um stationäre Patienten handelte) und aller verfügbaren fremdanamnestischen Angaben miteinbezog, erstellt. Nach der gleichen „best Estimate" Prozedur wurden ebenso Achse-II Diagnosen bestimmt: „best estimate" Achse-II Diagnosen bezogen sich jedoch nur auf die persönlich befragten Probanden; alle sonstigen Familienmitglieder, die nicht zu einem direkten Interview zur Verfügung standen, blieben hierfür unberücksichtigt.

Da Informationen über Achse-II Störungen durch fremdanamnestische Angaben der Angehörigen oder Vermerke in der Krankenakte in den meisten Fällen relativ dürftig sind, beziehen sich die diagnostischen Einschätzungen über Vorhandensein von Persönlichkeitsstörungen – von Ausnahmen abgesehen – auf die Daten des direkten SCID-II Interviews mit dem Probanden selbst.

Um die diagnostische Beurteilung der Persönlichkeitsstörungen als zeitlich überdauernde Eigenschaften und Merkmale hinreichend zu sichern, wurden lediglich Probanden über 20 Jahre berücksichtigt; die Kriterien einer Persönlichkeitsstörung wurden dann als erfüllt erachtet: (1) wenn die Störung während der meisten Zeit des Erwachsenseins vorlag und im frühen Erwachsenenalter begann (18–30 Jahre) und (2) wenn die Störung mit hinreichender Sicherheit nicht auf eine unzureichend remittierte Störung der Achse-I zurückzuführen war. Demzufolge wurden Persönlichkeitsabweichungen bei Probanden mit chronischer Schizophrenie, schizoaffektiver Störung, affektiven Erkrankungen oder Panikstörung nur dann als vorhanden gewertet, sofern sie nicht als Konsequenz der Achse-I Erkrankung anzusehen waren. Die Beziehung zwischen Persönlichkeitsstörungen wurde hierarchiefrei gehandhabt: z. B. wenn ein Proband gleichzeitig die Kriterien für zwei Persönlichkeitsstörungen erfüllte, so wurden beide als vorhanden gewertet.

Bei den berichteten Einzelsymptomen gingen sowohl die im diagnostischen Interview gefällten Beurteilungen als auch (soweit erhältlich) Informationen aus Krankenaktenunterlagen und Fremdanamnesen ein.

Auswahl der Vergleichsgruppen

Zur Untersuchung der potentiellen Verteilung von Persönlichkeitsstörungen zu Erkrankungen des schizophrenen Spektrums wurden drei Vergleichsgruppen von der Gesamtstichprobe (Familien der Patienten und Familien der Kontrollen) ausgewählt:

1. Der wichtigste Hinweis dafür, ob eine diagnostische Gruppe zum Schizophrenie-Spektrum gehört, ist die Erhöhung der Prävalenzrate dieser speziellen Diagnose in Familien von Probanden mit Kernsymptomen einer Schizophrenie. Neben ausgeprägten positiven Symptomen einerseits und der Abwesenheit deutlicher affektiver Symptome über einen hinreichend langen Zeitraum andererseits zählen lange anhaltende psychotische Symptome zu den sogenannten Kernsymptomen der Schizophrenie; die DSM-III-R Definition der Schizophrenie erfüllt diese Voraussetzungen.
2. Um die diagnostische Spezifität von Erkrankungen des schizophrenen Spektrums zu untersuchen, ist die Einführung einer zweiten Vergleichsgruppe bestehend aus Probanden mit unipolarer Major Depression ohne psychotische Merkmale (DSM-III-R) notwendig.
3. Kontrollfamilien können auf unterschiedliche Weise identifiziert werden: entweder (a) nach dem Nichtvorhandensein einer psychiatrischen Diagnose eines Kontrollprobanden, der als Indexperson gilt oder (b) in einer repräsentativen Stichprobe aus der Allgemeinbevölkerung, deren Indexprobanden unabhängig von deren psychiatrischen Diagnosen rekrutiert wurden. Tsuang et al. (1988) und Kendler (1988) vertreten den

Tabelle 1. Untersuchte Stichproben: Angehörige einzelner Probandengruppen (nach DSM-III-R)

	Schizophrenie	Unipolare Major Depression (nicht psychotisch)	Kontrollen
Probanden			
Anzahl	101	160	109
Alter (Durchschnitt in Jahren)	36,8	47,2	38,9
Geschlecht (männlich %)	59,4 %	40,6 %	51,4 %
Anzahl der Angehörigen			
Summe	382	602	419
Lebend	344	532	378
Befragte	289	450	320
Probandenangehörige			
Alter (Durchschnitt in Jahren)	44,8	46,0	40,2
Geschlecht (männlich %)	48,4 %	49,6 %	47,2 %

Standpunkt, daß die tatsächliche Prävalenzrate von psychiatrischen Erkrankungen unterschätzt würden, wenn ausschließlich gesunde Kontrollprobanden berücksichtigt werden; zufällig signifikante Befunde könnten fälschlicherweise daraus resultieren, daß Familien von Patienten mit Familien Gesunder verglichen werden. Deshalb schließt die Kontrollgruppe in der vorliegenden Studie auch jene Probanden mit ein, die eine psychiatrische Lebenszeitdiagnose erhielten (siehe dazu auch Maier et al. 1992a). Angehörige von Patienten mit schizoaffektiven Störungen oder weiteren psychischen Störungen blieben unberücksichtigt.

Das Ziel dieser Untersuchung besteht darin zu klären, inwiefern und in welchem Ausmaß Persönlichkeitsstörungen zum Schizophrenie-Spektrum beitragen. Es werden hierzu die Prävalenzraten von Persönlichkeitsstörungen zwischen den Angehörigen 1. Grades der beiden Probandengruppen verglichen. Die dargestellten Daten beziehen sich ausschließlich auf direkt befragte Angehörige. Nur diejenigen Angehörigen mit einer der betreffenden Spektrum-Persönlichkeitsstörung wurden in die Untersuchung eingeschlossen, welche nicht gleichzeitig eine Komorbidität mit Schizophrenie aufwiesen. Die Prävalenzen der Persönlichkeitsstörungen in den jeweiligen Gruppen der Angehörigen 1. Grades jedes Probandentyps werden in der nachfolgenden Tabelle angegeben.

Die untersuchten Stichproben sind in Tabelle 1 dargestellt.

Ergebnisse

Angehörige von Schizophrenen im Vergleich zu Kontrollen

Von den elf DSM-III-R Persönlichkeitsstörungen war lediglich die schizotypische Persönlichkeitsstörung signifikant ($p = 0{,}05$) häufiger bei Angehörigen von schizophrenen Probanden im Vergleich zu Angehörigen der Kontrollen: die relative Häufigkeit war für die Familien Schizophrener siebenfach höher (2,1 %) als in den Kontrollfamilien (0,3 %); in Familien von Patienten mit unipolarer Depression betrug die Prävalenz 0,7 %.

Der Vergleich der Prävalenz schizotypischer Persönlichkeitsstörungen zwischen Familien Schizophrener und Kontrollfamilien erbrachte ein signifikantes Ergebnis (p = 0,3). Schizoide Persönlichkeitsstörungen waren innerhalb der Gruppe der Angehörigen Schizophrener häufiger (0,9 %) als in Kontrollfamilien (0,3 %) zu finden, jedoch war der Unterschied nicht signifikant. Qualitativ stimmen diese Ergebnisse mit anderen Familienstudien überein, obwohl die absoluten Prävalenzraten stark variieren (Coryell et al. 1986, Baron et al. 1983, Kendler 1988).

Familien Schizophrener und Familien von Kontrollen zeigten hinsichtlich der Häufigkeit paranoider Persönlichkeitsstörung keine signifikanten Unterschiede, obgleich ein Trend zu höheren Raten innerhalb der Familien von Schizophrenen zu finden war (1,7 % in Familien Schizophrener verglichen mit 0,9 % in Kontrollfamilien); die Prävalenz in Familien unipolar Depressiver war am höchsten und betrug 2,9 %.

Da sich die Diagnose der schizotypischen Persönlichkeitsstörung aus neun optionalen Kriterien zusammensetzt, bestand der nächste Schritt in der Aufschlüsselung der relativen Häufigkeitsverteilung der einzelnen konstituierenden Items der Kategorie der schizotypischen Persönlichkeitsstörung und ihrer diskriminativen Power bezüglich dieser Diagnose.

Die durch multiples Testen bedingte Fehlerrate wurde durch die Bonferroni Adjustierung für die einzelnen Items reduziert. Vier der neun Items zeigten zumindest einen Trend (p = 0,10 global; p = 0,0011 für individuelle Items) zu Unterscheidung zwischen Angehörigen Schizophrener und Kontrollen (Tabelle 2): „keine engen Freunde oder Vertraute" (Item 6); „verschrobene Sprache" (Item 7) „inadäquater oder eingeengter Affekt" (Item 8); „eigenartiges Verhalten" (Item 5). Item 6 ist gleichwohl nicht diskriminativ zwischen Angehörigen von Schizophrenen und Angehörigen von Patienten mit unipolarer Depression.

Darüberhinaus wurde geprüft, inwiefern die diagnostischen Items der schizotypischen Persönlichkeitsstörung untereinander korrelieren. Dazu wurde eine schrittweise logistische Regressionsanalyse über die einzelnen diagnostischen Kriterien der schizotypischen Persönlichkeitsstörung durchgeführt, wobei ansteigende Chi-Square Werte der Häufigkeiten von jedem bestimmten Item zwischen den beiden Gruppen als signifikante Unterscheidung gewertet wurde. In Übereinstimmung mit unserer Erwartung differenzierte – unter Kontrolle der Kovariation zwischen den Kriterien – nur eine kleine Anzahl der diagnostischen Items zwischen den beiden Vergleichsgruppen. Die folgenden Items erwiesen sich dabei als am stärksten diskriminativ ($p < 0,05$): „keine engen Freunde" (6) mit $p < 0,001$; „verschrobene Sprache" (7) mit $p < 0,002$; „inadäquater Affekt" (8) mit p = 0,001; „eigenartige Verhaltensweisen" (5) mit $p < 0,001$ und „ausgeprägte soziale Ängstlichkeit" (2) mit p = 0,03.

Lediglich drei der Kriterien vermochten es, zwischen Familien Schizophrener und Familien unipolar depressiver Probanden zu unterscheiden: „eigenartige, exzentrische Verhaltensweise oder Erscheinung" (5); „verschrobene Sprache" (7) und „inadäquater oder eingeengter Affekt"

Tabelle 2. Häufigkeiten (Prävalenzen in %, Gruppenunterschiede) einzelner Schizotypie-Kriterien bei Angehörigen ersten Grades von Probanden mit Schizophrenien und von Kontrollen

Kriterium für schizotype Persönlichkeitsstörung (DSM-III-R)	Angehörige von Probanden mit			Statistische Vergleiche (Chi-Square; df = 1)		
	Schizophrenie n = 289	Unipolare Depression (nicht psychotisch) n = 450	Kontrollen n = 320	Insgesamt df = 2	S vs K df = 1	S vs Depr df = 1
Beziehungsideen	12 (4,2 %)	13 (2,9 %)	3 (0,9 %)	7,0*	6,9*	0,8
Extreme soziale Ängstlichkeit	20 (6,9 %)	33 (7,3 %)	10 (3,1 %)	7,4*	4,7*	0,5
Magisches Denken	15 (5,2 %)	25 (5,6 %)	17 (5,3 %)	0,1	0,0	0,0
Ungewöhnliche Wahrnehmungen	13 (4,5 %)	14 (3,1 %)	4 (1,3 %)	6,2*	6,1*	0,9
Seltsames/exzentrisches/bizarres Verhalten	15 (5,2 %)	4 (0,9 %)	4 (1,3 %)	14,9***	8,2*	12,9***
Keine engen Freunde/Vertraute (außer Verwandte)	57 (19,7 %)	69 (15,3 %)	22 (6,9 %)	23,9***	22,7***	2,3
Eigenartige Sprache	18 (6,9 %)	9 (2,0 %)	4 (1,3 %)	14,0***	11,5***	8,7***
Eingeschränkter/inadäquater Affekt	20 (6,9 %)	13 (2,9 %)	7 (2,2 %)	10,0*	8,3**	6,5*
Argwohn/paranoide Vorstellungen	21 (7,3 %)	33 (7,3 %)	14 (4,4 %)	3,4	2,3	0,0

* $0{,}01 < p < 0{,}05$; ** $0{,}001 < p < 0{,}01$; *** $p < 0{,}001$

(8). Interessant ist in diesem Zusammenhang, daß alle diese drei diskriminativen Items das Ausdrucksverhalten der Angehörigen betreffen.

Diskussion

Bei Angehörigen Schizophrener wie auch bei einigen Angehörigen von Kontrollen konnten eindeutige, überdauernde Negativsymptome wie affektive Verflachung oder sozialer Rückzug beobachtet werden, die nicht mit einer produktiven Symptomatik assoziiert waren. Die Normabweichungen, die familiäre Faktoren mit der Schizophrenie gemeinsam haben, sind also nicht auf die diagnostisch identifizierbaren Psychosyndrome, die zum schizophrenen Spektrum gehören, beschränkt, sondern umfassen auch klinische Symptome. Dabei spielen Positivsymptome eine geringere Rolle, da diese auch gehäuft in Familien affektiv Kranker auftreten.

Sämtliche „negativen" und die Mehrzahl der „positiven" Symptome (Ausnahmen: eigenartige Glaubensinhalte oder magisches Denken, Mißtrauen) zeigten sich mindestens zweifach häufiger in Familien Schizophrener im Vergleich zu Familien von Kontrollprobanden. Die nach unserem Wissen einzige Studie, die einen Häufigkeitsvergleich der konstituierenden diagnostischen Items der schizotypischen Persönlichkeitsstörung sowohl zwischen Familien Schizophrener und Familien unipolar depressiver Probanden, als auch Familien von Kontrollprobanden beinhaltet, wurde in einer Stichprobe des „New York High Risk Projects" durchgeführt (Squires-Wheeler et al. 1989). Obgleich beide Studien hinsichtlich der absoluten Prävalenzraten divergieren, so können doch die gleichen Schlußfolgerungen gezogen werden, sofern man von zwei Ausnahmen absieht: „soziale Isolationsneigung" und „übermäßige soziale Ängstlichkeit" waren in der New Yorker Stichprobe gleich häufig in Kontrollfamilien wie in Familien Schizophrener vertreten. In unserem Datensatz wurden beide Kriterien überzufällig häufig innerhalb Familien Schizophrener erfüllt, jedoch nicht in unserem Kollektiv der Kontrollfamilien. Bezüglich der diagnostischen Spezifität befindet sich die vorliegende Studie mit dem New Yorker Sample in partieller Übereinstimmung: wir betrachten drei Kriterien, welche sich auf das Ausdrucksverhalten („verschrobene Sprache", „inadäquater Affekt", „eigenartige Verhaltensweisen") beziehen, als ausreichend diskriminativ zwischen Familien von Schizophrenen und Familien von Kontrollen, nicht jedoch zwischen Familien mit Probanden einer unipolaren Major Depression und Kontrollfamilien. Im Gegensatz zu unseren Befunden, beobachteten Squires-Wheeler et al. (1989) zwei Kriterien („eigenartige Verhaltensweisen" und „wiederkehrende Wahnvorstellungen") , die zusätzlich auch zwischen Familien unipolar Depressiver und Kontrollfamilien unterschieden.

Zusammenfassend erwiesen sich in unserer Studie weniger die „positiven" Symptome als vielmehr hauptsächlich eine Reihe von „negativen“ Symptomen, die sich auf das Ausdrucksverhalten bezogen, als äußerst sensitiv in der Identifizierung Angehöriger Schizophrener, welche nicht die Kriterien des vollen Schizophreniesyndroms erfüllten; damit werden auch frühe Befunde von Rüdin (1916) bestätigt. Die klassische psychiatrische Literatur, die sich mit normabweichenden Verhaltensweisen bei Angehörigen Schizophrener beschäftigt (für einen Überblick siehe Kendler 1985), betrachtet in dieser Hinsicht Symptome wie Affektverflachung und bizarres Verhalten als hervorstechende Merkmale. Aufgrund dieser Befunde (hauptsächlich Kallmann 1939 und Kretschmer 1927) erwarteten wir, daß soziale Isolationstendenzen ein spezifisches Charakteristikum von Persönlichkeitsstörungen des schizophrenen Spektrums darstellen; allerdings mußten wir feststellen, daß sich in dieser Hinsicht sowohl in unseren Untersuchungen, als auch unter Hinzuziehung der Ergebnisse des „New York High Risk Projects“, kein Unterschied gegenüber Angehörigen unipolar depressiver Probanden ergab. Eine Re-Analyse der „Danish Adoption Study“ (Gunderson et al. 1983) unterstrich die Bedeutung der „negativen“ Symptome der schizotypischen Persönlichkeitsstörung mit einem besonderen Vermerk auf Symptome wie Affektverflachung, sozialem Rückzug und sozialer Ängstlichkeit. Einschränkend gilt jedoch hierfür, daß diese Re-Analyse sich lediglich auf die Unterscheidung zwischen schizophrenen und Kontrollfamilien bezog, und nicht das Ziel einer diagnostischen Unterscheidung beinhaltete.

Gleichwohl kann ein Einwand bei allen Studien – einschließlich der hier vorliegenden – geltend gemacht werden: möglicherweise werden diejenigen hervorstechenden und abweichenden Verhaltensmerkmale, die sehr deutlich beobachtet werden können (z. B. verschrobene Sprache, bizarres Erscheinungsbild und Verhalten) überbewertet, und zwar unabhängig von der Kooperationsbereitschaft der Probanden während des Interviews.

Faßt man alle Beobachtungen zusammen, so erscheint die Sensitivität in der Identifikation von Angehörigen Schizophrener größer für die „negativen“ als für die „positiven“ Symptome; falls die diagnostische Spezifität (gegenüber affektiven Störungen) in Bezug zur Schizophrenie als entscheidendes Kriterium betrachtet wird, so stellen abweichende Muster im Ausdrucksverhalten (Affektverflachung, eigenartiges Verhalten) differenzierende Kriterien dar.

Diese Familienstudie hat also belegt, daß überdauernde negative Symptome im familiärem Umfeld der Schizophrenie eine Häufung zeigen. Positivsymptome spielen dabei keine entscheidende vermittelnde Rolle. Die in epidemiologischen Studien gefundene primäre Rolle der Negativsymptome bildet sich also auch in Familienstudien ab. Unter den relevanten Einzelsymptomen sind in dieser Hinsicht insbesondere die Affektverflachung und bizarres Verhalten relevant.

Für die psychiatrische Forschung in Risikopopulationen für Schizophrenie ist die Identifikation von biologischen Markern bzw. Endophänotypen von zentraler Bedeutung; die vorliegende Studie zeigte, daß die Erfassung der Minussymptomatik bei Angehörigen schizophrener Patienten ein möglicher Indikator für die familiär vermittelte Vulnerabilität der Schizophrenie darstellt. In diesem Zusammenhang sollten zukünftige Studien prüfen, inwiefern das Vorhandensein und das Ausmaß von Negativsymptomatik bei Angehörigen Schizophrener mit anderen postulierten Indikatoren der familiär übertragenen Vulnerabilität für Schizophrenie korreliert. Darüberhinaus könnten subklinische Ausprägungen wie Affektverflachung die Sensitivität der Erkennung des Phänotyps in Kopplungsanalysen steigern.

Literatur

Baron M, Gruen R, Asnis L, Kane J (1983) Familial relatedness of schizophrenia and schizotypal states. Am J Psychiatry 140: 1437–1442

Berrios GE (1985) Positive and negative symptoms and Jackson. A conceptual history. Arch Gen Psychiatry 42: 95–97

Carpenter WT, Buchannan RW, Kirkpatrick B, Thaker G, Tamminga C (1991) Negative symptoms: a critique of current approaches. In: Marneros A, Andreasen NC, Tsuang MT (eds) Negative versus positive symptoms. Springer, Berlin Heidelberg New York Tokyo, pp 126–133

Coryell WH, Zimmerman M (1989) Personality disorders in the families of depressed, schizophrenic, and never-ill probands. Am J Psychiatry 142: 447–455

Frances A (1985) Validating schizotypal personality disorders: problems with the schizophrenia connection. Schizophr Bull 11: 595–597

Gunderson JG, Siever LJ, Spaulding E (1983) The search for a schizotype: crossing the border again. Arch Gen Psychiatry 40: 15–22

Häfner H, Maurer K, Löffler W, Riecher-Rössler A (1991) Schizophrenie und Lebensalter. Der Nervenarzt 62: 536–548

Kallmann FJ (1938) The genetics of schizophrenia. JJ Augustin, New York

Kendler KS (1985) Diagnostic approaches to schizotypal personality disorder: a historical perspective. Schizophr Bull 11: 538–553

Kendler KS (1988) Familial aggregation of schizophrenia and schizophrenia spectrum disorders: evaluation of conflicting results. Arch Gen Psychiatry 45: 377–383

Kendler KS, Masterson CC, Davis KL (1985) Psychiatric illness in first-degree relatives of patients with paranoid psychosis, schizophrenia and medical illness. Br J Psychiatry 147: 524–531

Kendler KS, Diehl SR (1993) The genetics of schizophrenia: a current, genetic-epidemiologic perspective. Schizophr Bull 19: 261–285

Kretschmer E (1921) Körperbau und Charakter, 1. Aufl. [26. Aufl. (1977) W. Kretschmer (Hrsg)] Springer, Berlin

Leckman JF, Sholomskas D, Thompson WD, Belanger A, Weissman MM (1982) Best estimate of lifetime psychiatric diagnosis: a methodological study. Arch Gen Psychiatry 39: 879–883

Mannuzza S, Fyer AJ, Klein DF, Endicott J (1986) Schedule for affective disorders and schizophrenia – lifetime version (modified for the study of anxiety disorders): rational and conceptual development. J Psychiatr Res 20: 317–325

Rogers KL, Winokur G (1988) The genetics of schizoaffective disorder and the schizophrenia spectrum. In: Tsuang MT, Simpson JC (eds) Handbook of schizophrenia, vol 3. Elsevier, New York

Rüdin E (1916) Zur Vererbung und Neuentstehung der Dementia Praecox. Springer, Berlin

Spitzer RL, Williams JBW, Gibbon M (1986) Structured clinical interview for DSM-III-R personality disorders (SCID-II, 5/1/86). Biometric Research Department, New York State Psychiatric Institute

Squires-Wheeler E, Skodol AE, Bassett A, Erlenmeyer-Kimling L (1989) DSM-III-R schizoty-

pal personality traits in offspring of schizophrenic disorder, affective disorder, and normal control patients. J Psychiatr Res 23: 229–239
Tsuang MT, Fleming JA, Kendler KS, Gruenberg AS (1988) Selection of controls for family studies: diases and implications. Arch Gen Psychiatry 45: 1006–1008

Korrespondenz: Priv.-Doz. Dr. W. Maier, Psychiatrische Universitätsklinik, Untere Zahlbacher Straße 8, D–55131 Mainz, Bundesrepublik Deutschland

Entwicklung von zwei neuen AMDP-Syndromen zur Erfassung der chronisch schizophrenen Symptomatik

B. Woggon, M. Albers, H. H. Stassen, G. B. Schmid, M. Mann, M. Tewesmeier, M. Gladen, G. Sander, G. Mekler, Y. Attinger und **J. Good**

Psychiatrische Universitätsklinik, Zürich, Schweiz

Einleitung

In den letzten Jahren hat sich ein vermehrtes Interesse der sogenannten Negativ- oder Minussymptomatik zugewendet, die für die Behandlung und Rehabilitation schizophrener Patienten weit größere Probleme aufwerfen kann als die mit den zur Verfügung stehenden Behandlungsstrategien relativ gut beeinflußbaren produktiven psychotischen Symptome.

Die Fragwürdigkeit der zeitweise recht populär gewesenen Dichotomisierung schizophrener Krankheitsbilder in Positiv- und Negativsyndrome zeigt sich im täglichen Umgang mit schizophrenen Patienten. Bei genauerer Kenntnis der Patienten sind nämlich Zurückgezogenheit und Apathie oftmals durch quälende Halluzinationen, also produktive Symptome bedingt.

Es gibt eine ganze Reihe von Ratingskalen, die zur Erfassung der sogenannten Negativ- oder Minussymptomatik besonders gut geeignet sind (Mundt und Kasper 1990). Immer wieder wurde versucht, eine reproduzierbare Syndromstruktur dieser verschiedenen Ratingskalen zu finden. Dahinter steht der Wunsch, die Minussymptomatik in ähnlicher Weise strukturieren zu können wie die produktive Symptomatik. Seit 1985 sind 15 faktorenanalytische Untersuchungen erschienen (Tabelle 1), die sich zumindest teilweise ausdrücklich auf chronisch schizophrene Patienten beziehen. Im allgemeinen sind sie gekennzeichnet durch sehr kleine Fallzahlen und die Verwendung von meist nur ein oder zwei die psychopathologische Symptomatik nur sehr global erfassenden Instrumenten.

Fenton und McGlashan (1992) kommen beim Vergleich verschiedener Negativsyndromkonzepte zum Schluß, daß Übereinstimmung nur

Tabelle 1. Faktorenanalytische Untersuchungen seit 1985

Erster Autor	Jahr	Patienten	Instrumente	Faktoren
Addington	1991	41	SANS SAPS	2
Arndt	1991	93 52 62	SANS SAPS	3
Bilder	1985	32	SANS SADS	3
Dollfuss	1992	62	SANS SAPS PANSS	PANSS 4 SANS/SAPS 2
Gibbons	1985	416	11 IMPS-items	3
Goldman	1991	40	SANS BPRS	3
Gur	1991	47	SANS SAPS BPRS	3
Kay	1990	240	PANSS	4
Kulhara	1986	89	SANS SAPS	3
Lepine	1989	101	PANSS	4
Liddle	1989	40	SANS SAPS	3
Maier	1990	130	SANS SAPS	3
Mortimer	1990	62	SANS HEN CPRS	3
Mundt	1989	100	INSKA	7
Schröder	1992	50	BPRS	4

für die beiden Symptome Affektarmut und Spracharmut besteht, während die Bedeutung aller anderen Phänomene umstritten ist.

Bisherige Arbeiten zur Negativ- oder Minussymptomatik im AMDP-System

Die Faktorenanalysen zum AMP-System (ältere Fassung des AMDP-Systems) wurden 1983 von Baumann et al. zusammengestellt. Im gleichen Jahr und Buch wurden die jetzt allgemein verwendeten AMDP-Syndrome von Pietzcker et al. (1983) veröffentlicht. Sie basieren auf einer Faktorenanalyse der AMDP-Befunde einer diagnostisch heterogenen

Tabelle 2. Apathisches Syndrom des AMDP-Systems (Pietzcker et al. 1983)

- gehemmtes Denken
- verlangsamtes Denken
- umständliches Denken
- eingeengtes Denken
- affektarm
- affektstarr
- antriebsarm
- sozialer Rückzug

Tabelle 3. Negative Symptome im AMDP-System (nach Good 1989, Straumann 1989 und Angst et al. 1989)

- Konzentrationsstörungen
- gehemmtes Denken
- verlangsamtes Denken
- eingeengtes Denken
- Sperrungen
- Inkohärenz
- Gefühl der Gefühllosigkeit
- affektarm
- Parathymie
- affektstarr
- Antriebsarmut
- Mutismus
- sozialer Rückzug
- verminderte Libido

Stichprobe von 2313 Patienten, die 1980 in den Psychiatrischen Universitätskliniken Berlin und München untersucht wurde. Das Apathische Syndrom (Tabelle 2) korreliert hoch mit anderen Minussymptomatikskalen (Mundt und Kasper 1990, Zinner et al. 1990).

I. Good und D. Straumann haben 1989 fünfzig in der Psychiatrischen Universitätsklinik Zürich hospitalisierte Patienten mit chronischer Schizophrenie untersucht und die Befunde dokumentiert mit dem AMDP-System (Arbeitsgemeinschaft für Methodik und Dokumentation in der Psychiatrie, AMDP 1981), der SANS (Scale for the Assessment of Negative Symptoms; Andreasen 1983) und der NSRS (Negative Symptom Rating Scale; Iager et al. 1985). 14 AMDP-Symptome (Tabelle 3) korrelierten hoch mit SANS- und NSRS-Items und wurden zu einer Liste Negativer AMDP-Symptome zusammengestellt (NAMDP; Angst et al. 1989). Eine Faktorenanalyse konnte wegen der kleinen Patientenzahl (N = 50) nicht durchgeführt werden.

Tabelle 4. Verwendete psychopathologische Instrumente

AMDP	Arbeitsgemeinschaft für Methodik und Dokumentation in der Psychiatrie (AMDP 1981)
InSka	Intentionalitäts-Skala (Mundt et al. 1985)
PANSS	Positive and Negative Syndrome Scale (Kay et al. 1987)
SANS	Scale for the Assessment of Negative Symptoms (Andreasen 1983)
HAMD	Hamilton Depressions Skala (Hamilton 1960, 1967)

Von M. Albers formulierte Denkstörungen:
Verschwommenes Denken: Die Begriffe sind unscharf und vage, die Äußerungen sind in größeren Zusammenhängen nicht verständlich. Ein vager thematischer Zusammenhang bleibt erkennbar, Themenwechsel vollziehen sich durch allmähliches Entgleiten des bisherigen Themas. Typischerweise finden sich auch Vorbeireden, Kontaminationen, Verschiebungen und Substitutionen sowie Neologismen.

Sprunghaftes Denken: Das Denken ist assoziativ gelockert, es treten zahlreiche, den Sinnzusammenhang durchbrechende Gedankensprünge auf, so daß der Eindruck einer bei jedem Einfall wechselnden Denkrichtung entsteht

Fragestellung und Methodik

Ziel der vorliegenden Untersuchung war es, an einer ausreichend großen Patientenstichprobe möglichst umfassend und differenziert psychopathologische Phänomene zu erfassen, um so einen vertieften Einblick in die Syndromstruktur bei chronischer Schizophrenie zu gewinnen. Außerdem sollte die Aussagefähigkeit bereits vorliegender psychopathologischer Beurteilungsbögen überprüft werden und das AMDP-System eventuell um geeig-nete Items ergänzt werden. Damit sollte eine verbesserte standardisierte Erfassung schizophrener Symptome erreicht werden, um so den Effekt therapeutischer Interventionen gezielter überprüfen zu können. Es sollte also eine Negativsymptomatik-Skala zum AMDP entwickelt werden.

Zusätzlich zu den Ratingskalen zur Erfassung der psychopathologischen Symptomatik wurden von M. Albers noch zwei Denkstörungen formuliert, die im wesentlichen auf Carl Schneider (1930) zurückgehen (Tabelle 4).

In sieben Einzeluntersuchungen wurden 199 Patienten in vier psychiatrischen Institutionen des Kantons Zürich untersucht. Nachdem an einer ersten Teilstichprobe die Retest-Reliabilität der verwendeten psychopathologsichen Instrumente überprüft worden war (Tewesmeier 1992), wurden die weiteren Patienten einmalig exploriert und die psychopathologischen Befunde mit den in Tabelle 4 zusammengestellten Ratingskalen registriert. Darüber hinaus wurden die Einstellung zu Behandlung und Erkrankung, soziale und psychiatrische Anamnese und Verlaufsdaten erhoben sowie der Behandlungsstatus dokumentiert. Das Ausmaß der sozialen Behinderung wurde mit dem Berner Behinderungserhebungsbogen (Hodel et al. 1990) erfaßt.

Beschreibung der Patientenstichprobe

Es wurden 199 Patienten mit chronischer Schizophrenie in die Studie aufgenommen. Als chronisch definieren wir eine Schizophrenie, wenn ihre Symptomatik mindestens 2 Jahre lang andauernd vorhanden ist.

Von den 199 Patienten waren 125 zum Untersuchungszeitpunkt in stationärer Behandlung (66 in der Kantonalen Psychiatrischen Klinik Rheinau und 59 in der Psychiatrischen Universitätsklinik Zürich). 74 Patienten wurden ambulant behandelt (40 in Winterthur und 34 in Zürich). Die Aufenthaltsdauer der Patienten in der jeweiligen Einrichtung betrug bis zur Studie im Mittel 5 Jahre (SD 9 Jahre, Maximum 44 Jahre). Das Alter

Tabelle 5. Diagnosen (ICD 9 und 10) der 199 Patienten

Anzahl	Diagnose
110	paranoide Schizophrenie
41	katatone Schizophrenie
23	schizophrenes Residuum
15	hebephrene Schizophrenie
5	Schizophrenia simplex
3	schizoaffektive Psychose
1	undifferenzierte Schizophrenie
1	postschizophrene Depression

Tabelle 6. Vorläufige Zweifaktorenlösung

Faktor 1	*Faktor 2*
Auffassungsstörungen	verlangsamt
eingeengt	Grübeln
perseverierend	Zwangsdenken
ideenflüchtig	Depersonalisation
Vorbeireden	ratlos
inkohärent	Gefühl der Gefühllosigkeit
Neologismen	affektarm
Wahnstimmung	Störung der Vitalgefühle
Wahnwahrnehmung	deprimiert
Wahneinfall	hoffnungslos
Wahngedanken	ängstlich
systematisierter Wahn	klagsam/jammerig
Wahndynamik	Insuffizienzgefühle
Beziehungswahn	antriebsarm
Verfolgungswahn	sozialer Rückzug
Grössenwahn	soziale Umtriebigkeit*
andere Wahninhalte	Suizidalität
Stimmenhören	Müdigkeit
and. akust. Halluzinationen	Appetit vermindert
Gedankenentzug	Herzdruck
and. Fremdbeeinflussungserlebn.	Kopfdruck
gereizt	Autismus
Parathymie	Krankheitsgefühl
affektlabil	feinschlägiger Tremor
motorisch unruhig	
maniriert/bizarr	
Mangel an Krankheitseinsicht	
Ablehnung der Behandlung	*Faktor 1 und 2*
Schwindel	Konzentrationsstörungen
Tremor	Merkfähigkeitsstörungen
Beschäftigung erschwert	Gedächtnisstörungen
Zusatzitems (Albers):	umständlich
verschwommenes Denken	Körperhalluzinationen
sprunghaftes Denken	Derealisation
	euphorisch*
	gesteigertes Selbstwertgefühl*
	antriebsgesteigert*
	logorrhoisch*
	Mangel an Krankheitsgefühl*

* entgegengesetzt gepolt

Tabelle 7. Endgültige Zweifaktorenlösung

AMDP-item	Symptom
Faktor 1	
19	perseverierend
22	ideenflüchtig
23	Vorbeireden
36	Wahngedanken
37	system. Wahn
38	Wahn-Dynamik
39	Beziehungswahn
40	Beeintr.– Verfolgungswahn
66	euphorisch
72	gesteig. Selbstwertgefühl
85	manieriert/bizarr
88	logorrhoisch
98	Mangel an Krankheitseinsicht
99	Ablehnung der Behandlung
118	Schwindel
R08	Beschäftigung erschwert
A11	verschwommenes Denken
A12	sprunghaftes Denken
Faktor 2	
AMDP-item	Symptom
59	ratlos
92	sozialer Rückzug
95	Suizidalität
97	Mangel an Krankheitsgefühl (umgekehrt gepolt)
105	Müdigkeit
R02	Autismus
R07	Krankheitsgefühl

bei der Aufnahme in die psychiatrische Einrichtung betrug im Mittel 37 Jahre (SD 11 Jahre, Spannbreite 19–62 Jahre). Das Ersterkrankungsalter betrug im Mittel 25 Jahre (SD 8 Jahre, Spannbreite 13–56 Jahre). Die Krankheitsdauer betrug im Mittel 12 Jahre (SD 9 Jahre, Maximum 41 Jahre). Von den 199 in die Studie einbezogenen Patienten waren 144 Männer (72 %) und 55 Frauen (28 %).

Die Diagnosen nach ICD 9 (Degkwitz et al. 1980) und ICD 10 (Dilling et al. 1991) sind in Tabelle 5 zusammengestellt. Nur vier Patienten hatten ausgeprägtere affektive Symptome: eine postschizophrene Depression und drei schizoaffektive Psychosen.

Ergebnisse

Das AMDP-System umfaßt 140 Symptome, davon 100 psychische und 40 somatische. Die Zürcher Version enthält zusätzlich 8 psychische und 21 somatische Reserve-items. Um in die Faktorenanalyse einbezogen zu werden mußten items eine Häufigkeit von ≥ 10 % und ≤ 93 % haben. 109 Symptome konnten in die Faktorenanalyse einbezogen werden.

Um die Stabilität und Reproduzierbarkeit der Faktorenstruktur zu gewährleisten, wurden nach dem Zufallsprinzip acht mal zwei Stichprobenhälften gebildet. Zwei Kriterien waren hier maßgebend. Erstens mußte jeder Faktor eine mittlere Ähnlichkeit über alle möglichen Vergleiche (8 x 7/2 = 28) aufzeigen. Zweitens wurden nur diejenigen items beibehalten, die bei sieben Lösungen im gleichen Faktor vorhanden sind. Auf diese Weise ergaben sich zwei Faktoren (Tabelle 6).

Nach Ausschluß derjenigen items, die mit den übrigen nur wenig korrelierten, ergaben sich zwei Faktoren mit 18 items (16 AMDP, verschwommenes und sprunghaftes Denken) und 7 items. Der erste Faktor enthält formale Denkstörungen, Wahnsymptome und maniforme Symptome. Der zweite Faktor enthält eigentliche Minussymptome wie sozialen Rückzug und Autismus (Tabelle 7). Der erste Faktor erklärt 12,5 % der Varianz und der zweite Faktor 7,5 %, zusammen werden also 20 % der Varianz erklärt. Selbst bei Anwendung ganz verschiedener Transformationen war es nicht möglich, eine Normalverteilung zu erreichen.

Die beiden neu bestimmten AMDP-Faktoren wurden mit den anderen psychopathologischen Instrumenten korreliert (Tabelle 8). Bei der Vielzahl der Berechnungen wurde alpha auf 0,01 angehoben. Bei 199 Personen werden dann Spearman Rank Korrelationen signifikant, wenn sie mindestens 0,1831 betragen.

Erwartungsgemäß korreliert Faktor 1 sehr hoch mit den produktive Symptomatik erfassenden Syndromen der anderen Ratingskalen und Faktor 2 vor allem mit den negativen und depressiven Syndromen der anderen Instrumente. Faktor 1 zeigt die höchste Korrelation (0,86) mit dem paranoiden AMDP-Syndrom. Faktor 2 zeigt die höchste Korrelation (0,78) mit dem manisch-depressiven AMDP-Syndrom; auch die Korrelation mit der Hamiltonskala für Depressionen liegt mit 0,62 höher als die Korrelationen mit den SANS-Faktoren (0,33 bis 0,50).

Faktor 2 der endgültigen Zweifaktorenlösung (Tabelle 7) ist mit 7 items sehr „mager" ausgefallen. Außerdem ist es aus klinischer Sicht nicht sinnvoll, immer wieder andere items zur Erfassung der gleichen Symptomatik zu verwenden. Aus diesen Gründen haben wir uns entschlossen, die endgültige Zweifaktorenlösung nicht unverändert zu lassen. Wir haben diejenigen Symptome dazugenommen, die zusätzlich in der vorläufigen Zweifaktorenlösung (Tabelle 6) oder in einem früheren AMDP-Vorschlag zur Erfassung der Minussymptomatik (Apathisches Syndrom nach Pietzcker 1983; Negative AMDP-Symptome nach Good 1989, Straumann 1989 und Angst et al. 1989) enthalten waren oder von Fenton und McGlashan (1992) als reproduzierbare Minussymptome definiert worden waren. Ist ein Symptom nicht in der endgültigen Zweifaktorenlösung enthalten, so muß es mindestens in zwei der anderen Vorschläge vorkommen. In Tabelle 9 sind die Quellen der Symptome angegeben. Somatische Symptome (Schwindel, Müdigkeit) aus der endgültigen Zweifaktorenlösung wurden nicht berücksichtigt. Außerdem wurde das item Mangel an Krankheitsgefühl ausgeschlossen, weil es umgekehrt gepolt war und sowieso schon Krankheitsgefühl im Faktor 2 vorkommt.

Tabelle 8. Spearmansche Rangkorrelationen zwischen den beiden Faktoren der endgültigen Zweifaktorenlöung (Tabelle 7) und den Syndromen der anderen psychopathologischen Ratingskalen

Syndrome	Rho mit EF1	Rho mit EF2
AMDP, Zürich		
Apathisches	0,26*	0,56*
Halluzinatorisch-desintegratives	0,74*	0,20*
Hostilitäts-Syndrom	0,59*	-0,15
Manisches	0,55*	-0,12
Somatisch-depressives	0,07	0,50*
Paranoides	0,86*	0,14
Katatones	0,49*	0,46*
Gehemmt-depressives	0,35*	0,51*
Hypochondrisches	0,14	0,64*
Psychoorganisches	0,47*	0,31*
Vegetatives	0,31*	0,23*
Neurologisches	0,32*	0,29*
Manisch-depressives	-0,10	0,78*
Schizophrenes	0,72*	0,40*
PANSS		
Positive scale	0,77*	0,19*
Negative scale	0,43*	0,51*
SANS		
Affective flattening or blunting	0,36*	0,47*
Alogia	0,22*	0,50*
Avolition – Apathy	0,42*	0,45*
Anhedonia – Asociality	0,45*	0,33*
Attention	0,47*	0,35*
HAMD		
17 items	0,25*	0,62*
24 items	0,38*	0,62*
INSKA		
Motorischer Antrieb	0,22*	0,51*
Sprachverhalten	0,56*	0,42*
Affektive Reaktionen	0,38*	0,31*
Wahn und Autismus	0,70*	0,23*
Initiative und Motivation	-0,16	0,06
Sozialverhalten	-0,33*	-0,25*

* signifikant ($p \leq 0{,}01$)

Auf diese Weise haben wir die in Tabelle 9 dargestellten zwei neuen AMDP-Syndrome zur Erfassung der chronisch schizophrenen Symptomatik zusammengestellt. Das desorganisiert-paranoide Syndrom enthält 22 Symptome, das apathisch-autistische Syndrom 11 Symptome.

Die Benennung der beiden Syndrome ist nicht so ganz einfach, weil das apathisch-autistische Syndrom einige Symptome enthält, die typische depressive Symptome sind: Gefühl der Gefühllosigkeit und Suizi-

Tabelle 9. Zwei neue AMDP-Syndrome zur Erfassung der chronisch schizophrenen Symptomatik

Desorganisiert-paranoides Syndrom (DPS)								
AMDP-item	Symptom	EF1	EF2	VF1	VF2	P	N	F
10	Konzentrationsstörungen			+	+		+	
17	umständlich			+	+	+		
18	eingeengt			+		+	+	
19	perseverierend	+						
22	ideenflüchtig	+						
23	Vorbeireden	+		+				
25	inkohärent			+			+	
36	Wahngedanken	+		+				
37	system. Wahn	+		+				
38	Wahndynamik	+		+				
39	Beziehungswahn	+		+				
40	Beeintr.- Verfolgungswahn	+		+				
66	euphorisch	+		+	+			
72	gesteig. Selbstwertgefühl	+		+	+			
76	Parathymie			+			+	
85	maniriert/bizarr	+		+				
88	logorrhoisch	+		+	+			
98	Mangel an Krankheitseinsicht	+		+				
99	Ablehnung der Behandlung	+		+				
R08	Beschäftigung erschwert	+		+				
R09	verschwommenes Denken	+		+				
R10	sprunghaftes Denken	+		+				
Apathisch-autistisches Syndrom (AAS)								
AMDP-item	Symptom	EF1	EF2	VF1	VF2	P	N	F
15	gehemmt					+	+	
16	verlangsamt				+	+	+	
59	ratlos		+		+			
60	Gefühl der Gefühllosigkeit				+		+	
61	affektarm				+	+	+	+
79	affektstarr					+	+	
87	mutistisch						+	+
80	antriebsarm				+	+	+	
92	sozialer Rückzug		+		+	+	+	
95	Suizidalität		+		+			
R02	Autismus		+		+			
R07	Krankheitsgefühl		+		+			

Quellen
EF1 endgültige Lösung Faktor 1 (Tabelle 7)
EF2 endgültige Lösung Faktor 2 (Tabelle 7)
VF1 vorläufige Lösung Faktor 1 (Tabelle 6)
VF2 vorläufige Lösung Faktor 2 (Tabelle 6)
P Apathisches Syndrom nach Pietzcker (Tabelle 2)
N Negative Symptome (Tabelle 3)
F Fenton

dalität. Es zeigt sich, daß sich ohne Berücksichtigung von Bereichen wie Körperpflegeverhalten, Größe des Freundeskreises und Hobbies kein eigentlicher Negativfaktor finden läßt.

Dieses Ergebnis stimmt die Autoren zwiespältig, um nicht zu sagen ambivalent. Einerseits ist es natürlich frustrierend, wenn man keine „bessere" Lösung findet als andere Autoren. Andererseits bestätigt es unsere klinische Erfahrung, daß reine Negativ- oder Minussymptomatik nur auf dem Papier vorkommt und sich in einer großen Gruppe von chronisch schizophrenen Patienten nicht finden läßt.

Diskussion

Es zeigt sich immer wieder, daß Faktorenanalysen an verschiedenen Patientenstichproben zu etwas unterschiedlich zusammengesetzten Symptomgruppen oder Syndromen führen. Man muß unterscheiden zwischen mathematischer Reproduzierbarkeit und Stabilität einerseits und klinischer Relevanz von gewissen Items oder Item-Kombinationen andererseits. Aus diesem Grund erscheint es uns notwendig, die faktorenanalytisch gewonnenen Faktoren in der Weise zu ergänzen, daß klinisch möglichst brauchbare Syndrome entstehen. Auf diese Weise kann man die Ergebnisse früherer Minussymptomatik-Arbeiten mit dem AMDP-System weitgehend berücksichtigen, die sich ja als brauchbare Lösungen erwiesen haben. Unsere zwei neuen AMDP-Syndrome zur Erfassung der chronisch schizophrenen Symptomatik enthalten alle Symptome des Apathischen Syndroms nach Pietzcker et al. (1983) und zwölf der vierzehn Negativen Symptome im AMDP-System (Good und Straumann 1989, Angst et al. 1989). Sie enthalten auch die beiden Symptome Affektarmut und Spracharmut (mutistisch), die von Fenton und McGlashan (1992) bei einem Vergleich verschiedener Negativsyndromkonzepte als reproduzierbare Minussymptome beschrieben worden sind. Die zusätzlich von M. Albers formulierten Denkstörungen (verschwommenes und sprunghaftes Denken) werden als Reserve-items R9 und R10 in den psychopathologischen Befundbogen des AMDP-Systems aufgenommen.

Literatur

Addington J, Addington D (1991) Positive and negative symptoms of schizophrenia. Their course and relationship over time. Schizophr Res 5: 51–59

AMDP/Arbeitsgemeinschaft für Methodik und Dokumentation in der Psychiatrie (Hrsg) (1981) Das AMDP-System. Manual zur Dokumentation psychiatrischer Befunde, 4. Aufl. Springer, Berlin Heidelberg New York

Andreasen NC (1983) The Scale for the Assessment of Negative Symptoms (SANS). University of Iowa, Iowa City

Angst J, Stassen HH, Woggon B (1989) Effect of neuroleptics on positive and negative symptoms and the deficit state. Psychopharmacology 99: 41–46

Arndt S, Alliger RJ, Andreasen NC (1991) The distinction of positive and negative symptoms. The failure of a two dimensional model. Br J Psychiatry 158: 317–322

Baumann U, Pietzcker A, Woggon B (1983) Syndromes and scales in the AMP-System. Mod Probl Pharmacopsychiatry 20: 74–87

Bilder RM, Mukherjee D, Rieder R0, Pandurangi AK (1985) Symptomatic and neuropsychological components of defect states. Schizophr Bull 11: 409–419

Degkwitz R, Helmchen H, Kockott G, Mombour W (1980) Diagnosenschlüssel und Glossar psychiatrischer Krankheiten, 5. Aufl. (korrigiert nach der 9. Revision der ICD). Springer, Berlin Heidelberg New York

Dilling H, Mombour W, Schmidt MH (1991) Internationale Klassifikation psychischer Störungen. ICD-10 Kapitel V (F). Klinisch-diagnostische Leitlinien. Huber, Bern Göttingen Toronto

Dollfuss S, Petit M, Menard JF, Lesieur P (1992) Stability of principal component analysis of PANSS and SANS-SAPS. A prospective one-year follow-up in schizophrenia. Clin Neuropharmacol 15 [Suppl 1]:51b

Fenton WS, McGlashan TH (1992) Testing systems for assessment of negative symptoms in schizophrenia. Arch Gen Psychiatry 49: 179–184

Gibbons RD, Lewine RRJ, Davis JM, Schooler NR, Cole JO (1985) An empirical test of a kraepelinian vs. a bleulerian view of negative symptoms. Schizophr Bull 11: 390–396

Goldman RS, Tandon R, Liberzon I, Goodson J (1991) Stability of positive and negative symptom constructs during neuroleptic treatment in schizophrenia. Psychopathology 24: 247–252

Good I (1989) Minussymptomatik bei chronischer Schizophrenie – Interraterreliabilität zweier Minussymptomatik-Skalen (SANS und NSRS). Dissertation, Zürich

Gur RE, Mozley PD, Resnick SM, Levick S, Erwin R, Saykin AJ, Gur RC (1991) Relations among clinical scales in schizophrenia. Am J Psychiatry 148: 472–478

Hamilton M (1960) A rating scale for depression. J Neurol Neurosurg Psychiatry 23: 56–62

Hamilton M (1967) Development of a rating scale for primary depressive illness. Br J Soc Clin Psychol 6: 278–296

Hodel B, Regli D, Brenner HD, Pauchard JP (1990) Eine Untersuchung zur sozialen Behinderung bei psychiatrischen Langzeitpatienten. Swissmed 12: 35–40

Iager AC, Kirch DC, Wyatt RJ (1985) A negative symptom rating scale. Psychiatr Res 166: 27–36

Kay SR (1990) Significance of the positive-negative distinction in schizophrenia. Schizophr Bull 16: 635–652

Kay SR, Fiszbein A, Opler LA (1987) The Positive and Negative Syndrome Scale (PANSS) for schizophrenia. Schizophr Bull 13: 261–276

Kulhara P, Kota SK, Joseph S (1986) Positive and negative subtypes of schizophrenia. A study from India. Acta Psychiatr Scand 74: 353–359

Lepine JP, Piron JJ, Chapotot E (1989) Factor analysis of the PANSS in schizophrenia patients. In: Stefanis C, Soldatos C, Rabavilas A (eds) Psychiatry today – 8th World Congress of Psychiatry. Excerpta Medica, Amsterdam Oxford New York, p 828 (Abstract)

Liddle PF, Lund LE, McKenna PJ (1990) The positive-negative dichotomy in schizophrenia. Br J Psychiatry 157: 41–49

Maier W, Schlegel S, Klingler T, Hillert A, Wetzel H (1990) Die Negativsymptomatik im Verhältnis zur Positivsymptomatik und zur depressiven Symptomatik der Schizophrenie: Eine psychometrische Untersuchung. In: Möller H-J, Pelzer E (Hrsg) Neuere Ansätze zu Diagnostik und Therapie schizophrener Minussymptomatik. Springer, Berlin Heidelberg New York Tokyo, S 69–78

Mortimer AM, Lund CE, McKenna PJ (1990) The posititve-negative dichotomy in schizophrenia. Br J Psychiatry 157: 41–49

Mundt Ch, Fiedler P, Pracht B, Rettig R (1985) InSka (Intentionalitätsskala) – ein neues psychopathometrisches Instrument zur quantitativen Erfassung der schizophrenen Residualsymptomatik. Nervenarzt 56: 146–149

Mundt Ch, Kasper S (1990) Skalen zur Erfassung schizophrener Minussymptomatik im Vergleich. Lassen sich primäre und sekundäre Minussymptome differenzieren? In: Möller H-J, Pelzer E (Hrsg) Neuere Ansätze zur Diagnostik und Therapie schizophrener Minussymptomatik. Springer, Berlin Heidelberg New York Tokyo, S 47-57

Mundt Ch, Kasper S, Huerkamp M (1989) The diagnostic specifity of negative symptoms and their psychopathological context. Br J Psychiatry 155 [Suppl 7]: 32–36

Pietzcker A, Gebhardt R, Strauss A, Stöckel M, Langer C, Freudenthal K (1983) The syndrome scales in the AMDP-System. Mod Probl Pharmacopsychiatry 20: 88–99

Schneider C (1930) Die Psychologie der Schizophrenen und ihre Bedeutung für die Klinik der Schizophrenie. Thieme, Leipzig

Schröder J, Geider FJ, Binkert M, Reitz C, Jaus M, Sauer H (1992) Subsyndromes in chronic schizophrenia: do their psychopathological characteristics correspond to cerebral alterations? Psychiatr Res 42: 209–220

Straumann D (1989) Sogenannte Minussymptome bei chronischer Schizophrenie. Dissertation, Universität Zürich

Tewesmeier M (1992) Retest-Reliabilität verschiedener Ratingskalen zur Messung der Negativsymptomatik bei schizophrenen Patienten. Dissertation, Universität Zürich

Zinner H-J, Kraemer S, Möller H-J (1990) Empirische Untersuchungen zur Konkordanz verschiedener Minussymptomatik-Skalen sowie zur Korrelation mit testpsychologsichen Befunden. In: Möller H-J, Pelzer E (Hrsg) Neuere Ansätze zur Diagnostik und Therapie schizophrener Minussymptomatik. Springer, Berlin Heidelberg New York Tokyo, S 59–68

Korrespondenz: Prof. Dr. B. Woggon, Psychiatrische Universitätsklinik, Postfach 68, CH-8029 Zürich, Schweiz

Methodische Probleme bei der Analyse von Neuroleptikaeffekten auf Negativsymptomatik

H. Müller und **H.-J. Möller**

Psychiatrische Universitätsklinik, Bonn, Bundesrepublik Deutschland

Einleitung

Viele Autoren gehen davon aus, daß klassische und atypische Neuroleptika auch auf negative Symptome wirken (Goldberg 1985, Meltzer und Zureick 1989, Woggon 1990), wobei im Vergleich zu positiven Symptomen meist eine schwächere und/oder spätere Wirkung vermutet wird (Johnstone 1989). Empirisch gestützt werden diese Aussagen vor allem durch Befunde an Patienten, die sich noch nicht in einem chronisch defizitären Stadium befinden, und bei Grundlegung eines breiten Konzepts der Negativsymptomatik. Offen und fraglich ist jedoch, ob auch *primäre* negative Symptome im Sinne Carpenters (Carpenter et al. 1985) reduziert werden und ob atypische Neuroleptika dabei aufgrund ihres besonderen pharmakologischen Profils spezielle Vorzüge aufweisen (vgl. Möller 1991, 1993). Primäre Negativsymptomatik ist nach Carpenter et al. dadurch definiert, daß sie nicht bedingt ist durch Positivsymptomatik, Neuroleptikanebenwirkungen, Depression oder soziale Unterstimulation. Die meisten Untersuchungen zur Wirkung von Neuroleptika auf Negativsymptomatik lassen die Frage offen, ob sich die beobachteten Effekte auf die Reduktion primärer oder sekundärer Negativsymptomatik beziehen. Es besteht der Verdacht, daß die Effekte auf Negativsymptomatik über Effekte auf Produktivsymptomatik erklärbar sind. Zumindest kam eine der beiden Studien, die dieser Frage nachgegangen sind, zu dieser Schlußfolgerung (Van Kammen et al. 1987). In der anderen Arbeit ließ sich immerhin zeigen, daß der Effekt auf die Negativsymptomatik nicht allein durch eine Reduktion der Positivsymptomatik erklärt werden konnte (Meltzer und Zureick 1989). Komplexere Analysen, die nicht nur dem Effekt auf Produktivsymptomatik Rechnung tragen, sondern gleichzeitig dem Nebenwirkungsprofil bezüglich Parkinsonoid wurden unseres Wissens bisher noch nicht durchgeführt. In der Literatur finden sich lediglich Hinweise, daß Unterschiede im extrapyramidalen Nebenwirkungsprofil zweier Neuroleptika möglicherweise Unterschiede in der Wirkung auf Negativsymptomatik erklären könnten (z. B. Carpenter et al. 1985, Hoffmann et al. 1987, Prosser et al. 1987). Nachfolgend soll ein statistisches Verfahren vorgestellt werden, das den Einfluß von Produktivsymptomatik und Parkinsonoid bei der Beurteilung von pharmakologischen Effekten auf Negativsymptomatik kalkulatorisch berücksichtigt.

Reanalysen von zwei internationalen Studien mit Risperidon und Haloperidol

In zwei internationalen, multizentrischen und doppelblinden Studien wurde die Wirksamkeit verschiedener Dosierungen von Risperidon mit Haloperidol verglichen. Tabelle 1 gibt einen Überblick über die beiden Studien (Janssen Research Foundation 1991, 1992).

Unter anderem wurden die „Positive and Negative Syndrome Scale" (PANSS, Kay et al. 1987) und die „Extrapyramidal Symptom Rating Scale" (ESRS, Chouinard et al. 1980) eingesetzt. Die PANSS enthält unter anderem alle 18 Items der „Brief Psychiatric Rating Scale" (BPRS, Overall und Gorham 1962). Hier wird über die folgenden Variablen berichtet: die Werte der Positiv- und Negativ-Subskala der PANSS, den Gesamtwert und die Werte der Parkinsonismus-Subskala der ESRS und den aus der PANSS abgeleiteten Depressionscluster der BPRS (Summe der Items „Somatische Beschwerden", „Angst", „Schuldgefühle" und „Depression"; keines dieser Items gehört zur Positiv- oder Negativ-Subskala der PANSS).

Tabelle 1. Überblick über das Design der beiden reanalysierten doppelblinden Studien

	„Nordamerikanische Studie"	„Internationale Studie"
Phase, Zeitraum	III, 1989–1991	III: 1989–1991
Länder	Kanada und USA	Argentinien, Belgien, Brasilien, Dänemark, Deutschland, Großbritannien, Italien, Mexiko, Niederlande, Österreich, Schweiz, Spanien, Südafrika
Einschlußkriterien	Chronische Schizophrenie (DSM-III-R); PANSS tot. Score ≥ 60 u. ≤ 120	Chronische Schizophrenie (DSM-III-R) PANSS tot. Score ≥ 60 u. ≤ 120
Design	Placebo, Risperidon 2, 6, 10, 16 mg Haloperidol 20 mg	Risperidon 1, 4, 8, 12, 16 mg Haloperidol 10 mg
(Abkürzungen)	(P/R2/R6/R10/R16/H20)	(R1/R4/R8/R12/R16/H10)
N	520	1362

Zusammenhänge zwischen negativer, positiver, extrapyramidaler und depressiver Symptomatik

Einen ersten Eindruck von den Zusammenhängen zwischen den relevanten Variablen gibt Tabelle 2, die Produkt-Moment-Korrelationen vor und nach der Behandlung und für beide Studien zeigt.

Ergebnisse vor der Behandlung: In beiden Studien weist die Negativ-Skala der PANSS vor der Behandlung eher geringe Korrelationen mit den übrigen Skalen auf. Signifikante Korrelationen gibt es mit Variablen der extrapyramidalen Symptomatik (r = 0,18–0,26) und in der nord-amerikanischen Studie auch mit der Positiv-Skala der PANSS (r = 0,17). Der abgeleitete Depressionscluster der BPRS korreliert dagegen nicht signifikant

Tabelle 2. Produkt-Moment-Korrelationen zwischen positiver, negativer, extrapyramidaler und depressiver Symptomatik: **a** unmittelbar vor Behandlungsbeginn und **b** am Ende der Behandlung (nach 8 Wochen). Links-unterhalb der trivialerweise mit 1 besetzten Diagonalen Ergebnisse der internationalen Studie (N = 1362 vor der Behandlung, N = 1014 in Woche 8), rechts-oberhalb Ergebnisse der nordamerikanischen Studie (N = 520 bzw. 270)

a) Baseline

	PANSS		ESRS		BPRS
	Negativ-Symptom	Positiv-Symptom	extrapyr. Symptom	parkinson. Symptom	depress. Symptom
Negativ-S.	–	*0,17* *	*0,18* *	*0,26* *	*0,11*
Positiv-S.	0,03	–	*0,03*	*0,02*	*0,23* *
extrap. S.	0,18	0,00	–	0,77 *	*0,02*
parkins. S.	0,23	0,01	0,89 *	–	*0,04*
depress. S.	0,03	0,22 *	0,10 *	0,15 *	–

b) Endpunkt (8. Woche)

	PANSS		ESRS		BPRS
	Negativ-Symptom	Positiv-Symptom	extrapyr. Symptom	parkinson. Symptom	depress. Symptom
Negativ-S.	–	*0,50* *	*0,24* *	*0,31* *	*0,17*
Positiv.-S.	0,39 *	–	*0,07*	*0,05*	*0,39* *
extrap. S.	0,23 *	0,14 *	–	*0,71* *	*0,00*
parkins. S.	0,29 *	0,14 *	0,88 *	–	*0,06*
depress. S.	0,17 *	0,40 *	0,15 *	0,20 *	–

* Signifikante Werte ($p < 0,001$)

und tendenziell sogar negativ mit der Negativ-Skala der PANSS. Dies ist ebenso unerwartet wie die signifikanten Korrelationen des Depressionsclusters mit der Positiv-Skala der PANSS (r = 0,22 und 0,23). Für die BPRS berichtet Gaebel (1989) abhängig vom Meßzeitpunkt Korrelationen von 0,34–0,57 zwischen Depressions- und Anergiewerten. Möller und von Zerssen (1986) beobachten zwischen dem IMPS-Faktor Depression und Retardierung/Apathie eine Korrelation von 0,35. Offensichtlich gelingt mit der PANSS hier eine klarere Trennung von depressiver und negativer Symptomatik, allerdings auf Kosten einer geringen, aber signifikanten und schwer interpretierbaren Korrelation zwischen depressiver und positiver Symptomatik. Daß der Gesamtwert der ESRS und der Parkinsonismus-Score sehr hoch korrelieren ist dagegen trivial, da die Items der Parkinsonismus-Subskala in den Gesamtwert mit eingehen.

Ergebnisse nach der Behandlung: Nach achtwöchiger Behandlung ist im wesentlichen eine einzige deutliche Änderung im Korrelationsmuster festzustellen. Positiv- und Negativ-Symptomatik sind nunmehr in beiden Studien hoch und signifikant korreliert (r = 0,39 und 0,50). Vor dem Hintergrund, daß die beiden Skalen vor der Behandlung nicht oder allenfalls geringfügig korrelierten, kann dies nur dadurch erklärt werden, daß Positiv- und Negativ-Symptomatik während der Behandlung in gewissem Umfang gleichsinnig beeinflußt werden. Die Reduktion sekundärer negativer Symptome durch eine Reduktion positiver Symptome stellt hierbei wohl die plausibelste Erklärungsmöglichkeit dar. Daß auch die meisten anderen Korrelationen im Vergleich zur Baseline leicht ansteigen, kann dagegen nicht ohne weiteres inhaltlich interpretiert werden, da die Korrelationstabellen auf unterschiedlichen Patientenzahlen basieren. Aus dem gleichen Grund ist auch beim quantitativen Vergleich der für beide Studien beobachteten Korrelationen Vorsicht geboten.

Zwei methodische Einschränkungen begrenzen den Wert der berichteten Korrelationen. Erstens wurden die Werte der Skalen zum jeweiligen Meßzeitpunkt korreliert, obwohl auch und gerade Veränderungen der Skalenwerte interessieren. Z. B. sollte eine Reduktion der Positiv-Symptomatik eine Re-duktion der (sekundären) Negativ-Symptomatik nach sich ziehen. Zweitens wurde über sehr heterogene Behandlungsbedingungen aggregiert, obwohl am Ende der Behandlung unter den verschiedenen experimentellen Bedingungen möglicherweise verschiedene Zusammenhangsmuster auftreten, da ja „die Behandlung" bereits insgesamt betrachtet Veränderungen der Korrelationsstruktur bewirkt. Um speziell den Zusammenhang zwischen Reduktion der Positiv-Symptomatik und Reduktion der Negativ-Symptomatik genauer zu betrachten, wurden deshalb innerhalb einiger experimenteller Gruppen einfache Regressionsanalysen gerechnet. Dafür wurden Patienten mit gemischten Symptomen (PANSS-Manual, Methode B) ausgewählt. Bei diesen Patienten liegen jeweils mindestens drei positive und mindestens drei negative Symptome in Ausprägungen von mindestens 4 („moderate") vor. Dieser Patientenauswahl lag folgende Überlegung zugrunde: Wenn bei einem Patienten anfänglich kaum negative und/oder kaum positive Symptomatik vorliegt, kann kaum

Tabelle 3. Der Zusammenhang zwischen der Reduktion von positiver und negativer Symptomatik für verschiedene experimentelle Bedingungen beider Studien: Regressionsanalysen zur Vorhersage der Reduktion der Negativsymptomatik aus der Reduktion der Positivsymptomatik (8. Woche, Patienten mit gemischter Symptomatik)

		Regressions-koeffizient	erklärte Varianz	N
Internationale Studie	Haloperidol (10 mg)	0,76 *	0,43	45
	Risperidon (4 mg)	0,66 *	0,35	61
	Risperidon (8 mg)	0,65 *	0,37	54
	Risperidon (1 mg)	0,58 *	0,43	53
Nordamerikanische Studie	Haloperidol (20 mg)	0,61 *	0,53	17
	Risperidon (6 mg)	0,57 *	0,40	30
	Placebo	0,82 *	0,65	7

* Signifikante Werte ($p < 0,05$)

untersucht werden, inwiefern die Reduktion der Positiv-Symptomatik mit einer Reduktion der Negativ-Symptomatik einhergeht: mindestens eine der beiden Variablen muß sehr geringe Werte aufweisen (statistischer Bodeneffekt). Analysiert wurden die Differenzen zwischen den Scores in der achten Woche und der Baseline. Ausgewählt wurden die experimentellen Gruppen, in denen eine ausgeprägte Wirkung von Risperidon auf die Gesamtskala der PANSS gesehen wurde (Risperidon 4, 6 und 8 mg), die beiden Gruppen mit Haloperidol als Referenzmedikation und die Placebogruppen (da in der internationalen Studie keine Placebogruppe existiert, wird die Versuchsbedingung unter Risperidon 1 mg hier als „Quasi-Placebogruppe" aufgeführt). Tabelle 3 zeigt die Ergebnisse.

Unter allen experimentellen Bedingungen zeigte sich ein signifikanter und ausgesprochen hoher Zusammenhang zwischen der Reduktion der Positiv- und der Reduktion der Negativ-Symptomatik ($r^2 = 0,35$–$0,65$, was Korrelationen zwischen etwa 0,6 und 0,8 entspricht). Die Regressionskoeffizienten geben an, welche Veränderung der Negativ-Skala der PANSS statistisch vorhergesagt wird, wenn die Positiv-Skala der PANSS um Eins reduziert wird[1]. In der Haloperidol-Gruppe der inter-

[1] Da neben dem Regressionskoeffizienten wie üblich noch eine Konstante mitgeschätzt wurde, müßte diese in eine optimale Vorhersage einbezogen werden. Da jedoch nur zwei der sieben Konstanten bei einem Fehler-Risiko von 0,05 signifikant von Null verschieden waren und die Fragestellung hier nicht die möglichst genaue Prognose der Reduktion der Negativ-Symptomatik ist, werden die Werte der Konstanten zur Vereinfachung vernachlässigt

nationalen Studie wird also aus einer Reduktion der Positiv-Subskala um Eins eine Reduktion der Negativ-Subskala um 0,76 vorhergesagt (aus einer Reduktion um Zwei eine Reduktion um 1,52 etc.). Die Ergebnisse sind für alle experimentellen Gruppen recht ähnlich und als Hauptergebnis kann festgehalten werden, daß unabhängig von der Art der medikamentösen Behandlung ein ausgesprochen hoher Zusammenhang zwischen Besserung der Positiv-Symptomatik und Besserung der Negativ-Symptomatik besteht. Dies gilt vor allem auch für die Placebo-Gruppe und die Quasi-Placebo-Gruppe, was für einen „natürlichen" Zusammenhang zwischen Positiv- und Negativ-Symptomatik im Sinne von Carpenter et al. (1985) spricht.

Vergleich der Wirkungen von Risperidon und Haloperidol auf Negativ- und Positiv-Symptomatik

Es ist gesichert, daß Risperidon in therapeutisch wirksamen Dosierungen deutlich geringere extrapyramidale Nebenwirkungen hervorruft als Haloperidol (Janssen Research Foundation 1991, 1992). Demgegenüber ist die Frage offen, ob Risperidon eine günstigere Wirkung auf Positiv-Symptomatik und/oder Negativ-Symptomatik hat als Haloperidol. Abbildung 1 zeigt die in den beiden analysierten Studien beobachteten Reduktionen der PANSS-Positiv- und PANSS-Negativ-Skala unter Risperidon-Dosierungen von 4, 8 und 6 mg in Referenz zu den Veränderungen unter Haloperidol.

Beide Medikamente reduzieren Positiv- und Negativ-Symptomatik deutlich (und signifikant). In der nordamerikanischen Studie zeigten sich in „Intent-to-treat"-Analysen (ITT)[2] unter Risperidon, 6 mg, signifikant größere Reduktionen von Negativ- und Positiv-Symptomatik als unter Haloperidol, 20 mg (t-Test, $p < 0,05$). In der internationalen Studie waren dagegen keine signifikanten Unterschiede zwischen Haloperidol und Risperidon bei der Wirkung auf Positiv- und Negativ-Symptomatik nachweisbar. Daß in der internationalen Studie (unter beiden Medikamenten) Positiv-Symptomatik entgegen der allgemeinen Erwartung tendenziell sogar weniger abnimmt als Negativ-Symptomatik, kann auf unterschiedliche Ausgangswerte zurückgeführt werden. In der internationalen Studie wies die Negativ-Subskala der PANSS anfänglich einen arithmetischen Mittelwert von 26,5 auf, die Positiv-Subskala dagegen einen Mittelwert von 19,3: bei der Negativ-Skala waren aufgrund dieser Ausgangswerte größere Verbesserungen möglich als bei der Positiv-Skala. In der nordamerikanischen Studie waren die entsprechenden mittleren Ausgangswerte dagegen 24,5 und 23,2: die Werte beider Skalen konnten sich in ungefähr gleichem Ausmaß ändern. Die graphischen

[2] Bei diesem ITT-Ansatz gingen von allen behandelten Patienten die jeweils zuletzt beobachteten Werte in die statistischen Analysen ein, so daß auch bei Therapieabbruch die verfügbaren Daten berücksichtigt werden

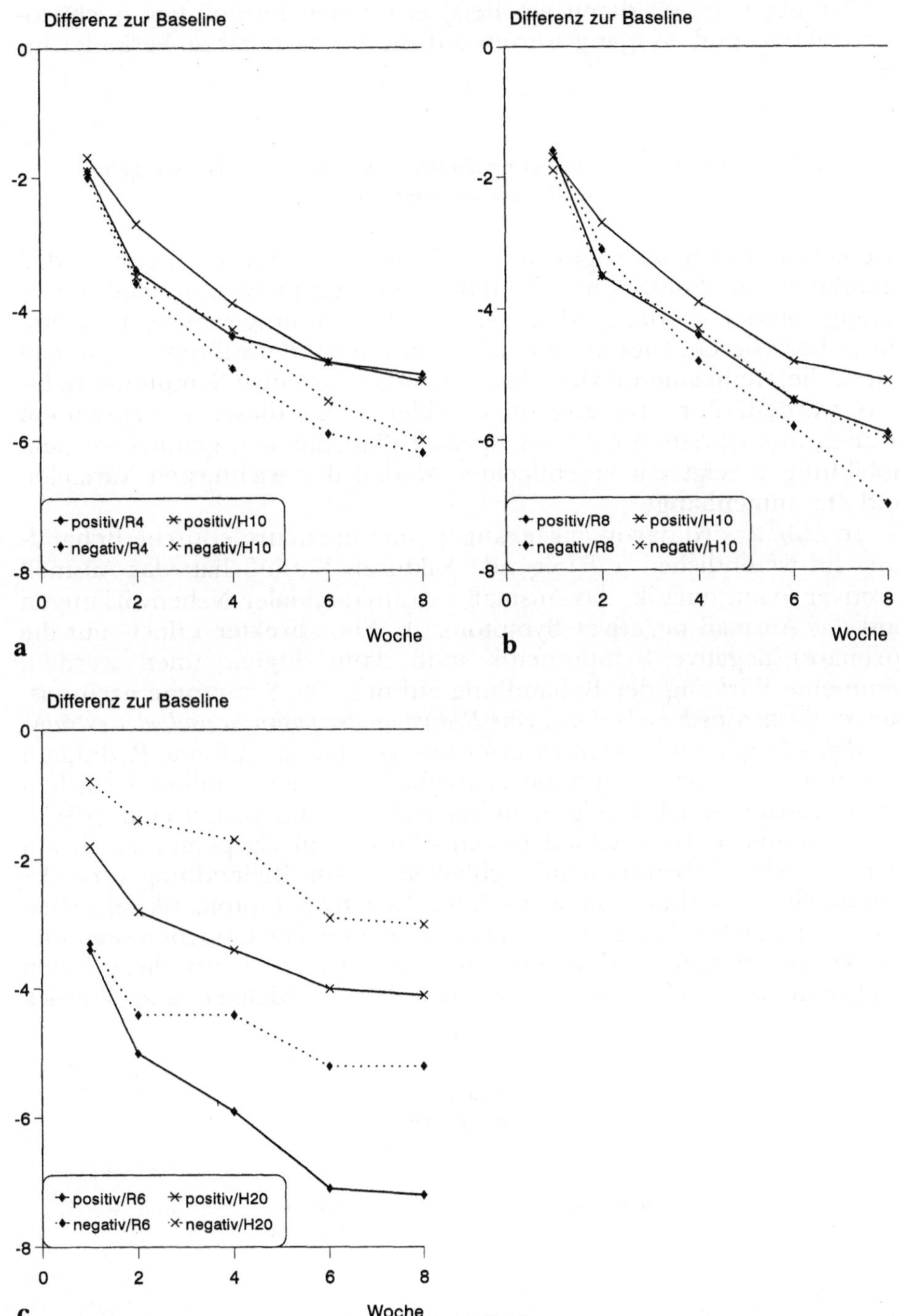

Abb. 1. Mittlere Reduktion von positiver und negativer Symptomatik im direkten Vergleich von Risperidon mit Haloperidol: **a** Risperidon 4 mg vs. Haloperidol 10 mg, **b** Risperidon 8 mg vs. Haloperidol 10 mg und **c** Risperidon 6 mg vs. Haloperidol 20 mg (a und b: internationale Studie, c: nordamerikanische Studie)

Darstellungen geben damit ein Beispiel für den Einfluß von Stichprobenselektion und Ausgangswerten auf die beobachtbaren Veränderungen.

Pfadanalysen zur Separierung direkter und indirekter Wirkungen auf die Negativsymptomatik

Wie bereits weiter oben geschildert, können wir davon ausgehen, daß Reduktion der Positiv- und Reduktion der Negativ-Symptomatik unabhängig von der Art der medikamentösen Behandlung sehr hoch miteinander korrelieren. Dies könnte (aber muß nicht) darauf hindeuten, daß durch die Medikamente vor allem sekundäre negative Symptome reduziert werden. Zur Stützung oder Widerlegung dieser Interpretation können multivariate Methoden, speziell Pfadanalysen, genutzt werden. Abbildung 2 zeigt ein vereinfachtes Modell der wichtigsten Variablen und Zusammenhänge.

In Abb. 2 wird davon ausgegangen, daß die neuroleptische Behandlung im wesentlichen auf folgende Faktoren Einfluß hat: das Ausmaß positiver Symptomatik, das Ausmaß extrapyramidaler Nebenwirkungen und das Ausmaß negativer Symptomatik. Ein „direkter Effekt" auf die (primäre) negative Symptomatik muß dann angenommen werden, wenn eine Wirkung der Behandlung auf negative Symptome nachweisbar ist, *die statistisch nicht durch eine Reduktion der positiven und/oder extrapyramidalen Symptomatik erklärt werden kann.* Die Logik, auf eine Reduktion primärer negativer Symptome zu schließen, indem andere Ursachen ausgeschlossen werden, folgt dem Vorschlag von Carpenter et al. (1985). Der wesentliche Unterschied besteht darin, daß Carpenter et al. auf primäre Negativ-Symptomatik schließen, wenn Behandlungsversuche potentieller Ursachen von sekundärer Negativ-Symptomatik fehlschlagen. Hier werden dagegen die Einflüsse potentieller Ursachen sekundärer Negativ-Symptomatik quantitativ und statistisch kontrolliert. Einen ähnlichen statistischen Ansatz wählten bereits Meltzer und Zureick

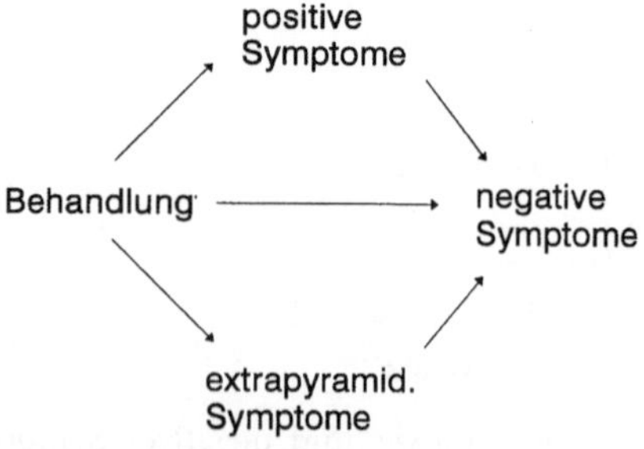

Abb. 2. Skizze eines Pfadmodells zu den Zusammenhängen zwischen Treatment, positiver, extrapyramidaler und negativer Symptomatik

(1989), die sich allerdings auf die statistische Kontrolle der Positiv-Symptomatik beschränkten. Anzumerken ist, daß die Pfeile in Abb. 2 nicht alle als kausale Wirkung zu verstehen sind: der Pfeil von „extrapyramidaler Symptomatik" auf „Negativsymptomatik" kennzeichnet eher eine Konfundierung der beiden Konzepte, die aus der problematischen Abgrenzung der beiden Symptomklassen resultiert. Zur Vereinfachung wurde darauf verzichtet, die mögliche Konfundierung von depressiver und negativer Symptomatik in dem Modell abzubilden. Zudem zeigten die bereits beschriebenen Korrelationstabellen (vgl. Tabelle 2) keine stark ausgeprägten Korrelationen zwischen depressiver und negativer Symptomatik, was allerdings für die Änderungen unter Therapie nicht notwendigerweise gelten muß. Für das beschriebene Modell, das noch genauer zu spezifizieren sein wird, können nun mit Regressionsanalysen Pfadkoeffizienten geschätzt werden. So kann, auch ohne einzelne negative Symptome als primär oder sekundär zu klassifizieren, untersucht werden, ob Risperidon Negativsymptomatik im Vergleich zu Haloperidol stärker reduziert, als dies durch indirekte Wirkungen über positive und extrapyramidale Symptomatik erklärt werden kann.

Spezifikation des Modells und Methode

Da signifikante Unterschiede zwischen Haloperidol (20 mg) und Risperidon (6mg) bei einer „Intent-to-treat"-Auswertung zu verzeichnen waren, wurde die multivariate Auswertung zunächst für die gleichen Bedingungen vorgenommen. Zunächst sollte also unter Voraussetzungen, die für eine Überlegenheit von Risperidon gegenüber Haloperidol sprachen, untersucht werden, ob diese Überlegenheit allein auf die Reduktion sekundärer negativer Symptome zurückgeführt werden kann.

Geschätzt wurden folgende Regressionsgleichungen:

1. $POS\ (8\text{–}b) = k_1 + a_1{*}POS\ (b) + d_1{*}T;$
2. $ESRS\ (8\text{–}b) = k_2 + a_2{*}ESRS\ (b) + d_2{*}T;$
3. $NEG\ (8\text{–}b) = k_3 + a_3{*}NEG\ (b) + b_3{*}POS\ (8\text{–}b) + c_3{*}ESRS\ (8\text{–}b) + d_3{*}T;$

wobei POS (8–b) die Differenz der Scores der Positiv-Subskala der PANSS zwischen Woche 8 und Baseline bezeichnet und POS (b) die Baselinewerte der Positivsubskala. ESRS bezeichnet den Gesamtwert der ESRS Skala und NEG die Scores der Negativ-Subskala der PANSS. T bezeichnet eine Treatment-Dummy-Variable, der in der Haloperidol-Gruppe der Wert 0 und in der Risperidon-Gruppe der Wert 1 zugewiesen wird. Die indizierten Parameter k, a, b, c und d wurden in Regressionsanalysen geschätzt.

Die 3 Gleichungen sind so zu interpretieren, daß bei der Schätzung der Behandlungswirkung die Ausgangswerte der abhängigen Variablen als „Einflußgröße" berücksichtigt werden, und in Gleichung (3) zusätzlich die Veränderungen in positiver und extrapyramidaler Symptomatik. Der Treatmenteffekt d_3 in Gleichung (3) ist eine Schätzung für den

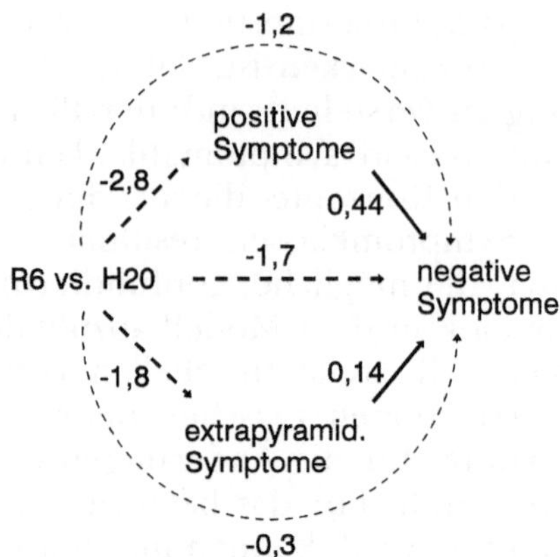

Abb. 3. Schätzungen des Pfadmodells für den Vergleich von Risperidon 6 mg mit Haloperidol 20 mg (Nordamerikanische Studie, Intent-to-treat)

Unterschied zwischen Haloperidol- und Risperidon-Gruppe, wenn Ausgangswerte der negativen Symptomatik, Reduktion der positiven und Reduktion der extrapyramidalen Symptomatik jeweils den gleichen Wert aufweisen.

Ergebnisse

Abbildung 3 zeigt eine graphische Darstellung der Ergebnisse.

Aus Abb. 3 ist zu ersehen[3], daß selbst dann, wenn indirekte Wirkungen der Reduktion der positiven und der extrapyramidalen Symptomatik statistisch kontrolliert werden, Risperidon (6 mg) eine signifikant größere Reduktion der Negativ-Symptomatik bewirkt als Haloperidol (20 mg). Der geschätzte Unterschied, der nicht durch unterschiedliche Ausgangswerte und die Reduktion der positiven und extrapyramidalen Symptomatik erklärt werden kann, beträgt immerhin 1,7 Punkte auf der Negativ-Subskala der PANSS. Die indirekten Effekte über Reduktion der positiven und extrapyramidalen Symptomatik fallen demgegenüber deskriptiv sogar geringer aus (–1,2 = –2,8*0,44 und –0,3 = –1,8*0,14). Das geschätzte Modell erklärt insgesamt 41 % der Varianz in der Reduktion der Negativ-Symptomatik ($p < 0{,}001$, adjustiertes $R^2 = 0{,}40$). Alle geschätzten Parameter sind signifikant von Null verschieden. Zur Erhöhung der Übersichtlichkeit wurden die deutlichen statistischen Effekte der Ausgangswerte nicht in Abb. 3 aufgenommen (diese „Effekte“

[3] Für die Darstellung der Pfadmodelle gelten folgende Konventionen: durchgehende Linien zeigen numerisch positive Zusammenhänge an, gestrichelte Linien numerisch negative; fett gedruckte Pfeile sind signifikant von Null verschieden; die beiden halbkreisförmigen Pfeile geben die indirekten Wirkungen des Treatments über positive und extrapyramidale Symptome wieder

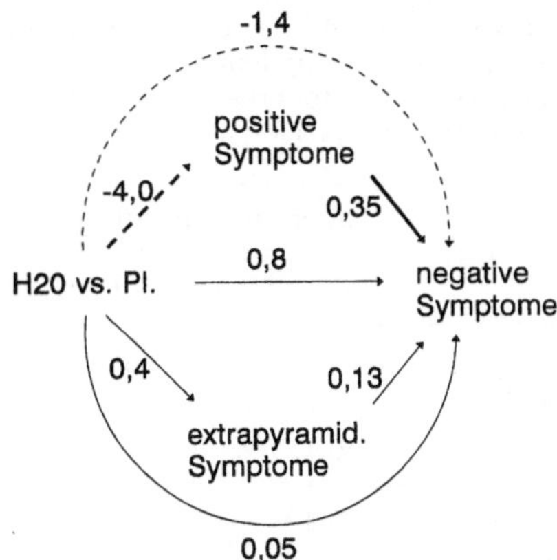

Abb. 4. Schätzungen des Pfadmodells für den Vergleich von Haloperidol 20 mg mit Placebo (Nordamerikanische Studie, Intent-to-treat)

bedeuten, daß bei einem höheren Ausgangswert trivialerweise eine stärkere Reduktion der jeweiligen Symptome zu erwarten ist: der Ausgangswert geht ja in die Berechnung der Differenz zwischen den Werten in Woche 8 und den Ausgangswerten ein). Ein analoges Pfadmodell wurde zum Vergleich von Haloperidol und Placebo geschätzt. Abbildung 4 zeigt die Ergebnisse.

Abbildung 4 zeigt, daß Haloperidol (20mg) bei statistischer Kontrolle der indirekten Wirkungen von positiver und extrapyramidaler Symptomatik in der Reduktion von Negativ-Symptomatik keinen signifikanten Unterschied zu Placebo aufweist ($p = 0{,}41$). Alle weiteren Parameter sind signifikant von Null verschieden bis auf den Zusammenhang zwischen extrapyramidaler Symptomatik und Reduktion der Negativsymptomatik, wo die Signifikanzgrenze knapp überschritten wird ($p = 0{,}09$). Das Modell erklärt insgesamt 33 % der Varianz in der Reduktion der Negativ-Symptomatik ($p < 0{,}001$, adjustiertes $R^2 = 0{,}31$).

Zusammenfassend können die bisherigen Ergebnisse dahingehend interpretiert werden, daß Risperidon anders als Haloperidol auch eine direkte Wirkung auf (primäre) Negativsymptomatik hat. Diese Aussage gilt vorerst jedoch nur für die nordamerikanische Studie und bei einem Intent-to-treat-Ansatz. Kritisch anzumerken ist, daß beim Intent-to-treat-Ansatz Skalenwerte analysiert werden, die aus verschieden langen Behandlungszeiten resultieren, und damit nur bedingt vergleichbar sind. Dieses Problem wird dadurch verschärft, daß in der Haloperidol-Gruppe eine drop-out-Rate von 52 % beobachtet wurde, in der Risperidon-Gruppe dagegen eine drop-out-Rate von nur 35 % . Behandlungszeitraum und experimentelle Bedingung sind damit konfundiert: die Ergebnisse könnten auch darauf zurückzuführen sein, daß die Patienten der Risperidon-Gruppe länger medikamentös behandelt wurden als die Patienten der Haloperidol-Gruppe. Daher wurden weitere Analysen

Tabelle 4. Geschätzte „direkte Effekte" der Behandlung auf die Reduktion negativer Symptome für den Vergleich von Risperidon 4 bis 8 mg mit Haloperidol 10 bzw. 20 mg. Die Ergebnisse sind aufgeschlüsselt nach verschiedenen Methoden und Stichproben: In der 8. Woche beobachtbare Werte vs. Intent-to-Treat Ansatz und Patienten mit gemischter Symptomatik vs. Gesamtstichprobe

		Internationale Studie		Nordam. Studie
		R4 vs H10	R8 vs H10	R6 vs.H20
observed-case (Woche 8)	Pat. mit gemischt. Symptomatik	–0,2	–1,5	–0,2
	alle Patienten	–0,1	–0,2	–0,1
Intent-to Treat	Pat. mit gemischt. Symptomatik	–0,4	–1,0	–2,6 *
	alle Patienten	–0,3	0,2	–1,9 *

* Signifikante Werte (p < 0,05)

durchgeführt, in die nur die Daten von Patienten eingingen, die auch in der letzten und achten Woche an der Studie teilgenommen hatten. Außerdem wurde das beschriebene Pfadmodell zum Vergleich von Risperidon und Haloperidol noch für die internationale Studie und Risperidondosierungen von 4 und 8 mg geschätzt und für die Patienten mit gemischter Symptomatik. Für letztere sollten die beobachtbaren Unterschiede größer sein, da bei den Patienten mit gemischter Symptomatik sichergestellt ist, daß überhaupt negative Symptome in nennenswertem Umfang vorliegen (s. o.). Für die verschiedenen methodischen Ansätze zeigt Tabelle 4 die Pfadkoeffizienten für die „direkte Wirkung" von Risperidon auf die Reduktion der Negativsymptomatik im Vergleich zu Haloperidol.

Tabelle 4 zeigt, daß die Ergebnisse der Intent-to-treat Analysen in der nordamerikanischen Studie in der internationalen Studie und auch bei Analyse der am Studienende tatsächlich beobachtbaren Fälle keine weitere Bestätigung erfahren. Anzumerken ist, daß auch die Analyse der am Studienende tatsächlich beobachteten Unterschiede methodische Probleme mit sich bringt. Es gehen nur noch die Daten von den Patienten ein, die die Studie nicht abbrechen. Damit findet eine systematische Selektion statt, die die Vorzüge des experimentellen Ansatzes unterminiert: aus jeder experimentellen Gruppe werden nur noch die Fälle analysiert, die einen eher günstigen (zumindest nicht zum Abbruch führenden ungünstigen) Verlauf zeigen. Damit können tatsächliche Unterschiede zwischen den Medikamenten verwischt werden. Während Intent-to-Treat-Analysen in der Regel einen Bias zugunsten der experimentellen Bedingungen mit den geringeren Ausfallraten mit sich bringen, verhält es sich bei der Analyse der zuletzt tatsächlich noch beobachtbaren Fälle genau umgekehrt.

Diskussion

Unsere Ergebnisse zeigen konform für zwei große internationale Studien, daß Besserungen in Positiv-Symptomatik und Negativ-Symptomatik in hohem Maße korrespondieren. In allen sieben hier analysierten experimentellen Gruppen waren signifikante Zusammenhänge zu verzeichnen, selbst dann, wenn nur Placebo verabreicht wurde. Damit konnte ein vorliegender empirischer Befund (Van Kammen et al. 1987) mehrfach repliziert werden und es erscheint zunehmend unwahrscheinlich, daß sich positive und negative Symptome unter Neuroleptika unabhängig voneinander verändern. Auch signifikante Zusammenhänge zwischen extrapyramidaler Symptomatik und Negativ-Symptomatik ließen sich belegen, obwohl Anticholinergika zur Dämpfung extrapyramidaler Nebenwirkungen eingesetzt werden konnten. Damit fanden gleichlautende Vermutungen (Hoffmann et al. 1987, Prosser et al. 1987) auch bei schwer kranken, chronisch schizophrenen Patienten empirische Bestätigung.

Zur Differenzierung zwischen Neuroleptikawirkungen auf primäre und sekundäre negative Symptome wurde ein Pfadmodell vorgeschlagen, in dem indirekte Effekte eines Neuroleptikums über die anzunehmenden Wirkungen auf positive und extrapyramidale Symptome Berücksichtigung finden. Die Hypothese, daß Risperidon im Vergleich zu Haloperidol primäre negative Symptome stärker reduziert, konnte für die nordamerikanische Studie bei einem Intent-to-treat-Ansatz bestätigt werden. Analysen für die internationale Studie mit Risperidon-Dosierungen von 4 mg und 8 mg und Analysen mit einem observed-case-Ansatz zeigen jedoch, daß dieses Ergebnis mit äußerster Vorsicht zu bewerten ist und weitere empirische Prüfungen notwendig sind.

Pfadanalysen bieten einen möglichen Ansatzpunkt zur Differenzierung zwischen der Reduktion primärer und sekundärer negativer Symptome. Allerdings sind einige methodische Einschränkungen notwendig. Daß eine Reduktion positiver Symptome eine Reduktion (sekundärer) negativer Symptome *bewirkt,* kann ohne eine isolierte – und schwer vorstellbare – experimentelle Manipulation allein der positiven Symptomatik nicht geprüft werden. Das Pfadmodell postuliert also im Einklang mit Carpenter et al. (1985) eine Wirkung der Reduktion der positiven Symptomatik auf die Reduktion der negativen Symptomatik, wo nur eine Korrelation beobachtet werden kann, die auch mit anderen theoretischen Vorstellungen verträglich ist: z. B. daß Positiv- und Negativ-Symptomatik wechselseitig voneinander abhängig sind oder gar, daß Negativ-Symptomatik die Positiv-Symptomatik beeinflußt. Ebenfalls wurden lineare Zusammenhänge angenommen, obwohl durchaus andere Formen des Zusammenhangs vorstellbar sind. Eine nähere Inspektion der vorliegenden Daten sprach jedoch dafür, daß die Linearitätsannahme zumindest bei den vorliegenden Daten eine zufriedenstellende Approximation an die wahren Verhältnisse darstellen dürfte. Außerdem ist das Problem der Multikollinearität zu beachten: je höher die Prädiktoren in einem Pfadmodell miteinander korrelieren, umso unzuverlässiger werden die Schätzungen, mit denen versucht wird, ihre Einflüsse zu separieren. Generell sind nur dann wirklichkeitsnahe Schätzungen zu erwarten, wenn das postulierte Modell selbst die wesentlichen Zusammenhänge korrekt abbildet.

Mit den genannten Einschränkungen bieten Pfadanalysen einen interessanten methodischen Ansatz zur Differenzierung zwischen Wirkungen auf primäre und sekundäre Negativ-Symptomatik.

Literatur

Berrios GE (1985) Positive and negative symptoms and Jackson: a conceptual history. Arch Gen Psychiatry 42: 95–97

Carpenter WT Jr, Heinrichs DW, Alphs LD (1985) Treatment of negative symptoms. Schizophr Bull 11 (3): 440–452

Chouinard G, Ross-Chouinard A, Annable L, Jones BG (1980) The Extrapyramidal Symptom Rating Scale (ESRS). Can J Neurol Sci 7: 233

Crow TJ (1980) Molecular pathology of schizophrenia: more than one dimension of pathology? Br Med J 280: 66–68

Crow TJ (1985) The two syndrome concept: origins and current status. Schizophr Bull 11(3): 471–486

Deister A, Marneros A, Rohde A (1990) Zur Stabilität negativer und positiver Syndromatik. In: Möller H-J, Pelzer E (Hrsg) Neuere Ansätze zur Diagnostik und Therapie schizophrener Minussymptomatik. Springer, Berlin Heidelberg New York Tokyo, S 25–34

Gaebel W (1989) Indikatoren und Prädiktoren schizophrener Krankheitsstadien und Verlaufsausgänge. Habilitationsschrift, Freie Universität Berlin

Goldberg SC (1985) Negative and deficit symptoms in schizophrenia do respond to neuroleptics. Schizophr Bull 11 (3): 453–456

Hoffmann WF, Labs SM, Casey DE (1987) Neuroleptic-induced parkinsonism in older schizophrenics. Biol Psychiatry 22: 427–439

Janssen Research Foundation (1991) Clinical research report RIS-INT-3, November 1991 (N 87562)

Janssen Research Foundation (1992) Clinical research report RIS-INT-2, March 1992 (N 87510)

Johnstone E (1989) The assessment of negative and positive features in schizophrenia. Br J Psychiatry 155 [Suppl 7]: 41–44

Kay SR (1991) Positive and negative syndromes in schizophrenia. Brunner/Mazel, New York

Kay SR , Fiszbein A, Opler LA (1987) The positive and negative syndrome scale (PANSS) for schizophrenia. Schizophr Bull 13 (2): 261–276

Klosterkötter J (1990) Minussymptomatik und kognitive Basissymptome. In: Möller H-J, Pelzer E (Hrsg) Neuere Ansätze zur Diagnostik und Therapie schizophrener Minussymptomatik. Springer, Berlin Heidelberg New York Tokyo, S 15–24

Meltzer HY, Zureick J (1989) Negative symptoms in schizophrenia: a target for new drug development. In: Dahl SG, Gram LF (ed) Clinical pharmacology in psychiatry. Springer, Berlin Heidelberg New York Tokyo, pp 68–77

Möller H-J (1991) Typical neuroleptics in the treatment of positive and negative symptoms. In: Marneros A, Andreasen NC ,Tsuang MT (eds) Negative versus positive schizophrenia. Springer, Berlin Heidelberg New York Tokyo, pp 341–364

Möller H-J (1993) Neuroleptic treatment of negative symptoms in schizophrenic patients. Efficacy problems and methodological difficulties. Eur Neuropsychopharmacol 3: 1–11

Möller H-J, v Zerssen D (1986) Der Verlauf schizophrener Erkrankungen unter den gegenwärtigen Behandlungsbedingungen. Springer, Berlin Heidelberg New York Tokyo

Overall JF, Gorham DR (1962) The Brief Psychiatric Rating Scale. Psychol Rep 10:799–812

Pogue-Geile MF, Harrow M (1985) Negative symptoms in schizophrenia: their longitudinal course and prognostic importance. Schizophr Bull 11 (3): 427–439

Prosser ES, Csernansky JG, Kaplan H, Thiemann S, Becker T, Hollister LE (1987) Depression, parkinsonian symptoms, and negative symptoms in schizophrenics treated with neuroleptics. J Nerv Ment Dis 175: 100–105

Scharfetter C (1990) Bemerkungen zur sogenannten Negativsymptomatik Schizophrener. In: Möller H-J, Pelzer E (Hrsg) Neuere Ansätze zur Diagnostik und Therapie schizophrener Minussymptomatik, Springer, Berlin Heidelberg New York Tokyo, S 3–14

Van Kammen DP, Hommer DW, Malas KL (1987) Effect of pimozide on positive and negative symptoms in schizophrenic patients: are negative symptoms state dependent? Neuropsychobiology 18: 113–117

Woggon B (1990) Wirkprofile klassischer Neuroleptika und die Beeinflussung von Minussymptomatik. In: Möller H-J, Pelzer E (Hrsg) Neuere Ansätze zur Diagnostik und Therapie schizophrener Minussymptomatik. Springer, Berlin Heidelberg New York Tokyo, S 199–205

Korrespondenz: Dr. Dipl. Psych. H. Müller, Psychiatrische Universitätsklinik, Sigmund-Freud-Straße 25, D-53105 Bonn, Bundesrepublik Deutschland

Stabilität von Plus- und Minustyp unter neuroleptischer Behandlung

H. J. Zinner[1], **J. Fuger**[2] und **H.-J. Möller**[2]

[1]Städtisches Krankenhaus, München–Bogenhausen und [2]Psychiatrische Universitätsklinik, Bonn, Bundesrepublik Deutschland

Einleitung

Seit der Einführung der Neuroleptika gibt es keinen Zweifel an der therapeutischen Beeinflußbarkeit der produktiv-psychotischen Symptomatik der Schizophrenie. Dagegen fand die Frage, wie stabil oder instabil die sogenannte schizophrene Minussymptomatik ist, erst in den letzten zehn bis 15 Jahren die der Problematik angemessene Aufmerksamkeit in der Schizophrenieforschung. Von besonderer Relevanz ist diese Frage für die Entwicklung neuerer Neuroleptika geworden, von denen auch ein günstiger Effekt auf Affektverflachung, Antriebsmangel und sozialen Rückzug erwartet wird.

Das Meinungsspektrum, inwieweit Minussymptome neuroleptisch beeinflußbar seien, reicht von äußerster Skepsis (Heinrich 1967, Crow 1980, Mackay 1980) über partielle Zustimmung (Woggon und Angst 1976, Johnstone et al. 1978) bis zu überwiegendem Optimismus (Goldberg 1985, Kane et al. 1988, Meltzer und Zureick 1989, Feinberg et al. 1988). Insbesondere von neueren, atypischen Neuroleptika wie Clozapin, Sulpirid, Zotepin oder Risperidon wurden wiederholt positive Effekte bei Residualsymptomatik beschrieben.

Die Frage der Stabilität von Plus- und Minus-Syndromen bzw. -Typen wurde bislang nur in wenigen Studien angegangen und diskrepant beantwortet (z. B. Goldman et al. 1989, Kay und Lindenmayer 1991, Maurer und Häfner 1991, Marneros et al. 1991), ebenfalls die Frage der Interkorrelation zwischen Plus- und Minussyndrom, vor und unter neuroleptischer Behandlung.

Ob Minussymptomatik isoliert, d. h. unabhängig von der produktiven Symptomatik auf Neuroleptika anspricht, stellt eine weitere kritische Frage dar. Zu diesem Problem der Kovarianz von Plus- und Minussyndrom waren bislang nur wenige Untersuchungen veröffentlicht, was uns zur vorliegenden Studie anregte.

VanKammen et al. (1987) fanden bei einer kleinen heterogenen Stichprobe von 12 mit Pimozid über vier Wochen behandelten Akutpatienten eine signifikante Kovarianz von .63 der BPRS-Clustor THOT und RTD.

Eine weitere Gruppe (Goldman und Tandon 1989, Ribeiro et al. 1992) beschrieb bei zunächst 40 akuten, später bei 120 chronischen Patienten, die 4 Wochen offen neuroleptisch behandelt wurden, höchstsignifikante Kovarianzwerte von .63 bzw. .60 mit der BPRS-THOT und der SANS. Meltzer (1991) berichtet von einer signifikanten Korrelation der Veränderungen der Plus- und Minussymptome der BPRS bei 173 mit typischen Neuroleptika behandelten Patienten, was sich bei Clozapin-Therapie nicht bestätigte. Eine hohe Korrelation der Verschlechterung von Plus- und Minus-Skalen beobachteten Andreasen et al. (1991) bei 27 Patienten während einer dreiwöchigen wash-out-Phase.

Um diesem Problemkomplex nachzugehen, unternahmen wir eine deskriptiv-statistische Analyse von psychopathometrischen Befunden einer Doppelblindstudie mit Risperidon versus Haloperidol.

Dem gesamten Forschungsbereich wie auch unserer Untersuchung liegt das in den letzten zehn Jahren entwickelte Modell der Plus- und Minussymptomatik zugrunde – im Sinne von dimensionalen oder typologischen Polen der Schizophrenie – (Andreasen 1982, Crow 1985). Bekanntlich befindet sich die Validität des Konzeptes noch in lebhaftester Diskussion. Sowohl die Methodik zur psychometrischen Erfassung des „Minus“ als auch sein Zusammenhang mit der produktiven Symptomatik, der Depression oder der Akinesie muß als weiterhin sehr umstritten angesehen werden.

Methodik

Unsere Stichprobe umfaßte 35 chronisch schizophrene Patienten, die nach DSM-III-R (APA 1987) klassifiziert wurden und überwiegend dem Residualtyp zuzuordnen waren. Akute Exazerbationen wurden ausgeschlossen; die durchschnittliche Krankheitsdauer betrug 20 Jahre (weiteres s. Tabelle 1).

Tabelle 1. Charakterisierung der Stichprobe

Zahl	35 stationäre Patienten
Alter	45,9 Jahre (SD 13,2)
Geschlecht	5 männl. – 30 weibl.
Diagnosen	Chronische Schizophrenie DSM-III-R 4 x 295,12 13 x 295,32 16 x 295,62 2 x 295,92
Krankheitsdauer	20,0 Jahre (SD 12,0)

Tabelle 2. Subskalen der PANSS (Kay et al. 1987)

PLUS-Subskala	MINUS-Subskala
Wahnideen	Affektverflachung
Formale Denkstörungen	Emotionaler Rückzug
Halluzinationen	Mangelnder affektiver Rapport
Erregung	Soziale Passivität und Apathie
Größenideen	Schwierigkeiten beim abstrakten Denken
Mißtrauen/Verfolgungsideen	Mangel an Spontaneität und Flüssigkeit der Sprache
Feindseligkeit	Stereotype Gedanken

Diese Patienten wurden in zwei Zentren nach einer 3- bis 7-tägigen Wash-out-Phase randomisiert und doppelblind über 4 bis 8 Wochen mit fixen Dosierungen von 1, 4, 8, 12 oder 16 mg Risperidon oder – als Kontrollgruppe – mit 10 mg Haloperidol p. d unter stationären Bedingungen peroral behandelt. Risperidon, ein von Janssen entwickeltes, in der BRD noch nicht zugelassenes atypisches Neuroleptikum ist chemisch als Benzisoxazol-Derivat zu definieren und besitzt primär potente Dopamin D_2- sowie Serotonin S_2-antagonistische Eigenschaften, daneben ist es ein $Histamin_1$- und a_1-Antagonist (Niemeggers et al. 1990). Von daher war bereits theoretisch ein günstiger Effekt nicht nur auf die produktiv-psychotische, sondern auch auf die Minussymptomatik zu erwarten – ähnlich dem Clozapin, jedoch ohne die störende anticholinerge Wirkung. Im mittleren Dosisbereich (4–10 mg) treten deutlich weniger extrapyramidalmotorische Begleiteffekte auf als unter klassischen Neuroleptika.

Die psychiatrische Fremdbeurteilung mit der Positive and Negative Syndrome Scale for Schizophrenia (PANSS) von Kay et al. (1987) wurde von zwei trainierten Experten (H. J. Z., J. F.) zur Baselinie und in wöchentlichen Abständen durchgeführt. Für diese Analyse wurde aus pragmatischen Gründen der 4-Wochen-Zeitpunkt ausgewählt. Die PANSS gilt als sehr gut etablierte und validierte Schizophrenieskala, die sich zur umfassenden Abbildung von Plus-, Minus- und allgemeiner Symptomatik auf 30 Items eignet und gegen-über vergleichbaren Instrumenten einige methodologische Vorteile aufweist (Leon et al. 1989, Fenton und McGlashan 1992, Müller-Spahn et al. 1992). Die verbindliche Zuordnung der Items zu Plus- und Minus-Syndrom ist Tabelle 2 zu entnehmen.

Ergebnisse

Sowohl Plus- als auch Minussymptomatik verbesserten sich im Prä-Post-Vergleich der arithmetischen Mittelwerte während der 4-wöchigen neuroleptischen Behandlung signifikant ($p < 0{,}01$); die Plus-Subskala jedoch deutlicher (16 %) als die Minus-Subskala (8 %). Die Kovarianz der Veränderungen, i. e. die Korrelation der Prä-Post-Differenzen von Plus- und Minus-Syndrom, wurde mit einem Wert von .49 höchstsignifikant ($p < 0{,}001$).

Etwa ein Drittel der Patienten (31 %) verbesserte sich in einem der Scores über 25 Prozent und konnte per definitionem als Responder klassifiziert werden. Auch hier wird das Überwiegen der Plus-Score-Re-

Tabelle 3. Veränderungen der Plus- und Minus-Subskalen der PANSS und deren Kovarianz

	Prä	Post	Differenz
PLUS	21,14 (5,24)	17,74 (5,54)	** ┐
			r = .49***
MINUS	28,69 (6,30)	26,37 (7,19)	** ┘

Mittelwerte der Subscores, in Klammern Standardabweichungen
t-Test für verbundene Stichproben, ** p < 0,01
Pearson-Korrelations-Koeffizient, *** p < 0,001

Plus-Score	9 Pat.	26 %
Minus-Score	5 Pat.	14 %
Plus und Minus-Score	3 Pat.	9 %
Insgesamt (Plus oder Minus)	11 Pat.	31 %

n = 35; Response ist per def. eine mindestens 25 %ige Score-Reduktion

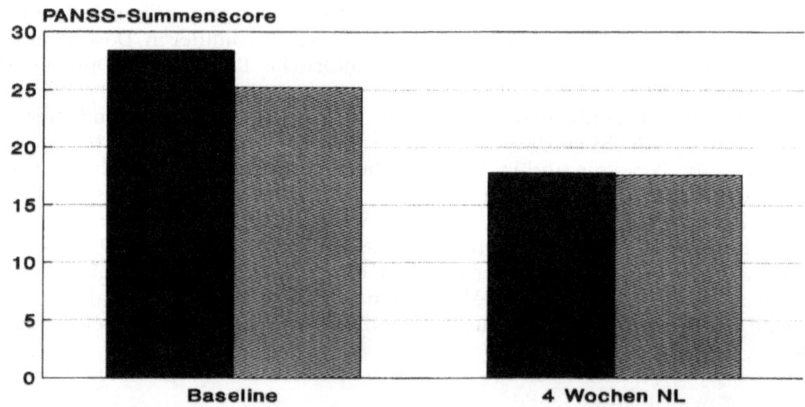

Abb. 1. Veränderung von Plus- und Minusscore bei den fünf Patienten mit Response der Minussymptomatik

sponder (26 %) gegenüber den Minus-Score-Respondern (14 %) deutlich. Bei genauer Betrachtung der letzteren Gruppe von fünf Patienten fällt auf, daß sich neben der Minussymptomatik in nahezu gleichem Ausmaß die Plussymptomatik verringert – ein weiterer Hinweis auf eine hohe Konkordanz dieser Veränderungen.

Plus- und Minus-Syndrom waren weder vor noch nach der 4-wöchigen Behandlung miteinander signifikant korreliert.

Allerdings scheint die Stabilität der Syndrome im Therapieverlauf deutlich zu sein, mit Prä-Post-Korrelationswerten von .36 ($p < 0{,}05$) für die Plus-Subskala und von .72 ($p < 0{,}001$) für die Minus-Subskala.

Wir ordneten unsere Patienten aufgrund ihres jeweiligen Gesamt-Index (i. e. Differenz von Plus- und Minus-Subscore) anhand von 25 %-/75 %- Perzentilwerten einer Normaltabelle – wie von den Autoren der PANSS vorgeschlagen – dem

– Plus-Typ (Gesamt-Index > 3) oder dem
– Minus-Typ (Gesamt-Index < –8) zu.

Diese stringente Methode, schizophrene Patienten nach ihrer Querschnittssymptomatik zu typologisieren (Kay et al. 1987), läßt allerdings einen Teil der Patienten als nicht klassifizierbare Mischtypen übrig.

Von den 35 Patienten wurden 3 als Plus-, 19 als Minus- und 13 als Mischtyp klassifiziert.

Tabelle 5. Interkorrelation von Plus- und Minus-Syndrom der PANSS vor und nach 4-wöchiger Neuroleptikatherapie

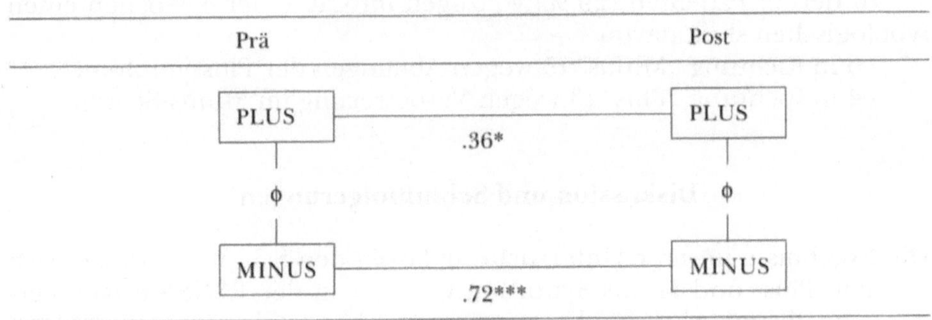

Pearson-Korrelations-Koeffizienten, * $p < 0{,}05$, *** $p < 0{,}001$

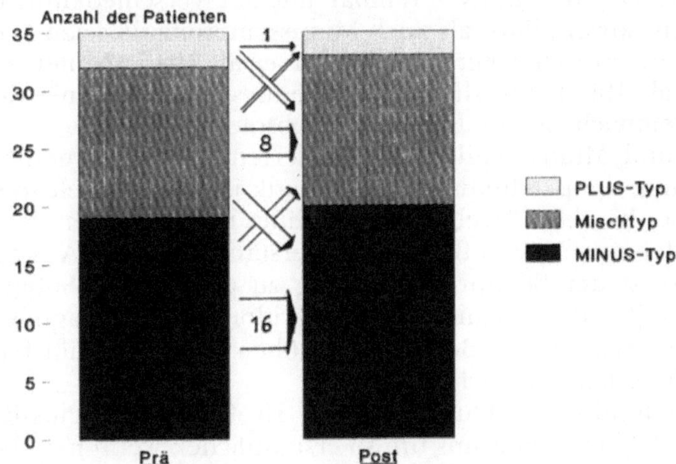

Abb. 2. Stabilität und shifts von Plus-, Misch- und Minus-Typen nach PANSS-Kriterien

Tabelle 6. Veränderungen bei den zehn Patienten mit typologischem shift

			Score-	
			Verbesserung	Verschlechterung
Plus-Typ	→	Mischtyp	Plus	
			Plus	
Misch-Typ	→	Plus-Typ		Plus
	→	Minus-Typ	Plus	
			Plus	
			Plus	
				Minus
Minus-Typ	→	Misch-Typ	Minus	
			Minus	
			Minus	
			= 8 Pat.	= 2 Pat.

10 der 35 Patienten (29 %) vollzogen im Laufe der 4 Wochen einen typologischen shift, davon

– 6 in Richtung „Minus" (5 wegen Abklingen der Plussymptome),
– 4 in Richtung „Plus" (3 wegen Verbesserung im Minus-Score).

Diskussion und Schlußfolgerungen

Die Ergebnisse unserer Untersuchung lassen den Schluß zu, daß es sich bei dem Plus- und Minus-Syndrom, wie sie von der PANSS erfaßt werden, um distinkte, nicht direkt zusammenhängende psychopathologische Komplexe der Schizophrenie handelt, wie bereits von anderen Autoren beschrieben (z. B. Kay und Lindenmayer 1991).

Dies scheint durchaus vereinbar mit der verschiedentlich geäußerten Ansicht, sowohl Plus- als auch Minussymptomatik seien keine Entitäten, sondern in sich heterogen (Bilder et al. 1985, Zinner et al. 1990, Arndt et al. 1991). Ein dichotomisierendes Schizophrenie-Konzept sehen wir demnach als simplifiziert und obsolet an.

Plus- und Minus-Syndrom verbesserten sich unter neuroleptischer Behandlung, die produktive Symptomatik jedoch doppelt so gut. Da in unserer Studie eine Plazebogruppe fehlte, läßt sich über den Spontanverlauf oder suggestive Effekte selbstverständlich keine Aussage treffen. Außerdem ist der Stichprobenumfang zu gering, um Subgruppen zu analysieren (z. B. verschiedene Risperidon-Dosen, Diagnosegruppen, Plus-/Minus-Typen). Die Beobachtung über 4 Wochen läßt ferner keine Schlüsse über längere Verläufe zu.

Die Reduktion des Plus-Scores um 16 % bzw. eine Plus-Responder-Rate von 26 % erscheint uns um so erstaunlicher, wenn man berücksichtigt, daß es sich um stark chronifizierte Patienten handelt (45 % Residualtypen; im Schnitt 20 Jahre lang krank).

Daß die Besserung von Plus- und Minus-Syndrom so deutlich kovariiert – ganz in Übereinstimmung mit den Ergebnissen anderer Gruppen (VanKammen et al. 1987, Goldman und Tandon 1989, Meltzer 1991, Ribeiro et al. 1992) –, läßt entweder auf einen unspezifischen therapeutischen Effekt schließen, oder auf einen gemeinsamen pathophysiologischen Mechanismus beider Störungsbereiche.

Möglicherweise reagiert der Minus-Bereich auch sekundär auf die (primäre) Beeinflussung der produktiven Symptomatik. Die PANSS eignet sich – wie alle klassischen Schizophrenieskalen – nicht zur Differenzierung von primärer und sekundärer Minussymptomatik im Sinne von Carpenter et al. (1988), so daß die Frage offenbleiben muß, welche Art von „Minus" sich bessert.

Plus- und Minussymptomatik erwiesen sich in unserer Studie als relativ stabil im Verlauf der 4 Wochen, wie die hohe Prä-Post-Korrelation zeigte. Andererseits halten wir die Anzahl der shifts von Plus-, Misch- und Minus-Typen (ohne Vorherrschen einer bestimmten Richtung) in diesem kurzen Zeitraum für überraschend hoch. Dies weist doch eher auf eine Instabilität bzw. gute Beeinflußbarkeit der Symptomatik hin. Erfreulicherweise wechselten acht von zehn Patienten ihren Typus aufgrund einer Score-Reduktion.

Zusammenfassend unterstützt unsere Untersuchung die Auffassung, daß es sich bei dem schizophrenen Plus- und Minussyndrom, wie sie von der PANSS erfaßt werden, um distinkte psychopathologische Bereiche handelt, die selbst bei sehr chronifizierten Patienten nur eine mäßige Stabilität aufweisen. Sie erscheinen neuroleptisch in unterschiedlichem Ausmaß beeinflußbar, wobei sie stark kovariieren, möglicherweise aufgrund gemeinsamer pathophysiologischer Mechanismen.

Literatur

American Psychiatric Association (1987) Diagnostic and Statistical Manual of Mental Disorders (DSM-III-R). American Psychiatric Association, Washington DC

Andreasen NC (1982) Negative symptoms in schizophrenia: definition and reliability. Arch Gen Psychiatry 39: 784–788

Andreasen NC, Flaum M, Arndt S, Alliger R, Swayze VW (1991) Positive and negative symptoms: assessment and validity. In: Marneros A, Andreasen NC, Tsuang MT (eds) Negative versus positive schizophrenia. Springer, Berlin Heidelberg New York Tokyo, pp 28–52

Arndt S, Alliger R, Andreasen NC (1991) The distinction of positive and negative symptoms. Br J Psychiatry 158: 317–322

Bilder RM, Sukdeb M, Rieder RO, Pandurangi AK (1985) Symptomatic and neuropsychological components of defect states. Schizophr Bull 11: 409–417

Carpenter WT, Heinrichs DW, Wagman AMI (1988) Deficit and nondeficit forms of schizophrenia: the concept. Am J Psychiatry 145: 578–583

Crow TJ (1980) Molecular pathology of schizophrenia: more than one disease process? Br Med J 280: 66–68

Feinberg S, Kay S, Elijovich L, Fiszbein A, Opler L (1988) Pimozide treatment of the negative schizophrenic syndrome: an open trial. J Clin Psychiatry 49 (6): 235–241

Fenton WS, McGlashan TH (1992) Testing systems for assessment of negative symptoms in schizophrenia. Arch Gen Psychiatry 49: 179–184

Goldberg S (1985) Negative and deficit symptoms in schizophrenia do respond to neuroleptics. Schizophr Bull 11: 352–456

Goldman RS, Tandon R (1989) Mutability and relationship between positive and negative symptoms during neuroleptic treatment in schizophrenia. Biol Psychiatry 25: 104A–105A

Goldman RS, Tandon R, Goodson J (1989) Factor stability of positive and negative symptom ratings in schizophrenia. Biol Psychiatry 25: 103A–104A

Heinrich K (1967) Zur Bedeutung des postremissiven Erschöpfungs-Syndroms für die Rehabilition Schizophrener. Nervenarzt 38: 487–491

Johnstone EC, Frith CD, Crow TJ, Carney MWP, Price JS (1978) Mechanismus of the antipsychotic effect in the treatment of acute schizophrenia. Lancet i: 848–851

Kane J, Honigfeld G, Singer J, Meltzer H (1988) Clozapine for the treatment-resistant schizophrenic. Arch Gen Psychiatry 45: 789–796

Kay SR, Lindenmayer JP (1991) Stability of psychopathology dimensions in chronic schizophrenia: response to clozapine treatment. Compr Psychiatry 32: 28–35

Kay SR, Fiszbein A, Opler LA (1987) The Positive and Negative Syndrome Scale (PANSS) for schizophrenia. Schizophr Bull 13: 261–273

Leon J de, Wilson WH, Simpson GM (1989) Measurement of negative symptoms in schizophrenia. Psychiatr Dev 3: 211–234

Mackay A (1980) Positive and negative schizophrenic symptoms and the role of dopamine. Br J Psychiatry 137: 379–386

Marneros A, Deister A, Rohde A (1991) Long-term monomorphism of negative and positive schizophrenic episodes. In: Marneros A, Andreasen NC, Tsuang MT (eds) Negative versus positive schizophrenia. Springer, Berlin Heidelberg New York Tokyo, pp 183–196

Maurer K, Häfner H (1991) Dependence, independence or interdependence of positive and negative symptoms. In: Marneros A, Andreasen NC, Tsuang MT (eds) Negative versus positive schizophrenia. Springer, Berlin Heidelberg New York Tokyo, pp 160–182

Meltzer HY (1991) The effect of clozapine and other atypical antipsychotic drugs on negative symptoms. In: Marneros A, Andreasen NC, Tsuang MT (eds) Negative versus positive schizophrenia. Springer, Berlin Heidelberg New York Tokyo, pp 365–367

Meltzer HY, Zureick J (1989) Negative symptoms in schizophrenia: a target for new drug development. In: Dahl SG, Gram LF (eds) Clinical pharmacology in psychiatry. Psychopharmacology series, vol 7. Springer, Berlin Heidelberg New York Tokyo

Müller-Spahn F, Modell S, Thomma M (1992) Neue Aspekte in der Diagnostik, Pathogenese und Therapie schizophrener Minussymptomatik. Nervenarzt 63: 383–400

Niemeggers CJE, Awouters F, Janssen PAJ (1990) Pharmakologie der Neuroleptika und relevante Mechanismen zur Behandlung von Minussymptomatik. In: Möller HJ, Pelzer E (Hrsg) Neuere Ansätze zur Diagnostik und Therapie schizophrener Minussymptomatik. Springer, Berlin Heidelberg New York Tokyo, S 185–197

Ribeiro SCM, Tandon R, Goldman RS, Goodson J, Greden JF (1992) Covariance of positive and negative symptoms during initial neuroleptic treatment in schizophrenia. Biol Psychiatry 31: 81A

VanKammen DP, Hommer DW, Malas KL (1987) Effect of pimozide on positive and negative symptoms in schizophrenic patients: are negative symptoms state dependent? Neuropsychobiology 18: 113–117

Woggon B, Angst J (1976) Einzelne Aspekte der Behandlung mit Depotneuroleptika. In: Huber G (Hrsg) Therapie, Rehabilitation und Prävention schizophrener Erkrankungen. 3. Weißenauer Schizophreniesymposium. Schattauer, Stuttgart New York, S 191–200

Zinner HJ, Kraemer S, Möller HJ (1990) Empirische Untersuchungen zur Konkordanz verschiedener Minussymptomatik-Skalen sowie zur Korrelation mit testpsychologischen Befunden. In: Möller HJ, Pelzer E (Hrsg) Neuere Ansätze zur Diagnostik und Therapie schizophrener Minussymptomatik. Springer, Berlin Heidelberg New York Tokyo, S 59–68

Korrespondenz: Dr. H. J. Zinner, Neurologische Abteilung, Städtisches Krankenhaus München–Bogenhausen, Englschalkinger Straße 77, D–81925 München, Bundesrepublik Deutschland

Prognose von Minussymptomatik im Rahmen einer 5-Jahres-Katamnese

H.-J. Möller

Psychiatrische Universitätsklinik, Bonn, Bundesrepublik Deutschland

Im Rahmen der Münchner Follow-up-Studie an schizophrenen Patienten wurde besonders auf die Vorhersagemöglichkeiten des umfangreichen, größtenteils mit psychometrischen Methoden erhobenen Datensatzes bezüglich des Zustandes bei der katamnestischen Nachuntersuchung fokussiert (Möller und von Zerssen 1986, Möller et al. 1982, 1986 a). Dabei wurde auch der Frage der Vorhersagbarkeit von Minussymptomatik nachgegangen. Die diesbezüglichen Analysen werden nachfolgend dargestellt.

Auf die Details der Untersuchung, die untersuchte Stichprobe und die angewandte Methodik kann hier aus Platzgründen nicht weiter eingegangen werden. Diesbezüglich sei insbesondere auf die Monographie von Möller und von Zerssen (1986) verwiesen. Untersucht wurde in einer 4- bis 6-Jahres-Katamnese eine Stichprobe von 81, zum Katamnesezeitpunkt noch lebende und in der Nachuntersuchung erfaßbare Patienten, die in den Jahren 1972 bis 1974 wegen einer Schizophrenie oder einer schizophrenieähnlichen Psychose (ICD-8 Nr. 295 und Nr. 297/298) stationär im Max-Planck-Institut für Psychiatrie behandelt wurden. Die Gruppe der schizoaffektiven Psychosen wurde ausgeschlossen, weil sie zusammen mit den affektiven Psychosen in einer speziellen Katamneseuntersuchung bearbeitet wurde. Die Patienten entsprachen nicht nur den ICD-Kriterien für die entsprechende Diagnosegruppe, sondern erfüllten größtenteils auch die entsprechenden Kriterien der retrospektiv angewandten operationalisierten Diagnosesysteme (RDC, DSM-III). Die Stichprobe erwies sich als ausreichend repräsentativ für die Ausgangsstichprobe von 103 Patienten und für alle in den Jahren 1972 bis 1974 stationär im Max-Planck-Institut für Psychiatrie behandelten Patienten der gleichen Diagnosegruppe bezüglich folgender Merkmale: Alter, Geschlecht, Familienstand, ICD-Diagnose und Zustand bei Entlassung. Bei 55 % der Patienten wurde die Behandlung im Indexzeitraum wegen Erstmanifestation, bei 45 % wegen

Mehrfachmanifestation der Psychose durchgeführt. Stärkergradig chronifizierte schizophrene Patienten gehören nicht zur Klientel des Max-Planck-Instituts für Psychiatrie. Die Stichprobe ist wahrscheinlich weitgehend repräsentativ für die entsprechenden Patienten psychiatrischer Universitätskliniken und Akutkrankenhäuser, nicht jedoch für das durch eine Selektion chronifizierter Psychosen charakterisierte Krankengut von Landeskrankenhäusern. Die Patienten wurden bei Aufnahme, Entlassung und Katamnese mit einem standardisierten Instrumentarium untersucht, in dessen Zentrum die „Inpatient Multidimensional Psychiatric Scale" (IMPS; Lorr 1974) und die Selbstbeurteilungsskalen von von Zerssen (1979) standen.

Zum Katamnesezeitpunkt standen 63 % der Patienten voll im Arbeitsleben, entweder auf prämorbidem Niveau oder darunter. Dieser hohen Quote sozialer Heilungen steht eine geringere an psychopathologischen Vollremissionen gegenüber. 42 % boten keinen Anhalt für ein Residualsyndrom im Sinne einer Minussymptomatik, 27 % der Patienten zeigten weder Plus- noch Minussymptomatik. Unter Einbeziehung der nicht-beruflichen Bereiche der sozialen Adaptation (soziale Kontakte, Freizeitaktivitäten u. a.) zeigten 21 % keine Störungen der sozialen Adaptation. Bei zusammenfassender Beurteilung mittels der „Global Assessment Scale" (GAS; Spitzer et al. 1976), die sowohl Merkmale des psychopathologischen Bereichs wie auch des Bereichs der sozialen Adaptation berücksichtigt, ergaben sich bei 43 % der Patienten keine oder nur leichte, bei 31 % schwere, zur Hospitalisierung prädisponierende Beeinträchtigungen, der Rest der Patienten lag in einem Mittelbereich zwischen diesen Extremen. Nur 6 % der Patienten befanden sich zum Zeitpunkt der Katamnese in stationärer psychiatrischer Behandlung. 16 % waren zum Zeitpunkt der Katamnese in Heimen untergebracht.

Zum Zeitpunkt der Durchführung der Katamnese (1978) war das Problem der standardisierten Erfassung von Minussymptomatik (Negativsymptomatik) psychometrisch noch nicht gelöst. Die wesentlichen diesbezüglichen Skalenkonstruktionen erfolgten erst zu einem späteren Zeitpunkt (Andreasen 1981, Kay et al. 1987, Mundt et al. 1985). Deswegen wurde von uns nur eine Globalbeurteilung, die auf eine Persönlichkeitsänderung im Sinne von „Minussymptomatik", „dynamischer Insuffizienz", „Reduktion des energetischen Potentials", „reinem Defekt" abzielte (Conrad 1958, Huber et al. 1979, Janzarik 1959, 1968), vorgenommen. Ein derartiges Residualsyndrom wurde dann angenommen, wenn der Patient im Rahmen der Erkrankung undifferenzierter, uninteressierter, leistungsschwächer, kontaktärmer, weniger belastungsfähig, antriebsärmer, emotionsärmer u. a. geworden war und das als ein weitgehend stabiler Zustand erschien. Der Bezugszeitraum für diese Beurteilung war, um einen größeren Überblick zu gewinnen, nicht der Katamnesezeitpunkt, sondern das letzte Jahr vor Katamnese. Demgegenüber wurde die depressiv-apathische Symptomatik, die psychopathologisch enge Beziehungen zur Minussymptomatik hat, mit der IMPS querschnittsmäßig für den jeweiligen Untersuchungszeitraum beurteilt.

Die Persönlichkeitsänderung im Sinne von Minussymptomatik korrelierte mäßig (r = 0,35) mit dem depressiv-apathischen Syndrom der IMPS, einem Superfaktor aus drei Originalfaktoren der IMPS: depressives Syndrom, apathisches Syndrom und neurasthenisches Syndrom. Die Korrelation mit dem apathischen Syndrom lag mit 0,46 etwas höher.

Bei Aufnahme in die stationäre Behandlung zum Indexzeitpunkt war der größte Teil der Patienten (81 %) frei von einer Persönlichkeitsänderung im Sinne von Minussymptomatik. Zum Katamnesezeitraum ist eine deutliche Änderung eingetreten, nur 42 % der Patienten sind jetzt noch frei von Minussymptomatik (Tabelle 1). Es wurde ein umfangreicher Satz potentieller Prognosemerkmale in die Prädiktoranalyse einbezogen (Tabelle 2).

Bei der univariaten Korrelationsanalyse erwiesen sich die in Tabelle 3 dargestellten Merkmale als prognostisch bedeutsam für eine Persönlichkeitsänderung im Sinne von Minussymptomatik bei Katamnese.

Es ist interessant, daß sich für den IMPS-Superfaktor „depressiv-apathisches Syndrom" – der ja, wie oben dargestellt, nur partiell mit Persönlichkeitsänderungen im Sinne von Minussymptomatik korreliert ist – weitgehend die gleichen Prädiktormerkmale ergeben (Tabelle 4). Allerdings waren in den diesbezüglichen Analysen die nur dichotomisierten Ausgangsdaten, wie prämorbide Leistungsstörung, psychische Auslösung der Erstmanifestation, ICD-Diagnose „Schizophrenie", nicht einbezogen, so daß diesbezüglich keine Aussagen gemacht werden können. Die weitgehende Überlappung der Prädiktormerkmale, verbunden mit den Ergebnissen zu den Prädiktoren für den Globalzustand bei Katamnese (Möller und von Zerssen 1986), die ebenfalls in eine ähnliche Richtung gehen, könnten daran denken lassen, daß die gefundenen Prädiktormerkmale weitgehend unspezifisch sind bezüglich der jeweili-

Tabelle 1. Relative Häufigkeit von Persönlichkeitsänderungen bei Aufnahme (n = 81) und Katamnese (n = 78) (nach Möller und von Zerssen 1986)

Persönlichkeitsänderung (Minussymptomatik)	Aufnahme	Katamnese
Keine Minussymptomatik	81 %	42 %
Leichte Minussymptomatik (die meist nur der Patient erlebt)	8 %	24 %
Deutliche Minussymptomatik (die meist auch von anderen erkannt wird)	8 %	14 %
Schwere Minussymptomatik (der Patient ist schwer beeinträchtigt in seiner sozialen und beruflichen Rolle)	2 %	12 %
Extreme Minussymptomatik (der Patient braucht Hilfe für seine elementaren Bedürfnisse)	0 %	0 %
Nicht beurteilbar	1 %	8 %

Tabelle 2. Variablensätze für die Prädiktoranalyse (nach Möller und von Zerssen 1986)

Variablensatz A: Soziodemographisches	Variablensatz B: Biographisches, prämorbide Persönlichkeit	Variablensatz C: Krankheitsvorgeschichte	Variablensatz D: Zustand im MPIP*
– Alter bei Aufnahme im MPIP – Männlich/weiblich – Verheiratet/ nicht verheiratet – Feste Partnerschaft/ keine feste Partnerschaft – Soziale Schicht des Patienten – Schulausbildung – Soziale Schicht des Vaters	– Familiäre Belastung mit Schizophrenie – Broken home – IQ – Prämorbide Leistungsstörungen – Prämorbide Kontaktstörungen – Prämorbide Störungen im Partnerschaftsbereich – Prämorbid häufiger Stellenwechsel	– Alter bei Krankheitsbeginn – Alter bei Ersthospitalisation – Zeit zwischen Erstmanifestation und Ersthospitalisierung – Manische/depressive Komponente bei Erstmanifestation – Akuter Krankheitsbeginn – Situative Auslösung der Erkrankung – Anzahl der Krankheitsmanifestationen (vor Aufnahme im MPIP) – Dauer der Erkrankung (vor Aufnahme im MPIP) – Persönlichkeitsänderung – Dauer stationärer psychiatrischer Behandlung (5 Jahre vor MPIP) – Dauer von Arbeitsunfähigkeit, Berentung und Arbeitslosigkeit (5 Jahre vor MPIP) – Beeinträchtigung beruflicher Leistungsfähigkeit (1 Jahr vor MPIP)	– „Psychotische Erregtheit“ bei Aufnahme (IMPS) – „Paranoid–halluzinatorisches Syndrom“ bei Aufnahme (IMPS) – „Depressiv–apathisches Syndrom“ bei Aufnahme (IMPS) – „Phobisch–anankastisches Syndrom“ bei Aufnahme (IMPS) – „Apathisches Syndrom“ bei Aufnahme (IMPS) – „Psychotische Erregtheit“ bei Entlassung (IMPS) – „Paranoid–halluzinatorisches Syndrom“ bei Entlassung (IMPS) – „Depressiv–apathisches Syndrom“ bei Entlassung (IMPS) – „Phobisch–anankastisches Syndrom“ bei Entlassung (IMPS) – „Apathisches Syndrom“ bei Entlassung (IMPS) – Schlechter Zustand bei Entlassung – Klinikerdiagnose: Schizophrenie – DiaSiKa–Diagnose: Schizophrenie – Behandlungsdauer MPIP

* Max-Planck-Institut für Psychiatrie

Tabelle 3. Prädiktoren für eine Persönlichkeitsänderung im Sinne von Minussymptomatik bei Katamnese (n = 81)

(–)	Prämorbide Leistungsstörungen
(+)	Psychische Auslöung der Erstmanifestation
(–)	ICD-8-Diagnose „Schizophrenie“
(–)	Schlechter psychopathologischer Zustand (= ungenügende Besserung) bei Entlassung
(–)	IMPS-Superfaktor „depressiv-apathisches Syndrom“ bei Entlassung
(–)	Apathisches Syndrom (IMPS) bei Entlassung
(–)	Persönlichkeitsänderung im Sinne von Minussymptomatik vor Indexaufenthalt
(–)	Beeinträchtigung beruflicher Leistungsfähigkeit im Jahr vor Indexaufenthalt
(+)	Höheres Erstmanifestationsalter
(+)	Höheres Ersthospitalisationsalter
(–)	Dauer beruflicher Desintegration vor Indexaufnahme

(–) = ungünstige, (+) = günstige Prognose

Tabelle 4. Prädiktoren für depressiv-apathisches Syndrom (IMPS) bei Katamnese (n = 81)

(–)	Depressiv-apathisches Syndrom (IMPS) bei Entlassung
(–)	Apathisches Syndrom (IMPS) bei Entlassung
(–)	Beeinträchtigung beruflicher Leistungsfähigkeit 1 Jahr vor Indexaufnahme
(+)	Höheres Alter bei Ersthospitalisation
(–)	Anzahl der Krankheitsmanifestationen
(–)	Dauer stationärer psychiatrischer Behandlung
(–)	Dauer beruflicher Desintegration vor Indexaufnahme

(–) = ungünstige, (+) = günstige Prognose

gen Outcome-Kriterien. Diese Aussage trifft aber nur partiell zu, wie der Vergleich von Prädiktoren für das depressiv-apathische Syndrom und von Prädiktoren für den Superfaktor „paranoid-halluzinatorisches Syndrom“ der IMPS zeigen (Tabelle 5). Bei einer differenzierteren Betrachtung hinsichtlich spezifischerer Outcome-Kriterien ergeben sich offensichtlich spezifische syndrombezogene Zusammenhänge in dem Sinne, daß paranoid-halluzinatorische Symptomatik bei Entlassung paranoid-halluzinatorische Symptomatik bei Katamnese und vice versa depressiv-apathische Symptomatik bei Entlassung depressiv-apathische Symptomatik bei Katamnese vorhersagt.

Im Rahmen einer schrittweisen multiplen Regressionsanalyse wurde

Tabelle 5. Prädiktoren für paranoid-halluzinatorisches und depressiv-apathisches Syndrom (n = 81)

Paranoid-halluzinatorisches Syndrom (IMPS)	Depressiv-apathisches Syndrom (IMPS)
Ungünstiger Zustand bei Entlassung	
Paranoid-halluzinatorisches Syndrom bei Entlassung	
	Depressiv-apathisches Syndrom (IMPS) bei Entlassung
	Apathisches Syndrom (IMPS) bei Entlassung
Persönlichkeitsänderung vor Indexaufnahme	(Persönlichkeitsänderung vor Indexaufnahme = nicht signifikant)
Beeinträchtigung beruflicher Leistungsfähigkeit vor Indexaufnahme	Beeinträchtigung beruflicher Leistungsfähigkeit vor Indexaufnahme
Geringe Besserung des Paranoidfaktors (PD-S) bei Indexaufnahme	
Dauer stationärer psychiatrischer Behandlung vor Indexaufnahme	Dauer stationärer psychiatrischer Behandlung vor Indexaufnahme
(Dauer beruflicher Desintegration vor Indexaufnahme = nicht signifikant)	Dauer beruflicher Desintegration vor Indexaufnahme
	Höheres Alter bei Ersthospitalisation
	Anzahl der Krankheitsmanifestationen

versucht, einen aus 5 Merkmalen bestehenden optimalen Prädiktorensatz für Persönlichkeitsänderungen im Sinne von Minussymptomatik bei Katamnese zu finden. Dabei resultierte der folgende Prädiktorensatz, wobei die Prognosemerkmale in der Rangfolge erklärter bzw. zusätzlich erklärter Varianz aufgelistet sind: Dauer beruflicher Desintegration (Arbeitsunfähigkeit, Arbeitslosigkeit, vorzeitige Berentung) im 5-Jahreszeitraum vor Indexaufnahme, apathisches Syndrom (IMPS) bei Entlassung, psychogene Auslösung der Ersterkrankung, prämorbide Störungen im Partnerschaftsbereich, Beeinträchtigung beruflicher Leistungsfähigkeit im Jahr vor Indexaufnahme. Diese 5 Merkmale zusammen erklären 55 % der Varianz. Interessanterweise tritt in diesem aus 5 Merkmalen gebildeten optimalen Prädiktorensatz von den psychopathologischen Prädiktoren nur das apathische Syndrom (IMPS) bei Entlassung auf, ein Befund, der aber gut zu den Befunden aus den univariaten Analysen paßt.

Die schrittweise multiple Regressionsanalyse hat den Nachteil, daß die besonders starken Prädiktoren, z. B. anamnestische oder soziale Merkmale, alle anderen unterdrücken. Davon werden insbesondere die psychopathologischen Merkmale betroffen, die insgesamt nicht so starke prädiktive Kraft haben (Möller und von Zerssen 1986). Um dieses Problem zu umgehen und die prognostische Bedeutung der einzelnen syn-

Tabelle 6. Prädiktion durch Kombination von IMPS-Syndromscores bei Entlassung

	Persönlichkeitsänderung (Minussymptomatik)		Paranoid-halluzinatorisches Syndrom (IMPS)	
Rangfolge der 5 besten Prädiktoren:	Apathisches Syndrom (RET)	(–)	Paranoid-halluzinatorisches Syndrom (PAR)	(–)
	Euphorischer Erregungszustand (EXC)	(+)	Depressives Syndrom (ANX)	(+)
	Depressives Syndrom (ANX)	(–)	Apathisches Syndrom (RET)	(–)
	Megalomanes Syndrom (GRA)	(–)	Megalomanes Syndrom (GRA)	(–)
	Erschöpfungszustand (IMF)	(–)	Formale Denkstörung (CNP)	(–)
Durch die 5 besten Prädiktoren erklärter Varianzanteil:	23 %		24 %	
Durch alle Prädiktoren erklärter Varianzanteil:	24 %		27 %	

(–) = ungünstige, (+) = günstige Prognose

dromalen Bereiche der Psychopathologie herauszuarbeiten, wurde deswegen eine schrittweise multiple Regressionsanalyse nur über die IMPS-Faktoren, in die die 12 Originalfaktoren der IMPS bei Aufnahme und Entlassung eingingen (Tabelle 6), und zwar sowohl für das Merkmal Persönlichkeitsänderung im Sinne von Minussymptomatik wie für den Superfaktor paranoid-halluzinatorisches Syndrom (IMPS), durchgeführt. Es zeigt sich, daß der durch den optimalen Prädiktorsatz von 5 Prädiktoren erklärte Varianzanteil mit 23 % wesentlich geringer ist als die durch die optimale Prädiktorenkombination aus 5 Prognosemerkmalen des Gesamtdatensatzes (55 %). Analog dem schon zuvor erwähnten Befund bezüglich der Prädiktoren für das depressiv-apathische Syndrom und das paranoid-halluzinatorische Syndrom ergibt sich auch hier eine gewisse Syndromspezifität in dem Sinne, daß das apathische Syndrom an erster Stelle des Prädiktorensatzes für Minussymptomatik ist und das paranoid-halluzinatorische Syndrom an erster Stelle des Prädiktorensatzes für das paranoid-halluzinatorische Syndrom.

Mit analoger Methodik wurde geprüft, inwieweit durch die Einbeziehung von Selbstbeurteilungsdaten (Paranoidfaktor, Depressivitätsfaktor aus der Paranoid-Depressivitäts-Skala – PDS; von Zerssen 1979) die Prädiktionsmöglichkeiten gebessert werden können. Diese Analysen wurden allerdings nicht mit den Originalfaktoren der IMPS, sondern mit den 5 Superfaktoren bei Aufnahme und Entlassung sowie den sonstigen Variablen über den Zeitraum der stationären Indexbehandlung gerechnet. Auch konnte die Analyse nur gerechnet werden für die 45

Tabelle 7. Schrittweise multiple Regression über den Datensatz „Zustand im Max-Planck-Institut für Psychiatrie" ohne und mit Paranoid- (P) und Depressivitätsfaktor (D) bei Aufnahme und Entlassung (nur für die 45 Patienten, von denen P und D bei Aufnahme und Entlassung vorliegen) (nach Möller und von Zerssen 1986)

	Outcome-Kriterium: Minussymptomatik			
	Ohne P und D:		Mit P und D:	
	Organisches Psychosyndrom* bei Entlassung	(–)	Organisches Psychosyndrom* bei Entlassung	(–)
	Psychotische Erregung bei Aufnahme	(+)	Depressivitätsfaktor bei Aufnahme	(–)
	Psychotische Erregung bei Entlassung	(–)	Paranoid-halluzinatorisches Syndrom bei Entlassung	(–)
	Paranoid-halluzinatorisches Syndrom bei Aufnahme	(–)	Depressivitätsfaktor bei Entlassung	(–)
	Behandlungsdauer	(–)	Psychotische Erregung bei Entlassung	(–)
Erklärter Varianzanteil:	42 %		55 %	

* Der IMPS-Superfaktor „organisches Psychosyndrom" entspricht bei dieser Stichprobe weitgehend dem IMPS-Originalfaktor „apathisches Syndrom"

Patienten, bei denen die Selbstbeurteilungsdaten von Aufnahme und Entlassung vollständig waren (Tabelle 7).

Der Superfaktor „organisches Psychosyndrom", der an erster Stelle des Prädiktorsatzes für Minussymptomatik steht, besteht aus den beiden originalen IMPS-Faktoren „apathisches Syndrom" und „Desorientiertheit". Da in der untersuchten Stichprobe der Ausprägungsgrad von Desorientiertheit annähernd „0" war, entspricht somit der Faktor dem Originalfaktor „apathisches Syndrom" der IMPS. Überraschenderweise werden von den Selbstbeurteilungsdaten der Depressivitätsfaktor bei Aufnahme und der Depressivitätsfaktor bei Entlassung in den optimalen Prädiktorensatz aus 5 Merkmalen einbezogen. Die Selbstbeurteilungsdaten können unter diesem Aspekt offensichtlich Fremdbeurteilungsmerkmale in wichtiger Weise für die Prognose ergänzen, wobei der erklärte Varianzanteil sogar gegenüber dem Prädiktorsatz, der nur aus Fremdbeurteilungsdaten besteht, erhöht werden kann.

Schrittweise multiple Regressionsanalysen haben den Nachteil, daß sie die Ergebnisse von Prädiktoranalysen für die jeweilige Stichprobe optimieren. Insofern müssen solche Ergebnisse sehr kritisch gesehen werden und dürfen erst nach Replikation an einer anderen Stichprobe als ausreichend bewiesen gelten.

Es interessierte auch, inwieweit die in der Literatur beschriebenen Skalen zur prämorbiden sozialen Adaptation und zur Prognose für die Vorhersage der Persönlichkeitsänderung im Sinne von Minussymptomatik von Bedeutung sind. Einbezogen in diese Analysen wurden 3 Skalen zur prämorbiden sozialen Adaptation – die Gittelman-Klein-Skala (Gittelman-Klein und Klein 1969), die Goldstein-Skala (Goldstein 1970) und die Phillips-Skala (Phillips 1966) – sowie 3 Prognoseskalen – die Vaillant-Skala (Vaillant 1964), die Stephens-Skala (Stephens 1970) und Strauss-Carpenter-Skala (Strauss und Carpenter 1974). Es zeigte sich, daß alle genannten Skalen relativ gut eine Persönlichkeitsänderung im Sinne von Minussymptomatik vorhersagen können. Auch bezüglich des depressiv-apathischen Syndroms bei Katamnese (IMPS) ergab sich durchwegs eine gute, wenn auch nicht ganz so starke Vorhersagemöglichkeit. Vergleicht man die Vorhersagbarkeit der einzelnen untersuchten Outcome-Kriterien auf der Basis der genannten Skalen, so ist die Persönlichkeitsänderung im Sinne von Minussymptomatik das am besten vorhersagbare Merkmal (Tabelle 8).

Dieses Ergebnis wurde an einer zweiten Stichprobe schizophrener Patienten aus dem Max-Planck-Institut für Psychiatrie, die 5 bis 8 Jahre nach Indexaufnahme nachuntersucht wurde, überprüft (Möller et al. 1986 a, b, 1988) (Tabelle 9).

Auch in dieser Replikationsstudie war eine Persönlichkeitsänderung im Sinne von Minussymptomatik durch alle Skalen relativ gut und im Vergleich zu den anderen Outcome-Kriterien am besten vorhersagbar. Bezüglich dieses Merkmals und des depressiv-apathischen Syndroms ergaben sich Vorteile in der Vorhersagbarkeit nur bezüglich der Strauss-Carpenter-Skala.

Auf der Basis der Ergebnisse der verschiedenen Prädiktoranalysen, die bezüglich verschiedener Outcome-Kriterien durchgeführt wurden (Möller und von Zerssen 1986), wurden an der ersten Stichprobe 4 Prognosescores entwickelt. Es sei betont, daß bei diesen Entwicklungen der prognostische Wert bezüglich aller Outcome-Kriterien berücksichtigt wurde, also nicht nur der prognostische Wert für die Minussymptomatik. Die ersten beiden Scores beziehen sich auf Ergebnisse univariater Analysen, der dritte Score bezieht sich auf die schrittweise multiple Regressionsanalyse von Psychopathologiedaten bei Aufnahme und Entlassung und der vierte Score auf schrittweise multiple Regressionsanalysen des gesamten Datensatzes (Tabelle 10).

An der ersten Stichprobe führten alle 4 Scores zu einer guten Vorhersagbarkeit des Merkmals „Persönlichkeitsänderung im Sinne von Minussymptomatik", wobei allerdings der Score 3 (der reine Psychopathologiescore), passend zu den schon bisher dargestellten Befunden, deutlich weniger prognostische Kraft zeigte. Die Vorhersagbarkeit des depressiv-apathischen Syndroms war deutlich geringer als die der Persönlichkeitsänderung im Sinne von Minussymptomatik (Tabelle 11).

Die Ergebnisse wurden an der zweiten Stichprobe überprüft. Erneut zeigte sich eine gute Vorhersagbarkeit der Persönlichkeitsänderung auf der Basis von Score 1, 2 und 4, während Score 3 (der reine Psychopathologiescore) wiederum schlecht abschnitt, diesmal sogar nicht einmal eine signifikante Korrelation mit dem Outcome-Kriterium erreichte (Tabelle 12).

Tabelle 8. Produkt-Moment-Korrelationen zwischen den verschiedenen Prognoseskalen und Outcome-Kriterien für Stichprobe I (n = 55–78) (nach Möller und vonZerssen 1986)

Prognoseskalen	Beeinträcht. des Funktions-niveaus (GAS)	Plus- u. Minus-symptomatik	Persönlich-keitsänd. (Minussym-ptomatik)	Beeinträcht. berufl. Leistungs-fähigkeit	Paranoid-halluzinat. Syndrom (IMPS)	Depressiv-apathisches Syndrom (IMPS)	Dauer berufl. Desintegra-tion	Dauer stationärer psychiatr. Behandlung
Gittelman-Klein-Skala (n = 55–70)	0,28*	0,20	0,50***	0,30*	0,21	0,36**	0,19	0,34*
Goldstein-Skala (n = 55–61)	–0,19	–0,07	–0,38**	–0,31	–0,14	–0,38**	–0,22	–0,31*
Phillips-Skala (n = 75–78)	0,29*	0,22	0,43***	0,36**	0,19	0,38***	0,28*	0,46***
Vaillant-Skala (n = 72–76)	–0,34***	–0,21	–0,42***	–0,48***	–0,15	–0,24*	–0,38***	–0,33**
Stephens-Skala (n = 72–76)	–0,48***	–0,37***	–0,46***	–0,50***	–0,29*	–0,30**	–0,44***	–0,46***
Strauss-Carpenter-Skala (n = 67–77)	0,43***	0,42***	0,54***	0,37**	0,38**	0,39***	0,32**	0,49***

* $p < 0,05$; ** $p < 0,01$; *** $p < 0,001$

Tabelle 9. Produkt-Moment-Korrelationen zwischen den verschiedenen Prognoseskalen und Outcome-Kriterien für Stichprobe II (n = 35–46) (nach Möller et al. 1988)

Prognoseskalen	Beeinträcht. des Funktions-niveaus (GAS)	Plus- u. Minus-sympto-matik	Persönlich-keitsänd. (Minussym-ptomatik)	Beeinträcht. berufl. Leistungs-fähigkeit	Paranoid-halluzinat. Syndrom (IMPS)	Depressiv-apathisches Syndrom (IMPS)	Dauer berufl. Desintegra-tion	Dauer stationärer psychiatr. Behandlung
Gittelman-Klein-Skala (n = 35–37)	0,28	0,28	0,35*	0,13	0,15	0,37*	0,26	0,34*
Goldstein-Skala (n = 32–35)	–0,24	–0,33	–0,39*	–0,12	0,19	–0,35	–0,29	–0,31
Phillips-Skala (n = 42–46)	0,46**	0,48**	0,48**	0,22	0,12	0,48***	0,34*	0,36*
Vaillant-Skala (n = 42–46)	–0,44**	–0,52***	–0,55***	–0,32*	–0,28	–0,43**	–0,27	–0,36*
Stephens-Skala (n = 42–46)	–0,52***	–0,61***	–0,55***	–0,38*	–0,37*	–0,44**	–0,33*	–0,40**
Strauss-Carpenter-Skala (n = 39–43)	0,41**	0,44**	0,52***	0,40**	0,21	0,36*	0,40**	0,46**

* $p < 0,05$; ** $p < 0,01$; *** $p < 0,001$

Tabelle 10. Items der selbstkonstruierten Prognosescores (nach Möller und von Zerssen 1986)

Score-Items	Score 1	Score 2	Score 3	Score 4
Prämorbide Störungen im beruflichen Bereich				x
Keine Auslöser vor Erstmanifestation	x	x		x
Jüngeres Alter bei Erstmanifestation		x		
Keine Zeichen einer manisch-depressiven Erkrankung bei Erstmanifestation				x
Dauer beruflicher Desintegration (im 5-Jahres-Zeitraum vor Indexmanifestation)	x	x		x
Dauer stationärer Behandlung (im 5-Jahres-Zeitraum vor Indexbehandlung)	x			
Keine feste Partnerschaft bei Indexaufnahme	x			
Beeinträchtigung der beruflichen Leistungsfähigkeit (während des Jahres vor Indexaufnahme)	x	x		x
Residualsyndrom (Persönlichkeitsänderung) vor Indexaufnahme	x			
Schlechter Zustand bei Entlassung	x	x		x
IMPS-Superfaktoren				
„Organisches Syndrom" bei Entlassung*				x
„Depressiv gefärbtes phobisch-anankastisches Syndrom" bei Entlassung** (–)				x
IMPS-Faktoren				
„Desorientiertheit" bei Aufnahme (–)			x	
„Phobisch-anankastisches Syndrom" bei Aufnahme (–)			x	
„Apathisches Syndrom" bei Entlassung			x	
„Paranoides Syndrom" bei Entlassung			x	
„Katatones Syndrom" bei Entlassung			x	

* IMPS-Faktor „Desorientiertheit" und IMPS-Faktor „apathisches Syndrom"

** IMPS-Faktor „depressives Syndrom" und IMPS-Faktor" „phobisch-anankastisches Syndrom"

(–) Der Wert (10 % des theoretischen Scores = 1; 20 % = 2 etc.) muß abgezogen werden von dem Gesamtscore

Tabelle 11. Produkt-Moment-Korrelationen zwischen den neu entwickelten Prognosescores und den Outcome-Kriterien für Stichprobe I (n = 66–76) (nach Möller und von Zerssen 1986)

Prognoseskalen	Beeinträcht. des Funktions-niveaus (GAS)	Plus- u. Minus-sympto-matik	Persönlich-keitsänd. (Minussym-ptomatik)	Beeinträcht. berufl. Leistungs-fähigkeit	Paranoid-halluzinat. Syndrom (IMPS)	Depressiv-apathisches Syndrom (IMPS)	Dauer berufl. Desintegra-tion	Dauer stationärer psychiatr. Behandlung
Score 1	0,53***	0,51***	0,55***	0,45**	0,36*	0,28	0,32*	0,36*
Score 2	0,56***	0,54***	0,64***	0,54***	0,37**	0,29*	0,38**	0,52***
Score 3	0,32*	0,27*	0,35**	0,39***	0,33**	0,27*	0,24*	0,27*
Score 4	0,62***	0,55***	0,72***	0,76***	0,39**	0,38*	0,53***	0,51***

* p < 0,05; ** p < 0,01; *** p < 0,001

Tabelle 12. Produkt-Moment-Korrelationen zwischen den neu entwickelten Prognosescores und den Outcome-Kriterien für Stichprobe II (n = 39–46) (nach Möller et al. 1986 a)

Prognoseskalen	Beeinträcht. des Funktions-niveaus (GAS)	Plus- u. Minus-sympto-matik	Persönlich-keitsänd. (Minussym-ptomatik)	Beeinträcht. berufl. Leistungs-fähigkeit	Paranoid-halluzinat. Syndrom (IMPS)	Depressiv-apathisches Syndrom (IMPS)	Dauer berufl. Desintegra-tion	Dauer stationärer psychiatr. Behandlung
Score 1	0,44**	0,50**	0,60***	0,49**	0,08	0,45**	0,47**	0,49**
Score 2	0,43**	0,49**	0,56***	0,43**	0,07	0,43**	0,39*	0,42**
Score 3	0,21	0,30*	0,26	0,22	–0,08	0,14	0,23	0,36*
Score 4	0,43**	0,57***	0,59***	0,54***	0,09	0,46**	0,49**	0,47**

* p < 0,05; ** p < 0,01; *** p < 0,001

Zusammenfassend kann gesagt werden, daß sich die Persönlichkeitsänderung im Sinne von Minussymptomatik auf der Basis einer Reihe von anamnestischen und psychopathologischen Merkmalen vorhersagen läßt. Es ergeben sich sogar Hinweise für Prädiktoren, die eine gewisse Spezifität für Minussymptomatik haben. Die Vorhersagbarkeit auf der Basis von Einzelprädiktoren ist allerdings relativ beschränkt. Durch Zusammenfassung von Merkmalen im Rahmen schrittweiser Regressionsanalysen bzw. in Form von Aufsummierung mehrerer prognostisch relevanter Variablen in Prognoseskalen läßt sich eine Erhöhung der prognostischen Aussagekraft erreichen. Das gilt allerdings nur, wenn die Skalen im wesentlichen aus Merkmalen zur prämorbiden sozialen Adaptation und zur Anamnese zusammengestellt sind. Reine Psychopathologieskalen sind von wesentlich geringerer Vorhersagekraft bezüglich des Merkmals „Persönlichkeitsänderung im Sinne von Minussymptomatik". Insgesamt erweist sich bei diesen Analysen der prädiktiven Wertigkeit verschiedener Prognoseskalen, daß sich das Merkmal "Persönlichkeitsänderung im Sinne von Minussymptomatik" im Vergleich zu anderen Outcome-Kriterien am besten vorhersagen läßt. Das ist möglicherweise damit zu erklären, daß es ein relativ stabiles Merkmal ist, das über größere Zeitabschnitte nur wenig Fluktuationen aufweist. Für den IMPS-Superfaktor „depressiv-apathisches Syndrom", das konzeptuell gewisse Beziehungen zur Minussymptomatik hat, ergaben sich zum größten Teil ähnliche Prädiktorergebnisse. Die Vorhersagbarkeit auf der Basis von Prognoseskalen ist aber nicht so gut wie die der Persönlichkeitsänderung im Sinne von Minussymptomatik, was möglicherweise damit zu erklären ist, daß ersteres Merkmal eher einen aktuellen psychopathologischen Zustand kennzeichnet und damit stärkergradigen zeitlichen Fluktuationen ausgesetzt ist.

Literatur

Andreasen NC (1981) Scale for the assessment of negative symptoms (SANS). University of Iowa, Iowa City

Conrad K (1958) Die beginnende Schizophrenie. Thieme, Stuttgart

Gittelman-Klein R, Klein DF (1969) Premorbid social adjustment and prognosis in schizophrenia. J Psychiatry Res 7: 3–53

Goldstein MJ (1970) Premorbid adjustment, paranoid status and patterns of response to phenothiazine in acute schizophrenia. Schizophr Bull 1: 24–37

Huber G, Gross G, Schüttler R (1979) Schizophrenie. Eine verlaufs- und sozialpsychiatrische Langzeitstudie. Springer, Berlin Heidelberg New York

Janzarik W (1959) Dynamische Grundkonstellationen in endogenen Psychosen. Springer, Berlin Heidelberg

Janzarik W (1968) Schizophrene Verläufe. Eine strukturdynamische Interpretation. Springer, Berlin Heidelberg New York

Kay SR, Opler LA, Fiszbein A (1987) Positive and negative syndrome scale (PANSS). Rating manual. Social and Behavioral Documents, San Rafael, CA

Lorr M (1974) Assessing psychotic behavior by the IMPS. In: Pichot P, Olivier-Martin R (eds) Psychological measurement in psychopharmacology. Modern problems in psychiatry, vol 7. Karger, Basel, pp 50–63

Möller, HJ, von Zerssen D (1986) Der Verlauf schizophrener Psychosen unter den gegenwärtigen Behandlungsbedingungen. Springer, Berlin Heidelberg New York Tokyo

Möller HJ, von Zerssen D, Werner-Eilert K, Wüschner-Stockheim M (1982) Outcome in schizophrenic and similar paranoid psychoses. Schizophr Bull 8:99-108

Möller HJ, Schmid-Bode W, von Zerssen D (1986 a) Prediction of long-term outcome in schizophrenia by prognostic scales? Schizophr Bull 12: 225–235

Möller HJ, Schmid-Bode W, Wittchen HU, von Zerssen D (1986 b) Outcome and prediction of outcome in schizophrenia: results from the literature and from two personal studies. In: Goldstein MJ, Hand I, Hahlweg K (eds) Treatment of schizophrenia. Family assessment and intervention. Springer, Berlin Heidelberg New York Tokyo, pp 11–24

Möller HJ, Schmid-Bode W, Cording-Tömmel C, Wittchen HU, Zaudig M, von Zerssen D (1988) Psychopathological and social outcome in schizophrenia versus affective/schizoaffective psychoses and prediction of poor outcome in schizophrenia: results from a 5–8 years follow-up. Acta Psychiatr Scand 77: 379–389

Mundt C, Fiedler P, Pracht B, Rettig R (1985) InSka (Intentionalitätsskala). Ein neues psychopathometrisches Instrument zur quantitativen Erfassung der schizophrenen Residualsymptomatik. Nervenarzt 56: 146–149

Phillips L (1966) Social competence, the process-reactive distinction, and the nature of mental disorder. In: Hoch PH, Zubin J (eds) Psychopathology of schizophrenia. Grune and Stratton, New York, pp 471-481

Spitzer J, Endicott RL, Fleiss L (1976) The Global Assessment Scale. A procedure for measuring overall severity of psychiatric disturbances. Arch Gen Psychiatry 33: 766–771

Stephens JH (1970) Long-term course and prognosis in schizophrenia. Sem Psychiat 2:464-485

Strauss JS, Carpenter WT (1974) The prediction of outcome in schizophrenia. II. Relationship between predictor and outcome variables. Arch Gen Psychiatry 31: 37–42

Vaillant G (1964) Prospective prediction of schizophrenic remission. Arch Gen Psychiatry 11: 509–518

Zerssen D von (1979) Klinisch-psychiatrische Selbstbeurteilungs-Fragebögen. In: Baumann U, Berbalk H, Seidenstücker G (Hrsg) Klinische Psychologie. Trends in Forschung und Praxis, vol 2. Huber, Bern, S 130–159

Korrespondenz: Prof. Dr. H.-J. Möller, Psychiatrische Universitätsklinik, Sigmund-Freud-Straße 25, D-53105 Bonn, Bundesrepublik Deutschland

Die Bedeutung von Plus- und Minussymptomatik für den Langzeitausgang schizophrener Psychosen

A. Deister und **A. Marneros**

Psychiatrische Universitätsklinik, Bonn, Bundesrepublik Deutschland

Einleitung

Die Suche nach zuverlässigen prädiktiven Parametern für den Langzeitausgang hat bei schizophrenen Psychosen eine lange Tradition; dabei wurden einzelne Symptome, aber auch bestimmte Symptomkonstellationen bezüglich ihrer prädiktiven Bedeutung untersucht. In den letzten zwei Jahrzehnten ist insbesondere in die Unterscheidung in eine negative und eine positive Symptomkonstellation bei schizophrenen Psychosen eine hohe Erwartung gesetzt worden. Dabei wurde zunächst ein Zusammenhang zwischen einer negativen schizophrenen Symptomatik und einem eher schlechten Langzeitausgang vermutet. Bereits Langfeldt (1937) ging davon aus, daß das Vorhandensein von Affektverflachung zu einem schlechteren Ausgang führe. Crow (1980, 1985) erhob den ungünstigen Ausgang sogar zu einem definitorischen Kriterium für den von ihm beschriebenen Typ II der Schizophrenie, der vorwiegend durch negative Symptome gekennzeichnet ist. Bland und Mitarbeiter (1978) konnten dagegen bei der Untersuchung von 92 schizophrenen Patienten nach 12 Jahren keinen eindeutigen Einfluß der negativen Symptomatik auf den Ausgang nachweisen und wiesen auf die Wechselwirkung zwischen unterschiedlichen Parametern hin. Die Gruppe um Lindenmayer (Lindenmayer und Kay 1989) schließlich beschrieb nach 2 Jahren sogar einen besseren Ausgang bei vorherrschender negativer Symptomatik.

Für solche unterschiedlichen, teilweise sogar gegensätzlichen Befunde sind vorwiegend methodische Probleme verantwortlich zu machen (Deister und Marneros 1993a, 1994, Deister et al. 1990, Marneros et al. 1992). Die wichtigsten methodischen Schwierigkeiten sind dabei

- unterschiedliche Definitionen negativer Symptomatik
- gleichzeitiges Vorhandensein positiver Symptomatik

- Beurteilung der negativen Symptomatik zu unterschiedlichen Zeitpunkten
- keine Stabilität der Symptomatik im Langzeitverlauf
- unterschiedlich lange Beobachtungszeiträume
- undifferenzierter Ausgangsbegriff.

Um diese methodischen Schwierigkeiten zu umgehen, wurde in der vorliegenden Studie die prognostische Bedeutung der Symptomatik in der ersten manifesten Krankheitsepisode für unterschiedliche Aspekte des Langzeitausganges untersucht. Grundlage der vorliegenden Studie ist eine Langzeituntersuchung einer Population von Patienten mit eng definierten schizophrenen Psychosen.

In der vorliegenden Studie wird somit folgende modifizierte Hypothese überprüft: Schizophrene Patienten, die initial eine negative Episode aufwiesen, haben einen ungünstigeren Langzeitausgang als schizophrene Patienten, die initial eine positive Episode aufwiesen.

Material und Methode

In der vorliegenden Studie wurden 148 Patienten mit eng definierten schizophrenen Psychosen über einen Krankheitsverlauf von durchschnittlich 23 Jahren (10–50 Jahre) untersucht (Deister und Marneros 1933a-c, Deister et al. 1991, Marneros et al. 1991, 1992). Die Patienten wurden longitudinal auf der Grundlage unterschiedlicher Informationsquellen untersucht, am Ende des Beobachtungszeitraumes stand eine persönliche Untersuchung, in der Regel unter Einbeziehung von nahen Angehörigen. Dabei wurden mit verschiedenen standardisierten Erhebungsinstrumenten und speziellen Fragebögen sowohl psychopathologische Parameter als auch umfangreiche Angaben zur Biographie, sozialer Entwicklung, Therapie und Prophylaxe erfaßt. Von den untersuchten Patienten waren 58 % männlich und 42 % weiblich, das durchschnittliche Alter bei der Erstmanifestation betrug 27,7 Jahre (14–64 Jahre), am Ende der Beobachtungszeit war das durchschnittliche Alter 50,7 Jahre. Die große Mehrheit der Patienten (93 %) hatte am Ende der Beobachtungszeit anhaltende krankheitsbedingte Auffälligkeiten im psychopathologischen und im sozialen Bereich. Weitere Parameter der untersuchten Population sind in Tabelle 1 dargestellt. Jeder der im Verlauf aufgetretenen insgesamt 595 Krankheitsepisoden wurde nach den Kriterien von Andreasen und Olsen (1982) als positiv, negativ oder gemischt klassifiziert. Als *Episode* wurde jeder stationäre Aufenthalt in einer psychiatrischen Behandlungseinrichtung definiert (Marneros et al. 1991).

Bei 4 der insgesamt untersuchten Patienten ging bereits die initiale Episode in eine Dauerhospitalisierung über (stationärer Aufenthalt länger als 3 Jahre). Aus methodischen Gründen wurden diese 4 Patienten aus den weiteren Berechnungen ausgeschlossen. Von den verbleibenden 144 Patienten wiesen initial 65 Patienten eine positive, 47 Patienten eine negative und 32 Patienten eine gemischte Episode auf.

Eine Episode wurde dann als *negativ* kategorisiert, wenn mindestens zwei der negativen Symptome (Sprachverarmung, Affektverflachung, Anhedonie/sozialer Rückzug, Abulie/Apathie, Aufmerksamkeitsstörung) deutlich vorhanden waren und gleichzeitig keines der positiven Symptome deutlich war bzw. das klinische Bild dominierte. Eine Episode wurde dann als *positiv* kategorisiert, wenn mindestens eines der positiven Symptome (Halluzinationen, Wahn, positive formale Denkstörungen, wiederholtes bizarres oder desorganisiertes Verhalten) im Vordergrund des klinischen Bildes stand und gleichzeitig keines der negativen Symptome in einem deutlichen Ausmaß vorhanden war. Eine *gemischte* schizophrene Episode wurde diagnostiziert, wenn entweder die Kriterien *weder* der positiven *noch* der negativen Episode erfüllt waren, oder wenn die Kriterien *beider* Episoden er-

Tabelle 1. Studienpopulation

	Gesamt-population	Initial positive Episode	Initial negative Episode
Zahl der Patienten	148	65	47
Geschlecht			
- männlich	86 (58,1 %)	38 (58,5 %)	28 (59,6 %)
- weiblich	62 (41,9 %)	27 (41,5 %)	19 (40,4 %)
Alter bei Erstmanifestation			
- arithmetisches Mittel	27,7	31,3	22,4
- Median	24,0	26,0	21,0
- Standardabweichung	10,6	12,1	5,9
- Minimum	14	14	14
- Maximum	64	64	37
Beobachtungsdauer			
- arithmetisches Mittel	23,0	20,1	23,3
- Median	25,0	18,0	24,0
- Standardabweichung	9,9	9,7	9,3
- Minimum	10	10	10
- Maximum	50	45	43
Alter am Ende der Beobachtungsdauer			
- arithmetisches Mittel	50,7	51,4	45,6
- Median	51,0	51,0	46,0
- Standardabweichung	13,2	13,9	11,0
- Minimum	27	28	27
- Maximum	84	84	74

füllt waren. Die Kategorisierung wurde entsprechend diesen Kriterien anhand der im Vordergrund stehenden Symptomatik bzw. deren Intensität vorgenommen und nicht aufgrund des Vorhandenseins oder Fehlens einzelner Symptome. Dies bedeutet, daß eine positive Episode durchaus einige negative Symptome enthalten konnte, vorausgesetzt diese waren nur diskret, nicht im Vordergrund bzw. nicht deutlich ausgeprägt. Umgekehrt konnte eine negative Episode auch einige diskrete bzw. im Hintergrund bleibende positive Symptome umfassen (Marneros et al. 1991, 1992). Im folgenden sollen die Ergebnisse nur bezüglich der positiv und der negativ beginnenden Verläufe miteinander verglichen werden, da die gemischte Gruppe als sehr heterogen erscheint.

Am Ende der Beobachtungszeit wurden unterschiedliche Ausgangsaspekte erfaßt: globales Funktionsniveau (mit Hilfe der Global Assessment Scale, Spitzer et al. 1976), sozialer Ausgang (mit Hilfe des Disability Assessment Schedule; Jung et al. 1989) und verschiedene negative soziale Konsequenzen (Marneros et al. 1991).

Die statistische Absicherung erfolgte je nach Skalenniveau mit Hilfe des Chi^2-Tests bzw. t-Tests.

Ergebnisse

Globales Funktionsniveau

Das globale Funktionsniveau am Ende der Beobachtungszeit wurde mit der Global Assessment Scale (GAS; Spitzer et al. 1976) erfaßt. Mit dieser

Skala werden sowohl die psychopathologische Symptomatik als auch Beeinträchtigungen in verschiedenen anderen Bereichen simultan dargestellt. Die Skala reicht vom Score 1, der den hypothetisch am stärksten eingeschränkten Patienten repräsentiert, bis zum Score 100, der den am wenigsten beeinträchtigten Patienten beschreibt.

Patienten mit einem negativen Beginn wiesen einen Median von 30 auf (Tabelle 2), Patienten mit einem positiven Beginn hatten einen Median von 40. Der Unterschied erwies sich statistisch als nicht signifikant. Auch die Verteilung war in beiden Gruppen nicht signifikant unterschiedlich. Lediglich in bezug auf die Wahrscheinlichkeit, am Ende des Beobachtungszeitraumes ohne Beeinträchtigungen zu sein (Score 91–100), fand sich ein bemerkenswerter Unterschied: Patienten, die mit einer positiven schizophrenen Episode erstmals erkrankten, hatten dafür eine Wahrscheinlichkeit von 12,3 %, bei den Patienten mit einem negativen Beginn betrug dieser Prozentsatz nur 2,1 %.

Soziale Anpassung

Zur Evaluierung der sozialen Anpassung am Ende der Beobachtungszeit wurde das Disability Assessment Schedule (DAS; Jung et al. 1989) verwendet. Diese Skala umfaßt unterschiedliche Sektionen. Für die vorliegende Studie wurden lediglich die Daten aus der Sektion 1 (Allgemeinverhalten) und der Sektion 3 (Gesamteinschätzung der sozialen

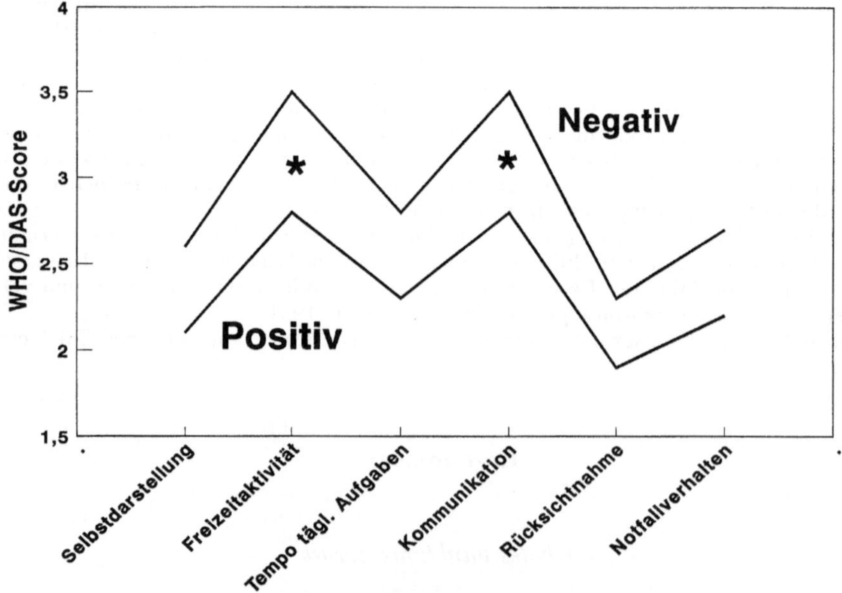

Abb. 1. Behinderungsprofile (Sektion Allgemeinverhalten) des DAS im Vergleich der beiden untersuchten Gruppen; * $p < 0,05$

Anpassung) verwendet. Die negativ beginnenden Patienten wiesen dabei insgesamt gesehen schlechtere Ergebnisse bezüglich der sozialen Anpassung auf als die positiv beginnenden Patienten. Für die 6 Items der Sektion „Allgemeinverhalten“ wurden zwei Profile dargestellt (Abb. 1). Es zeigte sich allerdings nur bei zwei Parametern, nämlich der Freizeitaktivität und der Kommunikation, ein signifikanter Unterschied. Dabei blieb insbesondere das fast völlig parallele Profil in beiden Gruppen auffällig.

Negative soziale Konsequenzen

Am Ende der Beobachtungszeit war fast die Hälfte der Patienten mit einem positiven Beginn noch autark (Tabelle 2), sie konnten also für sich oder für abhängige Familienangehörige selbst sorgen (Marneros et al. 1990). Bei den Patienten mit einem negativen Beginn waren dagegen nur 32 % autark; es fanden sich in dieser Gruppe sogar 34 % der Patienten, die dauernd in einer psychiatrischen Klinik leben mußten.

Tabelle 2. Ausgangs-Parameter

	Initial positive Episode (n = 65)	Initial negative Episode (n = 47)	Signifikanzniveau
Globales Funktionsniveau (GAS-Score)			
– arithmetisches Mittel	44,8	40,0	0,333[2]
– Median	40,0	30,0	
– Standardabweichung	28,5	23,7	
– Minimum	10	5	
– Maximum	100	95	
Negative soziale Mobilität			0,939[1]
– Berücksichtigte Patienten[3]	38	32	
– davon mit negativer sozialer Mobilität	27 (71,1 %)	23 (71,9 %)	
Negative berufliche Mobilität			0,937[1]
– Berücksichtigte Patienten[4]	50	44	
– davon mit negativer beruflicher Mobilität	36 (72,0 %)	32 (72,7 %)	
Frühberentung aufgrund der psychischen Erkrankung			0,179[1]
– Berücksichtigte Patienten[5]	49	44	
– davon mit Frühberentung	21 (42,9 %)	25 (56,8 %)	
Autarkie-Status			0,019*[1]
– Autark	32 (49,2 %)	15 (31,9 %)	
– nicht autark, nicht dauerhospitalisiert	22 (33,8 %)	15 (31,9 %)	
– nicht autark, dauerhospitalisiert[6]	8 (12,3 %)	16 (34,0 %)	

[1] X^2-Test; [2] t-Test; [3] Vergleich zwischen Herkunftsschicht und Schicht am Ende der Beobachtungszeit; ohne Patienten, deren Herkunftsschicht bereits die unterste Schicht war; [4] ohne Hausfrauen und bei Erstmanifestation berentete Patienten; [5] ohne Hausfrauen und Altersrentner bei Erstmanifestation; [6] Unterbringung in psychiatrischer Behandlungseinrichtung über mehr als drei Jahre; * = $p < 0,05$

Bezogen auf die anderen untersuchten negativen sozialen Konsequenzen (negative berufliche Mobilität, negative soziale Mobilität und Frühberentung aufgrund der psychischen Erkrankung) fand sich dagegen kein signifikanter Unterschied zwischen den beiden Gruppen (Tabelle 2).

Zusammenhang zwischen initialer Symptomkonstellation und prämorbiden Parametern

Zur Beurteilung der Frage, inwieweit neben den Einflüssen durch die initiale Symptomkonstellation auch andere interagierende Faktoren beteiligt sind, wurde ergänzend der Einfluß des Erstmanifestationsalters (Alter bei Beginn der initialen Episode) sowie der Einfluß des Geschlechtes untersucht.

Zwischen den beiden untersuchten Gruppen unterschied sich das Erstmanifestationsalter deutlich. Die Patienten mit einem positiven Beginn erkrankten erstmalig durchschnittlich mit 31,3 Jahren, Patienten mit einem negativen Beginn aber schon mit durchschnittlich 22,4 Jahren (Tabelle 1). Darüberhinaus zeigte sich, daß bei denjenigen Patienten, die nach dem 37. Lebensjahr erstmals hospitalisiert wurden, immer eine initial positive Symptomatik bestand, nie eine initial negative Symptomatik. Um einen möglichen Einfluß des Erstmanifestationsalters auszugleichen, wurden ergänzend nur diejenigen Patienten betrachtet, die zwischen dem 18. und dem 37. Lebensjahr erkrankten (n = 78). Dabei zeigten sich signifikante Unterschiede bezogen auf die Selbstdarstellung und die Freizeitaktivität sowie ebenfalls bezogen auf die Autarkie am Ende der Beobachtungszeit (Tabelle 3).

Die Geschlechtsverteilung war in beiden Gruppen fast gleich (Tabelle 1). Es fanden sich etwa 59 % Männer und 41 % Frauen in beiden Gruppen. Die getrennte Analyse der beiden Gruppen zeigte allerdings, daß sich bei den männlichen Patienten sehr viel mehr signifikante Gruppenunterschiede fanden als bei den weiblichen Patienten. Bei den männlichen Patienten (n = 66) mit einer positiven Initialepisode war auch das globale Funktionsniveau trendmäßig besser als bei den männlichen Patienten mit einer negativen initialen Episode. Bei den weiblichen Patienten (n = 46) ergaben sich dagegen keinerlei signifikante Unterschiede zwischen den beiden untersuchten Gruppen (Tabelle 3).

Ergebnisse und Schlußfolgerungen

Die Untersuchung des Einflusses der initialen Symptomkonstellation auf die verschiedenen Aspekte des Ausgangs schizophrener Psychosen nach einem durchschnittlichen Verlauf von 23 Jahren ergab kein einheitliches Bild. Insgesamt gesehen beeinflußte die psychopathologische Prägung der initialen Episode nur einzelne Aspekte des Langzeitausgangs schizo-

Tabelle 3. Übersicht über die Ergebnisse bezogen auf unterschiedliche untersuchte Populationen (Irrtumswahrscheinlichkeiten)

Parameter	Alle Patienten mit negativem bzw. positivem Beginn (n = 112)	Erstmanifest. zwischen 18 und 37 Jahren (n = 78)	Männliche Patienten (n = 66)	Weibliche Patienten (n = 46)
Globales Funktionsniveau	0,333	0,182	0,069	0,491
Soziale Anpassung				
– Sorge um Selbstdarstellung	0,081	0,045*	0,013*	0,950
– Freizeitaktivität	0,018*	0,046*	0,003**	0,701
– Tempo bei der Bewältigung täglicher Aufgaben	0,085	0,307	0,383	0,083
– Kommunikation/sozialer Rückzug	0,024*	0,196	0,061	0,173
– Rücksichtnahme und Reibungen	0,306	0,463	0,128	0,650
– Notfall und Krisenverhalten	0,158	0,310	0,056	0,929
Negative berufliche Mobilität	0,939	0,673	0,481	1,000
Negative soziale Mobilität	0,937	0,422	0,155	0,342
Frühberentung aufgrund der psychischen Erkrankung	0,179	0,092	0,040*	0,907
Autarkie-Status	0,019*	0,033*	0,011*	0,216

* = p < 0,05; ** = p < 0,01

phrener Psychosen. Während sich das globale Funktionsniveau am Ende der Beobachtungszeit zwischen den beiden untersuchten Gruppen nicht signifikant unterschied, zeigten Patienten mit einer initial negativen Episode ausgeprägtere Störungen im Bereich der Freizeitaktivität und der Kommunikation, als dies bei Patienten mit einer initial positiven Episode der Fall war. Auch waren Patienten mit einer positiven initialen Episode häufiger nach jahrzehntelangem Krankheitsverlauf noch autark und mußten sehr viel seltener dauerhospitalisiert werden. Bezogen auf die anderen sozialen Konsequenzen der Erkrankung im Langzeitverlauf zeigten sich keine relevanten Unterschiede zwischen den beiden verglichenen Gruppen.

Über diese eher eindimensionale Fragestellung hinaus stellte sich allerdings die Frage, ob es die psychopathologische Konstellation alleine ist, die einen Einfluß auf Ausgangsparameter nimmt, oder ob es sich hier eher um andere Faktoren handelt, die mit der initialen psychopathologischen Konstellation verbunden sind (Deister und Marneros 1993a). Dabei wurde in der Literatur wiederholt ein besserer Langzeitausgang mit einem höheren Erstmanifestationsalter in Beziehung gesetzt (Rosen et al. 1971, Zigler und Levine 1981), während in anderen Studien ein solcher Zusammenhang jedoch nicht sicher bestätigt werden konnte (Huber et al. 1979). In der vorliegenden Studie zeigte sich auch bei Ausgleich des unterschiedlichen Erstmanifestationsalters noch ein partieller Einfluß der psychopathologischen Symptomatik auf den Langzeitausgang.

Ausgeprägter waren Unterschiede zwischen männlichen und weiblichen Patienten. Es ergab sich dabei der Befund, daß bei isolierter Betrachtung der weiblichen Patienten die initiale Symptomkonstellation keinen Einfluß mehr auf den Langzeitausgang aufwies, während bei den männlichen Patienten die Unterschiede besonders deutlich hervortraten (Deister und Marneros 1992).

Insgesamt ließ sich die untersuchte Hypothese, daß Patienten mit einer negativen Initialsymptomatik einen schlechteren Langzeitausgang aufweisen als Patienten mit einer initialen Positivsymptomatik, nur partiell bestätigen. Patienten mit einer initial negativen Episode tendierten vorwiegend im sozialen Bereich zu einem ungünstigeren Langzeitausgang, während sich die psychopathologische Symptomatik am Ende der Beobachtungszeit nur geringfügig unterschied.

Literatur

Andreasen NC, Olsen S (1982) Negative vs. positive schizophrenia. Arch Gen Psychiatry 39: 89–794

Bland RC, Parker RPN, Orn H (1978) Prognosis in schizophrenia: prognostic predictors and outcome. Arch Gen Psychiatry 35: 72–77

Crow TJ (1980) Positive and negative schizophrenic symptoms and the role of dopamine. Br J Psychiatry 137: 383–386

Crow TJ (1985) The two-syndrome concept: origins and current status. Schizophr Bull 11: 471–486

Deister A, Marneros A (1992) Geschlechtsabhängige Unterschiede bei endogenen Psychosen. Ein Vergleich zwischen schizophrenen, schizoaffektiven und affektiven Psychosen. Fortschr Neurol Psychiat 60: 407–419

Deister A, Marneros A (1993a) Long-term stability of subtypes in schizophrenic disorders: a comparison of four diagnostic systems. Eur Arch Psychiatr Clin Neurosci 242: 184–190

Deister A, Marneros A (1993b) Subtypes in schizophrenic disorders: frequencies in long-term course and premorbid features. Soc Psychiatry Psychiatric Epidem

Deister A, Marneros A (1994) Prognostic value of initial subtype in schizophrenic disorders. Schizophr Res (im Druck)

Deister A, Marneros A, Rohde A (1990) Zur Stabilität negativer und positiver Syndromatik. In: Möller HJ (Hrsg) Neuere Ansätze zur Diagnostik und Therapie schizophrener Minussymptomatik. Springer, Berlin Heidelberg New York Tokyo, S 25–34

Deister A, Marneros A, Rohde A (1991) Long-term outcome of patients with initial positive versus patients with initial negative episode. In: Marneros A, Andreasen NC, Tsuang MT (eds) Negative versus positive schizophrenia. Springer, Berlin Heidelberg New York Tokyo, pp 208–218

Huber G, Gross G, Schüttler R (1979) Schizophrenie. Eine verlaufs- und sozialpsychiatrische Langzeitstudie. Springer, Berlin Heidelberg New York

Jung E, Krumm B, Biehl H, Maurer K, Bauer-Schubart C (1989) Mannheimer Skala zur Einschätzung sozialer Behinderung (DAS-M). Beltz, Weinheim

Langfeldt G (1937) The prognosis in schizophrenia and the factors influencing the course of the disease. Acta Psychiatr Neurol Scand 13 [Suppl]

Lindenmayer JP, Kay SR (1989) Depression, affect and negative symptoms in schizophrenia. Br J Psychiatry 155 [Suppl 7]: 108–114

Marneros A, Deister A, Rohde A (1990) Autarkie und Autarkie-Beeinträchtigung bei schizophrenen Patienten. Nervenarzt 61: 503–508

Marneros A, Deister A, Rohde A (1991) Affektive, schizoaffektive und schizophrene Psychosen. Eine vergleichende Langzeitstudie. Springer, Berlin Heidelberg New York Tokyo

Marneros A, Deister A, Rohde A (1992) Validity of negative/positive dichotomy for schizophrenic disorders under longitudinal conditions. Schizophr Res 7: 117–123

Rosen B, Klein DF, Gittelman-Klein R (1971) The prediction of rehospitalisation: the relationship between age of first psychiatric treatment contact, marital status, and premorbid social adjustment. J Nerv Ment Dis 152: 17

Spitzer RL, Gibbon M, Endicott J (1976) The Global Assessment Scale. Arch Gen Psychiatry 33: 768

Zigler E, Levine J (1981) Age on first hospitalisation of schizophrenics: a developmental approach. J Abnorm Psychol 90: 458–467

Korrespondenz: Dr. A. Deister, Psychiatrische Universitätsklinik, Sigmund-Freud-Straße 25, D-53105 Bonn, Bundesrepublik Deutschland

Vorauslaufende Negativsymptomatik bei Krankheitsbeginn schizophrener Psychosen

W. an der Heiden, H. Häfner, K. Maurer und **S. Bustamante**

Zentralinstitut für Seelische Gesundheit, Mannheim, Bundesrepublik Deutschland

Es wird Strauss und Mitarbeitern (Strauss et al. 1974) zugeschrieben, die Negativsymptomatik als Forschungsgegenstand wieder in die Schizophrenieforschung eingeführt zu haben. Gleichwohl hatten Merkmale, die man heute dem negativen Syndrom zuordnen würde – wie Abulie, Affektverflachung, Assoziationsstörungen, Alogie, Autismus, sozialer Rückzug und Isolierung – schon immer eine zentrale Bedeutung für die Beschreibung der Schizophrenie (vgl. Scharfetter 1990). Während diese Merkmale jedoch ursprünglich – beispielsweise bei Bleuler (1911) – das Charakteristische der Schizophrenie schlechthin umschrieben, dient das Konzept der Negativsymptomatik heute vor allem auch dazu, die heterogene Gruppe der Schizophrenien in homogenere Untergruppen aufzuspalten (Andreasen und Flaum 1991, McGlashan und Fenton 1991, Fenton und McGlashan 1991, Zubin 1985).

Bei den Bemühungen, das negative Syndrom zu untersuchen, kommt dem Erkrankungsbeginn eine besondere Bedeutung zu. Dominieren hier negative Symptome, so scheint damit eine ungünstigere Prognose, d. h. ein negatives Outcome verbunden (Pogue-Geile 1989). Unter Validitätsgesichtspunkten ist dieser Zeitabschnitt zusätzlich von Interesse, da in der frühen Phase der Erkrankung einige der Faktoren, die im weiteren Verlauf zur Ausbildung sekundärer negativer Symptomatik führen können – Neuroleptika-Nebenwirkungen, ein deprivierendes soziales Umfeld, die psychotische Erfahrung und anderes mehr – noch nicht oder noch nicht in dem Umfang wie in späteren Krankheitsphasen wirksam sind.

Das Unternehmen, den Erkrankungsbeginn zu erfassen, hat zwei grundsätzliche Probleme zu gegenwärtigen: (1) Die erste stationäre Aufnahme – die häufigste Operationalisierung des Erkrankungsbeginns in der empirischen Forschung – markiert in der Regel nicht den eigentlichen Beginn, sondern den ersten Kulminationspunkt der Erkrankung. Mangels praktikabler prospektiver Untersuchungsmöglichkeiten ist somit ein retrospektiver Untersuchungsansatz zur Erhebung des Erkrankungsbeginns unumgänglich (Häfner und Maurer 1993a). (2) Sowohl Kraepelin (1909), als auch Eugen Bleuler (1911) hatten bereits darauf hingewiesen, daß der Ausbruch der Erkrankung häufig durch eine relativ unspezifische Symptomatik – in Form von Affektstörungen, Störungen des Antriebs, sowie der Konzentrations- und Denkfähigkeit – gekennzeichnet ist. Neben der psychotischen Symptomatik im engeren Sinne ist demnach eine unspezifische, nicht-psychotische Symptomatik zu beobachten (Huber et al. 1979). Deshalb ist es zur Bestimmung des Erkrankungsbeginns erforderlich, auch Merkmale des negativen Syndroms und andere eher uncharakteristische Symptome retrospektiv zu erheben. Im Unterschied zu Wahn und Halluzinationen, die meist einschneidende Erlebnisse darstellen, entwickeln sich diese Symptome häufig schleichend, was eine retrospektive zeitliche Fixierung des erstmaligen Auftretens zusätzlich erschweren kann. Als weiteres Problem kommt hier hinzu, daß die Bewertung relativ unspezifischer Merkmale im Sinne von Anzeichen der beginnenden Erkrankung in der Regel nur à posteriori, im Bewußtsein des Ergebnisses der ausgebildeten Schizophrenie, möglich ist.

Seit 1985 bemüht sich eine Arbeitsgruppe um H. Häfner am Zentralinstitut für Seelische Gesundheit in Mannheim darum, einige der Fragen, die mit der beginnenden Schizophrenie in Zusammenhang stehen, zu beantworten (z. B. Häfner et al. 1989, 1991). Ausgangspunkt hierfür sind die Daten einer Kohorte neuerkrankter Patienten mit einer Diagnose aus dem schizophrenen Formenkreis, im folgenden ABC-Kohorte[1] genannt: Die repräsentative Stichprobe umfaßt 276 stationäre Erstaufnahmen im Alter zwischen 12 und 59 Jahren aus einem Einzugsbereich mit ca. 1,5 Mio Bewohnern.

Hauptinstrument zur retrospektiven Erfassung der Merkmale der beginnenden Schizophrenie ist das IRAOS, das ‚Interview for the Retrospective Assessment of the Onset of Schizophrenia' (Häfner et al. 1990, 1992). In einer Sektion des IRAOS wird der früheste Zeitpunkt des Auftretens von insgesamt 65 Anzeichen einer psychischen Erkrankung erfaßt und hinsichtlich seiner Verlaufsmerkmale beurteilt. Weitere Instrumente zur Erfassung von Erkrankungsmerkmalen, die bei Indexaufnahme und im weiteren Verlauf der Studie zum Einsatz kamen, waren: ‚Present State Examination/PSE' (Wing et al. 1974), ‚Psychological Impairment

---

[1] Die Daten wurden erhoben im Rahmen des Forschungsprojektes ‚Geschlechtsunterschiede im Erstmanifestationsalter, in der Symptomatik und im Verlauf schizophrener Erkrankungen und Versuche ihrer Erklärung' (Projektleiter: Prof. DDr. H. Häfner) im Sonderforschungsbereich 258 der Universität Heidelberg am Zentralinstitut für Seelische Gesundheit in Mannheim. Das Kürzel ABC kennzeichnet die wichtigsten Ziele der Studie: A (age, gender), B (beginning), C (course). Eine vollständige Liste der Projektveröffentlichungen kann bei den Autoren angefordert werden

Rating Schedule/PIRS' (Biehl et al. 1989) und die ,Scale for the Assessment of Negative Symptoms/SANS' (Andreasen 1989).

Operationalisierung des Erkrankungsbeginns

Der Erkrankungsbeginn in der ABC-Kohorte wurde auf zweifache Weise definiert (Häfner 1993):

1. Die *präpsychotische Phase* beginnt mit dem ersten Auftauchen krankheitsrelevanter Symptomatik: sie umfaßt unspezifische Symptome, sofern sie kontinuierlich bis zum Höhepunkt der Erkrankung anhalten, sowie Negativsymptomatik bei kontinuierlichem oder rezidivierendem Auftreten. Durch die Forderung nach kontinuierlichem Vorhandensein der unspezifischen Symptomatik sollte die Plausibilität dafür erhöht werden, daß es sich dabei auch tatsächlich um Merkmale der beginnenden Schizophrenie handelt. Insgesamt 35 nicht-psychotische Anzeichen wurden hier einbezogen, sowie 13 Merkmale, die der Negativsymptomatik zuzuordnen sind (vgl. Tabelle 1). Die präpsychotische Phase endet mit dem ersten Auftreten psychotischer Symptomatik.
2. Die *psychotische Vorphase* wird definiert als Zeitspanne zwischen dem ersten Auftreten eines psychotischen Symptoms und dem Höhepunkt der psychotischen Symptomatik. Berücksichtigt wurden 17 Anzeichen des IRAOS aus den Bereichen ,Denkstörungen', ,Wahninhalte' und ,Halluzinationen' (vgl. Tabelle 1). Der Höhepunkt der psychotischen Symptomatik wird operationalisiert über den Zeitpunkt, zu welchem das zahlenmäßige Maximum psychotischer Symptomatik erreicht wurde (Zedlich et al. 1993).

Tabelle 1. Positive und negative Symptome im IRAOS

Positive Symptome	Negative Symptome
– Denkstörungen	– schlechte Konzentration, unklares Denken
– gemachte Gedanken	– sozialer Rückzug, Mißtrauen
– Gedankenlautwerden	– Energielosigkeit und Verlangsamung
– Gedankenecho/kommentierende Gedanken	– Libidoverlust
– Gedankenblock/-entzug	– erhöhte Ablenkbarkeit
– akustische Halluzinationen	– Schwäche der gedanklichen Intentionalität
– dialogische/kommentierende Stimmen	– Affektauffälligkeiten
– optische Halluzinationen	– auffällige Sprache
– andere Halluzinationen	– Sorge um Selbstdarstellung
– wahnhafte Störungen des Ich-Erlebens	– Freizeitaktivität
– wahnhafte Beziehungsideen	– Tempo bei der Bewältigung täglicher Aufgaben
– Verfolgungswahn	– sozialer Rückzug
– Größenwahn	– Interessen- und Informationsbedürfnis
– Beeinflussungswahn	
– primäre Wahninhalte	
– wahnhafte Inhalte, das Aussehen betreffend	
– weitere Wahninhalte	

Von den insgesamt 276 erhobenen Patienten der ABC-Kohorte, konnte bei 9 Pbn keine Information zum Frühverlauf erhoben werden; weitere 35 Patienten wurden von der Analyse ausgeschlossen, weil sie im Vorfeld der stationären Aufnahme bereits eine abgeschlossene schizophreniforme Episode durchlaufen hatten. Insgesamt umfaßt die Analysestichprobe somit ein Erstepisodensample von 232 Patienten.

Im Hinblick auf die zeitliche Entwicklung des Frühverlaufs der schizophrenen Erkrankung erbrachte die Analyse folgendes Bild: Die mittlere Zeitdifferenz zwischen dem erstmaligen Auftreten eines psychotischen Symptoms bis zur maximalen Ausprägung beträgt für das Erstepisodensample (n = 232) 1,2 Jahre, für die Zeitspanne ab dem ersten unspezifischen Merkmal bis zum ersten psychotischen Symptom bei den Patienten mit einer präpsychotischen Phase (n = 170) errechnet sich dagegen ein Mittelwert von 6,7 Jahren. Demnach läßt sich die Gesamtphase des Erkrankungsbeginns auch empirisch in eine präpsychotische und eine psychotische Vorphase unterteilen. Bei 170 der analysierten Patienten sind folglich die ersten unspezifischen Krankheitsanzeichen *vor* den ersten psychotischen Merkmalen zu beobachten, nur bei 15 Patienten tritt ein erstes unspezifisches Merkmal nach dem ersten psychotischen Symptom auf; in 47 Fällen treten die ersten unspezifischen und die ersten psychotischen Symptome zum gleichen Zeitpunkt auf. Berücksichtigt man, daß der ‚unspezifische' Merkmalskatalog auch diejenigen Symptome umfaßt, die der Negativsymptomatik zuzurechnen sind, so läßt sich aus diesem Ergebnis schlußfolgern, daß ein Beginn der Schizophrenie, bei dem die psychotische Symptomatik im engeren Sinne im Vordergrund steht, nur bei einem kleineren Teil der Patienten zu beobachten ist.

Ein weiteres Ergebnis ist von Interesse: Im Mittel vergehen zwischen dem Maximum psychotischer Symptomatik und dem Zeitpunkt der Indexaufnahme 0,2 Jahre. Legt man den Median zugrunde, so fällt bei mehr als 50 % der beobachteten Patienten der Zeitpunkt des Maximums mit der Indexaufnahme zusammen. Wenn die stationäre Erstaufnahme schon nicht den eigentlichen Erkrankungsbeginn markiert, so rechtfertigt dieses Ergebnis zumindest die Interpretation der Krankenhausaufnahme als ersten Gipfel der schizophrenen Erkrankung.

Abfolge von positiver und negativer Symptomatik

Wie aus dem Anhang ersichtlich, sind 17 der im IRAOS erfaßten Merkmale dem positiven Syndrom und 13 dem negativen Syndrom zuzuordnen. Ermittelt man für jedes einzelne dieser Merkmale die durchschnittliche Zeitdauer zwischen dem erstmaligen Auftreten und dem Zeitpunkt der Indexaufnahme zeigt sich das erwartete Ergebnis (Häfner und Maurer 1991): Alle Symptome, die dem positiven Syndrom zugerechnet werden, sind im Durchschnitt erstmals im Zeitraum von 24 Monaten vor Indexaufnahme zu beobachten, während – mit einer Ausnahme – das erstmalige Auftreten von Negativsymptomatik frühestens zwei Jahre vor Aufnahme vermerkt wird. Die Ausnahme bildet das Merkmal ‚auffällige Sprache', welches auch Neologismen und inkohärente Sprachäußerungen umfaßt, also solche Auffälligkeiten, die nicht zweifelsfrei dem negativen Syndrom zuzurechnen sind. Im Mittel werden die erfaßten Negativsymptome zwei bis vier Jahre vor Indexaufnahme erstmals registriert.

Das depressive Syndrom im Vorfeld der schizophrenen Erkrankung

Welche Bedeutung kommt dem depressiven Syndrom im Vorfeld der schizophrenen Erkrankung zu? Das Problem ist komplex (Lindenmayer et al. 1991, Barnes et al. 1989, Kulhara und Chadda 1987, Goldman et al. 1992). Vergleicht man den Katalog negativer Symptome, wie er beispielsweise in der SANS (Andreasen 1989) repräsentiert ist, mit den Kriterien einer Major Depression im DSM-III-R, so sind die Merkmale beider Syndrome[2] teilweise identisch.

Eine Kombination aus Apathie, sozialem Rückzug, verflachtem Affekt und verminderter Initiative ist eine häufige Folge psychotischer Episoden. Nach groben Schätzungen weisen ca. 30 % aller chronisch schizophrenen Patienten bedeutsame depressive Symptome auf (Johnson 1981).

Für die Häufigkeit von Depressionen im Rahmen der Schizophrenie gibt es eine Reihe von Erklärungen (vgl. Barnes et al. 1989, Marder et al. 1991): (a) Depressive Symptome stellen – ähnlich wie bei den schizoaffektiven Störungen – ein Kernsymptom der schizophrenen Erkrankung dar; so spielen beispielsweise uncharakteristische Störungen mit asthenischen oder subdepressiven Merkmalen im Vorfeld der schizophrenen Erkrankung im Zusammenhang mit dem Basissymptomkonzept eine Rolle (Huber 1983, Gross et al. 1991); (b) McGlashan und Carpenter (1976; vgl. auch Docherty et al. 1978) benutzen den Begriff der ‚postpsychotischen Depression' zur Beschreibung einer Reaktion des schizophrenen Patienten auf die traumatische psychotische Erfahrung; (c) schließlich können depressive Symptome auch die unerwünschte Konsequenz einer neuroleptischen Behandlung sein (Rifkin et al. 1975, van Putten und May 1978).

In einer ersten Analyse wurde die Häufigkeit des Merkmals ‚depressive Verstimmung' vor der stationären Erstaufnahme[3] ermittelt. Von 203 Patienten aus dem ABC-Sample mit einer engen Schizophreniediagnose (ICD 295) und ohne frühere schizophreniforme Episode hatten 164 (81 %) mindestens eine abgrenzbare Episode depressiver

---

[2] z. B. Verlust an Interesse oder Freude, Verlangsamung und Aktivitätsminderung, Energieverlust

[3] Eine ausführliche Analyse der Beziehung depressiver Symptome mit den Konstrukten Positiv- und Negativsymptomatik ist derzeit in Vorbereitung (Bustamante et al. 1993)

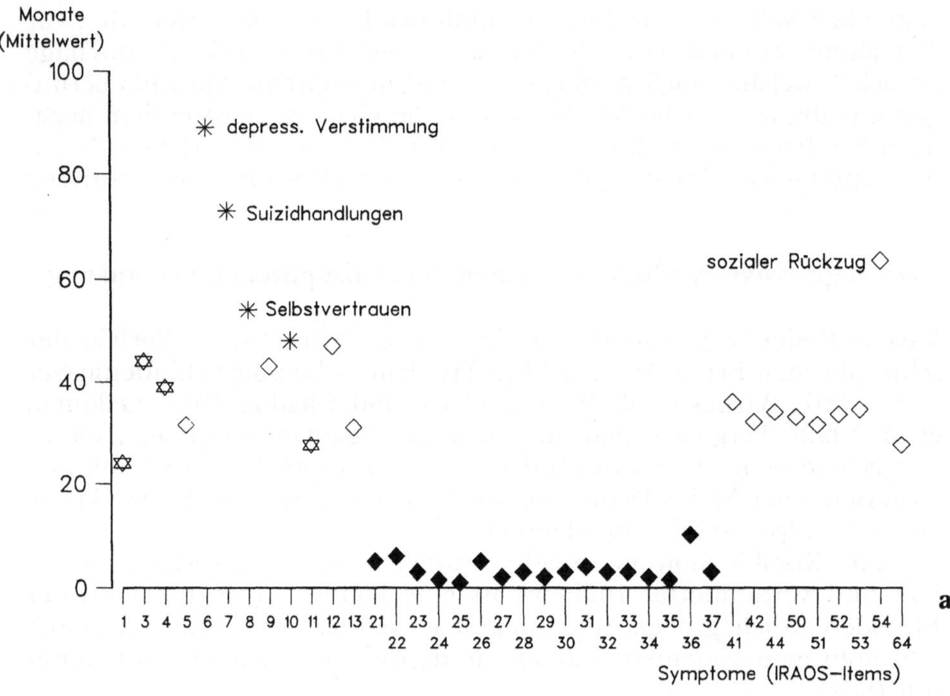

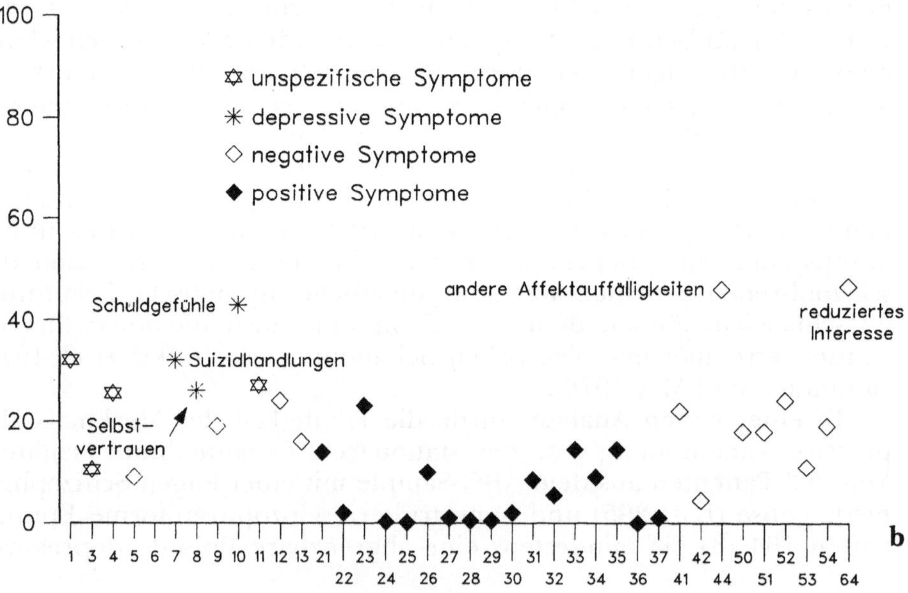

Abb. 1. Zeitintervall zwischen Auftreten der Symptomatik und Krankenhausaufnahme **a** Patienten mit depressiver Verstimmung vor der Positivsymptomatik (n = 85) **b** Patienten ohne depressive Verstimmung (n = 39)

Verstimmung, oder zeigten das Symptom kontinuierlich bis zur Indexaufnahme. Ein Vergleich dieser 164 Patienten mit den 39 Patienten ohne depressive Verstimmung im Vorfeld der stationären Erstaufnahme ergab keine signifikanten Unterschiede hinsichtlich Alter und Geschlecht.

Gibt es einen Zusammenhang zwischen depressiver Symptomatik und negativer Symptomatik bei der Entwicklung der Schizophrenie? Um die Frage näher zu untersuchen, wurden zunächst diejenigen Patienten betrachtet, die vor der stationären Erstaufnahme depressive Symptome berichteten. Um eine Konfundierung zu vermeiden, wurden nur solche dysthymen Merkmale bei der Analyse berücksichtigt, die nicht gleichzeitig auch Bestandteil des negativen Syndroms sind. Zur depressiven Symptomatik zählen folglich die Merkmale ‚depressive Verstimmtheit', ‚Suizidgedanken', ‚mangelndes Selbstvertrauen' und ‚Schuldgefühle'. Um sekundäre depressive Symptome, z. B. in Form einer unmittelbaren Reaktion auf das psychotische Geschehen, auszuschließen, sollte – als weitere Bedingung – die depressive Verstimmung zeitlich vor der positiven Symptomatik zu beobachten sein:

Das Ergebnis ist eindeutig: Bestehen die ersten Auffälligkeiten aus solchen Merkmalen, die dem depressiven Syndrom zuzurechnen sind, so ist damit offensichtlich die Abfolge des Auftretens negativer und positiver Symptome festgelegt (Abb. 1a). Mit Ausnahme des Merkmals ‚sozialer Rückzug' sind sämtliche negativen Symptome nach den depressiven Symptomen zu beobachten. Sämtliche positiven Symptome wiederum folgen erst mit einigem zeitlichen Abstand kurz vor der ersten stationären Behandlung.

Ist dagegen im Vorfeld der stationären Erstaufnahme keine depressive Verstimmung zu beobachten, so verschwindet diese Ordnung der Abfolge negativer und positiver Symptome nahezu vollständig (Abb. 1b). Patienten ohne depressive Stimmung haben zudem, verglichen mit der ‚depressiven' Gruppe, signifikant weniger negative Symptome. Umgekehrt läßt die strikte Abfolge depressiver und negativer Symptome in der ersten Gruppe die Vermutung aufkommen, daß die depressive Verstimmung – wenn nicht Bestandteil des ‚primären' negativen Syndroms – so doch ein Vorläufer desselben darstellt.

Negativsymptomatik zum Zeitpunkt der stationären Erstaufnahme und deren prognostische Bedeutung

Bei 87 % (n = 232) der Patienten in unserer ABC-Studie, bei denen das IRAOS durchgeführt wurde, war es die erste akute schizophrene Episode, die zur stationären Aufnahme und damit zur Aufnahme in das Untersuchungs-Sample führte. Bei Indexaufnahme wurde das ‚Present State Examination' (Wing et al. 1974), die ‚Psychological Impairment Rating Schedule' (Biehl et al. 1989) und die ‚Scale for the Assessment of Negative Symptoms' (Andreasen 1989) durchgeführt. Von den 20 SANS-

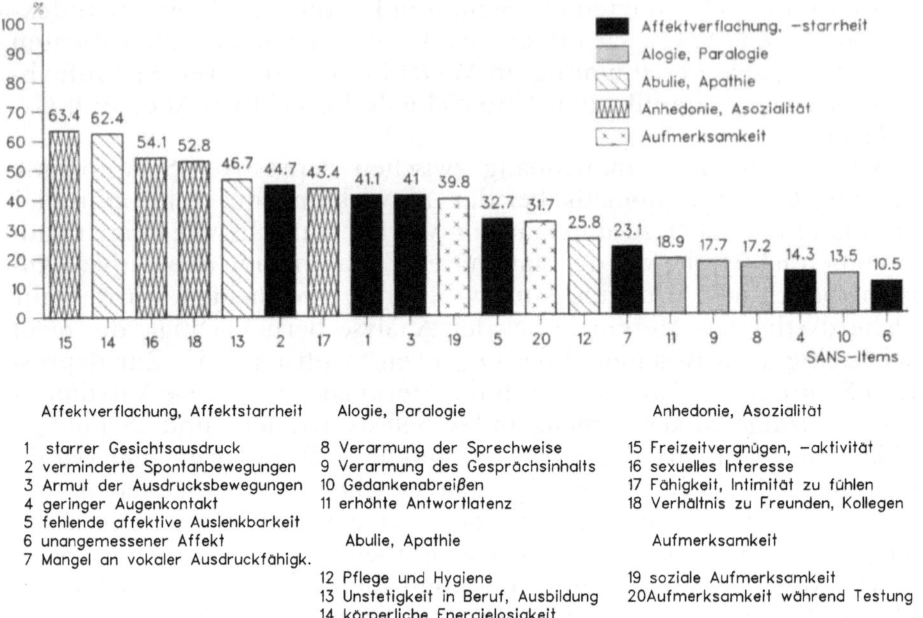

Abb. 2. Negativsymptomatik (SANS-Items; Rating > 1) bei Indexaufnahme: prozentuale Häufigkeiten

Einzelmerkmalen wurden im Mittel 6,7 positiv geratet (Median 6,0), wobei das Maximum bei 19 Symptomen lag (Häfner und Maurer 1993b). Nur 19 Patienten wiesen kein einziges Negativsymptom auf, 74 Patienten hatten 10 und mehr Symptome.

Die am häufigsten genannten Einzelmerkmale sind den Bereichen ‚Anhedonie' und ‚Abulie/Apathie' zuzuordnen. Am seltensten sind ‚Verarmung des Denkens und der Wahrnehmung/Alogie' – erschlossen über die Sprache – aufgetreten. Pro Patient werden im Mittel zwei Symptome aus den Bereichen ‚Affektverflachung' und ‚Anhedonie' geratet. Hierbei ist allerdings zu berücksichtigen, daß die einzelnen Bereiche durch unterschiedlich viele Merkmale repräsentiert sind.

Welche prognostische Bedeutung hat die negative Symptomatik zum Zeitpunkt der stationären Erstaufnahme für den weiteren Verlauf der Erkrankung? Um dieser Frage nachzugehen, wurde eine Teilgruppe von 133 Patienten der ABC-Kohorte[4] – auf der Grundlage der SANS-Globalratings zu vier Meßzeitpunkten 0, 6, 12 und 24 Monate nach Index-Aufnahme – in Verlaufstypen unterteilt (Häfner und Maurer 1993b):

[4] 133 der 276 Patienten der ABC-Kohorte werden über weitere 5 Jahre untersucht

Tabelle 2. SANS Verlaufstypen* über 2 Jahre (%) nach Index-Aufnahme

SANS Globalrating	Typ 1	Typ 2	Typ 3	Typ 4
Affektverflachung	25,3	51,9	12,7	10,1
Alogie	53,2	40,5	3,8	2,5
Abulie, Apathie	13,9	55,7	15,2	15,2
Anhedonie	19,0	40,5	13,9	26,6
Aufmerksamkeit	50,0	38,9	4,2	6,9

* Definition von Verlaufstypen (basierend auf SANS Globalratings). *1* kein Symptom, *2* einmalig, *3* phasisch, *4* kontinuierlich

Für jeden Patienten wurde zu jedem Zeitpunkt das Vorliegen negativer Symptomatik (SANS-Globalrating > 1) ermittelt:

Typ 1: symptomfrei zu jedem der Meßzeitpunkte
Typ 2: Symptom zu einem oder mehreren aufeinnader folgenden Zeitpunkten vorhanden, jedoch nicht zum 2-Jahres-Follow-up
Typ 3: phasisch; Symptom zu mehreren Zeitpunkten vorhanden, jedoch unterbrochen von mindestens einem symptomfreien Zeitpunkt
Typ 4: kontinuierlich; Symptom nach Beginn bis zum 2-Jahres-Follow-up vorliegend

Tabelle 2 macht deutlich, daß der kontinuierliche Typ am seltensten ist. Die Stabilität war für das Merkmal Anhedonie mit 26,6 % am höchsten, am niedrigsten war sie für das Merkmal ‚Verarmung des Denkens und der Wahrnehmung' (Alogie) mit nur 2,5 %. Selbst eines der Kernsymptome der Negativsymptomatik – blunted affect – zeigt nur in ca. 10 % aller Fälle einen stabilen Verlauf: Die Hälfte der Patienten mit Affektverflachung zum 1-Jahres-Follow-up war ein Jahr später affektiv unauffällig.

Da die Merkmale des negativen Syndroms eine so geringe Persistenz aufweisen, stellt sich die Frage nach der Vorhersagemöglichkeit der späteren Positivsymptomatik bzw. Negativsymptomatik auf der Grundlage des jeweiligen Status zum Zeitpunkt der Index-Aufnahme. Die Analyse auf der Grundlage von PSE-Symptomen – Factor-Scores zu Wahn und Residualsymptomatik (Häfner und Maurer 1991) – zeigt keine bedeutsamen Korrelationen zwischen dem Ausmaß an Negativsymptomatik zu einem beliebigen Zeitpunkt im frühen Verlauf nach Index-Aufnahme und der Positivsymptomatik zu einem späteren Zeitpunkt. Im Unterschied hierzu zeigen sich durchgängig niedrige aber signifikante Korrelationen zwischen den frühen positiven und den späteren negativen Symptomen. Inwieweit sich in diesem Ergebnis die Ausbildung sekundärer negativer Symptomatik niederschlägt, bedarf der weiteren Untersuchung.

Zusammenfassung und Schlußfolgerungen

Für Kraepelin (1909–1915) waren positives und negatives Syndrom phänotypisch unterschiedliche Ausdrucksformen eines einzigen Krankheitsprozesses: die Erkrankung beginnt in der akuten Phase mit positiven Symptomen; im späteren Verlauf dominieren letztlich die negativen Symptome (Residual-, Defektsyndrom). Im Unterschied zu Kraepelin ist nach Huber (1983) das negative Syndrom als Manifestation schizophrener Basisstörungen und als Vorläufer des positiven Syndroms zu verstehen. Nach unseren Analysen scheint die Empirie das Huber'sche Konzept zu bestätigen. Bei rund drei Viertel der Patienten unserer repräsentativen Kohorte schizophrener Ersterkrankter beginnt die Krankheit mit unspezifischer oder negativer Symptomatik. Während sämtliche erhobenen positiven Symptome im Mittel innerhalb eines Zeitraumes von 24 Monaten vor Indexaufnahme erstmals registriert wurden, lassen sich fast alle negativen Symptome auf einen früheren Zeitpunkt datieren.

Eine besondere Rolle scheint das depressive Syndrom zu spielen. Wo depressive Merkmale im Vorfeld der schizophrenen Erkrankung registriert werden, ergibt sich – nach Kontrolle konfundierender Einflußgrößen – eine regelhafte zeitliche Abfolge depressiver, negativer und positiver Syndrome. Die Regelhaftigkeit der Symptomabfolge negativer und positiver Symptome löst sich auf, wenn keine depressiven Merkmale zu beobachten sind; Patienten ohne depressive Verstimmung haben zudem signifikant weniger negative Symptome. Auf den ersten Blick könnte man aus diesem Befund zwei Hypothesen ableiten: (1) Das depressive Syndrom ist – zumindest bei einem Teil der Patienten – Bestandteil des negativen Syndroms; (2) Die gruppenabhängige Regelhaftigkeit der Symptomabfolge steht für die Existenz eines negativen und eines positiven Subtypus der Schizophrenie. Vor allem gegen die zweite Hypothese spricht vorläufig noch die geringe Stabilität des negativen Syndroms. Hier ist allerdings zu berücksichtigen, daß zur Instabilität in zunehmendem Maße auch das Auftreten sekundärer Negativsymptomatik im weiteren Krankheitsverlauf beitragen kann.

Danksagung

Wir danken der Deutschen Forschungsgemeinschaft für die finanzielle Unterstützung dieser im Rahmen des Sonderforschungsbereiches 258 durchgeführten Untersuchung, sowie dem Baskischen Gesundheitsministerium für die Gewährung eines Auslandsstipendiums für einen der Autoren (S. B.).

Literatur

Andreasen NC (1989) Scale for the Assessment of Negative Symptoms (SANS). Br J Psychiatry 155 [Suppl 7]: 53–58

Andreasen NC, Flaum M (1991) Schizophrenia: the characteristic symptoms. Schizophr Bull 17: 27–49

Barnes TRE, Liddle PF, Curson DA, Patel M (1989) Negative symptoms, tardive dyskinesia and depression in chronic schizophrenia. Br J Psychiatry 155 [Suppl 7]: 99–103

Biehl H, Maurer K, Jablensky A, Cooper JE, Tomov T (1989) The WHO Psychological Impairments Rating Schedule (WHO/PIRS). I. Introducing a new instrument for rating observed behaviour and the rationale of the psychological impairment concept. Br J Psychiatry 155 [Suppl 7]: 68–70

Bleuler E (1911) Dementia Praecox oder die Gruppe der Schizophrenien. Deuticke, Leipzig Wien

Docherty JP, van Kammen DP, Siris SG, Marder SR (1978) Stages of onset of schizophrenic psychosis. Am J Psychiatry 135: 420–426

Fenton WS, McGlashan TH (1991) Natural history of schizophrenia subtypes. II. Positive and negative symptoms and long-term course. Arch Gen Psychiatry 48: 978–986

Goldman RS, Tandon R, Liberzon I, Greden JF (1992) Measurement of depression and negative symptoms in schizophrenia. Psychopathology 25: 49–56

Gross G, Huber G, Klosterkötter J (1991) Früherkennung der Schizophrenien. Fundam Psychiatr 5: 172–178

Häfner H (1993) Onset and early course of schizophrenia. Vortrag, 3rd Symposium ‚Search for the Causes of Schizophrenie', Heidelberg, 15.–17. 9. 1993

Häfner H, Behrens S, De Vry J, Gattaz WF, Löffler W, Maurer K, Riecher-Rössler A (1991) Warum erkranken Frauen später an Schizophrenie? Erhöhung der Vulnerabilitätsschwelle durch Östrogen. Nervenheilkunde 10: 154–163

Häfner H, Maurer K (1991) Are there two types of schizophrenia? True onset and sequence of positive and negative syndroms prior to first admission. In: Marneros A, Andreasen NC, Tsuang MT (eds) Negative versus positive schizophrenia. Springer, Berlin Heidelberg New York Tokyo, pp 134–159

Häfner H, Maurer K (1993a) Methodenprobleme der Erforschung von Krankheitsbeginn und Frühverlauf am Beispiel der Schizophrenie. Fundam Psychiatr 7: 1–12

Häfner H, Maurer K (1993b) Epidemiology of positive and negative symptoms in schizophrenia. In: Shriqui CL, Nasrallah HA (eds) Contemporary issues in the treatment of schizophrenia. American Psychiatric Press Inc.

Häfner H, Riecher A, Maurer K, Löffler W, Munk-Jørgensen P, Strömgren E (1989) How does gender influence age at first hospitalization for schizophrenia? A transnational case register study. Psychol Med 19: 903–918

Häfner H, Riecher A, Maurer K, Meissner S, Schmidtke A, Fäthenheuer B, Löffler W, an der Heiden W (1990) Ein Instrument zur retrospektiven Einschätzung des Erkrankungsbeginns bei Schizophrenie (Instrument for the retrospective assessment of the onset of schizophrenia – „IRAOS") – Entwicklung und erste Ergebnisse. Z Klin Psychol 19: 230–255

Häfner H, Riecher-Rössler A, Fätkenheuer B, Hambrecht M, Löffler W, an der Heiden W, Maurer K, Munk-Jørgensen P, Strömgren E (1991) Sex differences in schizophrenia. Psychiatrica Fennica 22: 123–156

Häfner H, Riecher-Rössler A, Hambrecht M, Maurer K, Meissner S, Schmidtke A, Fätkenheuer B, Löffler W, an der Heiden W (1992) IRAOS: an instrument for the assessment of onset and early course of schizophrenia. Schizophr Res 6: 209–223

Huber G (1983) Das Konzept substratnaher Basissymptome und seine Bedeutung für Theorie und Praxis schizophrener Erkrankungen. Nervenarzt 54: 23-32

Huber G, Gross G, Schüttler R (1979) Schizophrenie. Eine verlaufs- und sozialpsychiatrische Langzeitstudie. Springer, Berlin Heidelberg New York

Johnson DAW (1981) Studies of depressive symptoms in schizophrenia. I. The prevalence of depression and its possible causes. Br J Psychiatry 139: 89–101

Kraepelin E (1909) Psychiatrie. Ein Lehrbuch für Studierende und Ärzte. Barth, Leipzig

Kulhara P, Chadda R (1987) A study of negative symptoms in schizophrenia and depression. Compr Psychiatry 28: 229–235

Lindenmayer J-P, Grochowski S, Kay SR (1991) Schizophrenic patients with depression: psychopathological profiles and relationship with negative symptoms. Compr Psychiatry 32: 528–533

Marder SR, Wirshing WC, van Putten T (1991) Drug treatment of schizophrenia. Overview of recent research. Schizophr Res 4: 81–90

McGlashan TH, Carpenter WT (1976) Postpsychotic depression in schizophrenia. Arch Gen Psychiatry 33: 231–239

McGlashan TH, Fenton WS (1991) Classical subtypes for schizophrenia: literature review for DSM-IV. Schizophr Bull 17: 609–632

Pogue-Geile MF (1989) The prognostic significance of negative symptoms in schizophrenia. Br J Psychiatry 155 [Suppl 7]: 123–127

Rifkin A, Quitkin F, Klein DF (1975) Akinesia. Arch Gen Psychiatry 32: 672–674

Scharfetter C (1990) Geschichtliche und psychopathologische Bemerkungen zur sogenannten Negativsymptomatik Schizophrener. In: Möller H-J, Pelzer E (Hrsg) Neuere Ansätze zur Diagnostik und Therapie schizophrener Minussymptomatik. Springer, Berlin Heidelberg New York Tokyo, S 3–14

Strauss JS, Carpenter WT, Bartko JJ (1974) The diagnosis and understanding of schizophrenia. III. Speculations on the processes that underlie schizophrenic symptoms and signs. Schizophr Bull 11: 61–69

van Putten T, May PRA (1978) Akinetic depression in schizophrenia. Arch Gen Psychiatry 35: 1101–1107

Wing JK, Cooper JE, Sartorius N (1974) Measurement and classification of psychiatric symptoms. Cambridge University Press, London

Zedlick D, Maurer K, Löffler W, Riecher-Rössler A, Häfner H (1993) Der Frühverlauf der Schizophrenie und seine Beziehung zu Alter, Geschlecht und Diagnose bei stationärer Erstaufnahme Neuropsychiatrie 7: 183–196

Zubin J (1985) Are negative symptoms indigenous to schizophrenia? Schizophr Bull 11: 461–470

Korrespondenz: Dr. W. an der Heiden, Zentralinstitut für Seelische Gesundheit, J5, D-68072 Mannheim, Bundesrepublik Deutschland

Biochemische Hypothesen zur Negativ-Symptomatik der Schizophrenie

M. L. Rao

Psychiatrische Universitätsklinik, Bonn, Bundesrepublik Deutschland

Zusammenfassung

Die Ergebnisse biologisch-psychiatrischer Forschung bei schizophrenen Patienten mit Negativ-Symptomatik, weisen der Verminderung zentraler Neurotransmitter-Aktivität eine wichtige Rolle in der Ätiopathogenese dieser Form der Schizophrenien zu. Die Negativ-Symptomatik der Schizophrenie, die Komponenten wie Affektverarmung, Antriebsmangel, sozialen Rückzug und Aufmerksamkeits-Störungen beinhaltet, ist häufig mit strukturellen Veränderungen des Gehirns assoziiert; diese betreffen sowohl die Atrophie des Cortex als auch vergrößerte Ventrikel-Volumina. Einige Untersuchungen zeigen, daß die strukturellen Veränderungen mit einer Verringerung der Aktivität dopaminerger und noradrenerger Netzwerke korrelieren. Weiterhin werden erniedrigte Serotonin-Metaboliten-Konzentrationen im Liquor von schizophrenen Patienten mit Negativ-Symptomatik beobachtet, die auf eine verminderte Aktivität von serotonergen Projektionen schließen lassen, und wahrscheinlich mit serotonerger postsynaptischer Hypersensitivität in Beziehung zu setzen sind. Auch indirekte pharmakologische Hinweise stützen die Annahme der aberanten Steuerung der klassischen Neurotransmitter Dopamin, Noradrenalin und Serotonin, da Cluster von Patienten mit positiver und negativer Symptomatik auf antipsychotische Behandlung mit Medikamenten reagieren, deren Wirkprofile eine Interaktion mit Dopamin$_2$-, Serotonin$_2$-, alpha-Rezeptoren und präsynaptischen Dopamin-Auto-Rezeptoren aufweisen.

Einleitung

Positiv- und Negativ-Symptomatik können als zwei Äste der Schizophrenie aufgefaßt werden. Longitudinaluntersuchungen zeigen, daß beide Formen im Verlauf der Erkrankung nacheinander aber auch gleichzeitig diagnostiziert werden; sie können auch gelegentlich isoliert auftreten, aber das ist weitaus seltener (Deister, diese Monographie, Marneros et al. 1991, Guelfi et al. 1989). So werden beim chronischen Verlauf der Schizophrenie sowohl positive Symptome wie Halluzination, Wahn und Denkstörungen, als auch negative Symptome (hier als Negativ-Symptomatik bezeichnet), wie Affektverarmung, Antriebsmangel, sozialer Rückzug und Aufmerksamkeitsstörungen beobachtet.

Einige Untersucher finden, daß positive und negative Symptome während einer akuten schizophrenen Phase korrelieren (Liebermann et al. 1991, Zinner, diese Monographie), und es wird angenommen, daß sekundäre negative Symptome eine Konsequenz positiver Symptome seien. Beide Syndromgruppen unterscheiden sich in morphologischen und biochemischen Merkmalen (Crow 1980, 1985, Andreasen et al. 1982, 1990).

Es soll bei diesem Versuch einer Hypothesenbildung hinsichtlich der putativen biochemischen Läsion besonderes Schwergewicht auf die Betrachtung der Negativ-Symptomatik gelegt werden.

Ein indirekter Hinweis auf die Beteiligung dopaminerger neuronaler Netzwerke bei der Schizophrenie wird im Wesentlichen durch die erfolgreiche Behandlung der positiven Symptomatik mit Hilfe von Dopamin-D_2-Blocker, den Neuroleptika, erhalten. In Bezug auf die Beteiligung anderer Neurotransmitter ist von Bedeutung, daß Negativ-Symptome mit Einschränkung zwar abgrenzbar von depressiven Symptomen einer affektiven Erkrankung sind; sie überlappen jedoch mit letzterer (Bermanzohn und Siris 1992, Maier et al. 1990, Gaebel, diese Monographie, Möller und von Zerssen 1981). Dies deutet auf eine biochemische Verwandtschaft beider Krankheitseinheiten hin und betrifft den Noradrenalin- und Serotonin-Stoffwechsel. Es wird auch eine Überlappung von depressiven Symptomen, Sprachverarmung und sozialem Rückzug beim Morbus Parkinson diskutiert (Bermanzohn und Siris 1992) und im Rahmen der dopaminergen Minderverfügbarkeit das sich daraus resultierende Überwiegen cholinerger Mechanismen (Tandon und Greden 1989).

Da Veränderungen des Dopamin-, Noradrenalin- und Serotonin-Stoffwechsels am besten dokumentiert sind, werden die bisher gewonnenen Ergebnisse zur Biochemie dieser Neurotransmitter in Bezug auf die Negativ-Symptomatik im Folgenden beschrieben.

Dopamin

Bei Patienten mit Negativ-Symptomatik wurden zur putativen Beteiligung dopaminerger Neurotransmission die folgenden Ergebnisse erhalten: Die Ventrikel-Gehirn-Relation dieser Patienten ist erhöht und verhält sich reziprok zur Konzentration des Dopamin-Metaboliten Homovanillinsäure (HVA) im Liquor (Abb. 1; van Kammen et al. 1983, Losonczy et al. 1986, Nybäck et al. 1983). Der Quotient HVA zu Pro-

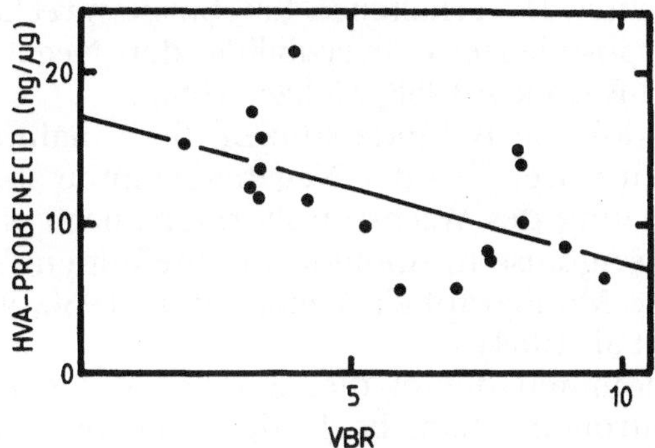

Abb. 1. Beziehung zwischen dem Liquor-HVA-Probenezid-Quotienten und dem Ventrikel-Gehirn-Quotienten (VBR) in 17 chronisch schizophrenen Patienten (nach Losonczy et al. 1986)

benecid im Liquor reflektiert den zentralen Dopamin-Turnover. Wenn die Ergebnisse auf Alter und Jahreszeit angepaßt werden, so können Losonczy und Mitarbeiter (1986) eine signifikante negative Korrelation zwischen Ventrikel-Gehirn-Quotienten und HVA-Probenezid-Quotienten mit einer Korrelation von r = –0,55 aufzeigen. Chronizität, die mit kortikaler Atrophie (Crow 1985, Pandurangi et al. 1988) bzw. mit einer Vergrößerung der Ventrikel korreliert (Andreasen et al. 1982), wird auch als Merkmal von Negativ-Symptomatik bei schizophrenen Patienten betrachtet. Man hatte die Ventrikelvergrößerung ursprünglich dem Einfluß der Neuroleptika-Medikation zugeschrieben, indes zeigen nachträgliche Untersuchungen bei Neuroleptika-naiven Patienten ebenfalls eine Ventrikelvergrößerung (Andreasen et al. 1982). Auch nach längerer Neuroleptika-Auswaschphase beobachtet man erniedrigte HVA-Konzentrationen im Liquor von Patienten, die mit der Negativ-Symptomatik korrelieren (Lindström 1985, van Kammen et al. 1983, 1986). Weiterhin wird als Ausdruck erniedrigten Dopamin-Turnovers bei Negativ-Symptomatik die erniedrigte HVA-Ausscheidung im Urin im Vergleich mit alters- und geschlechtsgleichen Gesunden gewertet (Lindström 1985, Mathieu et al. 1985).

Zur Frage einer veränderten Dopamin-D_2-Rezeptor-Aktivität im Gehirn von schizophrenen Patienten sind die Beobachtungen uneinheitlich, da post-mortem sowohl eine Erhöhung, d. h. Rezeptor-Up-Regulation (Wong et al. 1986) als auch eine Erniedrigung der Dopamin-D_2-Rezeptor-Dichte beobachtet wird (Farde et al. 1987). Das erstere, die kompensatorische Up-Regulation deutet auf eine funktionell erniedrigte Dopamin-Verfügbarkeit. In eine ähnliche Richtung weisen auch die Ergebnisse mit dem Dopamin-Agonisten, Amphetamin, dessen Verabreichung zu einer Besserung der Negativ-Symptomatik führt (Angrist et al. 1980, 1982, van Kammen und Boronow 1988). In den letzten Jahren haben Klimke und Klieser (1991) über Untersuchungen zur Behandlung von Patienten mit Dopamin-Agonisten (Roxindol, Talipexol) bei der Negativ-

Symptomatik berichtet. Die erhaltenen Ergebnisse sprechen damit gegen die ursprünglich postulierte Irreversibilität der Negativ-Symptomatik (van Kammen und Boronow 1988, Meltzer 1985).

Auch neuroendokrine Befunde stützen die Annahme eines verringerten Dopamin-Turnovers bei der Negativ-Symptomatik. So wird eine erniedrigte Freisetzung des Wachstumshormons nach einem Challenge mit dem Dopamin-Agonisten, Apomorphin, gefunden (Ackenheil et al. 1990, s. auch diese Monographie; Zemlan et al. 1986, van Kammen et al. 1989, Meltzer et al. 1984).

Zusammengenommen deutet dies auf das Vorliegen einer Läsion dopaminerger Neuronensysteme bei beiden Syndromgruppen der Schizophrenie. Diese könnte man spekulativ vereinfacht bei Negativ-Symptomatik als verminderten und bei positiver Symptomatik als erhöhten Dopamin-Turnover betrachten. Positive und negative Symptome sind somit Ausdruck unterschiedlicher pathophysiologischer Prozesse.

Die mit diesen Läsionen in Zusammenhang stehenden Änderungen limbischer und paralimbischer Strukturen schizophrener Patienten ergeben sich auch aus Untersuchungen zu Gedächtnis und Informations-Verarbeitung (Eichert, diese Monographie). Van Kammen und Antelmann (1984) postulieren, daß positive Symptome auf Läsionen des dopaminergen limbischen Systems und negative auf Störungen frontaler noradrenerger Netzwerke beruhen, die sich als strukturelle Abnormalität, wie kortikale Atrophie, Minderdurchblutung und Veränderungen der Informations-Verarbeitung aufzeigen lassen.

Noradrenalin

Die Zunahme psychotischer Symptome korreliert positiv mit der Zunahme des Noradrenalin-Turnovers (Linnoila et al. 1983). Störungen der noradrenergen Transmission werden von Störungen des autonomen Nervensystems begleitet und treten im Verlauf der Entwicklung der Negativ-Symptomatik auf, wie Aufmerksamkeitsdefizit und Störungen der Informations-Verarbeitung (van Kammen und Antelmann 1984). Ein Hinweis auf gestörte noradrenerge Transmission ist die verringerte Noradrenalin-Konzentration im Nucleus accumbens von post-mortem Gehirnen Schizophrener im Vergleich zu Gesunden (Nybäck et al. 1983). Da hierbei die schizophrenen Patienten nicht ausdrücklich bezüglich Positiv-und Negativ-Symptomatik beschrieben werden, ist die Involvierung von Noradrenalin speziell im Hinblick auf die Negativ-Symptomatik schwer abschätzbar. Der Noradrenalin-Turnover aber scheint generell vermindert zu sein, denn die Ausprägung der Negativ-Symptomatik korreliert mit verminderten Noradrenalin- und MHPG-Konzentrationen im Liquor schizophrener Patienten (Gelernter und van Kammen 1990). Es wird außerdem eine negative Korrelation von Liquor-Noradrenalin-Konzentrationen mit kortikaler Atrophie gefunden (van Kammen und Slawsky 1989; Abb. 2).

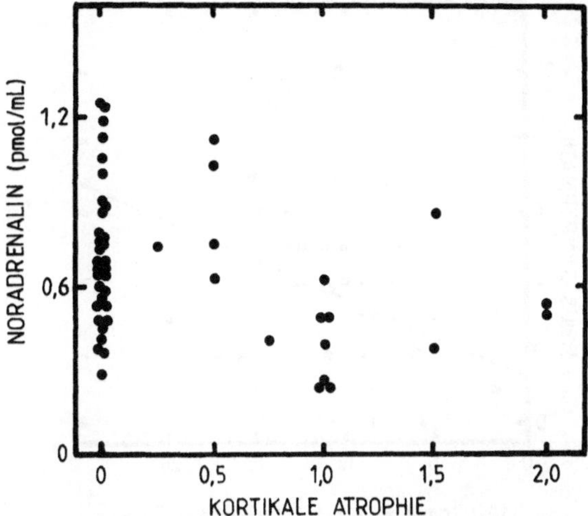

Abb. 2. Beziehung zwischen der Liquor-Noradrenalin-Konzentration und Erfassung der kortikalen Atrophie im CT (nach van Kammen und Slawsky 1989)

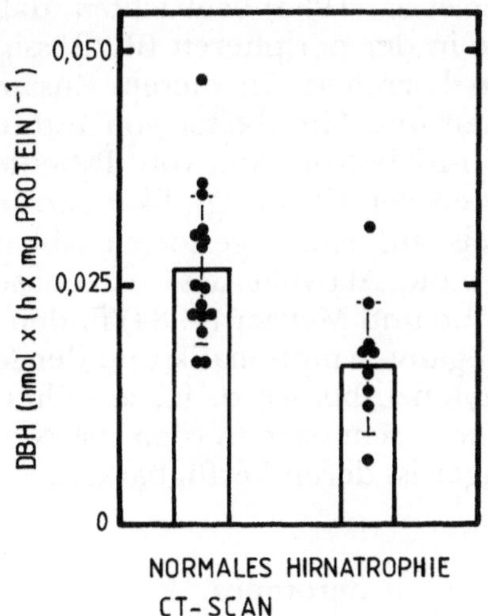

Abb. 3. Erniedrigung der Aktivität der Liquor-Dopamin-ß-Hydroxylase (DBH) bei Patienten mit kortikaler Atrophie (p = 0,007; nach van Kammen et al. 1983)

Eine Änderung noradrenerger Transmission kann auch aufgrund von Veränderungen der Synthese und des Abbaus des Neurotransmitters zurückzuführen sein. Das Synthese-Enzym, die Dopamin-ß-Hydroxylase wird beim Release von Noradrenalin in den synaptischen Spalt freigesetzt (Stein und Wiese 1971) und in den Liquor abgegeben, sie zirkuliert im Serum. Eine Änderung noradrenerger Transmission ist daher auch von einer veränderten Dopamin-ß-Hydroxylase-Aktivität im

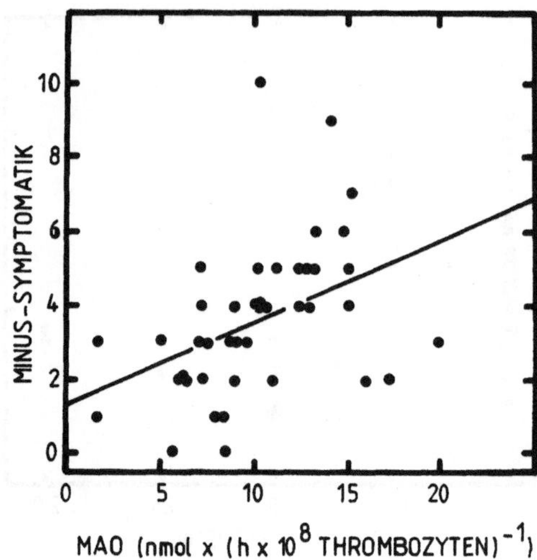

Abb. 4. Korrelation zwischen der thrombozytären MAO-Aktivität und Minussymptomatik bei männlichen schizophrenen Patienten (r = 0,70; nach Lewine und Meltzer 1984)

Serum begleitet. Cooper et al. (1985) beobachten, daß die Aktivität der Dopamin-ß-Hydroxylase in der peripheren Blutflüssigkeit mit der Noradrenalin-Konzentration korreliert. In diesem Zusammenhang ist der Befund von van Kammen und Mitarbeiter von Interesse, die 1983 zeigten, daß die Dopamin-ß-Hydroxylase von Patienten mit kortikaler Atrophie und vergrößteren Ventrikeln signifikant erniedrigt ist (Abb. 3).

Ein weiterer Hinweis auf einen gestörten Abbau der aminergen Neurotransmitter liefert die Aktivität des metabolisierenden Enzyms, Monoaminoxidase. Lewine und Meltzer (1984) finden eine positive Korrelation zwischen der Negativ-Symptomatik und der Monoaminoxidase-Aktivität auf Thrombozyten (Abb. 4); d. h., je höher die Aktivität der Monoaminoxidase ist, umso schneller werden die Neurotransmitter abgebaut, und umso geringer ist deren Verfügbarkeit.

Serotonin

Das dopaminerge limbische System und die frontalen noradrenergen Netzwerke korrespondieren wahrscheinlich über subkortikale Strukturen, die serotonerg innerviert sind (Bunney und DeRiemer 1982). Verabreichung von Indolaminen (z. B., LSD), die mit Serotonin$_2$-Rezeptoren in Wechselwirkung treten, können zu Psychosen führen, und lassen auf eine Beteiligung serotonerger Netzwerke bei der Schizophrenie schließen (Bleich et al. 1988).

Ein Zusammenhang zwischen serotonerger Defizienz des präfrontalen Kortex und der Negativ-Symptomatik wird in Erwägung gezogen, da verminderte 5-Hydroxyindol-Essigsäure (5-HIAA) im Liquor von

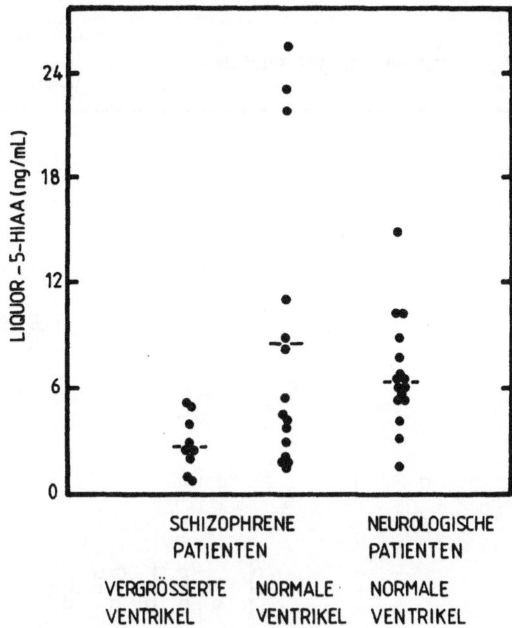

Abb. 5. 5-Hydroxyindolessigsäure (5-HIAA)-Konzentration im Liquor schizophrener Patienten mit vergrößerten Ventrikeln, normal-großen Ventrikeln und neurologischer Patienten mit normal-großen Ventrikeln (nach Potkin et al. 1983)

schizophrenen Patienten mit kortikaler Atrophie bzw. Ventrikelvergrößerung korrelieren (Potkin et al. 1983, Losonczy et al. 1986; Abb. 5). So wird vermutet, daß die Wirksamkeit atypischer Neuroleptika und $Dopamin_2$/$Serotonin_2$-Antagonisten auf einer Interaktion mit $Serotonin_2$-, $Serotonin_{1A}$-, und $Serotonin_{1D}$-Rezeptoren basiert (Meltzer und Zureick 1989, Feinberg et al. 1988, Leysen et al. 1988), da Ritanserin und Risperidon, beides $Serotonin_2$-Rezeptor-Antagonisten, eine Minderung der Negativ-Symptomatik bedingen sollen (Leylen, diese Monographie); die Ergebnisse sind jedoch nicht eindeutig (Zinner, diese Monographie).

Unsere eigenen Untersuchungen an Patienten mit Negativ-Symptomatik deuten ebenfalls auf eine Involvierung des serotonergen Systems hin. Unsere Studie wurde vor 2 Jahren geplant, und wir haben bis jetzt vier Patienten, die mehr als 2 Wochen medikamentenfrei waren, untersuchen können. Vorauszuschicken ist noch folgende Beobachtung: Wir sehen eine negative Korrelation des Ausprägungsgrades depressiver Verstimmung mit der Blutserotonin-Konzentration (Rao et al. im Druck). Es deutet sich damit ein adaptiver Prozeß zwischen Befindlichkeit und Rezeptor-Aktivität an. Die Blutserotonin-Konzentration übt einen negativen Feedback sowohl auf die maximale Bindungskapazität als auch auf die Affinität des $Serotonin_2$-Rezeptors auf Thrombozyten aus (Rao et al. 1991, Andres et al. 1993). Wir interpretieren auch diesen Befund im Sinne eines adaptativen Prozesses. Bei den von uns untersuchten Patienten mit aus-

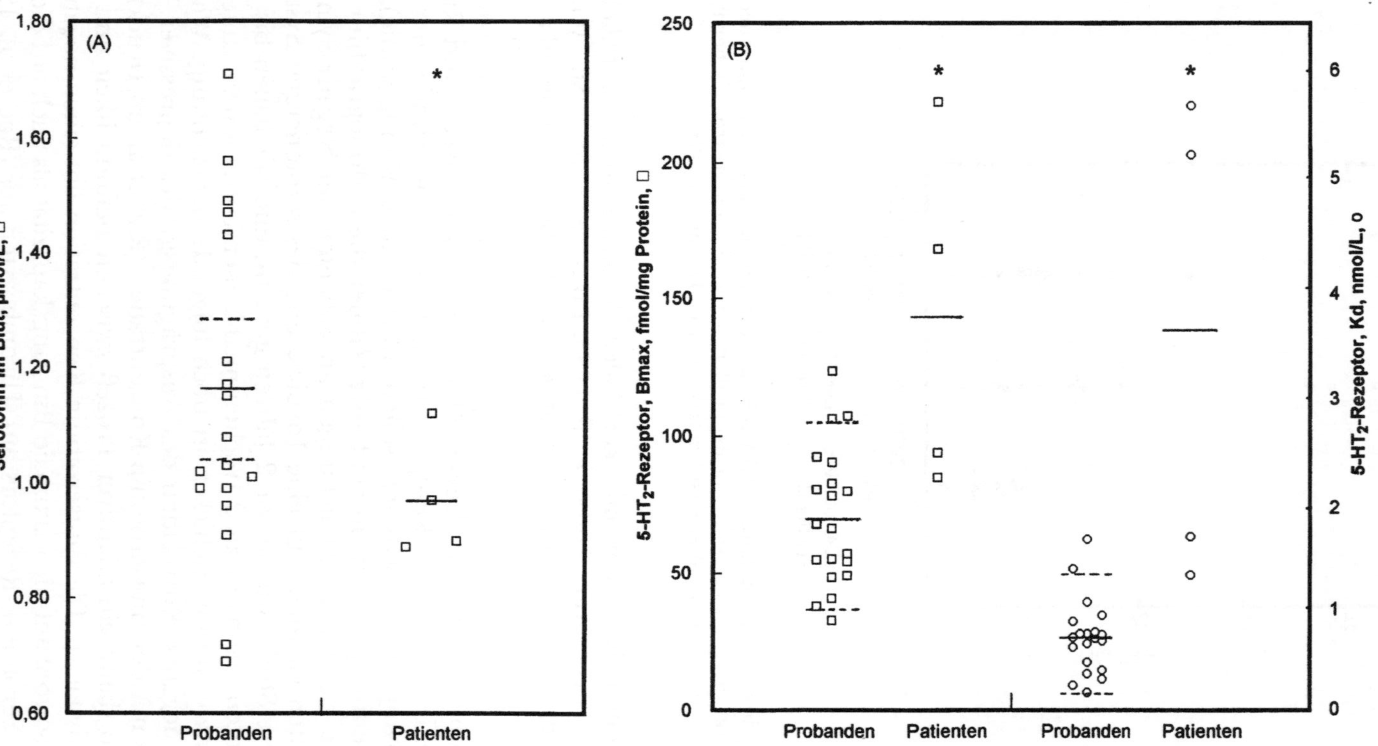

Abb. 6. Serotonin-Konzentration und Serotonin$_2$-Rezeptoraktivität auf Thrombozyten von gesunden Probanden und schizophrenen Patienten; * $p < 0,05$ (Rao et al. unveröffentlichte Ergebnisse)

schließlicher oder vorwiegender Negativ-Symptomatik haben wir paradigmatisch für den Serotonin-Stoffwechsel die Serotonin-Konzentration im Blut und die Aktivität des $Serotonin_2$-Rezeptors auf Thrombozyten erfaßt. Es findet sich eine signifikante Erniedrigung der Serotonin-Konzentration, und begleitend damit, kompensatorisch im Sinne der negativen Rückkopplung eine erhöhte maximale Bindungskapazität und erniedrigte Affinität des Rezeptors im Vergleich zu gesunden Probanden (Abb. 6).

Schlußfolgerungen

In welchem Zusammenhang sind die postulierten Störungen der dopaminergen, noradrenergen und serotonergen Neurotransmission bei der Negativ-Symptomatik zu sehen? Wir nehmen an, daß die positiven Symptome der Schizophrenie auf Läsionen des dopaminergen limbischen Systems und negative auf Störungen frontaler noradrenerger Netzwerke beruhen. Letztere korrelieren mit strukturellen Veränderungen, wie kortikale Atrophie und vergrößerte Ventrikelvolumina, die ihren Ausdruck in Aufmerksamkeitsdefiziten und Störungen der Informations-Verarbeitung finden.

Beide Netzwerke, das dopaminerge limbische System und die frontalen noradrenergen Netzwerke sind dynamisch durch subkortikale Strukturen, wie der Thalamus verbunden, die serotonerg innerviert sind (Bunney und DeRiemer 1982). Dopaminerge Neuronen des Mesenzephalons projezieren in den Kortex (Abb. 7A). Die Dopamin-Freisetzung ist nicht ausschließlich Impuls-abhängig, sie übt eine tonisch-modulatorische Hemmung aus (Roth et al. 1987). Auch noradrenerge Neuronenbahnen befinden sich in diesen Arealen und es ist anzunehmen, daß eine Interaktion zwischen den dopaminergen und noradrenergen Bahnen besteht (Abb. 7B). Diese ist aber wesentlich weniger gut beschrieben, als die zwischen noradrenergen und serotonergen Bahnen. Serotonerge Bahnen enthalten alpha-Rezeptoren, sodaß hier direkt ein Zwiegespräch stattfinden kann. Diese Überlegungen erlauben die Vermutung, daß die verminderte dopaminerge Aktivität initial zu einer verminderten Modulation der sich in den gleichen Arealen befindenden noradrenergen und serotonergen Bahnen führt (Abb. 7C). Eine transiente Erniedrigung z. B., der serotonergen neuronalen Aktivität könnte damit eine kompensatorische Erhöhung der $Serotonin_2$-Rezeptor-Aktivität bedingen, wie oben dargelegt. Letztere findet ihren Ausdruck im Rahmen der Negativ-Symptomatik in einer erhöhten Inhibition.

Es handelt sich hierbei wahrscheinlich um transiente post-translationelle Veränderungen, die nicht nur genetisch sondern auch Situationsbedingt sind. Werden diese Änderungen nicht medikamentös und zusätzlich durch kognitive oder psychosoziale Therapie-Strategien aufgefangen, so wäre denkbar, daß dies zu einer perpetuierenden Fehl-Regulation der für Emotionen (limibisch) und Informations-Verarbeitung wichtigen neuronalen Netzwerke führen könnte.

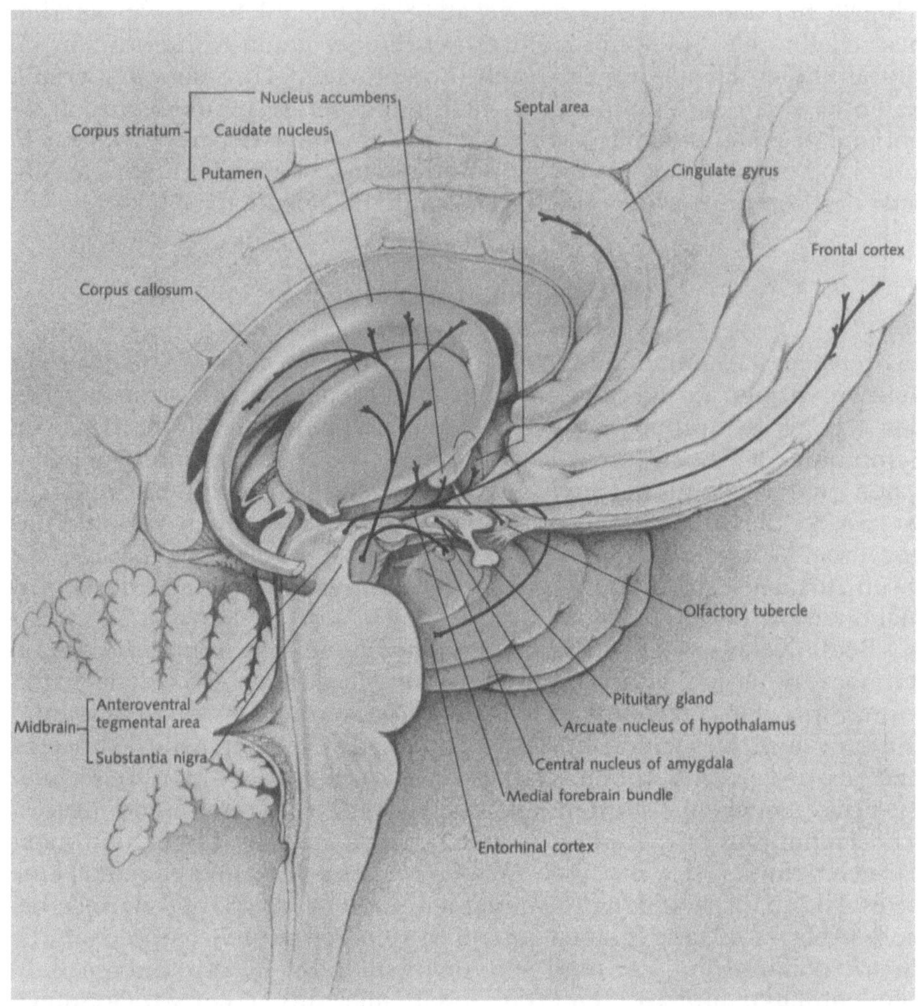

Abb. 7. A Dopaminerge Neuronen des Mesenzephalons projezieren in den Kortex (—) (nach Snyder 1986) (Aus: „Drugs and the brain" von Salomon H. Snyder. Copyright © 1986 by Scientific American Books, Inc. Abgedruckt mit Erlaubnis von W. H. Freeman and Company)

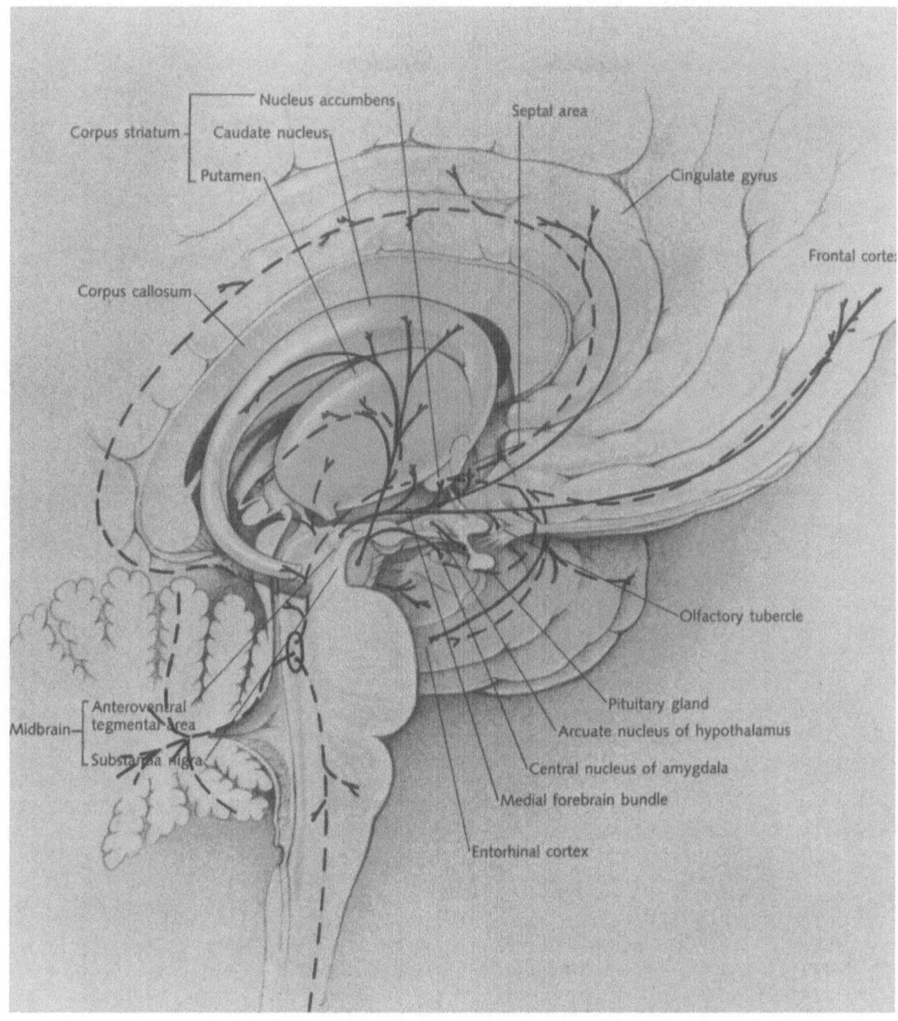

Abb. 7. B Es besteht eine Interaktion zwischen den dopaminergen (—) und noradrenergen Bahnen (- - -) (nach Snyder 1986)

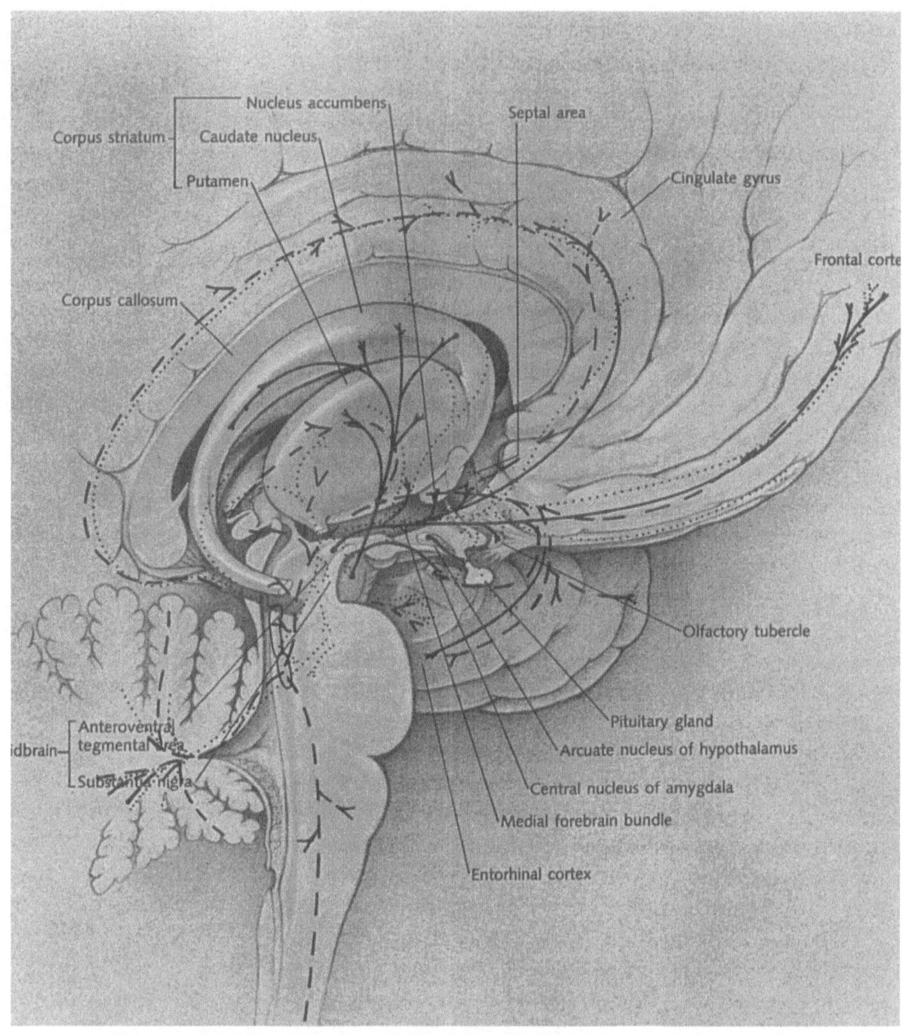

Abb. 7. C Inhibitorische serotonerge Neuronen (...) befinden sich im Bereich dopaminerger (—) und noradrenerger (- - -) Bahnen (nach Snyder 1986)

Literatur

Ackenheil M, Bondy B, Müller-Spahn F (1990) Biochemische und neuroendokrinologische Befunde bei Patienten mit schizophrener Negativsymptomatik. In: Möller H-J, Pelzer E (Hrsg) Neuere Ansätze zur Diagnostik und Therapie schizophrener Minussymptomatik. Springer, Berlin Heidelberg New York Tokyo, S 127–134

Andreasen NC, Flaum M, Swayze VW, Tyrrell G, Arndt S (1990) Positive and negative symptoms in schizophrenia. Arch Gen Psychiatry 47: 615–621

Andreasen NC, Smith MR, Jacoby CG, Dennert JW, Olsen SA (1982) Ventricular enlargement in schizophrenia: definition and prevalence. Am J Psychiatry 139: 292–296

Andres AH, Rao ML, Ostrowitzki S, Entzian W (1993) Human brain cortex and platelet serotonin$_2$ receptor binding properties and their regulation by endogenous serotonin. Life Sci 52: 313–321

Angrist B, Peselow E, Rubinstein M, Corwin J, Rotrosen J (1982) Partial improvement in negative schizophrenic symptoms after amphetamine. Psychopharmacology 78: 128–130

Angrist B, Rotrosen J, Gershon S (1980) Differential effects of amphetamine and neuroleptics on negative vs positive symptoms in schizophrenia. Psychopharmacology 72: 17–19

Bermanzohn PC, Siris SG (1992) Akinesia: a syndrome common to parkinsonism, retarded depression, and negative symptoms of schizophrenia. Compr Psychiatry 33: 221–232

Bleich A, Brown SL, Kahn R, van Praag HM (1988) The role of serotonin in schizophrenia. Schizophr Bull 14: 297–315

Bunney BS, DeRiemer S (1982) Effect of clonidine on dopaminergic neuron activity in the substantia nigra: possible indirect mediation by noradrenergic regulation of the serotonergic raphe system. Adv Neurol 35: 99–104

Cooper SJ, Kelly JG, King DJ (1985) Adrenergic receptors in depression: effects of electroconvulsive therapy. Br J Psychiatry 147: 23–29

Crow TJ (1980) Molecular pathology of schizophrenia: more than one disease process? Br Med J 280: 66–68

Crow TJ (1985) The two-syndrome concept: origins and current status. Schizophr Bull 9: 471–486

Farde L, Wiesel FA, Hall H, Halldin C, Stone-Elander S, Sedvall G (1987) No D$_2$ receptor increase in PET study of schizophrenia. Arch Gen Psychiatry 44: 671–672

Feinberg SS, Kay SR, Elijovich LR, Fiszbein A, Opler LA (1988) Pimozide treatment of the negative schizophrenic syndrome: an open trial. J Clin Psychiatry 49: 235–238

Gelernter J, van Kammen DP (1990) Schizophrenia: instability in norepinephrine, serotonin and gamma-aminobutyric acid systems. Int Rev Neurobiol 29: 309–347

Guelfi GP, Faustman WO, Csernansky JG (1989) Independence of positive and negative symptoms in a population of schizophrenic patients. J Nerv Ment Dis 177: 285–290

Klimke A, Klieser E (1991) The treatment of positive and negative schizophrenic symptoms with dopamine agonists. In: Marneros A, Andreasen NC, Tsuang MT (eds) Negative versus positive schizophrenia. Springer, Berlin Heidelberg New York Tokyo, pp 377–398

Lewine RJ, Meltzer HY (1984) Negative symptoms and platelet monoamine oxidase activity in male schizophrenic patients. Psychiatry Res 12: 99–109

Leysen JE, Gommeren W, Janssen PF, Van Gompel P, Janssen PA (1988) Receptor interactions of dopamine and serotonin antagonists: binding in vitro and in vivo and receptor regulation. Psychopharmacology Ser 5: 12–26

Lieberman JA, Jody D, Alvir JMJ, Borenstein M, Mayerhoff DI (1991) Negative symptoms in schizophrenia: relationship to positive symptoms and outcome. In: Marneros A, Andreasen NC, Tsuan MT (eds) Negative vs positive schizophrenia. Springer, Berlin Heidelberg New York Tokyo, pp 109–125

Lindström LH (1985) Low HVA and normal 5-HIAA CSF levels in drug-free schizophrenic patients compared to healthy volunteers: correlations to symptomatology and family history. Psychiatry Res 14; 265–273

Linnoila M, Ninan PT, Scheinin M, Waters RN, Chang WH, Barko J, van Kammen DP (1983) Reliability of norepinephrine and major monoamine metabolite measurements in CSF of schizophrenic patients. Arch Gen Psychiatry 40: 1290–1294

Losonczy MF, Song IS, Mohs RC, Mathe AA, Davidson M, Davis BM, Davis KL (1986) Correlates of lateral ventricular size in chronic schizophrenia II. Biological measures. Am J Psychiatry 143: 1113–1118 (© 1986, the American Psychiatric Association. Reprinted by permission)

Maier W, Schlegel S, Klinger T, Hillert A, Wetzel H (1990) Die Negativsymptomatik im Verhältnis zur Positivsymptomatik und zur depressiven Symptomatik der Schizophrenie: Eine psychometrische Untersuchung. In: Möller H-J, Pelzer E (Hrsg) Neuere Ansätze zur Diagnostik und Therapie schizophrener Minussymptomatik, Springer, Berlin Heidelberg New York Tokyo, S 69–78

Marneros A, Deister A, Rohde A (1991) Long-term investigations in stability of negative/positive distinction. In: Marneros A, Andreasen NC, Tsuang MT (eds) Negative versus positive schizophrenia. Springer, Berlin Heidelberg New York Tokyo, pp 183–196

Mathieu P, Lemoine P, Szestak M, Greffe J, Gros N, Echassoux C (1985) Homovanillic acid (HVA) urinary excretion and day/night rhythm of chronic schizophrenic patients. Preliminary observations. Encephale 11: 199–202

Meltzer HY (1985) Dopamine and negative symptoms in schizophrenia – critique of the type I – type II hypothesis. In: Alpert N (ed) Controversies in schizophrenia: changes and constancies. Guildford Press, New York, pp 110–136

Meltzer HY, Kolakowska T, Fang VS, Fogg L, Robertson A, Lewine R, Strahilevitz M, Busch D (1984) Growth hormone and prolactin response to apomorphine in schizophrenia and the major affective disorders. Arch Gen Psychiatry 41: 512–519

Meltzer HY, Zureick J (1989) Negative symptoms in schizophrenia: a target for new drug development. In: Dahl SG, Gram LF (eds) Clinical pharmacology in psychiatry. Springer, Berlin Heidelberg New York Tokyo, pp 68–77

Möller HJ, von Zerssen D (1981) Depressive Symptomatik im stationären Behandlungsverlauf von 280 schizophrenen Patienten. Pharmacopsychiatry 14: 172–179

Nybäck H, Bergen BM, Hindmarsh T, Sedvall G, Wiesel F (1983) Cerebroventricular size and cerebrospinal fluid monoamine metabolites in schizophrenic patients and healthy volunteers. Psychiatry Res 9: 301–308

Pandurangi AK, Bilder RM, Rieder RO, Mukherjee S, Hamer RM (1988) Schizophrenic symptoms and deterioration. Relation to computed tomographic findings. J Nerv Ment Dis 176: 200–206

Potkin SG, Weinberger DR, Linnoila M, Wyatt RJ (1983) Low CSF 5-hydroxyindoleacetic acid in schizophrenic patients with enlarged cerebral ventricles. Am J Psychiatry 140: 21–25 (© 1983, the American Psychiatric Association. Reprinted by permission)

Rao ML, Andres AH, Fuger J, Ruhrmann S, Kasper S, Ostrowitzki S, Möller H-J (1994) Änderung peripherer serotonerger und ß-adrenerger Rezeptor-Eigenschaften unter Psychopharmaka-Therapie. Indikatoren für den Behandlungserfolg? In: Schifferdecker M, Peters UH (Hrsg) (im Druck)

Rao ML, Andres AH, Meyer-Lindenberg A, Ostrowitzki S (1991) Serotonin modulates the binding characteristics of its receptors: concurrance between cortex and platelet receptor in the individual. Bio Chem Hoppe-Seyler 372: 897

Roth RH, Wolf ME, Teutch AY (1987) Neurochemistry of midbrain dopamine systems. In: Meltzer HY (ed) Psychopharmacology: the third generation of progress. Raven Press, New York, pp 81–94

Snyder S (1986) Drug and the brain. Scientific American Library, New York, p 85

Stein L, Wise CD (1971) Possible etiology of schizophrenia: progressive damage to the noradrenergic reward system by 6-hydroxydopamine. Science 171: 1032–1036

Tandon R, Greden JF (1989) Cholinergic hyperactivity and negative schizophrenic symptoms. Arch Gen Psychiatry 46: 745–753

van Kammen DP, Antelman S (1984) Impaired noradrenergic transmission in schizophrenia? Life Sci 34: 1403–1413

van Kammen DP, Boronow JJ (1988) Dextro-amphetamine diminishes negative symptoms in schizophrenia. Int Clin Psychopharmacol 3: 111–121

van Kammen DP, Mann LS, Sternberg DE, Scheinin M, Ninan PT, Marder SR, van Kammen WB, Rieder RO, Linnoila M (1983) Dopamine-ß-hydroxylase activity and homovanillic acid in spinal fluid of patients with brain atrophy. Science 220: 974–977 (© 1983 by AAAS)

van Kammen DP, Peter JL, van Kammen WB, Rosen J, Yao JK, McAdam D, Linnoila M (1989) Clonidine treatment of schizophrenia: can we predict treatment response. Psychiatry Res 27: 297–311

van Kammen DP, van Kammen WB, Mann LS, Seppala T, Linnoila M (1986) Dopamine metabolism in the cerebrospinal fluid of drug-free schizophrenic patients with and without cortical atrophy. Arch Gen Psychiatry 43: 978–983

van Kammen DP, Slawsky RC (1989) State dependency and dysregulation of norepinephrine activity in schizophrenia: In: Sen AK, Lee T (eds) Receptors and ligands in psychiatry. Cambridge University Press New Rocelle, Cambridge, pp 93–126

Wong DF, Wagner HN Jr, Tune LE, Dannals RF, Pearlson GD, Links JM, Tamminga CA, Broussole EP, Raver HT, Wilson AA, Toung JKT, Malat J, Williams JA, O'Tuama LA, Snyder SH, Kuhar MJ, Gjedde A (1986) Positron emission tomography reveals elevated D_2 dopamine receptors in drug-naive schizophrenics. Science 234: 1558–1563

Zemlan FP, Hischowitz J, Garver DL (1986) Relation of clinical symptoms to apomorphine-stimulated growth hormone release in mood-incongruent psychotic patients. Arch Gen Psychiatry 43: 1162–1167

Korrespondenz: Prof. Dr. M. L. Rao, Psychiatrische Universitätsklinik, Sigmund-Freud-Straße 25, D-53105 Bonn, Bundesrepublik Deutschland

Neuroendokrinologische Untersuchungen bei schizophrenen Minus-Symptomen

M. Ackenheil

Psychiatrische Universitätsklinik, München, Bundesrepublik Deutschland

Der Begriff der schizophrenen Minus-Symptomatik wurde zum erstenmal 1913 von Hughlins-Jackson (1931) in der Literatur erwähnt und der schizophrenen positiven Symptomatik gegenübergestellt (Tabelle 1). Von anderen Autoren (z. B. Crow 1985) wurde dieses Konzept aufgegriffen und erweitert. Nach wie vor besteht jedoch Unklarheit, ob tatsächlich zwei getrennte Subgruppen entsprechend der ursprünglichen Einteilung nach dem Vorkommen von überwiegend positiven oder negativen Symptomen (Crow 1985, Andreasen und Olsen 1982) vorgenommen werden können oder ob eher eine gemischte Form vorliegt. Trotz aller Bedenken hat die Dichotomie zwischen positiver und negativer Symptomatik einen gewissen heuristischen Wert, da negative oder positive Symptome mit einigen klinischen Variablen, wie z. B. prämorbider sozialer Anpassung, Beginn der Erkrankung oder kognitiver Beeinträchtigung korrelieren. Auch sprechen positive oder negative Symptome in unterschiedlicher Weise auf die Behandlung mit Neuroleptika an.

Die meisten Untersuchungen an Patienten mit negativer Symptomatik wurden an chronisch schizophrenen Patienten durchgeführt, die oft länge-

Tabelle 1. Schizophrene Positiv- und Minus-Symptomatik (nach Kay et al. 1987)

Positiv	*Negativ*
Wahnvorstellungen	Affektverarmung
Formale Denkstörungen	Kontaktmangel
Halluzinationen	Passiv-apathische Isolation
Erregung	Vermindertes abstraktes Denkvermögen
Größenwahn	Mangelnde Spontaneität und Gesprächsfähigkeit
Argwohn/Verfolgungswahn	Stereotypes Denken

re Zeit mit Neuroleptika behandelt worden waren. Die Langzeit-behandlung mit Neuroleptika ist jedoch mit wesentlichen Nebenwirkungen verbunden, z. B. dem „neuroleptic induced deficit syndrome“ (NIDS), das große Ähnlichkeit mit negativen Symptomen aufweist. Neuroleptika selbst können auch lange Zeit nach Absetzen noch nachgewiesen werden (Cohen et al. 1988) und dadurch zur Verfälschung biologischer Ergebnisse führen.

Viele Patienten zeigen eine floride psychotische Symptomatologie während der ersten Jahre der Erkrankung, später folgt ein chronischer, weniger symptomatischer Verlauf mit vorwiegend negativer Symptomatik (Meltzer 1984).

Basierend auf der hypothetischen Annahme, daß zwei verschiedene Subtypen der Schizophrenie, Typ I und II (Crow 1985), die sich in ihrer Pathophysiologie unterscheiden, existieren, wurde in vielen Studien nach biochemischen und neuroendokrinologischen Auffälligkeiten gesucht. Beim Typ I mit vorwiegend positiver Symptomatik, der gut auf die Behandlung mit Neuroleptika anspricht, wird eine Hyperaktivität dopaminerger und evtl. noradrenerger Neurone angenommen, dem Typ II, mit vorwiegend Minus-Symptomen und schlechtem Ansprechen auf Behandlung mit klassischen Neuroleptika, sollen andere pathologische Prozesse, wie z. B. Ventrikelerweiterung zugrunde liegen.

Neuroendokrinologische Untersuchungen bieten die Möglichkeit, abnorme Veränderungen der Aktivitäten dopaminerger, noradrenerger, serotonerger und auch anderer Neurone zu erfassen, da die Sekretion von Hormonen des Hypothalamus-Hypophysen-Systems über solche Neurone gesteuert wird. Die Messung dieser Hormone erlaubt einen Blick ins Gehirn. Man spricht vom „window to the brain“.

Die Hemmung der Cortisolsekretion durch die Gabe von 1 mg Dexamethason, der Dexamethason-Test (DST), wird am häufigsten in der neuroendokrinologischen psychiatrischen Forschung eingesetzt. Ursprünglich als spezifischer Marker für Depression angesehen (Caroll et al. 1981), beschreiben inzwischen viele Untersuchungen häufig auch bei schizophrenen Patienten eine mangelhafte Unterdrückbarkeit der Cortisolsekretion (Yeragani 1990). Die zahlreichen Veröffentlichungen (Übersicht: Tandon et al. 1991) zeigen unterschiedliche Befunde, vor allem im Hinblick auf die Zuordnung zu bestimmten klinischen Konstellationen. Tandon berichtet über eine positive Korrelation zwischen der Höhe der Cortisolwerte im DST als Indikator für den Grad der Abnor-

Tabelle 2. Literaturübersicht zu Untersuchunen der Beziehung Cortisolwerte und Psychopathologie (> 50) (nach Tandon et al. 1991)

Korrelationen					
Minus-Symptome		Depressive Symptome		Clinical outcome	
positiv	8	positiv	4	positiv	3
negativ	4	negativ	13	negativ	2
?	40	?	35	?	42

malität und Ausprägung der Negativsymptome. Keine Beziehung bestand zum Schweregrad der Erkrankung, zu positiven und depressiven Symptomen. Ein Überblick der Literatur (Tabelle 2) zeigt die Vielfalt der unterschiedlichen Ergebnisse. Die Mehrzahl der Untersuchungen findet keine signifikanten Korrelationen, weder zu negativen und depressiven Symptomen noch zum kurzzeitigen Verlauf und Behandlungserfolg, beschrieben als „clinical outcome". Der sog. „clinical outcome" wird in allen Studien als Verbesserung der Scores in psychopathologischen Ratingssystemen definiert. Da die Untersuchungen mit einem Repertoire qualitativ unterschiedlicher Methodik durchgeführt wurden, erlaubt der Überblick nur eine beschränkte Aussage. Tendenziell besteht eher ein Zusammenhang zur negativen Symptomatik, die weniger gut auf die Behandlung mit Neuroleptika anspricht. In der Mehrzahl der Studien besteht kein Zusammenhang zur depressiven Symptomatik, obwohl das Vorkommen von negativen und depressiven Symptomen häufig kaum zu trennen ist. Es ergibt sich jedoch hieraus ein Hinweis darauf, daß negative und depressive Symptome unabhängig von einander bei schizophrenen Patienten vorkommen. Dies wird durch eine Arbeit von Lindenmayer und Kollegen bestätigt, die eine Depression deutlich von negativen Symptomen unterscheiden konnten (Lindenmayer et al. 1991). Altamura und Kollegen konnten in einer sorgfältig durchgeführten neueren Untersuchung keinen Zusammenhang zwischen pathologischem DST und Ansprechen auf Neuroleptika finden (Altamura et al. 1993). Im Lichte einer anderen Untersuchung, die auf das unterschiedliche Ansprechen der verschiedenen negativen Symptome auf die Therapie hinweist, kann dieser Befund erklärt werden.

Nach wie vor besteht Unklarheit über die pathophysiologischen Mechanismen, die dem pathologischen DST zugrunde liegen. Streß, veränderte Glucocorticoidrezeptor-Empfindlichkeit, cholinerge Hyperaktivität und verminderte noradrenerge Aktivität kommen als Ursache in Betracht.

Ein Indikator für die noradrenerge Aktivität im Hypothalamus-Hypophysengebiet ist der Clonidin-Test (Matussek et al. 1980). Der Alpha$_2$-Agonist Clonidin stimuliert die Sekretion von Wachstumshormon (STH). Die Höhe der STH-Sekretion ist von der jeweiligen Empfindlichkeit dopaminerger bzw. Alpha$_2$-adrenerger Rezeptoren abhängig. In früheren Untersuchungen konnten wir zeigen, daß akut schizophrene Patienten mit vorwiegend positiver Symptomatik einen deutlich höheren STH-Anstieg aufwiesen als gesunde Kontrollen und andere psychiatrische Patienten. Chronische schizophrene Patienten, bei denen eine negative Symptomatik vorherrscht, zeigen eine deutlich verminderte STH-Sekretion (Abb. 1). Eine niedrige STH-Sekretion im Clonidin-Test kann als erniedrigte Alpha$_2$-Empfindlichkeit interpretiert werden (Checkley et al. 1981) und weist auf eine Beteiligung der noradrenergen Neurone bei der Pathophysiologie schizophrener negativer Symptomatik hin. Verminderte Alpha$_2$-Rezeptorbindung wird auch in post-mortem Untersuchungen an Gehirnen verstorbener schizophrener Patienten gezeigt (Ko et al. 1986).

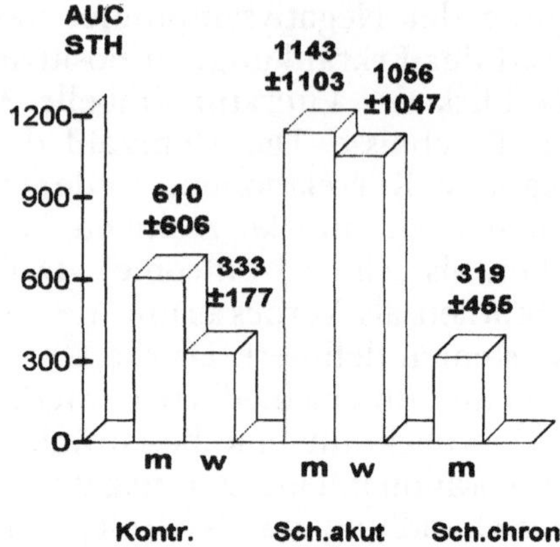

Abb. 1. Clonidin-Test

Ein fast identisches Ergebnis fanden wir nach Untersuchungen mit dem Apomorphin-Test. Der Dopamin-Agonist Apomorphin stimuliert dosisabhängig STH (Müller-Spahn et al. 1986). Akute schizophrene Patienten mit vorwiegend positiver Symptomatik zeigen gegenüber Kontrollen eine deutlich höhere STH-Sekretion. Chronisch schizophrene Patienten mit Residualsymptomen und vorwiegend negativer Symptomatik weisen jedoch diese erhöhte STH-Sekretion nicht mehr auf und zeigen gegenüber Kontrollen eine verminderte STH-Sekretion. Die STH-Sekretion ist negativ korreliert zum Symptom der Anergie. Eine positive Korrelation besteht zu Denkstörungen und der Aktivierung in der BPRS-Skala (Abb. 2). Es scheint bei diesen Patienten eine verminderte Empfindlichkeit dopaminerger Neurone im Hypothalamus-Hypophysengebiet vorzuliegen, das im Einklang mit der ursprünglich formulierten Hypothese von Crow (1980) steht.

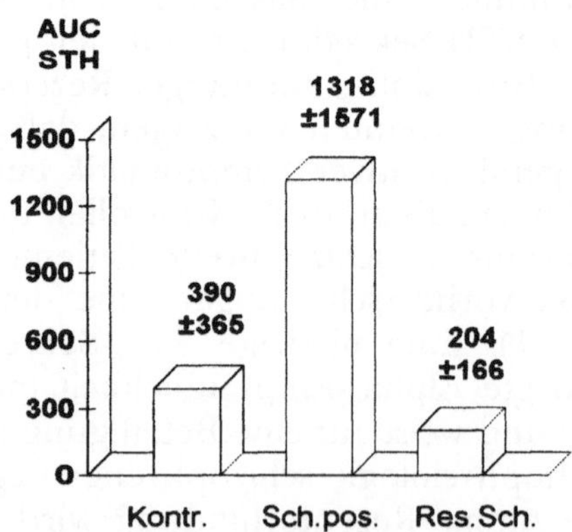

Abb. 2. Apomorphin-Test (0,06 mg/kg). Korrelationen: neg. Anergie: 0,67, $p < 0,0001$; pos. Denkstrg.: 0,48, $p < 0,02$; Aktivierung: 0,67, $p < 0,001$

Auch wenn die chronisch schizophrenen Patienten über längere Zeit unbehandelt waren, so kann nicht ausgeschlossen werden, daß die verminderte Alpha$_2$- und Dopamin-Rezeptorempfindlichkeit durch die Behandlung mit Neuroleptika bedingt ist. In Gehirnen verstorbener Patienten konnten noch Neuroleptika nach längerer Zeit des Absetzens nachgewiesen werden (Cohen et al. 1988). Auch die Untersuchungen von Markianos und Kollegen (1993) zeigten, daß schizophrene Patienten, die zum Zeitpunkt der Untersuchung längere Zeit, 2 Monate bis 1 Jahr, keine Neuroleptika eingenommen hatten, im Haloperidol-Test eine verminderte Prolaktinsekretion aufwiesen. Die Prolaktinsekretion, die unter dem hemmenden Einfluß des tuberoinfundibulären Dopaminsystems steht, gilt als Indikator für die Empfindlichkeit von Dopamin$_2$-Rezeptoren.

Schlußfolgerung

Eine größere Anzahl schizophrener Patienten mit vorwiegend negativer Symptomatik zeigt eine Störung des DST-Tests, die teilweise auch mit dem Ansprechen auf die Behandlung mit Neuroleptika korreliert ist. Die pathophysiologischen Ursachen hierfür konnten noch nicht aufgeklärt werden. Es scheint sowohl eine verminderte Empfindlichkeit Alpha$_2$-adrenerger Rezeptoren als auch von Dopamin$_2$-Rezeptoren vorzuliegen. Der Einfluß der Neuroleptikabehandlung kann jedoch nicht ausgeschlossen werden, da auch nach längerer Zeit des Absetzens Neuroleptika im Gehirn nachgewiesen werden. Die Untersuchung prämorbider schizophrener Patienten, die häufig negative Symptome zeigen, könnte hier weitere Aufklärung bringen.

Literatur

Altamura AC, Percudani M, Mauri MC (1993) Negative symptoms, DST and variablity of response to neuroleptics in schizophrenia. Eur Neuropsychopharmacol 3: 205–207

Andreasen NC, Olsen SA (1982) Negative vs. positive schizophrenia: definition and validation. Arch Gen Psychiatry 39: 789–794

Carroll BJ, Feinberg M, Greden JF (1981) A specific laboratory test for the diagnosis of melancholia. Standardization, validation, and clinical utility. Arch Gen Psychiatry 38: 15–22

Checkley SA, Slade AP, Shur E (1981) Growth hormone and other response to clonidine in patients with endogenous depression. Br J Psychiatry 138: 51–55

Cohen BM, Lipinski JF (1988) In vivo potencies of antipsychotic drugs in blocking alpha noradrenergic and dopamine D_2 receptors: implications for drug mechanisms of action. Life Sci 39: 2571–2580

Crow TJ (1985) The two-syndrome concept: origin and current status. Schizophr Bull 19: 417–486

Hughlins-Jackson J (1884/1931) Selected writings [Taylor J (Hrsg)]. Hoder and Staughton, London

Ko GN, Unnerstall JR, Kuhar MJ Wyatt RJ, Kleinman JE (1986) Alpha-adrenergic agonist binding in schizophrenic brains. Psychopharmacol Bull 22: 1011–1016

Lindenmayer J-P, Grochowski S, Kay SR (1991) Schizophrenic patients with depression: psychopathological profiles and relationship with negative symptoms. Compr Psychiatry 32: 528–533

Matussek N, Ackenheil M, Hippius H, Müller F, Schröder H-T, Schultes H, Wasilewski B (1980) Effect of clonidine on growth hormone release in psychiatric patients and controls. Psychiatry Res 2: 25–36

Meltzer HY (1984) Dopamine and negative symptoms in schizophrenia: critique of the type I–II hypothesis. In: Alpert M (ed) Controversies in schizophrenia. Changes and constancies. Guilford, New York, pp 100–144

Müller-Spahn F, Ackenheil M, Bondy B, May G, Rüther E (1986) Growth hormone response to graded doses of apomorphine HCl in normals and schizophrenic patients: relation to psychocotic decompensation. In: Shagass C, et al (eds) Biological psychiatry 1985. Elsevier, pp 1074–1076

Tandon R, Mazzara C, De Quardo J, Craig KA, Meador-Woodruff JH, Goldman R, Greden JF (1991) Dexamethasone suppression test in schizophrenia: relationship to symptomatology, ventricular enlargement, and outcome. Biol Psychiatry 29: 953–964

Yeragani VK (1990) The incidence of abnormal dexamethasone suppression in schizophrenia: a review and a meta-analytic comparison with incidence in normal controls. Can J Psychiatry 35: 128–132

Korrespondenz: Prof. Dr. M. Ackenheil, Psychiatrische Universitätsklinik, Nußbaumstraße 7, D-80336 München, Bundesrepublik Deutschland

Beziehungen zwischen EEG-Mapping und Psychopathometrie bei Schizophrenen mit Minus-Symptomatik

B. Saletu, B. Küfferle, J. Grünberger, P. Földes, A. Topitz und **P. Anderer**

Psychiatrische Universitätsklinik, Wien, Österreich

Zusammenfassung

Bei 48 medikamentenfreien, stationären, nach DSM-III-Kriterien diagnostizierten, Schizophrenen zeigten computerassistierte topographische Untersuchungen des EEGs mit anschließendem EEG-Mapping, im Vergleich zu nach Alter und Geschlecht gematchten normalen Kontrollen, statistisch signifikante Unterschiede, die in einer Abnahme der Alpha-1-Aktivität, einer Zunahme der Beta-Aktivität und einer Beschleunigung des Centroids bestanden. Diese Ergebnisse wiesen auf den Zustand einer erhöhten cerebralen Erregung bei Schizophrenen hin. Eine Unterteilung der Patienten in solche mit vorwiegend Negativ- bzw. Positiv-Symptomatik erbrachte differenzierte Resultate: Während Patienten mit Negativ-Symptomatik eine bitemporale und frontale Zunahme der Delta/ Theta-Aktivität zeigten, boten Patienten mit florider Positiv-Symptomatik das konträre Bild. Die Alpha-1-Aktivität war bei beiden Gruppen vermindert, die Beta-Aktivität vermehrt, wobei diese Veränderungen bei Schizophrenen mit Positiv-Symptomatik stärker ausgeprägt waren. Die Zunahme der langsamen Aktivität deutet auf einen organischen Faktor in der Pathogenese der Schizophrenie mit Negativ-Symptomatik hin. Diese Annahme wurde durch Korrelations-Maps zwischen EEG-Daten und dem, mit dem AMDP-System gemessenen, Apathie-Syndrom belegt.

Die vorerwähnten Befunde legen nahe, daß für die Pharmakotherapie schizophrener Patienten mit vorwiegend Minus-Symptomatik insbesondere solche Neuroleptika in Frage kommen, die die Delta/Theta-Aktivität senken (z. B. Benzamide). In diesem Sinne untersuchten wir in einer doppelblinden Studie die zentrale Wirkung und Wirksamkeit von Amisulprid (AMI), einem Benzamid, und niedrigen Dosen von Fluphenazin (FLU) bei 40 stationären Patienten mit vorwiegender Negativ-Symptomatik (ICD 9-Diagnose: 295.0, 295.1, 295.6).

Klinische Evaluation, psychometrische Tests und EEG-Mapping wurden am Tag 1 (akuter Effekt), Tag 14 (subakuter Effekt) und Tag 42 (chronischer und aufgepropfter Effekt) durchgeführt. Beide Medikamente führten zu einer signifikanten Verbesserung des AMDP-Apathie- und des Andreasen SANS-Scores, obwohl die Patienten im globalen CGI-Score weiterhin schwer krank blieben.

Im EEG-Mapping zeigten beide Präparate mit einer Abnahme der Delta/Theta-Aktivität und einer Beschleunigung des Centroids eine aktivierende Wirkung, wobei Fluphenazin-Patienten zusätzlich eine Alpha-Zunahme aufwiesen. Tatsächlich verbesserte sich nach beiden Präparaten auch die Noopsyche und die Thymopsyche, wobei AMI FLU bei Langzeitgabe etwas überlegen war. Unsere Studie bewies, daß sowohl AMI aus auch FLU in niedrigen Dosen zur Behandlung der Negativ-Symptomatik bei Schizophrenen geeignet ist, wobei AMI-behandelte Patienten weniger Anticholinergika benötigten als FLU-Behandelte.

Einleitung

Die Unterscheidung zwischen Plus- und Minus-Symptomatik der Schizophrenie, die von mehreren Forschern wie Andreasen (1979) und Crow (1980) beschrieben wurde, scheint zunehmend nicht nur von theoretischer sondern auch von therapeutischer Bedeutung zu sein (Möller 1993). Verschiedene Untersuchungen hatten gezeigt, daß bei Schizophrenen mit vorwiegend Minus-Symptomatik klinisch/biologische Befunde zu erheben waren, die auf eine Organizität hindeuteten (Johnstone et al. 1976, Andreasen 1982, Ingvar und Franzen 1974, Sheppard et al. 1983). Wie wir in eigenen neurophysiologischen Untersuchungen sahen, ist Organizität eng mit einer Zunahme von Delta/Theta-Aktivität verbunden (Saletu et al. 1991). Daher sollte ein Neuroleptikum für die Behandlung der Negativ-Schizophrenie eine Abnahme der Delta/Theta-Aktivität im EEG bewirken. Wie schon in früheren Studien bewiesen wurde, haben sowohl Benzamide als auch FLU (in niedrigen Dosen) aktivierende Eigenschaften (Grünberger et al. 1985, Itil et al. 1971), welche mit Steigerung der Dosis nachlassen.

Ziel der vorliegenden Arbeit war es, Unterschiede zwischen EEG-Maps von Schizophrenen und denen einer normalen Kontrollgruppe, unter spezieller Berücksichtigung der Negativ/Positiv-Symptomatik, zu beschreiben, sowie die therapeutische Wirksamkeit und die zentralen Wirkungen von Amisulprid im Vergleich zu Fluphenazin mittels klinischer, psychometrischer und neurophysiologischer Methoden zu untersuchen.

Methodik

In die Studie bezüglich neurophysiologischer Unterschiede zwischen Patienten mit vorwiegend Plus- und Minus-Symptomatik wurden 48 stationär aufgenommene, medikamentenfreie Schizophrene (12 Frauen, 36 Männer) mit einem Altersdurchschnitt von 29,5 ± 7,8 Jahren und einer durchschnittlichen Krankheitsdauer von 75,4 Monaten eingeschlossen. Die Diagnose wurde nach ICD 9 und DSM-III-Kriterien erstellt. Die Zuteilung der Patienten in die Gruppe mit vorwiegend Negativ- und vorwiegend Positiv-Symptomatik basierte auf dem Überwiegen des Apathie-Syndroms bzw. des paranoid-halluzinatorischen Syndroms nach dem AMDP-System (Gebhardt et al. 1983). Die Gruppe der Schizophrenen wurde mit einer, in Alter und Geschlecht übereinstimmenden, Gruppe gesunder Probanden gematcht.

In die Studie FLU/AMI wurden 40 stationäre Schizophrene (ICD 9: 295,0, 295,1, 295,6) mit vorwiegend negativer Symptomatik (32 Männer, 8 Frauen), einem Altersdurchschnitt von 31 ± 6.4 Jahren und einer Krankheitsdauer von zumindest einem Jahr eingeschlossen.

Während der ersten zwei Wochen betrug die tägliche Dosis 50 mg AMI/2 mg FLU, von der 3. bis 6. Woche 100 mg AMI (50 mg b. i. d.)/4 mg FLU (2 mg b. i. d.).

Die *klinische Bewertung* umfaßte den CGI (Clinical Global Impression), das AMDP-System (Association for Methodology and Documentation in Psychiatry), unter spezieller Berücksichtigung des Apathie-Syndroms, die SANS-Skala (Scale for the Assessment of Negative Symptoms, Andreasen 1981) sowie die Webster-Skala für extrapyramidale Nebenwirkungen.

Die *psychometrischen Tests* hinsichtlich der Noopsyche waren: Grünberger AD-Test, numerischer Gedächtnistest, Pauli-Test, Grünberger Feinmotorik Test und Reaktionszeitmessungen (Wiener Determinationsgerät). Hinsichtlich der Thymopsyche: Von Zerssen Skala, Affektivitätspolaritätenprofil und State-Trait-Anxiety-Skala.

Bei den *psychophysiologischen Tests* handelte es sich um die statische und dynamische Pupillometrie, sowie die Messung des Hautwiderstands und der Hautleitfähigkeit.

Die *neurophysiologischen Untersuchungen* beinhalteten ein 3-min V-EEG mit einer im Detail von Anderer et al. (1987) und Saletu et al. (1987) beschriebenen Methode der Signalaufzeichnung, automatische Artefakterkennung und topographische Darstellung. Die Methode der statistischen Wahrscheinlichkeitsmaps nach Duffy et al. (1981) wurde zur Darstellung der EEG-Unterschiede gewählt.

Ergebnisse

Unterschiede in EEG-Maps zwischen schizophrenen Patienten (Gesamtgruppe, Negativ- und Positiv-Symptomatik) und einer normalen Kontrollgruppe

Absolute Leistung (Power)

Die Gesamtgruppe der Schizophrenen zeigte, verglichen mit der normalen Kontrollgruppe, eine signifikante Abnahme der absoluten Alpha-1-Leistung, vorwiegend über beiden frontopolaren (FP) und frontalen (F) Regionen, sowie eine Zunahme der Beta-Leistung über nahezu alle Hirnregionen. Wenn man die Gesamtgruppe der Patienten in eine mit vorwiegend Negativ- und eine mit Positiv-Symptomatik unterteilt, fällt bei ersteren vor allem eine bitemporale und links frontopolare, signifikante Zunahme der absoluten Delta/Theta-Leistung auf, während letztere nahezu über dem gesamten Gehirn eine Delta/Theta-Abnahme zeigte

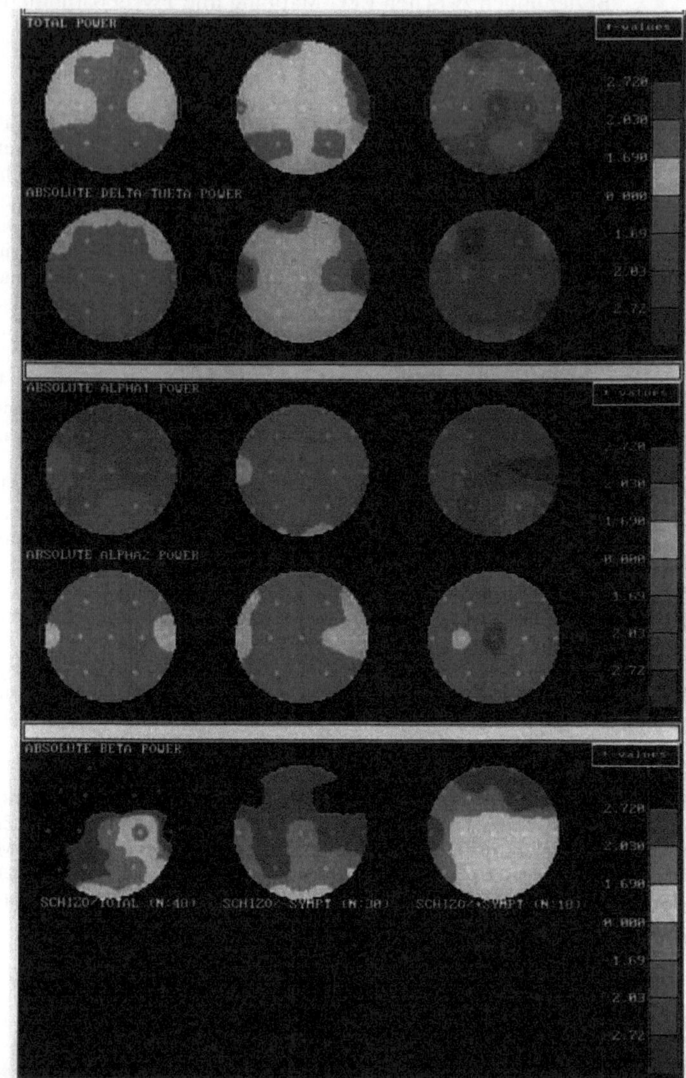
TOTAL POWER
t-values
2.720
2.030
1.690
0.000
1.69
2.03
2.72
ABSOLUTE DELTA-THETA POWER
ABSOLUTE ALPHA1 POWER
ABSOLUTE ALPHA2 POWER
ABSOLUTE BETA POWER
SCHIZO/TOTAL (N:48)
SCHIZO-SYMPT (N:30)
SCHIZO+SYMPT (N:18)

Abb. 1

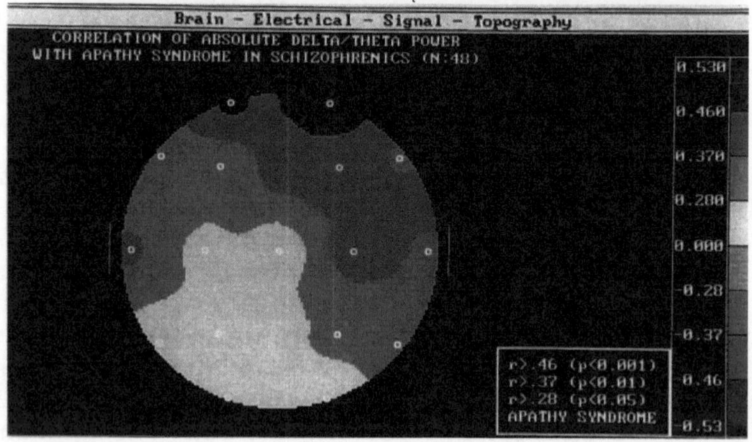
Brain - Electrical - Signal - Topography
CORRELATION OF ABSOLUTE DELTA/THETA POWER
WITH APATHY SYNDROME IN SCHIZOPHRENICS (N:48)
0.530
0.460
0.370
0.280
0.000
-0.28
-0.37
-0.46
-0.53
r>.46 (p<0.001)
r>.37 (p<0.01)
r>.28 (p<0.05)
APATHY SYNDROME

Abb. 2

(Abb. 1). Patienten mit Positiv-Symptomatik wiesen auch eine ubiquitäre Alpha-1-Reduktion auf. Bei beiden Gruppen fand sich eine Beta-Zunahme.

Centroid und relative Leistung (Power)

Die gesamte Gruppe der Schizophrenen, aber auch die beiden Untergruppen, zeigten bezüglich des Centroids eine fast ubiquitäre Beschleunigung, Abnahme der relativen Alpha-1-Leistung und Zunahme der Beta-Leistung.

Der Unterschied zwischen vorwiegend Minus-Symptomatik- und Plus-Symptomatik-Patienten lag wieder in der relativen Delta/Theta-Power: Während erstere über den frontopolaren Hirnregionen eine Zunahme aufwiesen, zeigten letztere eine bitemporale Abnahme.

Korrelationen zwischen dem AMDP-Apathie und paranoid-halluzinatorischen Syndrom und EEG-Variablen (Korrelationsmaps)

Korrelationen zwischen dem Apathie-Syndrom-Faktor und 36 EEG-Variablen zeigten einen umso höheren Apathie-Faktor, je höher die absolute Power im Delta/Theta-Bereich über den temporalen, frontotemporalen und frontalen Hirnregionen war (Abb. 2). Weiters war der Apathie-Syndrom-Score umso höher, je niedriger die relative Beta-Power und je langsamer das Centroid der gesamten Aktivität war. Korrelationen zwischen dem paranoid-halluzinatorischen Syndrom und den 36 EEG-Variablen erreichten nur selten statistisches Signifikanz-Niveau: Je geringer die absolute Power im Delta- und Thera-Bereich über den vorderen Hirnregionen war, desto stärker ausgeprägt war das paranoid-halluzinatorische Syndrom.

Abb. 1. Unterschiede zwischen einer Gesamtgruppe von Schizophrenen, Schizophrenen mit vorwiegend Minus- und vorwiegend Plussymptomatik und normalen Kontrollen hinsichtlich der absoluten Power im gesamten Spektrum, Delta/Theta-, Alpha-1-, Alpha-2- und Beta-Band. Die Farbskala repräsentiert t-Werte. Orange, rot und purpur zeigen signifikante ($p < 0{,}10$, $p < 0{,}05$, $p < 0{,}01$, respektive) Zunahmen, grün, grünblau, mittelblau und dunkelblau zeigen signifikante Abnahmen an, im Vergleich zu Kontrollen. Schizophrene zeigen generell eine Alpha-1-Abnahme und Beta-Zunahme. Unterschiede zeigen sich vor allem im Delta/Theta-Bereich (Zunahme bei Minussymptomatik, Abnahme bei Plussymptomatik)

Abb. 2. Korrelationsmap zur Beziehung zwischen absoluter Delta/Theta-Power und dem AMDP-Apathie-Syndrom bei Schizophrenen (N: 48). Die Farbskala zeigt Korrelationskoeffizienten. Je höher die Delta/Theta-Power, desto ausgeprägter ist der Apathie-Faktor bei den Patienten. Die signifikanten Korrelationen sind hauptsächlich frontal und temporal zu sehen

Tabelle 1. Klinische Veränderungen nach Amisulprid- und Fluphenazin-Therapie von Schizophrenen mit vorwiegender Negativ-Symptomatik

A Amisulprid N: 19	CGI			AMDP-Apathie			Andreasen-SANS		
	Tag 0	Tag 14	Tag 42	Tag 0	Tag 14	Tag 42	Tag 0	Tag 14	Tag 42
Md	6,00	6,00	6,00	13,00	10,00	8,00	53,00	48,00	45,00
X	5,84	5,79	5,47	12,37	10,16	8,76	54,37	50,37	41,59
S	0,37	0,71	0,62	3,29	3,89	4,13	8,61	11,59	10,97
	χ^2 < n. s.; 0:14 n. s., 0:42*, 14:42 n. s.			χ^2 < 0,001; 0:14**, 0:42**, 14:42 n. s.			χ^2 < 0,0001; 0:14*, 0:42**, 14:42**		
B N: 17	Fluphenazin								
Md	6,00	6,00	5,00	11,00	8,00	7,00	48,00	38,00	35,50
X	5,82	5,53	5,13	11,12	8,59	7,13	47,47	40,88	36,88
S	0,64	0,80	1,02	3,94	4,02	4,26	13,66	13,82	15,52
	χ^2 < 0,05; 0:14*; 0:42**, 14:42*			χ^2 < 0,001; 0:14**, 0:42**, 14:42 n. s.			χ^2 < 0,0001; 0:14**, 0:42**, 14:42 n. s.		

*p < 0,05; **p < 0,01

Klinische und neurophysiologische Befunde unter Amisulprid- und Fluphenazin-Behandlung von Schizophrenen mit vorwiegender Minus-Symptomatik

Klinische Ergebnisse

Im *CGI* zeigte sich eine geringe signifikante Verbesserung des Gesamtscores, wenngleich der Schweregrad der Erkrankung während der gesamten Studie unverändert blieb (Tabelle 1). Hinsichtlich der Minus-Symptomatik zeigte sich jedoch eine ausgeprägte und deutliche Verbesserung am Tag 14 und 42 bei beiden Gruppen, sowohl im AMDP als auch im Andreasen-SANS-Score (Tabelle 1). Zwischen den beiden Präparaten waren jedoch keine Unterschiede feststellbar.

Nebenerscheinungen führten in der Fluphenazin-Gruppe bei einem Patienten wegen einer akinetischen Krise am Tag 6, bei zwei Patienten wegen depressiver Symptomatik am Tag 21 und 28, bei einem Patienten wegen produktiver Symptome am Tag 35 und bei einem Patienten wegen Behandlungsineffktivität am Tag 28 zu Therapieabbrüchen. Anticholinerge Behandlung war bei sieben Patienten aufgrund extrapyramidaler Nebenwirkungen notwendig. In der Amisulprid-Gruppe kam es bei drei Patienten wegen produktiver Symptome am Tag 14, 28 und 35 zu Therapieabbrüchen. Anticholinerge Behandlung war nur bei einem Patienten wegen einer Akathesie notwendig.

Psychometrische Ergebnisse

Eine multivariate Analyse zeigte anhand von Veränderungen in 13 *noopsychischen Variablen* eine signifikante Verbesserung am Tag 14 und 24 nach AMI sowie am Tag 14 nach FLU (Abb. 3, Tabelle 2). AMI war FLU nach chronischer Behandlung überlegen. Signifikante Inter-Gruppen Unterschiede in den einzelnen Variablen im Sinne einer Überlegenheit von Amisulprid waren in bezug auf die Reaktionszeit, die Leistung am Determinationsgerät, in den Fehlern im Pauli-Test sowie im Kurzzeitgedächtnis nachweisbar .

Eine multivariate Analyse der Veränderungen in drei *thymopsychischen Variablen* zeigte in beiden Gruppen eine signifikante Verbesserung am Tag 14 und 42 sowohl vor als nach aufgepropfter Einzelgabe (Abb. 4, Tabelle 2). AMI war FLU am 14. und 42. Tag (4. Stunde nach zusätzlicher Einzelgabe) überlegen. Allerdings zeigten sich in den einzelnen Variablen keine signifikanten intergruppen Unterschiede.

Hinsichtlich *psychophysiologischer Variable* (Tabelle 2) kam es in beiden Behandlungsgruppen zu einer Abnahme der CFF, des Pupillendurchmessers sowie zu einer Zunahme der Latenz der pupillären Reizantwort und zusätzlich noch zu einer Zunahme der Pupillenfluktuationen sowie Abnahme der Hautleitfähigkeit unter AMI. Die Zunahme der pupillären Fluktuationen war nach AMI ausgeprägter als nach FLU.

Tabelle 2. Veränderungen in psychometrischen und psychophysiologischen Variablen nach Amisulprid- und Fluphenazin-Behandlung von Schizophrenen mit vorwiegender Negativ-Symptomatik. Veränderungen und Zwischen-Gruppen-Unterschiede am Tag 1, 4 Stunden nach Akut-Gabe (1), nach 14-tägiger (2) und 42-tägiger Behandlung (3), sowie 4 Stunden nach aufgepropfter Dosis am 42. Tag der Behandlung (4)

Variable	Veränderungen gegenüber Tag 0 nach		Zwischen-Gruppen-Unterschiede Amisulprid vs. Fluphenazin
	Amisulprid	Fluphenazin	
Feinmotorik ↑	++4 (++2,4)	+1,3; ++4	
Reaktionszeit (msec) ↓	(−−3,4)	(−4)	−1
Reaktionszeit (Fehler) ↓	−−3,4	(−4)	+2,4
Komplexe Reaktion ↑	+2,3; ++4	(+1,3)	+3, ++4
Pauli Test (richtige) ↑	+3; ++4	+2	
Pauli Test (Fehler %) ↓	(−2)		−2
Kurzzeitgedächtnis ↑	++3	(++2)	+4
Befindlichkeit ↓	(−2, 3, 4)	(−4)	
Affektivitäts-Polaritäten-Profil ↓	(−2,4)		
STAI-Angst-Score ↓	(−2, 3, 4)	(−2, 3, 4)	
Flimmerverschmelzungsfrequenz (Hz)	(−2,4)	(−4)	
Pupillendurchmesser (mm)	(−2)	(−3)	
Fluktuationen	(+2,3)		+2, 4
Latenz (sec)	(+3)	(+4)	
relative Änderung (%)			
Hautleitfähigkeit (X)	(−2)		
Hautleitfluktuationen (V)			

(+) Zunahme/(−) Abnahme (Trend)	Friedman Test	Mann Whitney U-Test
+ Zunahme/ −Abnahme (p<0,05)	Wilcoxon-Wilcox Test	
++ Zunahme/ −−Abnahme (p<0,01)		
↑↓ Richtung der Verbesserung		

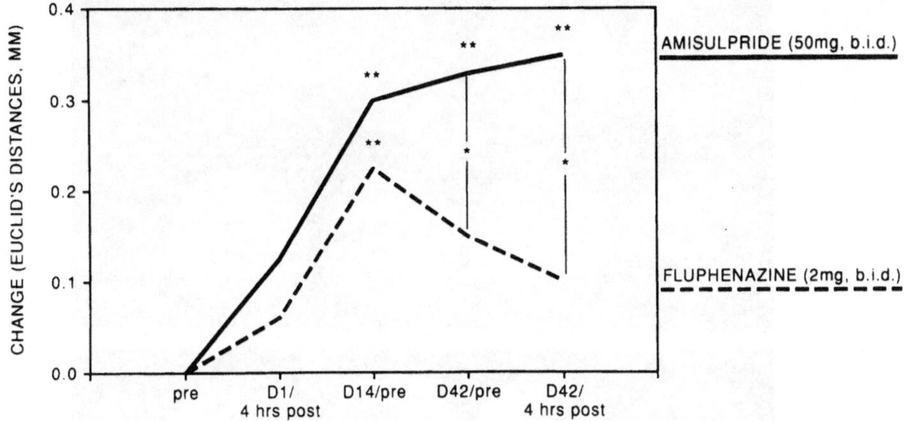

Abb. 3. Noopsychische Veränderungen bei negativer Schizophrenie unter akuter und chronischer Amisulprid- und Fluphenazin-Therapie (basierend auf den Centroiden der Diskriminanzanalyse in 13 noopsychischen Variablen)

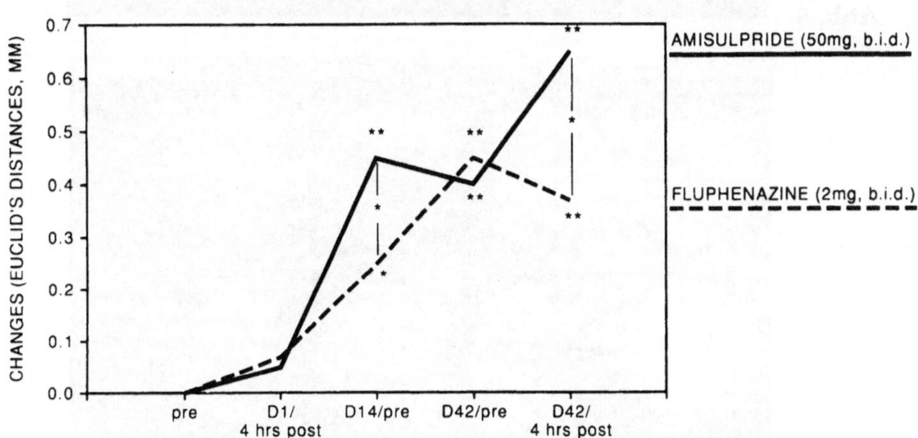

Abb. 4. Thymopsychische Veränderungen bei negativer Schizophrenie unter akuter und chronischer Amisulpride- und Fluphenazin-Therapie (basierend auf Centroiden der Diskriminanzanalyse in 3 thymopsychischen Variablen)

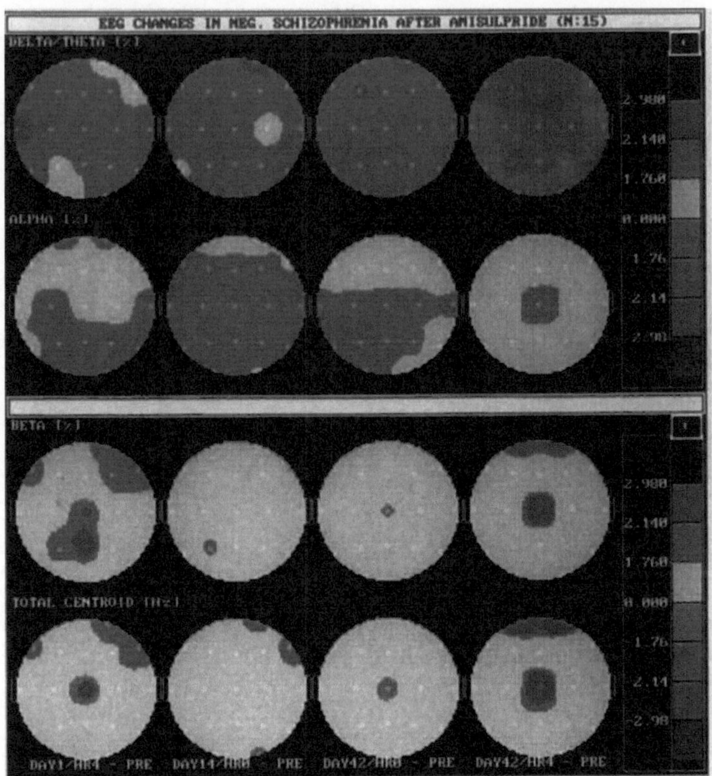
EEG CHANGES IN NEG. SCHIZOPHRENIA AFTER AMISULPRIDE (N:15)
DELTA/THETA [%]
ALPHA [%]
BETA [%]
TOTAL CENTROID [Hz]
2.900
2.140
1.760
0.000
1.76
2.14
2.90
DAY1/HR4 - PRE
DAY14/HR0 - PRE
DAY42/HR0 - PRE
DAY42/HR4 - PRE

Abb. 5

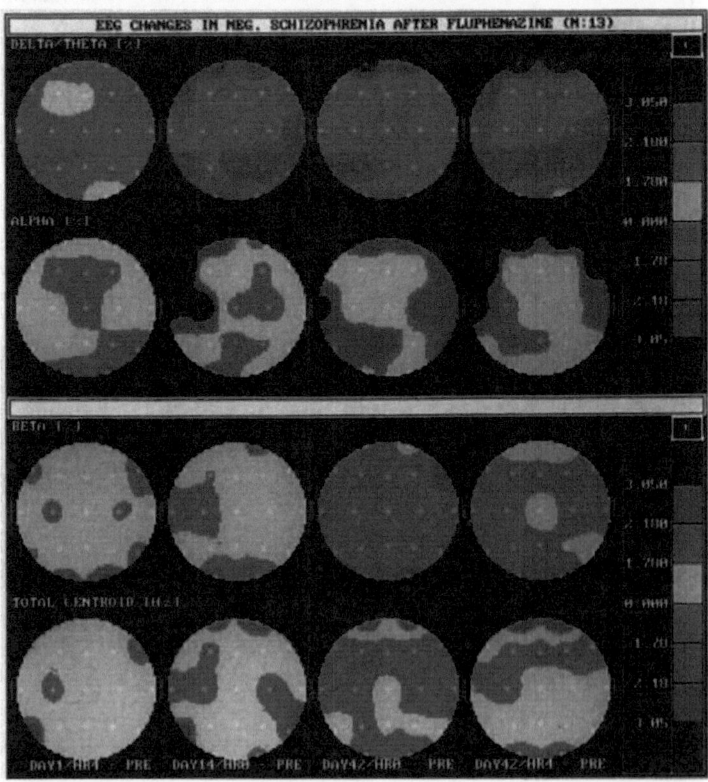
EEG CHANGES IN NEG. SCHIZOPHRENIA AFTER FLUPHENAZINE (N:13)
DELTA/THETA [%]
ALPHA [%]
BETA [%]
TOTAL CENTROID [Hz]
DAY1/HR4 - PRE
DAY14/HR0 - PRE
DAY42/HR0 - PRE
DAY42/HR4 - PRE

Abb. 6

Neurophysiologische Ergebnisse

Unter AMI kam es nach einer Einzeldosis von 50 mg zu einer Abnahme der Delta/Theta-Power und Zunahme der Beta-Aktivität sowie zu einer Beschleunigung des Centroids (Abb. 5). Ähnliche Ergebnisse, wenngleich etwas schwächer, waren nach 14 und 42 Tagen Verabreichung von AMI feststellbar. Die Gabe einer zusätzlichen Einzeldosis am 42. Tag führte zu einer ausgeprägten Delta/Theta-Abnahme, Beta-Vermehrung und Beschleunigung des Centroids.

Unter FLU kam es nach einer Einzelgabe von 2 mg zu einer subtilen Delta/Theta-Abnahme, Vermehrung der Beta-Aktivität und Beschleunigung des Centroids (Abb. 6). Nach 14 Tagen Verabreichung war die Delta/Theta-Abnahme signifikant und stark ausgeprägt, während die Alpha-Aktivität signifikant vermehrt war. Das Centroid war nach wie vor beschleunigt. Nach 42-tägiger Behandlung zeigte sich eine weitere Alpha-Vermehrung sowie Abnahme der Delta/Theta-Aktivität. Das Gesamt-Centroid war akzeleriert.

Diskussion

Unsere EEG-Mapping Untersuchungen bei unbehandelten Schizophrenen zeigten bei der gesamten Patientengruppe eine signifikante Abnahme der Alpha-1- und eine Zunahme der Beta-Aktivität sowie eine Beschleunigung des Centroids der Gesamtaktivität über nahezu allen Regionen des Gehirns, was frühere Arbeiten, die eine zentrale Übererregung und Übererregbarkeit bei Schizophrenen widerspiegelten (Itil et al. 1972, 1974, Saletu 1976, 1980, Saletu et al. 1986), bestätigten. Die Beta-Zunahme war vor allem über der linken Hemisphäre ausgeprägt, was sowohl unseren früheren Untersuchungsergebnissen entspricht (Saletu 1976), als auch denen anderer Autoren, die davon ausgehen, daß sich bei Schizophrenen eine prädominant links-hemisphärische Dysfunktion und Überaktivität findet (Flor-Henry 1976, Abrams und Taylor 1979, Gur 1979).

Die ausgeprägtesten Unterschiede zwischen den Untergruppen fanden sich im langsamen Frequenzbereich, da Schizophrene mit vorwie-

◄———

Abb. 5. EEG-Maps von Veränderungen der relativen Power des Delta/Theta-, Alpha-, Beta-Bandes und in der Flächenschwerpunktsfrequenz (von oben nach unten) nach akuter, subakuter, chronischer und aufgepropfter Behandlung mit Amisulprid (links nach rechts) im Vergleich zur Vorbehandlung bei Schizophrenen mit vorwiegend Negativ-Symptomatik (N: 15)

Abb. 6. EEG-Maps von Veränderungen der relativen Power des Delta/Theta-, Alpha-, Beta-Bandes und in der Flächenschwerpunktsfrequenz (von oben nach unten) nach akuter, subakuter, chronischer und aufgepropfter Behandlung mit Fluphenazin (links nach rechts) im Vergleich zur Vorbehandlung bei Schizophrenen mit vorwiegend Negativ-Symptomatik (N: 15)

gend Negativ-Symptomatik eine signifikante Zunahme der Delta/Theta-Aktivität bitemporal und frontal zeigten, während Schizophrene mit floider Symptomatik gegenteilige Ergebnisse boten. Tatsächlich zeigten die Korrelationsanalysen eine signifikante Beziehung zwischen Delta/Theta-Aktivität und dem, mittels ADMP gemessenen, Apathie-Syndrom: Je höher die Delta/Theta-Aktivität war, umso ausgeprägter war auch das Apathie-Syndrom. Topographisch fanden sich die höchsten Korrelationskoeffizienten über den FP-, F- und T-Regionen mit rechtsseitiger Betonung. Aber auch die negativen Korrelationen zwischen dem Apathie-Score und der Beta-Aktivität bzw. dem Centroid ließen sich vor allem über den vorderen Hirnregionen nachweisen. Unsere Ergebnisse legen die Annahme eines organischen Faktors in der Pathogenese der Negativ-Schizophrenie nahe, was mit den Ergebnissen anderer Brain-Imaging-Techniken übereinstimmt, wie dem CT (Johnstone et al. 1976, Andreasen 1982) und regionalen Hirndurchblutungsmessungen, die bei Patienten mit Negativ-Symptomatik eine Hypofrontalität ergaben, während sich bei akut exazerbierten Schizophrenie normale bis verstärkte Hirndurchblutungswerte fanden (Ingvar und Franzen 1974, Sheppard et al. 1983). Weitere Hinweise auf Organizität bei Negativ-Symptomatik bestehen in einem relativ hohen Anteil von Linkshändern unter den Patienten, schwächerer Leistung in neurophysiologischen Tests sowie niedrigerer Schulbildung (Andreasen 1982).

Unsere doppelblinde Vergleichsstudie mit AMI und FLU in niedrigen Dosen zeigte eine signifikante klinische Verbesserung nach subakuter und chronischer Behandlung bei Schizophrenen mit Negativ-Symptomatik. Daß Benzamide vorteilhaft bei Negativ-Schizophrenie wirken, wurde schon in offenen Studien von Peselow und Stanley (1982) postuliert. Laux et al. (1990) beschrieb Remoxiprid – ein Benzamid – als effektiver bei der Behandlung der Negativ-Symptomatik als Haloperidol. In einer doppelblinden Studie mit Remoxiprid versus Haloperidol bei Positiv-Schizophrenie stellten wir an Hand von psychometrischen und neurophysiologischen Befunden ebenfalls fest, daß das Benzamid einen aktivierenderen Effekt als das Butyrophenon hatte (Saletu et al. 1990).

Daß niedrige Dosen von FLU eine aktivierende Wirkung haben, wurde von Itil et al. (1971) und Kane et al. (1985) gezeigt. Kane berichtete, daß niedrige Dosen von FLU eine ausgeprägtere Verbesserung der emotionalen Zurückgezogenheit (BPRS) bewirkten als hohe Dosen.

Daß differentielle Medikamenteneffekte nahezu ausschließlich mit objektiven und quantitativen neurophysiologischen Methoden nachgewiesen werden können, haben wir schon öfters postuliert (Saletu et al. 1990). In der gegenwärtigen Vergleichsstudie bewirkten beide Substanzen ähnliche Verbesserungen, gemessen mit dem Andreasen SANS- und dem AMDP-Apathie Score. Signifikante Unterschiede waren nur in noopsychischen, thymopsychischen und psychophysiologischen Variablen nachweisbar. In bezug auf die Noopsyche verbesserten beide Substanzen die intellektuelle und mnestische Leistung, AMI in einem größeren Ausmaß ab der 2. Woche. Überlegenheit zeigte AMI in bezug auf die Verkürzung der Reaktionszeit, Verbesserung der komplexen Reaktion, Verringerung der Fehler im Pauli-Test und das Kurzzeitgedächtnis. Auch im Hinblick auf die Thymopsyche bewirkten beide Substanzen signifikante Verbesserungen ab Tag 14, wobei AMI leicht überlegen war. Schließlich zeigte AMI im Vergleich zu FLU, auch was die psychophysiologischen Messungen betrifft, in einer signifikanteren Zunahme der Pupillenfluktuationen auch eine aktivierendere Wirkung.

Unsere EEG-Mapping-Resultate lieferten schließlich den neurophysiologischen Beweis für die gute therapeutische Effizienz von Amisulprid und niedrigen Dosen Fluphenazin bei Schizophrenen mit Negativ-Symptomatik. Beide Präparate induzierten eine Abnahme der Delta/Theta-Aktivität, die bei Negativ-Schizophrenie erhöht ist (Saletu et al. 1990). Demnach kommt es zu einer Normalisierung jener Gehirnaktivität, die eine Organizität widerspiegelt. Es erscheint uns auch von Interesse, daß die Veränderungen durch Amisulprid sehr jenen nach Remoxiprid ähnelten (Saletu et al. 1990). Niedrige Dosen von Fluphenazin zeigten zusätzlich auch noch eine Vermehrung der Alpha-Aktivität, was nach den Benzamiden nur tendenziell zu sehen war. Demnach scheint es möglich, daß mittels quantitativer EEG-Analysen Neuroleptika differenziert einzuteilen sind: in solche, die vorwiegend bei positiver bzw. solche, die vorwiegend bei negativer Schizophrenie anzuwenden sind. Während Medikamente wie Chlorpromazin, Chlopenthixol, Haloperidol und Zotepin langsame Wellen zunehmen und rasche Wellen abnehmen lassen (Saletu et al. 1973, 1986, 1987, 1990, 1993) und dabei die apparente Hirnfunktion positiver Schizophrenie normalisieren, bewirken Benzamide vornehmlich in niedrigen Dosisbereich eine Abnahme langsamer Aktivität, was eine Normalisierung der devianten Hirnfunktion bei negativer Schizophrenie bedeutet. Beide Medikamentengruppen vermehren die Alpha-Aktivität, die wiederum in beiden Untertypen der Schizophrenie reduziert erscheint. Andererseits muß gesagt werden, daß die Dosis nach wie vor eine überragende Rolle in der Ausprägung des Medikamenteneffektes spielt, da wir selbst nach niedrigen Dosen von Haloperidol (2 mg) bei Normalen gewisse aktivierende Eigenschaften nachweisen konnten (Saletu et al. 1983a, b).

Literatur

Abrams R, Taylor MA (1979) Differential EEG patterns in affective disorder and schizophrenia. Arch Gen Psychiatry 36: 1355–1358

Anderer P, Saletu B, Kinsperger K, Semlitsch H (1987) Topographic brain mapping of EEG in neuropsychopharmacology – part I. Methodological aspects. Meth Find Exp Clin Pharmacol 9 (6): 371–384

Andreasen NC (1979) The clinical assessment of thought, language and communication disorders. II. Diagnostic significance. Arch Gen Psychiatry 36: 1325–1330

Andreasen NC (1981) Scale for the Assessment of Negative Symptoms (SANS). University of Iowa, Iowa City

Andreasen NC (1982) Negative vs positive schizophrenia: definition and validation. Arch Gen Psychiatry 39: 789–794

Crow TJ (1980) Molecular pathology of schizophrenia: more than one disease process? Br Med J 280: 66–68

Duffy FH, Bartels PH, Burchfield JL (1981) Significance probability mapping: an aid in the topographic analysis of brain electrical activity. Electroencephalogr Clin Neurophysiol 51: 455–462

Flor-Henry P (1976) Lateralized temporal-limibic dysfunction and psychopathology. Ann NY Acad Sci 280: 777–797

Gebhardt R, Pietzcker A, Strauss A, Stoeckel M, Langer C, Freudenthal K (1983) Skalenbildung im AMDP-System. Arch Psychiatr Nervenkr 233: 223–245

Grünberger J, Saletu B, Linzmayer L, Stöhr H (1985) Determination of pharmacokinetics and pharmacodynamics of amisulpride by pharmaco-EEG and psychometry. In: Pichot P, Berner P, Wolf R, Thau K (eds) Psychiatry: the state of the art. Plenum Press, New York London, pp 681–686

Gur RE (1979) Hemispheric overactivation in schizophrenia. In: Gruzelier J, Flor-Henry P (eds) Hemisphere asymmetries of function in psychopathology. Elsevier, North-Holland Amsterdam, pp 113–123

Ingvar DH, Franzen G (1974) Abnormalities of cerebral bloodflow distribution in patients with chronic schizophrenia. Acta Psychiatr Scand 50: 425–462

Itil TM, Saletu B, Hsu W, Kiremitci N, Keskiner A (1971) Clinical and quantitative EEG changes at different dosage levels of fluphenazine treatment. Acta Psychiatr Scand 47: 440–451

Itil TM, Saletu B, Davis S (1972) EEG findings in chronic schizophrenics based on digital computer period analysis and analog power spectra. Biol Psychiatry 5: 1–13

Itil TM, Hsu W, Saletu B, Mednick S (1974) Computer EEG and auditory evoked potential investigations in children at high risk for schizophrenia. Am J Psychiatry 131: 892–900

Johnstone EC, Crow TJ, Frith CD, Husband J, Kreel I (1976) Cerebral ventricular size and cognitive impairment in chronic schizophrenia. Lancet ii: 924–926

Kane JM, Rifkin A, Woerner M (1985) High doses versus low dose strategies in the treatment of schizophrenia. Psychopharmacol Bull 21: 533–537

Laux G, Klieser E, Schröder HG, Dittmann V, Unterweger B, Schuber H, König P, Schöny HW, Bunse J, Beckmann H (1990) A double-blind multicentre study comparing remoxipride, two and three times daily, with haloperidol. Acta Psychiatr Scand 82 (358): 125–129

Möller HJ (1993) Neuroleptic treatment of negative symptoms in schizophrenic patients. Efficacy problems and methodological difficulties. Eur Neuropsychopharmacol 3: 1-11

Meltzer HY, Zureick J (1989) Negative symtoms in schizophrenia: a target for new drug development. In: Dahl SG, Gram LF (eds) Clinical pharmacology in psychiatry. Springer, Berlin Heidelberg New York Tokyo, pp 68–77

Peselow ED, Stanley M (1982) Clinical trials of benzamides in psychiatry. Adv Biochem Psychopharmacol 35: 163–194

Saletu B (1976) Psychopharmaka, Gehirntätigkeit und Schlaf. Karger, Basel

Saletu B (1980) Central measures in schizophrenia. In: Van Praag HM, Lader MH, Rafaelsen OJ, Sachar EJ (eds) Handbook of biological psychiatry, part II. Brain mechanismus and abnormal behavior – psychophysiology. Marcel Dekker, New York Basel, pp 97–144

Saletu B, Itil TM, Arat M, Akpinar S (1973) Long-term clinical and quantitative EEG effects of clopenthixol in schizophrenics: clinical-neurophysiological correlations. Int Pharmacopsychiatry 8: 193–207

Saletu B, Grünberger J, Linzmayer L, Dubini A (1983a) Determination of pharmacodynamics of the new neuroleptic zetidoline by neuroendocrinologic, pharmaco-EEG, and psychometric studies, part I. Int J Clin Pharmacol Ther Toxicol 21: 489–495

Saletu B, Grünberger J, Linzmayer L, Dubini A (1983b) Determination of pharmacodynamics of the new neuroleptic zetidoline by neuroendocrinologic, pharmaco-EEG, and psychometric studies, part II. Int J Clin Pharmacol Ther Toxicol 21: 544–551

Saletu B, Küfferle B, Grünberger J, Anderer P (1986) Quantitative EEG, SPEM, and psychometric studies in schizophrenics before and during differential neuroleptic therapy. Pharmacopsychiatry 19: 434–437

Saletu B, Anderer P, Kinsperger K, Grünberger J (1987) Topographic brain mapping of

EEG in neuropsychopharmacology, part II. Clinical applications (Pharmaco EEG imaging). Meth Find Exp Clin Pharmacol 9 (6): 385–408

Saletu B, Küfferle B, Anderer P, Grünberger J, Steinberger K (1990) EEG-brain mapping in schizophrenics with predominatly positive and negative symptoms. Comparative studies with remoxipride/haloperidol. Eur Neuropsychopharmacol 1: 27–36

Saletu B, Anderer P, Paulus E, Grünberger J, Wicke L, Neuhold A, Fischhof KP, Litschauer G (1991) EEG brain mapping in diagnostic and therapeutic assessment of dementia. Alzheimer Dis Assoc Disord 5 [Suppl 1]: 57–75

Saletu B, Barbanoj MJ, Anderer P, Sieghart W, Grünberger J (1993) Clinical-pharmacological study with the two isomers (d-, l-) of fenfluramine and its comparison with chlorpromazine and d- amphetamine: blood levels, EEG mapping and safety evaluation. Meth Find Exp Clin Pharmacol 15 (5): 291–312

Sheppard G, Gruzelier JH, Manchanda R, Hirsch SE, Wise R, Frackowiak R, Jones T (1983) 15–0 positron emission tomographic scanning in predominantly never-treated acute schizophrenic patients. Lancet ii: 1448–1452

Sommers AA (1985) „Negative symptoms": conceptual and methodological problems. Schizophr Bull 11: 364–379

Korrespondenz: Prof. Dr. B. Saletu, Bereich für Pharmakopsychiatrie, Universitätsklinik für Psychiatrie, Währinger Gürtel 18–20, A-1090 Wien, Österreich

[illegible] mapping part II: Clinical applications (Chapter 1: EEG mapping [illegible]) [illegible]

[illegible] (1990) EEG brain mapping in [illegible] positive and negative [illegible]: Comparative studies with [illegible] Neuropsychopharmacol 1: 27–80

[illegible] (1991) [illegible] in diagnosis and therapeutic [illegible] (Suppl) [illegible]

[illegible] (1989) [illegible] pharmacological study [illegible] with [illegible], EEG mapping and safety evaluation [illegible] 51

[illegible] (1983) [illegible] in [illegible] patients [illegible] 12

[illegible] (1988) [illegible] and methodological problems. Schizophr Bull 14: [illegible]

Correspondence: [illegible] Universitätsklinik [illegible] Österreich

„Frontale Hypoperfusion" mittels SPECT bei schizophrener Minussymptomatik

K. Broich[1], S. Kasper[2], P. Danos[2], F. Grünwald[3], G. Laux[2] und H.-J. Möller[2]

[1]Klinik für Psychiatrie, Universität Halle-Wittenberg und
[2]Psychiatrische Klinik und [3]Institut für Klinische Nuklearmedizin,
Universität Bonn, Bundesrepublik Deutschland

Einführung

In den letzten Jahren wurden deutliche Fortschritte in der Entwicklung und Anwendung bildgebender Verfahren bei neuropsychiatrischen Krankheitsbildern gemacht [1–3]. Neben den die Hirnstruktur mit hoher räumlicher Auflösung darstellenden Verfahren der Transmissions-Computertomographie und der Magnetresonanz-Tomographie wird durch Verfahren wie die Positronen-Emissions-Tomographie (PET) und Einzel-Photonen-Emissions-Tomographie (SPECT) die Darstellung von Funktionsstörungen des Gehirns ermöglicht [2]. Bei zahlreichen neuropsychiatrischen Krankheitsbildern wie auch bei der im Rahmen dieser Darstellung interessierenden Schizophrenie sind morphologisch-strukturelle Veränderungen des Gehirns eher subtil und die Interpretation dieser Veränderungen ist im Einzelfall durch große Überlappungen zu gesunden Kontrollgruppen zusätzlich erschwert. Auch ist nicht zu erwarten, daß sich bei einem schizophrenen Patienten mit akuter psychotischer Symptomatik ein anderer morphologischer Befund zeigt als in der Remissionsphase.

Messungen des Hirnstoffwechsels und der Hirndurchblutung (CBF) mittels PET und/oder SPECT ermöglichen demgegenüber die Darstellung verschiedener Funktionszustände des Gehirns unter physiologischen und pathophysiologischen Bedingungen. Die technisch sehr aufwendige und Personal-intensive PET ermöglicht zwar eine absolut quantifizierbare Auswertung von Hirnstoffwechsel und -durchblutung mit einer räumlichen Auflösung von ca. 3–4 mm, setzt aber zur Herstellung geeigneter Radionuklide ein Zyklotron in der Nähe der PET-Kamera voraus. Aufgrund dieses hohen technischen, finanziellen und personellen Aufwandes ist die PET für die Untersuchung größerer Patientenkollektive unter klinischen Routinebedingungen daher weniger geeignet. Unter der Annahme, daß bei zahlreichen psychiatrischen Erkrankungen Hirndurchblutung (CBF) und Hirnstoffwechsel korrelieren, ist mit der weniger aufwendigen Hirndurchblutungs-SPECT eine semiquantitative Darstellung verschiedener Funktionszustände des Gehirns mit einer räumlichen Auflösung von 6–8 mm möglich. Als Radioliganden für die Durchblutungs-SPECT werden Xenon^{133}, ^{123}I-IMP und ^{99m}Tc-HMPAO, die mit einer relativ geringen Strahlenbelastung einhergehen, eingesetzt [3, 6].

Bei einigen neuropsychiatrischen Erkrankungen wie z. B. bei den Demenzen sind relativ charakteristische regionale Veränderungen von Hirnstoffwechsel und -durchblutung beschrieben worden, in bezug auf schizophrene Erkrankungen bestehen aber noch viele Unklarheiten, auf die im Folgenden näher eingegangen wird [2, 14].

Hirndurchblutungs-SPECT bei schizophrenen Erkrankungen

Hirndurchblutungsstudien bei schizophrenen Patienten mittels SPECT haben bisher kein charakteristisches regionales Muster gezeigt, Studien unterschiedlicher Zentren führten teilweise zu entgegengesetzten Ergebnissen. So berichteten Matthew et al. [21] niedrigere CBF-Werte sowohl global für die Hirnhemispären und auch regional bei schizophrenen Patienten, während andere Untersucher keine globalen CBF-Differenzen zu Kontroll-Probanden feststellen konnten [26]. Demgegenüber beschrieben Paulman et al. [22] sogar eine höhere Hemisphärendurchblutung bei

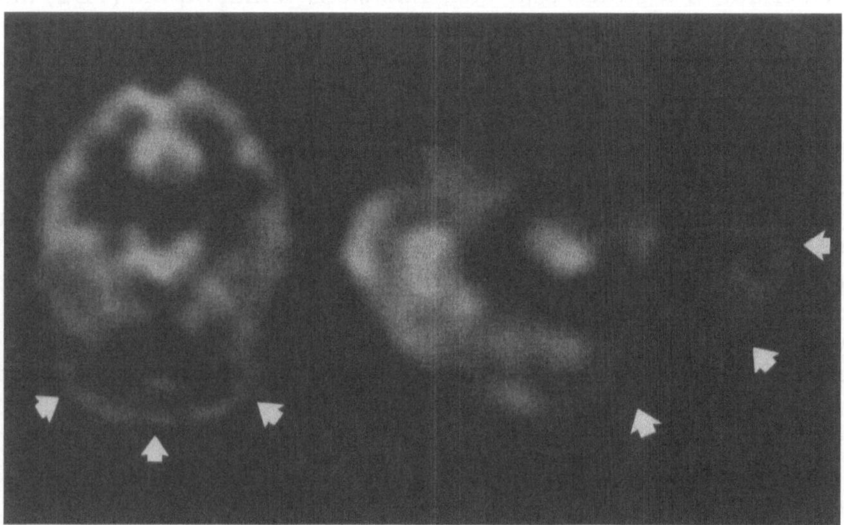

Abb. 1. Sagittale (links) und transversale (rechts) Darstellung eines HMPAO-SPECT auf Höhe der Basalganglien bei einem Patienten mit schizophrener Minussymptomatik. Unter Ruhebedingungen zeigt sich eine deutlich verminderte Aktivitätsanreicherung des HMPAO in frontalen Hirnarealen (Pfeile)

schizophrenen Patienten, Gur et al. [17] fanden links-hemisphärisch höhere CBF-Werte. Spätere Studien anderer Arbeitsgruppen zeigten im Gegensatz dazu eine unauffällige regionale Hirndurchblutung [5, 25].

In zahlreichen [11, 13, 20, 22, 24], aber nicht allen [5, 9], neueren Studien wurde aber eine frontale Hypoperfusion bei schizophrenen Patienten (Abb. 1) nachgewiesen. Hawton et al. [18] untersuchten eine schizophrene Patientin zu drei verschiedenen Zeitpunkten: während einer akuten psychotischen Exazerbation, während der Remissionsphase und erneut während einer Reexazerbation. Zur Zeit mit akuter psychotischer Symptomatik war jeweils eine „Hypofrontalität" bei der Patientin nachweisbar, in der Remissonsphase zeigte sich ein Normalbefund. Demgegenüber wiesen Ebmeier et al. [12] in einer kürzlich publizierten Untersuchung an 20 unmedizierten akut psychotischen schizophrenen Patienten eine frontale „Hyperperfusion" nach. Daher ist diskutiert worden, ob dieser Befund einer „Hypofrontalität" Folge der neuroleptischen Medikation oder auch der Krankheitsdauer sein könnte. Rubin et al. [23] beschrieben bei 19 erstmals wegen einer Schizophrenie oder schizophreniformen Erkrankung (nach DSM-III-R) hospitalisierten Patienten unter Ruhebedingungen keine „Hypofrontalität", aber nach kognitiver Aktivierung mit dem Wisconsin Card Sorting-Test. V. a. aber in Zusammenhang mit schizophrener Minussymptomatik ist dieser Befund einer „Hypofrontalität" immer wieder diskutiert worden. Zu berücksichtigen ist aber, daß eine solche „Hypofrontalität" keinesfalls spezifisch bei schizophrenen Patienten zu finden ist, sondern auch bei zahlreichen anderen Krankheitsbildern (Tabelle 1) vorkommt und daher zu fragen ist, inwieweit es sich bei diesem Befund um einen „State-" und nicht um einen „Trait-Marker" handelt.

Die zum Teil sehr widersprüchlichen Ergebnisse beruhen auf unterschiedlichen Patientenkollektiven (akute und chronische Patienten; verschiedene Subtypen der Schizophrenie; mediziert und unmediziert, unterschiedliche Krankheitsdauer) und unterschiedlichen SPECT-Techniken (Ruheuntersuchungen und Messungen nach Aktivierung, unterschiedliche Radiotracer und Kameras). Im folgenden werden die bisher vorliegenden Ergebnisse bei Patienten mit schizophrener Minussymptomatik ausführlicher dargestellt.

Tabelle 1. Erkrankungen, bei denen mittels SPECT eine frontale Hypoperfusion beschrieben wurde

- Schizophrene Erkrankungen
- Depressive Erkrankungen
- Sonderformen von Demenzen (M. Pick, D. vom Alzheimer Typ, D. vom Frontallappen-Typ, Binswanger-Enzephalopathie)
- Parkinson-Syndrome
- Steele-Richardson-Olszewski-Syndrom
- Jakob-Creutzfeldsche Erkrankung
- Schädel-Hirn-Trauma

Tabelle 2. Untersuchungen mittels SPECT zur Frage einer Hypofrontalität bei chronisch schizophrenen Patienten oder Patienten mit vorwiegender Minussymptomatik

Autoren	N	Studiendesign	Radiotracer	Behandlungs-status	Ergebnisse
Devous et al. (1985) [11]	34 19	Ruhebedingungen Aktivierung (WCS)	$Xenon^{133}$	mind. 7 Tage unbehandelt	Hypofrontalität, akz. bei Aktivierung
Bajc et al. (1989) [5]	28	Ruhebedingungen	^{99m}Tc-HMPAO	20<2 Wochen, 8 unter Langzeitth.	Ø Hypofrontalität
Cohen et al. (1989) [9]	10	Ruhebedingungen, Augen offen	^{123}I-IMP	Langzeittherapie	Ø Hypofrontalität
Erbas et al. (1990) [13]	20	Ruhebedingungen, Augen zu	^{99m}Tc-HMPAO	Langzeittherapie	Hypofrontalität
Paulman et al. (1990) [22]	40	Ruhebedingungen, Augen offen	$Xenon^{133}$	20: 7–14 T. unbeh., 20 behandelt	rel. Hypofrontalität
Sagawa et al. (1990) [24]	53	Ruhebedingungen, Augen zu	$Xenon^{133}$	Langzeittherapie	Hypofrontalität
Daniel et al. (1991) [10]	10	db, crossover: Akt. (WCS) mit Place./Amph.	$Xenon^{133}$	0,4 mg/kg Haloperi-dol seit 6 Wochen	Pl: Hypofrontalität, Ø Akt.; Amph: Aktiv.
Günther et al. (1991) [16]	15	simple motor activation	$Xenon^{133}$	unbehandelt	Hypofrontalität nach Aktivierung
Lewis et al. (1992) [20]	25	Aktivierung mit Chicago Word Fluency Test	^{99m}TC-HMPAO	Langzeittherapie	Hypofrontalität (linksbetont)
Andreasen et al. (1992) [4]	13 23	Aktivierung mit „Tower of London"	$Xenon^{133}$	unbehandelt behandelt	Hypofrontalität bei Negativ-Symptomatik

SPECT bei schizophrener Minussymptomatik

In Tabelle 2 sind die bisher durchgeführten SPECT-Untersuchungen bei schizophrener Minussymptomatik zusammengefaßt dargestellt. Die Untersuchungen unterscheiden sich bezüglich der eingesetzten Radiotracer, im Behandlungstatus und wurden teilweise unter Ruhebedingungen und nach kognitiver Aktivierung durchgeführt.

Devous et al. [11] gingen erstmals 1985 der Frage einer frontalen Hypoperfusion bei chronisch schizophrenen Patienten mittels SPECT mit Xenon^{133} nach. Unter Ruhebedingungen zeigte sich schon eine frontale Hypoperfusion, die sich bei kognitiver Aktivierung mittels Wisconsin Card Sorting-Test noch akzentuierte. Diese Befunde wurden von anderen Arbeitsgruppen bestätigt [13, 15, 16, 20, 23], zwei Studien fanden aber keine Hypofrontalität unter Ruhebedingungen bei chronisch schizophrenen Patienten [5, 9].

In zwei jüngeren Untersuchungen wurden Aspekte der „Hypofrontalität" bei schizophrener Minussymptomatik aber methodisch exakt untersucht. Bei 10 Patienten mit einer chronischen Schizophrenie und vorherrschender Minussymptomatik (alle unter Therapie mit 0,4 mg Haloperidol/kg Körpergewicht) wurde von Daniel et al. [10] die regionale Hirndurchblutung nach kognitiver Aktivierung mit Hilfe des Wisconsin Card Sorting-Test im Rahmen eines doppelblinden cross over-Designs nach Placebo- oder Amphetamin-Gabe (0,25 mg/kg Körpergewicht) untersucht. Unter Placebo zeigte sich keine frontale Aktivierung der Hirndurchblutung wie bei gesunden Kontrollen, nach Gabe von Amphetamin war aber eine signifikante Durchblutungssteigerung, d. h. eine Normalisierung, bei gleichzeitig signifikanter Verbesserung der korrekten Antworten im Wisconsin Card Sorting-Test evident.

Andreasen et al. [4] untersuchten speziell den Einfluß von Krankheitsdauer, neuroleptischer Medikation und negativer Symptomatik im Hinblick auf die „Hypofrontalität". Sie bestimmten die regionale Hirndurchblutung nach kognitiver Aktivierung bei 13 vorher nie behandelten schizophrenen Patienten und bei 23 chronisch schizophrenen Patienten, die mit Neuroleptika zwar vorbehandelt, zum Zeitpunkt der Untersuchung aber Medikamenten-frei seit mindestens drei Wochen waren, im Vergleich zu 15 gesunden Kontrollprobanden. Sowohl die unbehandelten als auch die behandelten schizophrenen Patienten zeigten keine frontale Perfusionsteigerung unter kognitiver Aktivierung. Das Ausmaß der fehlenden Perfusionsteigerung korrelierte nur mit dem Ausmaß negativer Symptome und nicht mit der Krankheitsdauer oder der vorher eingenommenen neuroleptischen Medikation.

Messungen des Glukosestoffwechsels mittels PET zeigten ebenfalls eine „Hypofrontalität", die mit dem Ausmaß negativer Symptome korrelierte [27, 28] und nicht mit einer früheren neuroleptischen Medikation [7, 8] zusammenhing.

Daß die neuroleptische Medikation keine Ursache der frontalen Hypoperfusion ist, wird auch durch kürzlich von Jibiki et al. [19] berichtete

Befunde gestützt, daß eine vorher bestehende „Hypofrontalität" im HMPAO-SPECT bei zwei schizophrenen Patienten nach intramuskulärer Gabe von Haloperidol von einer „Hyperfrontalität" gefolgt war.

Die bisher vorliegenden Untersuchungen mit nuklearmedizinischen Techniken zeigen, daß eine „Hypofrontalität" bei schizophrenen Patienten nicht selten ist und am ehesten ein „state-Marker" ist und mit dem Ausmaß negativer Symptome korreliert. Krankheitsdauer und/oder neuroleptische Therapie scheinen eher von untergeordneter Bedeutung im Hinblick auf die „Hypofrontalität" zu sein.

Um offenen Fragen zur „Hypofrontalität" bei schizophrenen Patienten weiter nachzugehen sind aber zusätzliche Untersuchungen an größeren Patientenkollektiven mit standardisierten Untersuchungsprotokollen unter Ruhebedingungen und nach kognitiver Aktivierung notwendig. Die SPECT-Technik als relativ einfaches unter klinischen Routinebedingungen einsetzbares Durchblutungsmeßverfahren bietet sich hierzu an. Ein Vergleich dieser Ergebnisse mit anderen „funktionellen" Verfahren wie EEG-Brain Mapping oder MR-Spektroskopie dürfte zusätzliche Informationen zur Beurteilung der erhobenen Befunde ergeben.

Zusammenfassung

Frühere Untersuchungen mit Messung von Hirndurchblutung, Hirnstoffwechsel oder neurophysiologischer Parameter erbrachten bei schizophrenen Patienten zum Teil ausgesprochen widersprüchliche Befunde. Dies ist auf unterschiedliche Meßmethoden, unterschiedliche Größe und Zusammensetzung der Patientenkollektive und differente diagnostische Kriterien zurückzuführen.

Der am häufigsten bei schizophrener Minussymptomatik beschriebene Befund ist eine „Hypofrontalität" von Hirndurchblutung und Hirnstoffwechsel. Unklarheiten bestanden aber, da nicht alle Forschergruppen eine solche „Hypofrontalität" nachwiesen und diskutiert wurde, ob sie nicht nur eine Folge der neuroleptischen Therapie darstellen würde.

Neuere Untersuchungen mittels Durchblutungs-SPECT in Ruhe und nach kognitiver Aktivierung konnten zeigen, daß eine solche „Hypofrontalität" mit dem Vorhandensein „negativer" Symptome korreliert ist und kein Zusammenhang mit der Dauer der Erkrankung oder auf Effekten einer neuroleptischen Therapie beruht. Die „Hypofrontalität" ist daher als State-Marker und nicht als Trait-Marker anzusehen.

Literatur

1. Abouh-Saleh M (1990) Brain imaging in psychiatry. Br J Psychiatry 157: 7–101
2. Alavi A, Hirsch L (1991) Studies of central nervous system disorders with single photon emission computed tomography and positron emission tomography: evolution over the past 2 decades. Sem Nucl Med 21: 58–81

3. Andreasen N (1989) Brain imaging: applications in psychiatry. American Psychiatric Press, Washington DC
4. Andreasen N, Rezai K, Alliger R, et al (1992) Hypofrontality in neuroleptic-naive patients and in patients with chronic schizophrenia. Arch Gen Psychiatry 49: 943–958
5. Bajc M, Medved V, Basic M, Topuzvic N, Babic D (1989) Cerebral perfusion inhomogenities in schizophrenia demonstrated with single photon emission computed tomography and ^{99m}-Tc-HMPAO. Acta Psychiatr Scand 80: 427–433
6. Biersack H, Grünwald F, Reichmann K, et al (1990) Functional brain imaging with single photon emission computed tomography using ^{99m}Tc-labelled HMPAO. In: Freeman L (ed) Nuclear Medicine Annual 1990. Raven Press, New York, pp 59–96
7. Buchsbaum M, Haier R, Potkin S, et al (1992) Frontostriatal disorder of cerebral metabolism in never-medicated schizophrenics. Arch Gen Psychiatry 49: 935–942
8. Buchsbaum M, Potkin S, Siegel B, et al (1992) Striatal metabolic rate and clinical response to neuroleptics in schizophrenia. Arch Gen Psychiatry 49: 966–974
9. Cohen M, Lake R, Graham L, et al (1989) Quantitative iodine-^{123} IMP imaging of brain perfusion in schizophrenia. J Nucl Med 30: 1616–1620
10. Daniel D, Weinberger D, Jones D, et al (1991) The effect of amphetamine on regional cerebral blood flow during cognitive activation in schizophrenia. J Neurosci 11: 1907–1917
11. Devous M, Raese J, Herman J (1985) Regional cerebral blood flow in schizophrenic patients at rest and during Wisconsin card sorting tasks. J Cereb Blood Flow Metab 5 [Suppl1]: S201–S202
12. Ebmeyer K, Blackwood D, Murray C, et al (1993) Single photon emission computed tomography with ^{99m}Tc-exametazime in unmedicated schizophrenic patients. Biol Psychiatry 33: 487–495
13. Erbas B, Kumbasar H, Erbengi G, Bekdik C (1990) Tc-99m-HMPAO SPECT determination of regional cerebral blood flow changes in schizophrenics. Clin Nucl Med 15: 904–907
14. Faulstich M, Sullivan D (1991) Positron emission tomography in neuropsychiatry. Invest Radiol 26: 184–194
15. Günther W, Moser E, Müller-Spahn F, von Oefele K, Büll U, Hippius H (1986) Pathological cerebral blood flow during motor function in schizophrenic and endogenous depressed patients. Biol Psychiatry 21: 889–899
16. Günther W, Petsch R, Steinberg R, et al (1991) Brain dysfunction during motor activation and corpus callosum alterations in schizophrenia measured by cerebral blood flow and magnetic resonance imaging. Biol Psychiatry 29: 535–555
17. Gur R, Gur R, Skolnick B, et al (1985) Brain function in psychiatric disorders. III. Regional cerebral blood flow in unmedicated schizophrenics. Arch Gen Psychiatry 42: 329–334
18. Hawton K, Shepstone B, Soper N, Reznek L (1990) Single photon emission computerised tomography (SPECT) in schizophrenia. Br J Psychiatry 156: 425–427
19. Jibiki I, Matsuda H, Yamaguchi N, Kurokawa K, Hisada K (1992) Acutely administered haloperidol-induced pattern changes of regional cerebral blood flow in schizophrenics. Neuropsychobiology 25: 182–187
20. Lewis S, Ford R, Syed G, Reveley A, Toone B (1992) A controlled study of 99mTc-HMPAO single photon emission imaging in chronic schizophrenia. Psychol Med 22: 27–35
21. Matthew R, Wilson W, Tant S, Robinson L, Prakash R (1988) Abnormal resting regional cerebral blood flow patterns and their correlates in schizophrenia. Arch Gen Psychiatry 45: 542–549
22. Paulman R, Devous M, Gregory R, et al (1990) Hypofrontality and cognitive impairment in schizophrenia: dynamic single-photon-tomography and neuropsychological assessment of schizophrenic brain function. Biol Psychiatry 27: 377–399
23. Rubin P, Holm S, Friberg L, et al (1991) Altered modulation of prefrontal and subcortical brain activity in newly diagnosed schizophrenia and schizophreniform disorder: a regional cerebral blood flow study. Am J Psychiatry 48: 987–995
24. Sagawa K, Kawakatsu S, Komatani A, Totsuka S (1990) Frontality, laterality, and cortical-subcortical gradient of cerebral blood flow in schizophrenia: relationship to symptoms and neuropsychological functions. Neuropsychobiology 24: 1–7

25. Warkentin S, Nilsson A, Risberg J, et al (1990) Regional cerebral blood flow in schizophrenia: repeated studies during a psychotic episode. Psychiatry Res 35: 27–38
26. Weinberger D, Berman K, Zec R (1986) Physiologic dysfunction of dorsolateral prefrontal cortex in schizophrenia. Arch Gen Psychiatry 43: 114–124
27. Wolkin A, Angrist B, Wolf A, et al (1988) Low frontal glucose utilization in chronic schizophrenia: a replication study. Am J Psychiatry 145: 251–253
28. Wolkin A, Sanfilipo M, Wolf A, Angrist B, Brodie J, Rotrosen J (1992) Negative symptoms and hypofrontality in chronic schizophrenia. Arch Gen Psychiatry 49: 959–965

Korrespondenz: Dr. K. Broich, Klinik für Psychiatrie, Universität Halle-Wittenberg, Julius-Kühn-Straße 7, D-06097 Halle/Saale, Bundesrepublik Deutschland

Quantitative Untersuchungen zur Informationsverarbeitung bei Patienten mit schizophrener Minussymptomatik

V. Eichert und H.-J. Möller

Psychiatrische Universitätsklinik, Bonn, Bundesrepublik Deutschland

Einleitung

Die derzeit vorliegenden Befunde sprechen dafür, daß die im Rahmen schizophrener Psychosen auftretenden Erlebens- und Verhaltensabweichungen mit Veränderungen der zentralen Informationsverarbeitung einhergehen (Gruzelier 1984, Cornblatt et al. 1985, Süllwold und Huber 1986, Cohen et al. 1987, Klosterkötter 1988, Grillon et al. 1990, Gaebel 1992). Anlaß zu dieser Annahme gaben zunächst klinische Beobachtungen zur Instabilität des Aufmerksamkeitsverhaltens Schizophrener (Kraepelin 1896), später insbesondere experimentalpsychologische Befunde, wobei hier die verschiedenen Varianten von Reaktionszeitmessungen hervorzuheben sind (Nuechterlein 1977). So stimulierend die dabei erzeugten Daten für die Modellbildung bzgl. der Existenz einzelner Stadien der Informationsverarbeitung und die vermutlichen Läsionsorte bei Schizophrenie waren (Kukla 1980), so hat doch der experimentalpsychologische Ansatz auch in seiner kognitiven Variante zunächst keine Messungen am ZNS selbst vorgenommen, sondern eher mit der Methode eines indirekten und z. T. hypothetischen Erschließens gearbeitet (Rössler et al. 1991). Erst durch die Hinzunahme elektrophysiologischer Meßtechniken sowie den Einsatz bildgebender Verfahren war es möglich, die zeitliche Dynamik und Topik der mit Informationsverarbeitung einhergehenden neuronalen Aktivierungsprozesse direkt darzustellen (Birbaumer und Schmid 1989).

Im Hinblick auf die Herausarbeitung der für die Pathogenese schizophrener Syndrome relevanten Mechanismen weiterhin Probleme bereiten die relative Diskretheit der Störung bei gleichzeitig hoher Komplexität. Ersteres hat zur Folge, daß bei Untersuchungen zur Informationsverarbeitung einige Arbeitsgruppen durch Verwendung von Ablenkreizen (Oltmanns et al. 1978), verrauschtem Hintergrund (CPT, Nuechterlein 1987),

Zweitaufgaben (Schwartz et al. 1989) oder Information overload Bedingungen (Cornblatt et al. 1985) höhere Belastungsgrade herstellen, worunter bessere Trenneffekte gegenüber der Normalpopulation beschrieben wurden (Spring et al. 1989). Eine relativ hohe Komplexität der Störung ist insofern anzunehmen, als PET- und rCBF-Befunde (Buchsbaum 1990, Liddle et al. 1992) für eine polytope Funktionsstörung mit Involvierung untschiedlicher Hirnregionen (frontal, temporal links, subkortikal) sprechen und sich in elektrophysiologischen wie auch neuropsychologischen Untersuchungen Hinweise für eine Störung im Bereich sensorischer, kognitiver als auch motorischer Abschnitte der Informationsverarbeitung fanden (Szymanski et al. 1991, Braff et al. 1991, Vrtunski et al. 1989). Bis heute ist unklar, ob es sich dabei um zustandsabhängige Veränderungen oder z. B. um den Ausdruck distinkter neurokognitiver Subtypen (Heinrichs et al. 1993) mit unterschiedlicher Verlaufsprognose handelt.

Für die objektivierende und quantitative Analyse von Hirnfunktionsstörungen interessant sind in diesem Zusammenhang auch Funktionsbeanspruchungen vom Typ der visuo-manu-motorischen Regelaufgabe (Oppelt und Vossius 1970). Sie erfordern eine unter Zeitdruck zu erbringende Feinabstimmung verschiedener cerebraler Subsysteme – so der Auge-Hand-Koordination – und erlauben Einblick in die Fähigkeit, ein am Eingang, d. h. der sensorischen Seite, anliegendes Signal möglichst unverfälscht am Ausgang, d. h. auf der motorischen Seite, wieder auszugeben. Im Rahmen einer explorativen Untersuchung gingen wir der Frage nach, ob Patienten mit schizophrener Minussymptomatik eine schlechtere Regelleistung aufweisen als Gesunde und inwieweit ein Zusammenhang besteht zu Parametern des aktuellen psychopathologischen Syndroms wie auch des parallel abgeleiteten EEG.

Stichprobe und Methode

Untersucht wurden 22 schizophrene Patienten mit im Vordergrund stehender Minussymptomatik (ICD 9: Z. n. 295.3; 295.6) sowie 26 gesunde Probanden ohne auffällige neuropsychiatrische Anamnese. 20 der Patienten waren zum Zeitpunkt der Untersuchung längerfristig auf Standard-Neuroleptika eingestellt, z. T. in Depotform, 2 Patienten waren medikamentenfrei (Tabelle 1). Als Fremdbeurteilungsinstrumente eingesetzt wurden: CGI [10], BPRS [45], Münchner Version der SANS [1] (Tabelle 2). SANS- und BPRS-Scores wurden gemäß den Angaben der Skalenbegründer [3, 45] gebildet. Das BPRS-Positiv-Syndrom war dabei definiert als die Summe der BPRS-Faktoren Denkstörung, Aktivierung und Feindseligkeit-Mißtrauen.

Die visuo-manu-motorische Regelaufgabe bestand darin, über einen leichtgängigen Hebel mit der rechten Hand ein Nachführsignal in Form eines Pfeiles so dicht wie möglich an einem horizontal sich stochastisch bewegenden Vorgabesignal in Form eines Kreuzes zu halten. Beide Signale wurden auf einem 14" PC Monitor dargeboten, der Abstand Nasenspitze-Monitoroberfläche betrug 110 cm, der Blickwinkel bei max. Signalauslenkung ± 6,5°. Zur Einübung absolvierte jeder Versuchsteilnehmer zunächst einen Probelauf (108,6 s). Dem folgte nach einer Pause von 3 min. der eigentliche Versuchsdurchgang mit 4 Abschnitten von je 82,54 s Dauer, die lückenlos aufeinander folgten. Der Visus der Versuchsteilnehmer war normal bzw. korrigiert. Vorgabe- und Nachführsignal wurden on-line mit einer Abtastrate von 100,8 Hz digitalisiert und auf Festplatte abgespeichert. Als Maß für die Güte des Übertragungsverhaltens wurden pro Abschnitt 2 Zielgrößen errechnet: der auf einen Nulldurchgang normierte mittlere RMS-Fehler (% – Ross et al. 1988), und die Transinformationsrate (bit/sec – Fano 1963, Schweizer 1970, Kriebitzsch et al. 1978). Bei Berechnung der Transinformationsrate wurden zur Elimination evtl. Einstelleffekte die ersten 640 Punkte jedes Abschnittes weggelassen. Zwecks weiterer Datenreduktion werden im folgenden nur die über alle 4 Abschnitte gemittelten Werte berücksichtigt. Die EEG-Ableitung erfolgte unter 3 Bedingungen: V-EEG mit geschlossenen Augen (3 min.), visuelle Musterbetrachtung (3 min.), Durchführen der visuo-manu-motorischen Regelaufgabe. Das Oberflächen-EEG wurde mit Grass Ag/AgCl Elektroden von Fz, Cz, Pz, C3-1, C4-1, O1, O2 gegen die über einen 10 kOhm Widerstand verbundenen Mastoide abgeleitet, zur Artefaktkontrolle wurden ein horizontales und vertikales EOG mitregistriert (Übergangswiderstände jeweils < 5 kOhm, Frequenzbereich 0,15–35 Hz). Nach online Digitalisierung (204,8 Hz), Artefaktierung mit visueller und digitaler EOG-Korrektur wurden die Zielvariablen des EEG off-line in 5s Segmenten bestimmt und anschließend über die Gesamtdauer der Regelaufgabe gemittelt. In der Kontrollgruppe (n = 24) wurden 41,2 ± 11,2, in der Patientengruppe (n = 22) 34,0 ± 14,9 5s Segmente berücksichtigt (n. s.). Die statistische Analyse erfolgte mit dem Programmpaket SPSS/PC+, Version 4.01. Nach Verteilungsprüfung wurde eine deskriptive parametrische Statistik mit T-Test, ANOVA, Produkt-Moment-Korrelationen nach Pearson (p einseitig), linearer Diskriminanz- und Regressionsanalyse (stepwise-Modus) gerechnet. Bei Nichtnormalverteilung (K-S-Test, p < 0,10) wurden der U-Test nach Mann-Whitney eingesetzt und Rangkorrelationen nach Spearman berechnet.

Ergebnisse

1. Regelleistung im Gruppenvergleich und Beziehungen zur aktuellen Psychopathologie

Der mittlere RMS-Fehler (%) ist in der Gruppe der Schizophrenen um den Faktor 1,38 größer als in der Kontrollgruppe (37,0 ± 7,3 vs. 26,9 ± 3,8 %, p = 0,000), die Transinformationsrate signifikant niedriger (2,56 ± 0,58 vs. 3,58 ± 0,37 bit/sec). Diskriminanzanalytisch werden auf der Basis des RMS-Fehlers 85,4 %, auf der Basis der Transinformationsrate 89,6 % der Fälle richtig der jeweiligen Gruppe zugeordnet (Tabelle 3). Dabei werden 2 medikamentenfreie Patienten korrekt in die schizophrene Gruppe klassifiziert. Ein signifikanter Zusammenhang zwischen den Parametern der Regelleistung und der aktuellen Neuroleptikadosis (CPZ-Äquivalente) findet sich nicht (Tabelle 5).

Wie aus Tabelle 4 hervorgeht, korreliert das SANS-Composite-Score zu r = 0,49 (p < 0,05) signifikant positiv mit dem RMS-Fehler und zu r = –0,45 (p < 0,05) signifikant negativ mit der Transinformationsrate. Die entsprechenden Korrelationen zum SANS-Summary-Score betragen r = 0,56 (p < 0,01) bzw. r = – 0,54 (p < 0,01). Auf Subscore-Ebene finden sich signifikante Korrelationen zu den SANS-Bereichen Affektminderung, Alogie (p < 0,05) sowie insbesondere zum Subscore Aufmerksamkeit (p < 0,01), ferner zu den BPRS-Faktoren Anergie und Feindseligkeit/Mißtrauen (p < 0,05); die Beziehung zum BPRS-Positiv-Syndrom erreicht für den RMS-Fehler das 10 % Niveau (r = 0,31, p < 0,10) (Tabelle 4). In einer im stepwise-Modus durchgeführten multiplen Regressionsanalyse über alle BPRS-Faktoren und SANS-

Tabelle 1. Allgemeine Stichprobenmerkmale (X ± SD)

	Schizophrene Gruppe (n = 22)	Kontrollgruppe (n = 26)
Alter (Jahre)	30.4 ± 6.2	28.5 ± 5.3
Geschlecht	männlich	männlich
Händigkeit	15 Kons. R 5 Inkons. R. 2 Ambidexter	15 Kons. R. 6 Inkons. R. 5 Ambidexter
Alter bei Erst-hospitalisation	23.1 ± 5.6	–
Krankheitsdauer seit Ersthospi-talisation	7.2 ± 4.7	–
Zahl der stat. Aufenthalte	3.4 ± 2.4	–
Schwere der Er-krankung (CGI)	4.5 ± 1.1	–
CPZ-Äquivalente (mg/die)	371 ± 300	–

Tabelle 2. Spezielle Fremdbeurteilungsmerkmale der Gruppe der schizophrenen Pat. (SANS- und BPRS-Werte; X ± SD, n = 22)

SANS-Subscores		Anzahl der Items
Affektverminderung	14.6 ± 6.8	8
Alogie	6.9 ± 4.6	5
Abulie-Apathie	4.9 ± 4.0	4
Anhedonie	10.3 ± 4.4	5
Aufmerksamkeit	3.4 ± 2.2	3
SANS-Summary-Score	9.1 ± 3.6	5
SANS-Composite-Score	40.2 ± 17.4	25
BPRS-Faktoren		
Angst-Depression	8.4 ± 2.5	4
Anergie	10.9 ± 3.8	4
Denkstörung	7.1 ± 3.0	4
Aktivierung	7.3 ± 3.1	3
Feindseligkeit-Mißtrauen	4.4 ± 2.0	3
BPRS-Positiv-Syndrom	18.9 ± 5.6	10
BPRS-Summenscore	38.2 ± 9.1	18

Tabelle 3. Parameter der Regelleistung im Gruppenvergleich

		RMS-Fehler (%)	Transinformationsrate (bit/sec)
Kontrollen	X	26.9	3.58
(N = 26)	SD	3.8	0.37
	Median	25.5	3.58
	Min	22.0	2.33
	Max	38.2	4.31
Schizophrene Pat.	X	37.0	2.56
(N = 22)	SD	7.3	0.58
	Median	35.3	2.66
	Min	25.2	1.55
	Max	53.8	3.58
S/K		1.38	0.71
Richtige Klassifikation (%)		85.4	89.5
T-Test	p	0.000	0.000

Tabelle 4. Pearson-Korrelationen zwischen den Fremdbeurteilungsvariablen und den Parametern der Regelleistung (n = 22)

Parameter/ Variable	RMS-Fehler (%)	Transinformationsrate (bit/sec)
SANS-Subscores		
Affektverminderung	.46*	–.38*
Alogie	.49*	–.49*
Abulie-Apathie	.13	–.10
Anhedonie	.32(*)	–.35(*)
Aufmerksamkeit	.58**	–.50**
SANS-Summary-Score	.56**	–.54**
SANS-Composite-Score	.49*	–.45*
BPRS-Faktoren		
Angst-Depression	–.01	–.02
Anergie	.42*	–.37*
Denkstörung	.13	–.01
Aktivierung	.19	–.20
Feindseligkeit-Mißtrauen	.38*	–.34(*)
BRPS-Positiv-Syndrom	.31(*)	–.24
BRPS-Summenscore	.37*	–.31(*)

(*) p < 0.10   * p < 0.05   ** p < 0.01

Subscores können 33,5 % der Varianz des RMS-Fehlers (p = 0,0048) und 25,2 % der Transinformationsrate (p = 0,0173) über den SANS-Subscore Aufmerksamkeit erklärt werden. Bei Regressionsberechnungen auf der Basis der 18 BPRS- und 25 SANS-Items lassen sich 79 % der Varianz des RMS-Fehlers (p = 0,000) sowie 77 % der Transinformationsrate (p = 0,000) über das SANS-Item 7 (Mangel an sprachlicher Ausdrucksfähigkeit), das BPRS-Item 10 (Feindseligkeit) und SANS-Item 17 (Globalbeurteilung Abulie-Apathie) erklären.

2. Aufgabeninduzierte EEG-Veränderungen im Gruppenvergleich und Beziehungen zur aktuellen Psychopathologie

In dem während der Regelaufgabe abgeleiteten EEG findet sich in der Patientengruppe eine signifikant niedrigere Abnahme der absoluten Alpha-Leistung (7,5–13 Hz) gegenüber dem Ausgangs-V-EEG (Abb. 3). Varianzanalytisch ergeben sich Haupteffekte für Gruppe (2 Stufen, p = 0,000) und Elektrodenposition (7 Stufen, p = 0,000) sowie eine signifikante Interaktion Gruppe x Elektrodenposition (p = 0,003). Diese dürfte aus dem Umstand resultieren, daß die Alpha-Abnahme bei den Kontrollpersonen fronto-zentral um den Faktor 1,7–1,9, okzipital jedoch etwa um den Faktor 3 größer ist als in der Patientengruppe. Wie die weitere Analyse ergibt, korreliert die Alpha-Abnahme signifikant positiv mit dem SANS-Subscore Anhedonie sowie signifikant negativ mit dem BPRS-Item 17 (Erregung) und dem BPRS-Faktor Aktivierung (Tabelle 6). Regressionsanalytisch können für die Ableitepositionen Pz und O2 51,5 bzw. 59,4 % der Varianz in der Abnahme der absoluten Alpha-Leistung über den SANS-Subscore Anhedonie und den BPRS-Faktor Aktivierung erklärt werden; für die Ableiteposition O1 sind 53,3 % Varianzaufklärung über den Subscore Anhedonie und das BPRS-Positiv-Syndrom möglich.

Bei Betrachtung der aufgabeninduzierten Änderungen im Theta-Band (3,5–7,5 Hz) findet sich in der Kontrollgruppe für die Ableiteposition Cz eine signifikante Zunahme der absoluten Theta-Leistung bei gleichzeitiger Theta-Abnahme in der Patientengruppe (p = 0,02) (Abb. 4). Eine Theta-Zunahme ist bei den Kontrollen auch über Fz angedeutet, erreicht dort jedoch kein konventionelles Signifikanzniveau. Varianzanalytisch ergeben sich Haupteffekte für die Faktoren Gruppe (p = 0,008) und Elektrodenposition (p = 0,002). Die Korrelation zur aktuellen Neuroleptikadosis ist für alle Ableitepositionen insignifikant (r max = –0,18, n. s.)

3. Beziehungen zwischen EEG und Regelleistung in der Patientengruppe

Die aufgabeninduzierte Abnahme der absoluten Alpha-Leistung korreliert für die Elektrodenpositionen C3-1 und Pz signifikant negativ mit

Tabelle 5. Pearson-Korrelationen zwischen sonstigen klinischen Variablen und den Parametern der Regelleistung (n = 22)

Parameter/ Variable	RMS-Fehler (%)	Transinformationsrate (bit/sec)
Schwere der Erkrankung (CGI)	.36*	–.26
CPZ-Äquivalente (mg/die)	–.17	.20
Alter bei Ersthospitalisation	.02	.06
Zahl der Hospitalisationen	.11	.02
* p < 0.05		

Tabelle 6. Beziehungen zwischen dem Ausmaß der aufgabeninduzierten Abnahme der Alpha-Leistung und ausgewählten Variablen des aktuellen psychopathologischen Syndroms (n = 22)

Elektrode/ Variable	Fz	C4–1	Cz	C3–1	Pz	02	01
Erregung	–.53**	–.44*	–.48*	–.50**	–.50**	–.54**	–.55**
Aktivierung	–.38*	–.28(*)	–.33(*)	–.33(*)	–.35(*)	–.35(*)	–.37*
BPRS-Positiv-Syndrom	–.31(*)	–.26	–.30(*)	–.26	–.18	–.15	–.32(*)
Anhedonie	.36*	.33(*)	.38*	.40*	.52**	.58**	.43*
CPZ-Äquiv. (mg/die)	.01	–.06	–.05	.02	–.06	.10	.09
(Pearson-Korr.)	(*) p < 0.10 * p < 0.05 ** p < 0.01						

der erzielten Transinformationsrate ($r = -0{,}37$, $p < 0{,}05$; $r = -0{,}38$, $p < 0{,}05$). Darüberhinaus besteht eine signifikant positive Beziehung zwischen Transinformationsrate und Theta-Peakfrequenz (Fz: $r_s = 0{,}58$, $p < 0{,}01$; Cz: $r_s = 0{,}49$, $p < 0{,}05$). Regressionsanalytisch können 33,4 % der Varianz der Transinformationsrate über die frontale Theta-Peakfrequenz erklärt werden ($p = 0{,}0049$).

4. Zusammenfassende Betrachtung der Ergebnisse mittels Faktorenanalyse

Um die Beziehungen zwischen den verschiedenen Datenebenen (Psychopathologie, Regelleistung, Parameter der corticalen Aktivität) zu überprüfen und weiter zu verdeutlichen, wurde abschließend eine explorative und im Hinblick auf die relativ kleine Stichprobe mit aller Vorsicht zu interpretierende Faktorenanalyse gerechnet (PCA, 11 Variablen, Eigenwerte > 1, Ladungswerte > 0,50). Dabei ergaben sich 3 Faktoren, die 78,2 % der Varianz erklären konnten (Tabelle 7). Auf dem ersten Faktor laden die SANS-Subscores Affektminderung, Alogie, Aufmerksamkeit, das BPRS-Positiv-Syndrom sowie die Parameter der Regelleistung; dieser Faktor umfaßt v. a. die affektiv-kognitive Dimension des aktuellen schizophrenen Syndroms sowie ihre Abbildung auf einer verhaltensphysiologischen Meßebene. Auf dem 2. Faktor laden die Transinformationsrate, die frontale Peak- und Schwerpunktfrequenz des Theta-Bandes sowie die aufgabeninduzierte Alpha-Abnahme (Pz). Er beschreibt die Beziehung zwischen Regelleistung und corticalen Aktivierungsparametern und könnte auch als Faktor der „cortico-behavioralen Performanz" bezeichnet werden. Der 3. Faktor konstituiert sich aus den SANS-Subscores Abulie/Apathie und Anhedonie sowie der parietalen Alpha-Abnahme. Er repräsentiert v. a. die energetisch-soziale Dimension von Minussymptomatik.

Tabelle 7. Ergebnisse der Faktorenanalyse (Varimax-rotierte Faktormatrix)

Variablen	Faktor 1	Faktor 2	Faktor 3
Affektminderung	.83502	.03285	.22386
Alogie	.77486	.06081	.32474
RMS-Fehler	.74195	–.48854	.00558
BPRS-Positiv-Syndrom	.72569	.42018	.32327
Aufmerksamkeit	.71111	–.27591	.07733
Transinformationsrate	–.64952	.60772	–.07020
Theta-Peakfrequenz (Fz)	–.11406	.92991	–.02964
Theta-Schwerpunktfrequenz (Fz)	–.04224	.84320	.14763
Alpha-Abnahme (Pz)	–.11512	–.65520	.63940
Anhedonie	.36708	–.09619	.85292
Abulie/Apathie	.26027	.22981	.84185
Varianzaufklärung	40.7 %	24.9 %	12.6 %

Diskussion

Die Ergebnisse der vorliegenden Untersuchung lassen sich dahingehend zusammenfassen, daß Patienten mit schizophrener Minussymptomatik eine ca. um 1/3 schlechtere visuo-manu-motorische Regelleistung aufweisen als Gesunde und eine Beziehung zu speziellen Variablen des aktuellen psychopathologischen Syndroms wie auch zu Parametern des Oberflächen-EEG aufgezeigt werden konnte.

Bezüglich einzelner Partialaspekte stimmen die Ergebnisse gut mit anderen Untersuchungen überein. Eine bei schizophrenen Patienten schlechtere Regelleistung wurde auch von Mather und Putchat (1984), Green und Walker (1985) sowie Gaebel und Ulrich (1987) beschrieben, wobei Green und Walker ebenfalls eine negative Beziehung zwischen dem Ausmaß von Minussymptomatik und Regelleistung fanden. Auf Subscore-Ebene fanden wir die höchste Korrelation zum SANS-Bereich Aufmerksamkeit, ein Befund, der auch von Heim (1990) bzgl. einer komplexen akustischen Reaktionszeitaufgabe erhoben wurde und im übrigen gut vereinbar ist mit den Mitteilungen über ein bei Schizophrenie gestörtes visuo-spatiales Aufmerksamkeitsverhalten (Mackert et al. 1989). Positive Syndromaspekte, wie sie sich in den BPRS-Faktoren 3–5 abbilden, wurden nach Auspartialisierung eines evtl. Interaktionseffektes mit Aufmerksamkeit nicht in die Regressionsberechnung aufgenommen. Den Analysen auf Item-Ebene mit einer hohen Varianzaufklärung der Regelleistung durch die SANS-Items 7 und 17 sowie das BPRS-Item 10 ist jedoch zu entnehmen, daß negative und positive Symptomelemente durchaus in additiver Weise mit einer schlechteren Regelleistung assoziiert sein können. Insofern weisen die Ergebnisse in eine ähnliche Richtung wie die Befunde von Gaebel und Ulrich (1987), die auf Syndromebene neben einem Haupteffekt des BPRS-Faktors Anergie einen Effekt des BPRS-Positiv-Syndroms bei höherer Aufgabenschwierigkeit fanden und dies unter Bezug auf die Ergebnisse von Cornblatt et al. (1985) mit einer bei Positivsymptomatik anzunehmenden höheren Distraktibilität erklären.

Die EEG-Befunde sprechen für eine geringere aufgabeninduzierte Änderung der corticalen Aktivität in der Patientengruppe, was sich in Anknüpfung an vergleichbare Literaturmitteilungen (Shagass et al. 1982, Colombo et al. 1989) als Hinweis für eine geringere corticale Reagibilität in der Minussymptomatik-Gruppe werten läßt. Auf der Ebene der absoluten Bandleistung beträgt die „Alpha-Desynchronisation“ der Patienten frontozentral 50–60 %, parietal 48 % und okzipital ca. 30 % der korrespondierenden Änderungen in der Kontrollgruppe. Insofern erreichen die erhobenen Befunde nicht das Ausmaß einer weitgehend oder vollständig aufgehobenen corticalen Response, wie sie mit anderen Methoden (SPECT, PET) an unbehandelten Minussymptomatik-Patienten während einer motorischen Aktivierung mit einfacher und komplexer Fingerbewegung beschrieben wurde (Günther 1992). Die negative Beziehung zwischen Alpha-Abnahme und erzielter Transinformationsrate unterstützt im übrigen die durch Untersuchungen an Gesunden

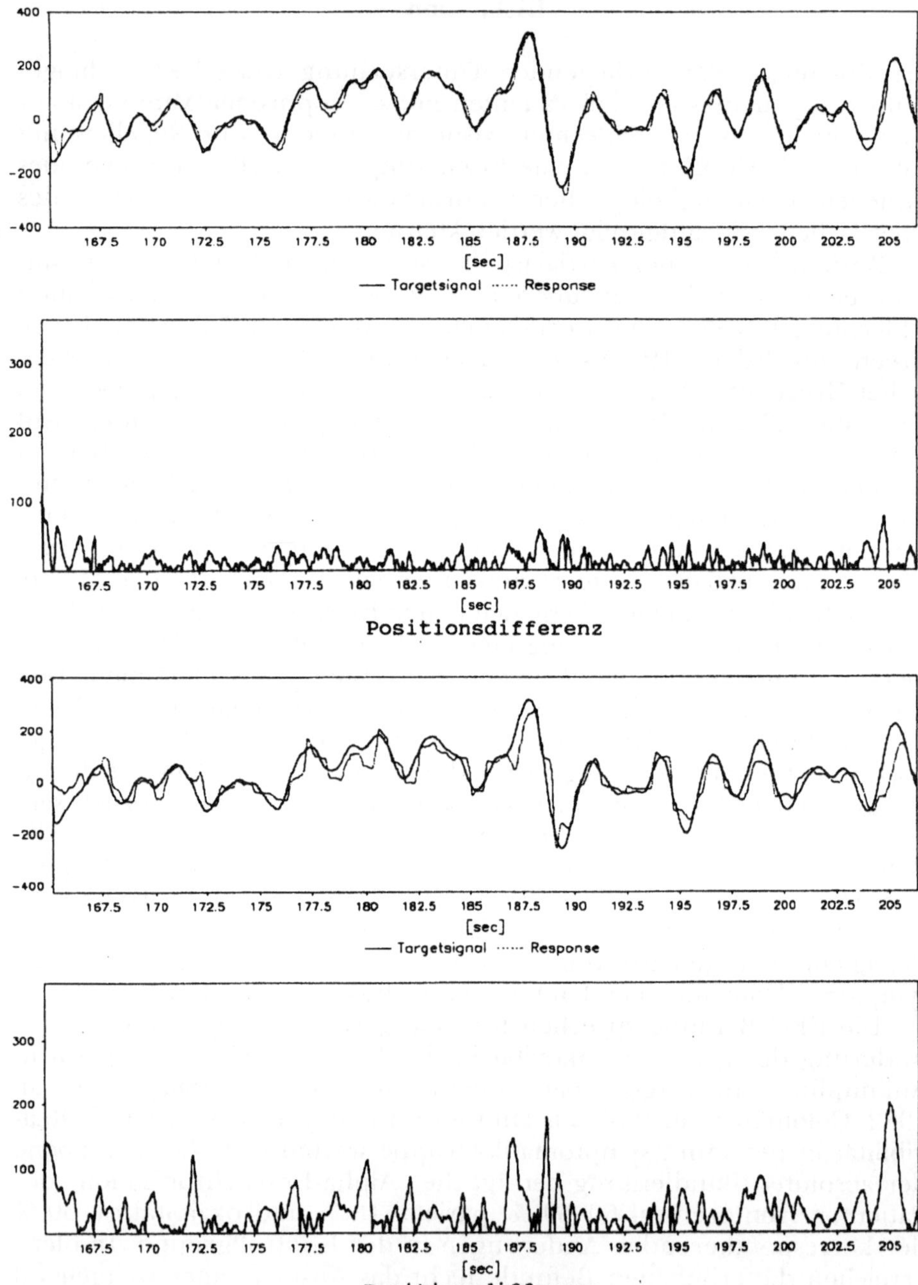

Abb. 1. Originalausschnitte aus den Ableitungen eines gesunden Probanden (oben) sowie eines schizophrenen Patienten (unten). Dargestellt sind jeweils der Zeitverlauf der Position (Pixel) von Vorgabe-, Antwortsignal und Regelabweichung (Absolutbetrag der Positionsdifferenz)

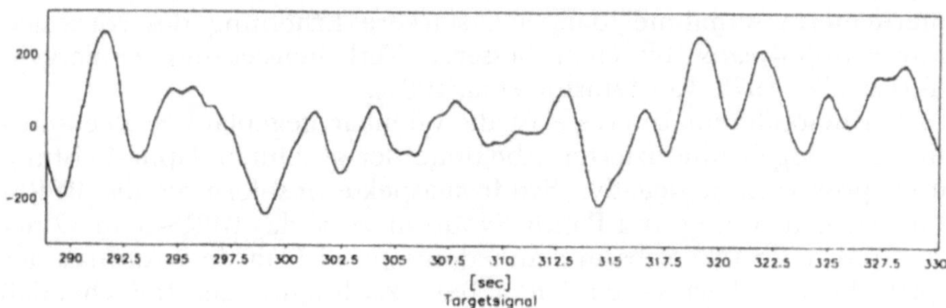

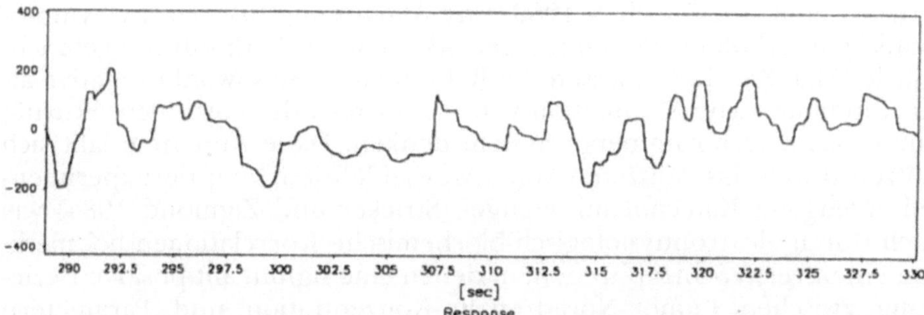

Abb. 2. Originalausschnitt aus der Ableitung eines schizophrenen Patienten. Dargestellt sind der Zeitverlauf der Position (Pixel) von Führungssignal („Eingangssignal" – oberer Teil) und Nachführsignal („Ausgangssignal" – unterer Teil). Im Vergleich beider Signale ist gut die Signalverzerrung bei der Übertragung durch das ZNS des schizophrenen Pat. zu erkennen

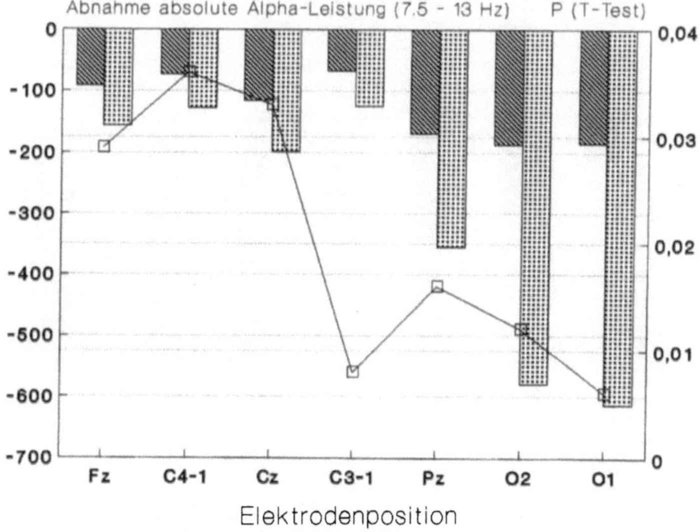

Abb. 3. Abnahme der absoluten Alpha-Leistung (Differenz zum Ausgangs-V-EEG. k * μV^2) während der visuo-manu-motorischen Regelaufgabe. Dargestellt sind die Mittelwerte pro Elektrodenposition (schraffierte Säulen: Minussymptomatik-Gruppe; gepunktet: Kontrollgruppe)

untermauerte Annahme, daß eine stärkere Erhöhung des corticalen Aktivierungsniveaus mit einer besseren Verhaltensleistung einhergeht (Pfurtscheller 1975, van Winsum et al. 1984).

Von besonderem Interesse ist die offenbar gegenläufige Beeinflussung der aufgabeninduzierten Abnahme der absoluten Alpha-Leistung durch positive und negative Syndromaspekte, insofern als die BPRS-Faktoren Aktivierung und Positiv-Syndrom sowie das BPRS-Item 17 negativ und der SANS-Subscore Anhedonie positiv mit dem Ausmaß der Alpha-Abnahme korrelieren. Unter Berücksichtigung der Tatsache, daß Anhedonie mit reduzierter dopaminerger bzw. noradrenerger Aktivität (Carnoy et al. 1986, Cohen 1989) und Aktivierung bzw. Positiv-Symptomatik mit erhöhter dopaminerger Aktivität in Verbindung gebracht wurde (Mac Kay 1980), lassen die Befunde an eine sowohl exzitative als auch inhibitorische Modulation von Parametern der corticalen Aktivität durch das katecholaminerge System denken. Diese Annahme läßt sich stützen durch das Auftreten von „Arousaldefiziten" bei tierexperimentell erzeugtem Katecholaminmangel (Stricker und Zigmond 1984) wie auch durch elektrophysiologisch-biochemische Korrelationen bei medikamentenfreien Schizophrenen, in denen eine signifikant positive Beziehung zwischen Liquor-Noradrenalin-Konzentration und Parametern der corticalen Aktiviertheit (Alpha-Frequenz, relative Beta-Leistung) gefunden wurde (Kemali et al. 1985).

Die während der Regeltätigkeit Gesunder festzustellende Theta-Zunahme über Cz läßt sich am ehesten als elektrophysiologischer Ausdruck eines für die Aufgabenbewältigung erforderlichen intentional-motori-

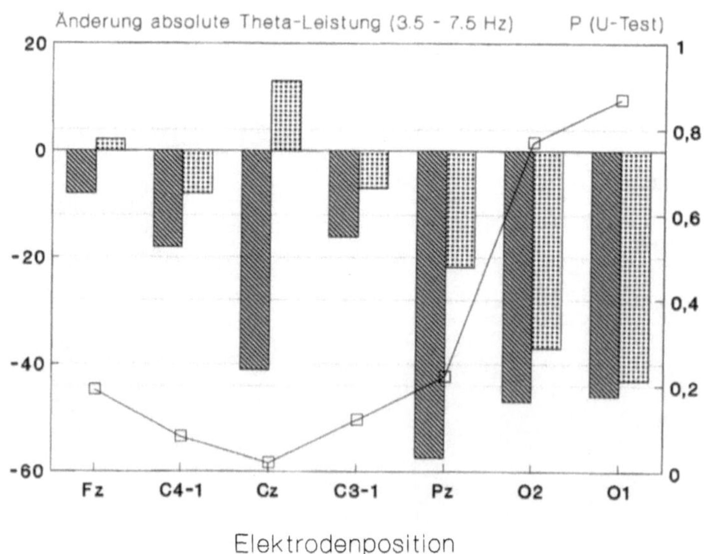

Abb. 4. Änderung der absoluten Theta-Leistung (Differenz zum Ausgangs-V-EEG, k * μV^2) während der visuo-manu-motorischen Regelaufgabe. Dargestellt sind die Mittelwerte pro Elektrodenposition (schraffierte Säulen: Minussymptomatik-Gruppe; gepunktet: Kontrollgruppe)

schen Faktors interpretieren (Steriade 1990). Hierbei kann i. S. der von Deecke und Lang (1988) vertretenen Vorstellungen davon ausgegangen werden, daß vor allem die SMA mit ihren Zuflüssen aus dem Limbischen System, den Basalganglien und dem senso-motorischen Cortex in die Überwachung und Korrektur der mit der Regelaufgabe verbundenen zeitkritischen manu-motorischen Handlungsabläufe involviert ist. Die in der Patientengruppe fehlende Zunahme der absoluten Theta-Leistung könnte insofern Ausdruck einer mangelhaften SMA-Aktivierung sein. Ein vergleichbarer Befund, d. h. eine bei Schizophrenie fehlende Theta-Erhöhung im Bereitschaftspotentialschnitt, wurde von Westphal et al. (1990 a, b) beschrieben, mit einem gestörten Zusammenspiel der an der Vorbereitung und Durchführung einer Willkürbewegung beteiligten meso-limbischen und fronto-zentralen Hirnstrukturen in Verbindung gebracht und in Bezug zur Hypofrontalitäts-Hypothese gesetzt.

Bei der Frage nach der für die schlechtere Regelleistung Schizophrener maßgeblichen Dysfunktion ist zu berücksichtigen, daß die Aufgabenbewältigung eine visuelle, taktile und intentional-motorische Beanspruchungskomponente beinhaltet, dazu ist eine Handlungsüberwachung mit evtl. Vorhersagestrategien sowie Korrektureingriffen erforderlich. Im übrigen weist auch das beteiligte System der okulomotorischen Folgeregelung eine eher ausgedehnte corticale und subkortikale Verteilung auf (Leigh und Zee 1983). Insofern kann nicht ohne weiteres von einer unilokulären Dysfunktion ausgegangen werden. Vielmehr ist auch die Möglichkeit additiver Störeffekte bzw. die einer polytopen Koordinationsstörung der in die Regeltätigkeit involvierten cerebralen Subsysteme zu prüfen. Die zweite Annahme wird gestützt durch neuere faktorenanalytische PET-Auswertungen, in denen schizophrene Patienten während der Durchführung des Continous Performance Testes (CPT) ein komplex abgewandeltes corticales Aktivierungsmuster mit erniedrigten Werten sowohl eines temporalen, sensomotorischen als auch Faktors Hypofrontalität aufwiesen (Schröder et al. 1992).

Die insbesondere posterior niedrigere aufgabeninduzierte Alpha-Ab- und über Cz fehlende Theta-Zunahme lassen sich jedoch als Hinweis für eine beeinträchtigte Aktivierung im Bereich der thalamokortikalen Achse sowie des centro-mesialen Cortex (SMA) werten. Wichtig wäre auch, die während der Regeltätigkeit kontinuierlich stattfindende funktionelle Verkoppelung zwischen subkortikalen, posterioren (Sensorik) und anterioren (Motorik) Hirnregionen zu berücksichtigen, was jedoch den Einsatz spezieller Verfahren der Biosignalanalyse erfordert (Dummermuth und Molinari 1991). Als weitere Varianzquelle der reduzierten Nachführleistung Schizophrener ist darüberhinaus eine infolge gestörter Augenfolgebewegungen schlechtere Qualität des visuellen Stimulusmodells zu diskutieren („postregistration deficit“, Allen et al. 1990).

Ein die verschiedenen Teilaspekte verbindendes Element könnten neuere Vorstellungen und Befunde sein, die dafür sprechen, daß Noradrenalin und Dopamin i. S. einer global-neuromodulatorischen Wirkung die Signaltransmission in verschiedenen cerebralen Subsystemen regulieren, das Signal-Rauschverhältnis neuronaler Netzwerke verbessern und sensomotorische Integrationsleistungen begünstigen (Servan-Schreiber et al. 1990, Tucker und Williamson 1984). Bei einem Dopamin-Defizit, wie es für Negativsymptome diskutiert wurde (MacKay 1980, van Kammen et al. 1986), wäre demnach eine gfs. durch individuelle Schwerpunkte zu wichtende Beeinträchtigung der Signalverarbeitung und -übertragung in verschiedenen Katecholamin-regulierten Hirnarealen und Funktionssystemen zu erwarten.

Zur Frage pharmakogener Einflüsse ist noch anzumerken, daß – zumindest bei Untersuchungen im steady-state – eine Verschlechterung von Parametern der Informationsverarbeitung durch Neuroleptika in der Literatur verneint wurde (Killian et al. 1984, Wykes et al. 1992, Übersicht Cassens et al. 1990), z. T. wurde sogar über eine Leistungsverbesserung unter Neuroleptika berichtet (Spohn et al. 1977, Braff und Saccuzo 1982, Cohen et al. 1988, Earle-Boyer et al. 1991) und eine negative Korrelation zwischen Neuroleptikadosis und Reaktionszeit (Venzky-Stalling et al. 1985) bzw. Neuroleptika-Serumspiegel und Distraktibilität (Strauss et al. 1985) gefunden. Die dargestellten EEG-Phänomene zeigten keine signifikante Korrelation zur aktuellen Neuroleptikadosis, eine geringere Alpha- und Theta-Reaktivität wurde auch bei unbehandelten schizophrenen Patienten beschrieben (Shagass et al. 1982, Westphal et al. 1990 b).

Insgesamt sprechen die vorliegenden Ergebnisse für eine komplexe Beziehung zwischen den verschiedenen psychopathometrischen Aspekten von Minussymptomatik, Regelleistung und Variablen der im EEG abgegriffenen corticalen Aktivität.

Die Befundreplikation an unbehandelten Patienten, die Berücksichtigung von Augenfolgebewegungen sowie die Integration der Ergebnisse in einem physiologischen Verhaltens- und Psychosemodell wird Aufgabe weiterer Untersuchungen sein.

Literatur

Ackenheil M, Dieterle DM, Eben E, Pakesch G (1985) Beurteilung der Minussymptomatik (SANS) – Münchner Version. Universität München

Allen SJ, Matsunaga K, Hacisalihzade S, Stark L (1990) Smooth pursuit eye movements of normal and schizophrenic subjects tracking an unpredicatble target. Biol Psychiatry 28: 705–720

Andreasen NC (1982) Negative symptoms in schizophrenia: definition and reliability. Arch Gen Psychiatry 39: 784–788

Birbaumer N, Schmidt RW (1989) Biologische Psychologie. Springer, Berlin Heidelberg New York Tokyo

Braff DL, Saccuzo DP (1982) Effect of antipsychotic medication on speed of information processing in schizophrenic patients. Am J Psychiatry 139: 1127–1130

Braff DL, Heaton R, Kuck J, Cullum M, Moranville J, Grant I, Zisook S (1991) The generalized pattern of neuropsychological deficits in outpatients with chronic schizophrenia with heterogenous Wisconsin card sorting test results. Arch Gen Psychiatry 48: 891–898

Buchsbaum M (1990) Frontal lobes, basal ganglia, temporal lobes – three sites for schizophrenia? Schizophr Bull 16: 377–378

Carnoy P, Soubrie P, Puech AJ, Simon P (1986) Performance deficit induced by low doses of dopamine agonists in rats. Toward a model for approaching the neurobiology of negative schizophrenic symptomatology. Biol Psychiatry 21: 11–22

Cassens G, Inglis AK, Appelbaum PS, Gutheil TG (1990) Neuroleptics: effects on neuropsychological function in chronic schizophrenic patients. Schizophr Bull 16: 477–499

CIPS (1977) Internationale Skalen für Psychiatrie. Beltz, Weinheim

Cohen R, Borst (1987) Psychological models of schizophrenic impairments. In: Haefner H, Gattaz WF (eds) Search for the causes of schizophrenia. Springer, Berlin Heidelberg New York Tokyo

Cohen R (1989) Das Anhedonie-Konzept in der Schizophrenie-Forschung. Nervenarzt 60: 313–318

Cohen RM, Semple WE, Gross M, Nordahl TE, Holcomb HH, Dowling MS, Pickar D (1988) The effects of neuroleptics on dysfunction in a prefrontal substrate of sustained attention in schizophrenia. Life Sci 43: 1141–1150

Colombo C, Cambini O, Macciardi F (1989) Alpha reactivity in schizophrenia and in schizophrenic spectrum disorders: demographic, clinical and hemispheric assessment. Int J Psychophysiol 7: 47–54

Cornblatt BA, Lanzenweger MF, Dworkin RH, Erlenmeyer-Kimling L (1985) Positive and negative symptoms schizophrenic symptoms, attention and information processing. Schizophr Bull 11: 387–407

Deecke L, Lang W (1988) Movement-related potentials and complex actions: coordinating role of the supplementary motor area. In: Eccles JC, Creutzfeld O (eds) The principles of design and operation of the brain. Springer, Berlin Heidelberg New York Tokyo, pp 303–342

Dummermuth G, Molinari L (1991) Relationships between signals: cross-spectral analysis of the EEG. In: Weitkunat R (ed) Digital biosignal processing. Elsevier, Amsterdam New York Oxford, pp 361–398

Earle-Boyer EA, Serper MR, Davidson M, Harvey PD (1991) Continous performance tests in schizophrenic patients: stimulus and medication effects on performance. Psychiatry Res 37: 47–56

Fano RM (1963) Transmission of information. MIT Press, Cambridge/MA

Gaebel W (1992) Nonverbale Verhaltensstörungen Schizophrener: Vulnerabilitätsindikator, Residualmarker oder Bewältigungsstrategie? In: Brenner HD, Böker W (Hrsg) Verlaufsprozesse schizophrener Erkrankungen. Huber, Bern Göttingen Toronto Seattle, S 153–170

Gaebel W, Ulrich G (1987) Visuomotor tracking performance in schizophrenia: relationship with psychopathological subtyping. Neuropsychobiology 17: 66–71

Green M, Walker E (1985) Neuropsychological performance and positive and negative symptoms in schizophrenia. J Abnorm Psychol 94: 460–469

Grillon C, Courchnesne E, Ameli R, Geyer MA, Braff DL (1990) Increased distractibility in schizophrenic patients. Arch Gen Psychiatry 47: 171–179

Gruzelier JH (1984) Hemispheric imbalances in schizophrenia. Int J Psychophysiol 1: 227–234

Günther W (1992) MRI-SPECT and PET-EEG findings on brain dysfunction in schizophrenia. Prog Neuropsychopharmacol Biol Psychiatry 16: 445–462

Heim G, Cohen R (1990) Aufmerksamkeitsregulation Schizophrener beim selektiven Hören unter Berücksichtigung von Lateralität und Psychopathologie. Fortschr Neurol Psychiatr 58 (Sonderheft): 33

Heinrichs RW, Awad AG (1993) Neurocognitive subtypes of chronic schizophrenia. Schizophr Res 9: 49–58

Kemali D, Maj M, Iorio G, Marciano F, Nolfem G, Galderisi S, Salvati A (1985) Relationships between CSF noradrenaline levels, C-EEG indicators of activation and psychosis ratings in drug-free schizophrenic patients. Acta Psychiatr Scand 71: 19–24

Killian GA, Holzmann PS (1984) Effects of psychotropic medication on selected cognitive and perceptual measures. J Abnorm Psychol 93: 58–70

Klosterkötter (1988) Basissymptome und Endphänomene der Schizophrenie. Springer, Berlin Heidelberg New York Tokyo

Kraepelin E (1896) Lehrbuch der Psychiatrie, 5. Aufl. Barth, Leipzig

Kriebitzsch R, Bente D, Scheuler W (1978) Ein verhaltensphysiologischer Meßplatz des optomotorischen Folge- und Regelverhaltens. Biomed Technik (Ergänzungsband) 23: 147–148

Kukla F (1980) Kognitive Störungen bei Schizophrenie – ihre experimentalpsychologische Untersuchung und Erklärung im Rahmen des Konzeptes kognitive Informationsverarbeitung. Psychiat Neurol Med Psychol 32: 385–398

Leigh RJ, Zee DS (1983) The neurology of eye movement. Davis, Philadelphia

Liddle PF, Friston KJ, Frith CD, Hirsch SR, Jones T, Frackowiak RSJ (1992) Patterns of cerebral blood flow in schizophrenia. Br J Psychiatry 160: 179–186

Mackert A, Flechtner KM, Frick K (1990) Augenfolgebewegungsstörungen bei unmedizierten Patienten mit schizophrener Erstmanifestation. Fortschr Neurol Psychiat 58: 19

Mackkay AVP (1980) Positive and negative symptoms and the role of dopamin. Br J Psychiatry 137: 379–386

Marneros A, Andreasen NC (1992) Positive und negative Symptomatik der Schizophrenie. Nervenarzt 63: 262–270

Mather JA, Putchat C (1984) Motor control of schizophrenics. II. Manual control and tracking: sensory and motor deficits. J Psychiatr Res 18: 287–296

Müller-Spahn, Modell S, Thomma M (1992) Neue Aspekte in der Diagnostik, Pathogenese und Therapie schizophrener Minussymptomatik. Nervenarzt 63: 383–400

Nuechterlein KH (1977) Reaction time and attention in schizophrenia. A critical evaluation of the data and theories. Schizophr Bull 3: 373–428

Nuechterlein KH (1987) Vulnerability models for schizophrenia. In: Haefner H, Gattaz FW (eds) Search for the causes of schizophrenia. Springer, Berlin Heidelberg New York Tokyo

Oltmanns TF, Ohayon J, Neale JM (1978) The effect of antipsychotic medication and diagnostic criteria on distractibility in schizophrenia. J Psychiatr Res 14: 81–91

Oppelt W, Vossius G (1970) Der Mensch als Regler. VEB Verlag Technik, Berlin-Ost

Overall JE, Gorham DR (1962) The brief psychiatric rating scale. Psychol Rep 10: 799–812

Pfurtscheller G (1975) Die Bedeutung modalitätsspezifischer Aktivitätsänderungen in verschiedenen Hirnregionen und ihre Objektivierung über das EEG. Z EEG-EMG 6: 194–199

Rössler F, Flössel F, Keimer-Bonk M, Soyka B (1991) Psychophysiologische Chronometrie: die Erfassung von Bahnungs- und Hemmungsphänomenen mit Hilfe hirnelektrischer und elektromyographischer Daten. Z Exp Psychol 38: 279–306

Ross DE, Ochs AL, Hill MR, Goldberg SC, Pandurangi AK, Winfrey CJ (1988) Erratic eye tracking in schizophrenic patients as revealed by high-resolution techniques. Biol Psychiatry 24: 675–678

Schröder J, Buchsbaum MS, Siegel BV, Lohr J, Wu J, Potkin S (1992) Kortikale Aktivierungsmuster bei schizophren Erkrankten. Fortschr Neurol Psychiat 60: 10

Schwartz F, Carr AC, Munich RL, Glauber S, Lesser B, Murray J (1989) Reaction time impairment in schizophrenia and affective illness: the role of attention. Biol Psychiatry 25: 540–548

Schweizer G (1970) Probleme und Methoden zur Untersuchung des Regelverhaltens des Menschen. In: Oppelt W, Vossius G (Hrsg) Der Mensch als Regler. VEB Verlag Technik, Berlin (Ost), S 159–238

Servan-Schreiber D, Printz H, Cohen JD (1990) A network model of catecholamine effects: gain, signal-to-noise-ratio, and behavior. Science 249: 892–895

Shagass C, Roemer RA, Straumanis JJ (1982) Relationships between psychiatric diagnosis and some quantitative EEG variables. Arch Gen Psychiatry 39: 1435–1437

Spring B, Lemon M, Weinstein L, Haskell A (1989) Zur Ablenkbarkeit schizophrener Patienten: Stabilität und korrelierende Symptome. In: Böker W, Brenner HD (Hrsg) Schizophrenie als systemische Störung. Huber, Bern Stuttgart Toronto, S 143–156

Strauss ME, Mark FL, Coyle JT, Tune LE (1985) Psychopharmacologic and clinical correlates of attention in chronic schizophrenia. Am J Psychiatry 142: 597–599

Stricker EM, Zigmond MJ (1986) Brain monoamines, homeostasis, adaptive behavior. In: Bloom FE (ed) Handbook of physiology – the nervous system, vol 4. American Physiological Association, Washington DC, pp 677–300

Süllwold L, Huber G (1986) Schizophrene Basisstörungen. Springer, Berlin Heidelberg New York Tokyo

Szymanski S, Kane JM, Lieberman JA (1991) A selective review of biological markers in schizophrenia. Schizophr Bull 17: 99–111

Tucker DM, Williamson PA (1984) Asymmetric controll systems in human self-regulation. Psychol Rev 91: 185–215

van Kammen DP, van Kammen WP, Mann LS, Seppala T, Linnoila M (1986) Dopamine metabolism in the cerebrospinal fluid of drug-free schizophrenic patients with and without cortical atrophy. Arch Gen Psychiatry 43: 978–983

van Winsum W, Sergeant J, Geuze R (1984) The functional significance of event-related desynchronization of the alpha rhythm in attentional and activating tasks. Electroencephalogr Clin Neurophysiol 58: 519–524

Venzky-Stalling I, Mussgay L, Cohen R (1985) Kognitive Beeinträchtigung bei chronisch Schizophrenen im Buchstabenvergleichstest nach Posner. Z Klin Psychol 14: 228–237

Vrtunski PB, Simpson DM, Meltzer HY (1989) Voluntary movement dysfunction in schizophrenics. Biol Psychiatry 25: 529–539

Westphal KP, Grözinger B, Diekmann V, Scherb W, Reeß J, Leibing U, Kornhuber HH (1990 a) Slower theta activity over the midfrontal cortex in schizophrenic patients. Acta Psychiatr Scand 81: 132–138

Westphal KP, Grözinger B, Diekmann V, Kornhuber HH (1990 b) EEG-Zeichen gestörter Willkürmotorik bei Schizophrenen. In: Huber G (Hrsg) Idiopathische Psychosen. Schattauer, Stuttgart New York, S 291–304

Wykes T, Katz R, Sturt E, Hemsley D (1992) Abnormalities of response processing in a chronic psychiatric group. A possible predictor of failure in rehabilitation programs? Br J Psychiatry 160: 244–252

Korrespondenz: Dr. V. Eichert, Psychiatrische Universitätsklinik, Sigmund-Freud-Straße 25, D-53105 Bonn, Bundesrepublik Deutschland

Psychophysiologische Befunde (P300, CNV und Hautleitfähigkeit) bei schizophrenen Patienten mit Minussymptomatik

H. M. Olbrich[1], **G. Eikmeier**[2] und **S. Krieger**[1]

[1]Psychiatrische Klinik und Poliklinik, Universität Freiburg und
[2]Zentralkrankenhaus Reinkenheide, Bremerhaven, Bundesrepublik Deutschland

Einleitung

Die Positiv-Negativ-Dichotomie der Schizophrenie und die mit der Negativ- bzw. Minussymptomatik Schizophrener zusammenhängenden Phänomene haben im Verlauf des letzten Jahrzehnts eine ungemein große Resonanz gefunden. Es bestand die Erwartung, daß sich mit dieser Symptomatik eine hinsichtlich Pathogenese und Prognose eigenständige und bedeutsame Subgruppe schizophrener Kranker abgrenzen ließe. Von besonderem Interesse erscheint die Frage, welche biologischen Befunde man mit der Minussymptomatik Schizophrener assoziiert findet. Entsprechende Befunde hierzu könnten möglicherweise wertvolle Ergänzungen zur psychopathologischen Charakterisierung der Minussymptomatik, die bis heute kontrovers gehandhabt wird (Fenton und McGlashan 1992), und gegebenenfalls auch Hinweise auf die Pathogenese der Negativsymptomatik, zu der sehr unterschiedliche Konzepte vorliegen (Malmberg und David 1993), erbringen.

Schizophrene zeigen typischerweise eine Minderung der P3-Amplitude (Olbrich 1989), eine Reduzierung der kontingenten negativen Variation (CNV) und eine ausgeprägtere postimperative Negativierung (PINV) bei Ableitung der ereigniskorrelierten Potentiale (EKP; Pritchard 1986) sowie eine Tendenz, sich bezüglich der elektrodermalen Orientierungsreaktion als Hypo- bzw. Nonresponder zu erweisen (Bernstein 1987). Diese Befunde wurden in einer Vielzahl von Studien erhoben bzw. repliziert und werden als mögliche biologische Marker der schizophrenen Erkrankung diskutiert (Szymanski et al. 1991).

In den 80er Jahren führten mehrere Arbeitsgruppen psychophysiologische Untersuchungen bei Stichproben gesunder Probanden, zumeist Studenten amerikanischer Colleges, durch, denen gleichzeitig ein von

Chapman und Chapman (1985) erarbeiteter Fragebogen zur „Physical Anhedonia" vorgelegt wurde. Dieser Fragebogen wurde mit dem Ziel konzipiert, in klinisch unauffälligen Stichproben solche Personen zu identifizieren, welche ein erhöhtes Risiko einer späteren psychotischen (schizophrenen) Erkrankung aufweisen. Durchgängig fand sich, daß Probanden mit hohen Werten in der Anhedonie-Skala Änderungen in der P300-Komponente, der CNV bzw. PINV und der elektrodermalen Orientierungsreaktion aufwiesen; und zwar mit gleicher Befundkonstellation, wie sie bei Schizophrenen zu beobachten sind. In der Schizophrenieforschung hat das Anhedoniekonzept im Hinblick auf die Minussymptomatik eine besondere Beachtung gefunden (Cohen 1989). Andreasen (1982) bezeichnete eine Subskala des von ihr entwickelten Meßinstrumentes für Negativsymptomatik mit „Anhedonia-Asociality". In einer Studie der Carpenter-Gruppe (Kirkpatrick und Buchanan 1990) wurde gezeigt, daß schizophrene Patienten mit einem Defizitsyndrom gegenüber solchen ohne diesem signifikant höhere Scores in der „Physical Anhedonia"-Skala aufwiesen.

Die geschilderten Befunde legen es nahe, bei Schizophrenen Minussymptomatik sowie ereigniskorrelierte Potentiale (P300-Komponente und CNV) und die elektrodermale Orientierungsreaktion im Hinblick auf mögliche Zusammenhänge zwischen diesen Variablen zu untersuchen. Unsere Arbeitsgruppe hat in den letzten Jahren hierzu Studien durchgeführt (Olbrich 1992, Eikmeier et al. 1992 a, b, c), hierüber wird im folgenden berichtet.

P300-Komponente

In Untersuchungen an Stichproben amerikanischer College-Studenten, die mittels der „Physical Anhedonia"-Skala evaluiert und bei denen akustische EKP abgeleitet wurden, zeigte sich, daß Studenten mit extrem hohen Anhedonie-Scores eine signifikante Minderung der P3-Amplitude aufwiesen (Simons 1982, Miller et al. 1984). Eine Erniedrigung der P3-Amplitude war jedoch nur zu beobachten, wenn der auslösende Ton Signalcharakter aufwies und der Befund war besonders ausgeprägt, wenn das akustische Signal auf ein Ereignis von hohem Interesse hinwies. Bei analogen Untersuchungen mit Ableitung somatosensorisch evozierter Potentiale fand sich bei Probanden mit hohen Anhedonie-Scores eine signifikante Reduzierung der P400-Amplitude (Josiassen et al. 1985). Diese Komponente ist im Hinblick auf die Korrespondenz mit Prozessen der Informationsverarbeitung der P300-Welle akustisch ausgelöster EKP äquivalent.

Wir registrierten (Eikmeier et al. 1992 c, Olbrich 1992) bei 15 nach ICD-9 und RDC als schizophren klassifizierten Patienten die akustischen EKP im akuten Krankheitsschub (T_0, durchschnittlicher BPRS-Gesamtpunktwert: 50 ± 7) und nach Remission (T_1, BPRS: 31 ± 7) mittels eines 2-Ton-Diskriminationsparadigmas (Grundreiz: 800-Hz-Ton, 70 dB, p: 0,85; Signalreiz: 1.400-Hz-Ton, 70 dB, p: 0,15; ISI quasi random 1,1–4,1 s; Aufgabe: Kurzes Heben des rechten Zeigefingers auf den Signalreiz hin). Das Durchschnittsalter der Patienten war 29,6 ± 5,2 Jahre, die durchschnittliche Krankheitsdauer 5,4 ± 4,9 Jahre und bis auf 2 erhielten sie eine Neuroleptikamedikation. Die Kontrollgruppe bestand aus 11 altersgleichen, psychisch gesunden Probanden.

Die 2-Faktoren-ANOVA (Gruppe x Zeitpunkt) für wiederholte Messungen (T) zeigte für die Patienten eine gegenüber den Kontrollprobanden signifikant verlängerte Latenz und hochsignifikant erniedrigte Amplitude der P300 (Abb. 1). Die Interaktion zwischen den Hauptfaktoren „Gruppe" und „Zeitpunkt" war nicht signifikant, d. h. die gefundenen Veränderungen waren zu beiden Untersuchungszeitpunkten nachweisbar. In der Literatur finden sich nur wenige Hinweise für P3-Latenz-Veränderungen bei Schizophrenen, ganz im Gegensatz zur P3-Amplitude (Olbrich 1989).

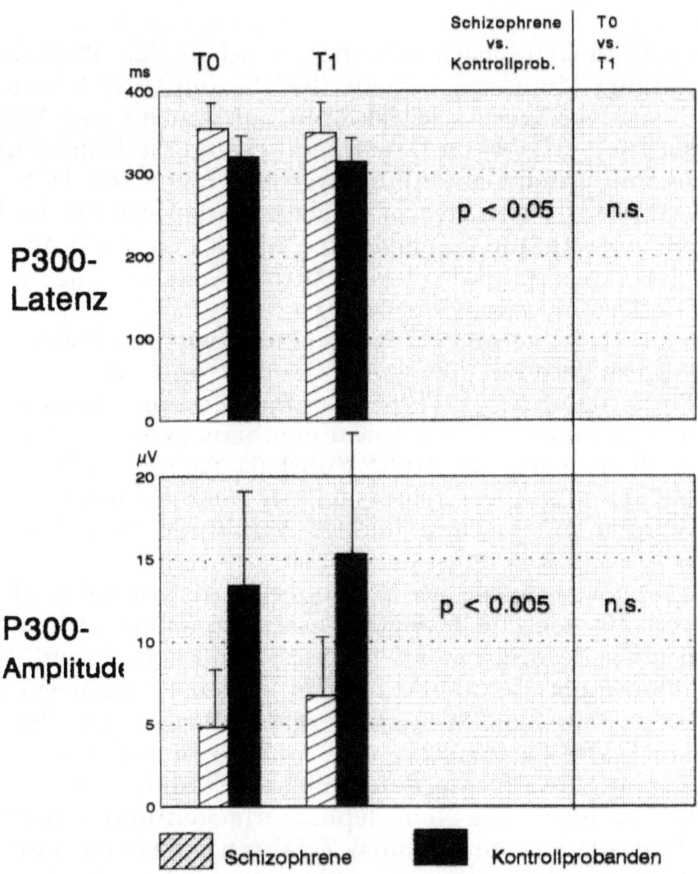

Abb. 1. Mittelwerte, Standardabweichungen und ANOVA-Ergebnisse für P300-Amplitude und -Latenz (Ableitungen von C_Z)

Tabelle 1. Korrelationen (Spearman's rho) zwischen P300 und Minussymptomatik (Ableitungen von C_Z, Zweituntersuchung)

	P300-Amplitude	P300-Latenz
INSKA-Gesamtpunktwert	–0,56*	0,41
SANS-Gesamtpunktwert	–0,54*	0,32
SANS-Subskalen:		
Affektverflachung-Affektstarrheit	–0,46	0,23
Alogie-Paralogie	0,21	0,13
Abulie-Apathie	–0,32	0,30
Anhedonie-Asozialität	–0,57*	0,20
Aufmerksamkeit	–0,39	0,56*

* $p < 0{,}05$

Die Korrelationen (Spearman's rho) zwischen den P3-Parametern und schizophrener Minussymptomatik (SANS- und INSKA-Scores) sind in Tabelle 1 wiedergegeben. Sie basieren auf den bei der Wiederholungsuntersuchung erhobenen Daten, hierbei wies die Patientengruppe einen durchschnittlichen Gesamtpunktwert der SANS von 31 ± 14 und der INSKA von 14 ± 6 auf. Hervorzuheben ist, daß sich für die P3-Amplitude signifikante Zusammenhänge sowohl mit dem INSKA– als auch mit dem SANS-Gesamtpunktwert fanden und weiterhin auch noch mit der SANS-Subskala Anhedonie-Asozialität.

Die hier beobachtete inverse Korrelation zwischen P300-Amplitude und Negativsymptomatik wurde auch von anderen Autoren berichtet. Pfefferbaum et al. (1989) fanden für unmedizierte schizophrene Patienten einen solchen Zusammenhang zwischen der P3-Amplitude und dem Score der BPRS-Subskala Anergie. Maurer et al. (1990) beobachteten in ihrer Untersuchung bei 8 Schizophrenen eine negative Korrelation zwischen der P3-Amplitude und dem SANS-Globalscore.

In einer weiteren Studie bei Schizophrenen (Krieger et al. 1992), deren Auswertung noch nicht abgeschlossen ist, kamen zu den obigen Ergebnissen teilweise diskrepante Befunde zur Beobachtung. So fand sich eine P300-Amplitudenminderung im akuten Krankheitsschub, jedoch nicht nach Remission. Weiterhin ergab sich zwischen P300-Amplitude und dem SANS-Gesamtscore eine positive Korrelation ($r = 0{,}45$; $p < 0{,}01$). Es muß erwähnt werden, daß, anders als bei der ersten Studie, die Patienten hier keine Neuroleptika erhielten und weiterhin eine kurze Krankheitsdauer von maximal 2 Jahren aufwiesen. Zur Zeit ist uns keine definitive Bewertung der Faktoren möglich, die für die Befunddiskrepanzen verantwortlich sein könnten. Der Befund einer positiven Korrelation zwischen P300-Amplitude und Minussymptomatik fügt sich durchaus in neurobiologische Konzepte zur Genese schizophrener Minussymptomatik bzw. der P3-Komponente. Nach Tandon und Greden (1989) geht das Auftreten schizophrener Minussymptomatik mit einer cholinergen Überaktivität des Zentralnervensystems einher. Experimentelle Untersuchungen bei Mensch und Tier legen nahe, daß an der Generierung der P3-Komponente das cholinerge System maßgeblich beteiligt ist (Pineda et al. 1991).

CNV und PINV

In psychophysiologischen Untersuchungen von Stichproben amerikanischer und deutscher Studenten zeigte sich, daß solche mit extrem hohen Scores in der „Physical Anhedonia"-Skala (Chapman) eine signifikant verminderte CNV-Amplitude (Miller et al. 1984) und eine signifikant erhöhte PINV-Amplitude (Lutzenberger 1983) aufwiesen. Das Auftreten bzw. die Erhöhung der PINV wurde als Korrelat eines Defizits interpretiert, Ungewißheit zu klären, welche durch eine mangelhafte Evaluation von Kontingenzen verursacht ist.

Wir untersuchten (Eikmeier et al. 1992 a) 16 remittierte Patienten mit der Diagnose Schizophrenie entsprechend DSM-III-R, die ein durchschnittliches Alter von 31,8 ± 4,7 Jahren und eine Krankheitsdauer zwischen 5–15 Jahren aufwiesen. Die Patienten erhielten eine Neuroleptikamedikation, die für drei Tage vor der Untersuchung unterbrochen wurde, und wiesen einen durchschnittlichen BPRS-Score von 32 ± 7 und einen durchschnittlichen SANS-Score von 30 ± 19 auf. Die Kontrollgruppe bestand aus 10 altersgleichen, psychisch gesunden Probanden.

CNV und PINV wurden im Rahmen eines Reaktionszeitparadigmas registriert, wobei einem Warnreiz (Click, 65 dB) im Abstand von 1 s ein imperativer Reiz (1.000 Hz-Dauerton, 75 dB) folgte, den der Proband durch Betätigen einer Taste mit dem rechten Zeigefinger zu beenden hatte. Die CNV wurde als durchschnittliche Amplitude der registrierten Potentialkurven zwischen 600 und 1.000 ms nach dem Warnreiz, die PINV als durchschnittliche Amplitude zwischen 500 und 700 ms nach dem imperativen Reiz ermittelt.

In Abb. 2 sind die Mittelwerte und Standardabweichungen von CNV- und PINV-Amplitude wiedergegeben, und zwar für die Schizophrenie- und Kontrollgruppe sowie für die Ableitungen F_z und C_z. Bei der 2-Faktoren-ANOVA (Gruppe x Ableitort) fanden sich für die CNV ein signifikanter Ableiteort – und für die PINV ein signifikanter Gruppeneffekt, wobei die Interaktion zwischen den beiden Faktoren für CNV ($F = 28{,}8$; $p = 0{,}0001$) und für PINV ($F = 8{,}6$; $p = 0{,}0073$) signifikant war. Demnach zeigten die Schizophrenen gegenüber den Kontrollprobanden für CNV- wie für PINV-Amplitude eine veränderte Skalpverteilung über der frontozentralen Hirnregion.

Die Berechnung der Korrelation zwischen CNV und PINV (abgeleitet

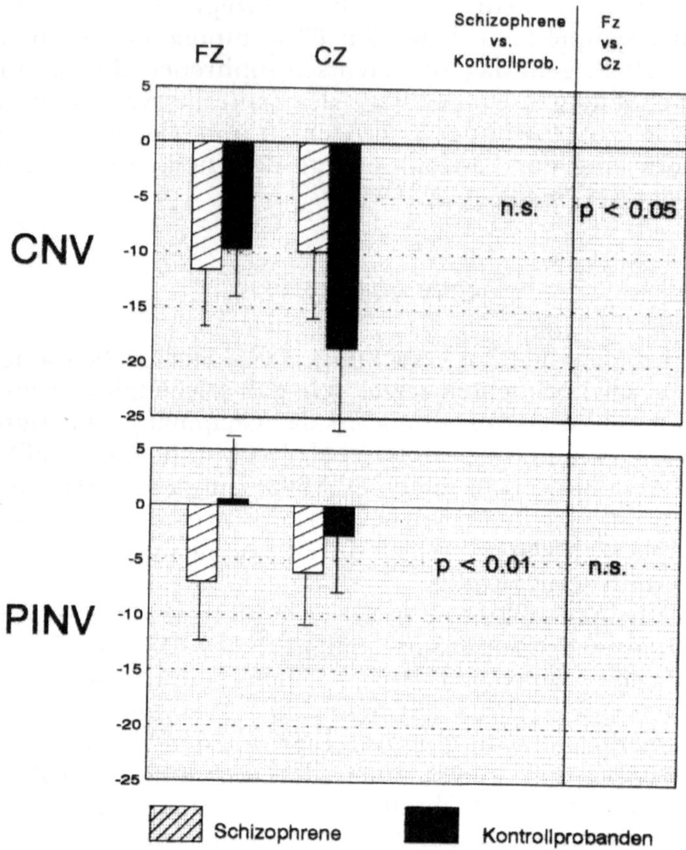

Abb. 2. Mittelwerte, Standardabweichungen und ANOVA-Ergebnisse für CNV- und PINV-Amplitude (Ableitungen von F_Z und C_Z)

von F_Z und C_Z) einerseits und Maßen schizophrener Negativsymptomatik (BPRS-Subskala Anergie und SANS) sowie der „Physical Anhedonia"-Skala (Chapman) andererseits ergab keine signifikanten Zusammenhänge. In Anlehnung an van den Bosch und Mitarbeitern (1988) wurde für die PINV die Differenzgröße $PINV_{CZ}$ minus $PINV_{FZ}$ (PINV-(CZ–FZ)) gebildet, die für die Schizophrenen (1,0 ± 2,7 μV) signifikant kleiner war als für die Kontrollprobanden (–3,2 ± 4,6 μV). In Tabelle 2 sind für die Schizophreniegruppe die Korrelationen zwischen dieser Differenzgröße und Maßen der Minussymptomatik wiedergegeben. Signifikante Zusammenhänge fanden sich für den BPRS-Subscore Anergie sowie für den Gesamtscore und 3 Subskalen der SANS. Erwähnenswert ist, daß sich keine signifikante Korrelation mit dem Score der „Physical Anhedonia"-Skala fand.

Unsere Beobachtungen einer verminderten CNV- und einer erhöhten PINV-Amplitude gegenüber Normalprobanden sind für Schizophrene häufig beschrieben (Pritchard 1986). Besondere Beachtung ver-

Tabelle 2. Korrelationen (Spearman's rho) zwischen Minussymptomatik und Differenzwerte PINV-(C_Z-F_Z) sowie Anzahl der elektrodermalen Orientierungsreaktionen bis zur Habituation

	PINV-(C_Z-F_Z)	Orientierungsreaktionen bis zur Habituation
BPRS-Gesamtpunktwert	–0,45	0,21
BPRS-Subskala Anergie	–0,62*	0,10
SANS-Gesamtpunktwert	–0,57*	0,21
SANS-Subskalen:		
Affektverflachung-Affektstarrheit	–0,56*	0,25
Alogie-Paralogie	–0,55*	0,08
Abulie-Apathie	–0,08	–0,09
Anhedonie-Asozialität	–0,56*	0,13
Aufmerksamkeit	–0,30	0,16
„Physical Anhedonia"-Skala (Chapman)	–0,48	0,12

* $p < 0{,}05$

dient unserer Einschätzung nach unsere Beobachtung, daß die schizophrenen Patienten eine gegenüber den Kontrollprobanden abweichende fronto-zentrale Skalpverteilung sowohl für CNV wie für PINV aufwiesen. Möglicherweise besteht auch hier ein Zusammenhang mit dem Umstand, daß nur für eine Differenzgröße (PINV-(CZ-FZ)), die den frontozentralen Skalpgradienten reflektiert, signifikante Korrelationen mit den psychopathologischen Variablen gefunden wurden. Auch van den Bosch und Mitarbeiter (van den Bosch et al. 1988, van den Bosch und Rozendaal 1988), die bei Patienten mit Schizophrenie und anderen Psychosen den Zusammenhang zwischen CNV und Maßen der Negativsymptomatik untersuchten, fanden signifikante Korrelationen bevorzugt für die Differenzgröße CNV-(CZ-FZ). Sie interpretierten ihre Befunde dahingehend, daß vulnerable, psychotische Patienten in Situationen hoher Anforderung die frontale corticale Aktivierung gegenüber der zentralen tendenziell reduzieren und zwar im Rahmen eines Copinggeschehens.

Elektrodermale Orientierungsreaktion

In psychophysiologischen Untersuchungen bei amerikanischen Collegestudenten zeigte sich, daß Probanden mit hohen Werten in der „Physical Anhedonia"-Skala eine verminderte elektrodermale Orientierungsreaktion aufwiesen (Simons 1981, Bernstein und Riedel 1987). Mit dieser Beobachtung fand sich für die elektrodermale Orientierungsreaktion eine ähnliche Befundkonstellation, wie sie bei Schizophrenen zu beobachten ist (Bernstein 1987).

Wir registrierten (Eikmeier et al. 1992 b) bei den oben beschriebenen Stichproben, bei denen die CNV und PINV untersucht wurden, die elektrodermale Orientierungsreaktion. Den Probanden wurde über Kopfhörer eine Serie von 15 Tönen (1. 000 Hz, 80 dB, 1 s Dauer, 25 ms Anstieg- und Abfallzeit) mit einem randomisierten Interstimulusintervall zwischen 20–40 s dargeboten. Die Probanden erhielten die Instruktion: „Schließen Sie die Augen! Sie werden Töne hören, Sie haben nichts zu machen, bleiben Sie ruhig und entspannt." Die Registrierung der Hautleitfähigkeit erfolgte von der volaren Seite der Endglieder von rechten Zeige- und Mittelfinger.

Unter den Kontrollprobanden fand sich kein, unter den Schizophrenen, überraschenderweise, nur ein einziger Non-Responder. Die durchschnittliche Zahl an elektrodermalen Reaktionen bis zur Habituation (Anzahl der beantworteten Reize bevor ein Proband auf zwei konsekutive Reize keine Antwort zeigte) betrug für die Schizophreniegruppe 6,3 ± 5,0 und für die Kontrollgruppe 8,9 ± 5,6 (Unterschied nicht signifikant).

Die Korrelationen (Spearman's rho) zwischen Anzahl der elektrodermalen Orientierungsreaktionen bis zur Habituation und Maßen der Negativsymptomatik sind in Tabelle 2 wiedergegeben. Keiner der berechneten Korrelationskoeffizienten erwies sich als signifikant, auch nicht derjenige für die „Physical Anhedonia"-Skala.

In verschiedenen Untersuchungen zur elektrodermalen Orientierungsreaktion bei Schizophrenen lag der Anteil der Non-Responder zwischen 0 % und 66 %, wobei man als Durchschnittswert etwa 40–50 % ansetzen kann (Bernstein 1987, Straube und Öhmann 1990). Die letztgenannten Autoren betonen die Beobachtung, daß auch bei gleichem methodischen Vorgehen der Anteil der elektrodermalen Non-Responder bei Schizophrenen sehr unterschiedlich ausfallen kann und vermuten als einen wichtigen Faktor hierfür unterschiedliche Stichprobenselektionen. Unsere Patientengruppe ist insbesondere durch eine lange Krankheitsdauer gekennzeichnet, auch erhielten alle Patienten eine Neuroleptikamedikation. Straube (1979) und Bernstein und Mitarbeiter (1981) fanden bei Studien zur elektrodermalen Orientierungsreaktion Schizophrener, bei denen die BPRS zur Anwendung kam, daß elektrodermale Non-Responder höhere Scores für die Items „emotionale Zurückgezogenheit" und „Zerfall der Denkprozesse" aufwiesen. Straube und Öhmann (1990) interpretierten dies als Beleg dafür, daß elektrodermale Non-Responder sich vorwiegend bei Schizophrenen mit Negativ-Symptomatik finden. Es muß allerdings darauf hingewiesen werden, daß „emotionale Zurückgezogenheit" nur eines von 4 Items der schizophrene Minussymptomatik repräsentierenden BPRS-Subskala Anergie ist und darüberhinaus auch Ausdruck eines Bewältigungsverhaltens sein kann. Weiterhin wird das Item „Zerfall der Denkprozesse" der BPRS-Subskala Denkstörung zugerechnet, die insgesamt schizophrene Positivsymptomatik repräsentiert.

Schlußfolgerungen

In Untersuchungen von klinisch unauffälligen Stichproben (Collegestudenten), bei denen die Zusammenhänge zwischen der „Physical Anhedonia"-Skala (Chapman und Chapman 1985) einerseits und P300, CNV, PINV und elektrodermale Orientierungsreaktion andererseits untersucht wurden, ergab sich eine weitaus konsistentere Befundkonstellation als in unseren Studien bei Schizophrenen, bei denen wir die Beziehungen zwischen Negativsymptomatik und diesen psychophysiologischen Variablen untersuchten. Zwischen P300-Amplitude und schizophrener Minussymptomatik fanden wir in einer Studie eine negative Korrelation, ein solcher Zusammenhang wurde auch von anderen Arbeitsgruppen beobachtet, in einer zweiten Untersuchung ergab sich eine positive Korrelation zwischen diesen Variablen. Für CNV und PINV zeigten sich keine Zusammenhänge mit Skalen schizophrener Negativsymptomatik, erst die abgeleitete Differenzgröße PINV-(CZ-FZ) erbrachte eine signifikante Korrelation. Schließlich fanden wir keine signifikanten Zusammenhänge zwischen Maßen der elektrodermalen Orientierungsreaktion und Minussymptomatik, wobei sich allerdings in unserem Untersuchungskollektiv nur einer von 16 Schizophrenen als elektrodermaler Non-Responder erwies. Konsistente Befunde zum Zusammenhang von Minus-Symptomatik und elektrodermaler Orientierungsreaktion sind uns von Untersuchungen anderer Gruppen nicht bekannt.

Zur Interpretation der geschilderten Befundlage könnte man einmal anführen, daß die „Physical Anhedonia"-Skala und die Skalen schizophrener Minussymptomatik, die im Rahmen der geschilderten Untersuchungen verwendet wurden, möglicherweise sehr unterschiedliche Substrate erfassen. Allerdings fanden wir in unseren Untersuchungen, in denen die „Physical Anhedonia"-Skala zur Anwendung kam, gleichfalls keine Zusammenhänge zwischen dieser Skala und den registrierten psychophysiologischen Größen (CNV, PINV und elektrodermale Orientierungsreaktion). Weiterhin könnte man anführen, daß die „Physical Anhedonia"-Skala möglicherweise nicht das leistet, wozu sie konzipiert wurde: Die Identifizierung von (zum Meßzeitpunkt) klinisch unauffälligen Personen, die ein erhöhtes Risiko einer späteren psychotischen (schizophrenen) Erkrankung aufweisen. Cohen (1989) äußerte in einer Bewertung dieser Skala Bedenken, ob sie solches zu leisten vermag. Schließlich ist angesichts der obigen Befundkonstellation zu erwägen, ob nicht lediglich durch hohe „Physical Anhedonia"-Scores auffällige Probanden und Patienten mit einem klinisch manifesten, schizophrenen und teilweise schon länger dauernden Krankheitsprozeß sehr unterschiedliche Formen psychophysiologischer Reagibilität aufweisen.

Das Konzept der schizophrenen Negativsymptomatik sowie der Positiv-Negativ-Dichotomie der Schizophrenie hat in den letzten Jahren eine Reihe von Einschränkungen erfahren. Angesichts dieser Tendenz überraschen unsere Beobachtungen, daß die Messungen von P300, CNV, PINV und elektrodermaler Orientierungsreaktion bei Schizophrenen im Hinblick auf die Negativsymptomatik vergleichsweise wenige konsistente Befunde erbrachten, letztlich nicht. Neuere konzeptuelle Ansätze beziehen komplexere Modelle ein, z. B. die Unterscheidung von drei verschiedenen Symptombereichen bei Schizophrenen oder die Annahme, daß Negativ- und Positivsymptomatik nicht als völlig getrennte, sondern als halb unabhängige Domänen der Psychopathologie fungieren (Malmberg und David 1993). Zur Validierung solcher Konzepte könnten gegebenenfalls psychophysiologische Studien mit Berücksichtigung der von uns untersuchten Meßgrößen einen wertvollen Beitrag leisten.

Literatur

Andreasen N (1982) Negative symptoms in schizophrenia: definition and reliability. Arch Gen Psychiatry 39: 784–788

Bernstein AS (1987) Orienting response research in schizophrenia: where we have come and where we might go. Schizophr Bull 13: 623–641

Bernstein AS, Riedel JA (1987) Psychophysiological response patterns in college students with high physical anhedonia: scores appear to reflect schizotypy rather than depression. Biol Psychiatry 22: 829–847

Bernstein AS, Taylor KW, Starkey P, Juni S, Lubowsky J, Paley H (1981) Bilateral skin conductance, finger pulse volume and EEG orienting response to tones of differing intensities in chronic schizophrenics and controls. J Nerv Ment Dis 169: 513–528

Chapman LJ, Chapman J (1985) Psychosis proneness. In: Alpert M (ed) Controversies in schizophrenia. Guilford Press, New York, pp 157–174

Cohen R (1989) Das Anhedonie-Konzept in der Schizophrenie-Forschung. Nervenarzt 60: 313–318

Eikmeier G, Lodemann E, Olbrich HM, Pach J, Zerbin D, Gastpar M (1992a) Altered fronto-central PINV topography and the primary negative syndrome in schizophrenia. Schizophr Res 8: 251–256

Eikmeier G, Lodemann E, Olbrich HM, Pach J, Zerbin D, Gastpar M (1992b) Postimperative negative variation and skin conductance response in chronic DSM-III-R schizophrenia. Acta Psychiatr Scand 86: 346–350

Eikmeier G, Olbrich HM, Lodemann E, Zerbin D, Unger C, Gastpar M (1992c) P300 und schizophrene Negativsymtomatik. In: Gaebel W, Laux G (Hrsg) Biologische Psychiatrie-Synopsis 1990/91. Springer, Berlin Heidelberg New York Tokyo, S 269–273

Fenton WS, McGlashan TH (1992) Testing systems for assessment of negative symptoms in schizophrenia. Arch Gen Psychiatry 49: 179–184

Josiassen RC, Shagass C, Roemer RA, Straumanis JJ (1985) Attention-related effects on somatosensory evoked potentials in college students at high risk for psychopathology. J Abnorm Psychol 94: 507–518

Kirkpatrick B, Buchanan RW (1990) Anhedonia and the deficit syndrome of schizophrenia. Psychiatry Res 31: 25–30

Krieger S, Lis S, Schnitzler A, Kalveram KT, Olbrich HM (1992) Untersuchungen zur automatischen und kontrollierten Informationsverarbeitung bei Schizophrenen mittels ereigniskorrellierter Potentiale. Vortrag, 3. Drei-Länder-Symposium für Biologische Psychiatrie, Lausanne

Lutzenberger W (1983) Evaluation of contingencies and conditional probabilities. Arch Psychiatr Nervenkr 233: 471–488

Malmberg AK, David AS (1993) Positive and negative symptoms in schizophrenia. Curr Opin Psychiatry 6: 58–62

Maurer K, Strick WK, Dierks T (1990) Die Bedeutung kognitiver Wellen in Bezug zur Minussymptomatik Schizophrener. In: Möller HJ, Pelzer E (Hrsg) Neuere Ansätze zur

Diagnostik und Therapie schizophrener Minussymptomatik. Springer, Berlin Heidelberg New York Tokyo, S 147–154

Miller GA, Simons RF, Lang PJ (1984) Electrocortical measures of information processing deficit in anhedonia. Ann NY Acad Sci 425: 598–602

Olbrich HM (1989) Ereigniskorrelierte Potentiale. In: Stöhr M, Dichgans J, Diener HC, Buettner UW (Hrsg) Evozierte Potentiale. Springer, Berlin Heidelberg New York Tokyo, S 513–587

Olbrich HM (1992) Psychophysiologische Korrelate kognitiver Störungen bei endogenen Psychosen. In: Gaebel W, Laux G (Hrsg) Biologische Psychiatrie-Synopsis 1990/91. Springer, Berlin Heidelberg New York Tokyo, S 202–205

Pfefferbaum A, Ford JM, White PM, Roth WT (1989) P3 in schizophrenia is affected by stimulus modality, response requirements, medication status, and negative symptoms. Arch Gen Psychiatry 46: 1035–1044

Pineda JA, Swick D, Foote SL (1991) Noradrenergic and cholinergic influences on the genesis of P3-like potentials. In: Brunia C, Mulder G, Verbaten M (eds) Event-related brain research. Elsevier, Amsterdam, pp 165–172

Pritchard WS (1986) Cognitive event-related potential correlates of schizophrenic. Psychol Bull 100: 43–66

Simons R (1981) Electrodermal and cardiac orienting in psychometrically defined high risk subjects. Psychiatry Res 4: 347–356

Simons RF (1982) Physical anhedonia and future psychopathology: an electrocortical continuity? Psychophysiology 19: 433–441

Straube E (1979) On the meaning of electrodermal nonresponding in schizophrenia. J Nerv Ment Dis 167: 601–611

Straube ER, Öhmann A (1990) Functional role of the different autonomic nervous system activity patterns formed in schizophrenia. – A new model. In: Straube ER, Hahlweg K (eds) Schizophrenia: concept, vulnerability, and intervention. Springer, Berlin Heidelberg New York Tokyo, pp 135–157

Szymanski S, Kane JM, Lieberman JA (1991) A selective review of biological markers in schizophrenia. Schizophr Bull 17: 99–111

Tandon R, Greden JF (1988) Cholinergic hyperactivity and negative schizophrenic symptoms. Arch Gen Psychiatry 46: 745–753

van den Bosch RJ, Rozendaal N (1989) Subjective cognitive dysfunction, eye tracking, and slow brain potentials in schizophrenic and schizoaffective patients. Biol Psychiatry 24: 741–746

van den Bosch RJ, Rozendaal N, Mol J (1988) Slow potential correlates of frontal function, psychosis and negative symptoms. Psychiatry Res 23: 201–208

Korrespondenz: Dr. H. M. Olbrich, Psychiatrische Klinik und Poliklinik der Universität, Hauptstraße 5, D-79104 Freiburg, Bundesrepublik Deutschland

Das Konzept der D2/S2-Antagonisten in der Therapie der Minussymptomatik

S. L. E. Heylen

Janssen Research Foundation, Beerse, Belgien

Nach nahezu vierzig Jahren klinischer Erfahrung mit Neuroleptika gibt es eine breite Übereinstimmung über die Verdienste und Grenzen ihrer Anwendung bei der Schizophrenie. Es wird allgemein akzeptiert, daß ihre Fähigkeit, zentrale Dopamin D_2-Rezeptoren zu blockieren, mit ihrer therapeutischen Wirksamkeit bei der Kontrolle positiver Schizophreniesymptome stark korreliert (Creese et al. 1976). Diese Rezeptorblockade wird aber auch für das Auftreten extrapyramidaler Symptome (EPS) verantwortlich gemacht. Eine andere Grenze für den Einsatz klassischer Neuroleptika ist das fast vollständige Fehlen eines Effekts auf negative Symptome bei chronischer Schizophrenie (Crow 1985).

EPS sind mit einer schlechten Compliance des Patienten und dadurch einem Rückfall verbunden (Van Putten 1974), während negative Symptome verlängerte Klinikaufenthalte bedingen (Keefe et al. 1987). Die Suche nach neuen antipsychotischen Substanzen konzentriert sich deshalb auf eine Vermeidung der EPS und auf eine Verbesserung der negativen Symptome. Dabei ging man nach zwei bedeutenden Methoden vor: die eine führte durch Verstärkung des antidopaminergen Effekts zu selektiveren Dopamin D_2-Antagonisten (z. B. Pimozid, Sulpirid, Remoxiprid, Raclоprid); die andere zielte auf eine breiter gefächerte Aktivität der Substanzen, die auch deutliche antiserotonerge Effekte aufweisen (z. B. Clozapin, Olanzapin, Pipamperon, Sertindol, Risperidon). Die Gründe für die zweite Vorgehensweise liegen in dem neurochemischen und pharmakotherpeutischen Nachweis mit z. B. Ritanserin, daß eine zentrale Blockade des Serotonin 5-HT_2-Rezeptors das Ausmaß der EPS vermindern und eine Verbesserung der negativen Symptome bewirken könnte (Bleich et al. 1988).

Risperidon ist ein Benzisoxazol-Derivat mit sowohl Serotonin 5-HT_2- als auch Dopamin D_2-Rezeptor-blockierenden Eigenschaften (Janssen et al. 1988, Leysen et al. 1988). Risperidon besitzt keine Affinität für cholinerge Muskarinrezeptoren. Es ist ein potenter und selektiver LSD-Antagonist, und im Gegensatz zu anderen Serotonin-Antagonisten, die zusätzlich LSD-agonistische Eigenschaften aufweisen, fehlt Risperidon jegliche LSD-ähnliche Aktivität (Meert et al. 1989). Bei Versuchen, welche die Wirksamkeit auf spontane motorische Aktivität in Ratten bewerten, wurde gezeigt, daß unter Risperidon normale, kleine Bewegungen über ein viel längeres Dosierungsintervall aufrechterhalten bleiben als unter Haloperidol. Dieser Effekt könnte mit seiner relativ niedrigen Katalepsie-induzierenden Potenz und einer geringen Neigung, EPS hervorzurufen, in Verbindung stehen (Megens et al. 1988, 1989).

In offenen Studien der Phase II zeigte Risperidon sowohl eine potente antipsychotische Wirkung als auch eine Verbesserung negativer und affektiver Symptome der Schizoprenie, verbunden mit einer nur geringen Neigung, EPS zu induzieren (Bersani et al. 1990, Castelao et al. 1989, Desseilles et al. 1990, Gelders 1989, Gelders et al. 1990, Meco et al. 1989, Mesotten et al. 1989, Möller et al. 1991, Roose et al. 1988). Dieses Profil wurde in komparativen Doppelblind-Studien gegen Haloperidol (Claus et al. 1992) und in einer Plazebo-kontrollierten Doppelblind-Studie gegen Haloperidol (Borison et al. 1992) bestätigt. In den Schlußfolgerungen der letztgenannten Untersuchung wurde vorgeschlagen, daß Risperidon therapeutische Qualitäten besäße, die gleich oder besser seien als die von Standard-Arzneistoffen, aber mit einem sehr verbesserten therapeutischen Index.

Auf diese Ergebnisse gestützt wurde ein großes Phase III-Programm eingerichtet, das aus zwei internationalen, multizentrischen Doppelblind-Untersuchungen mit parallelen Gruppen bestand. An der ersten Untersuchung nahmen 1362 chronisch schizophrene Patienten (DSM-III-R) aus 15 Ländern teil. Nach einer einwöchigen, einfachblinden „Wash-out" (Ausspülung) mit Plazebo, wurden sie nach dem Zufallsprinzip in eine der sechs Gruppen für eine 8 Wochen dauernde Doppelblind-Behandlung zugewiesen: 1, 4, 8, 12 oder 16 mg pro Tag Risperidon oder Haloperidol 10 mg.

An den Tagen –7, 0, 7, 14, 28, 42 und 56 wurde die Psychopathologie der Patienten anhand der „Positiven und Negativen Syndrom Skala für Schizophrenie" (PANSS, Kay et al. 1987, 1988) und anhand des klinischen allgemeinen Eindrucks beurteilt. Extrapyramidale Symptome wurden mit Hilfe der Extrapyramidalen Symptom-Beurteilungsskala (ESRS) bewertet. Zusätzliche Beurteilungen beinhalteten die UKU Checkliste für Nebenwirkungen, Lebenszeichen, Körpergewicht, EKG und Überprüfung der Laborwerte.

Die zweite Untersuchung, die in den USA und in Kanada an 523 Patienten ausgeführt wurde, war ähnlich konzipiert. Der einzige Unterschied bestand in einer anderen Gestaltung der Behandlungsgruppen: Risperidon 2, 6, 10 und 16 mg, Haloperidol 20 mg und Plazebo. Um eine Reproduzierbarkeit der Befragungen für die PANSS zu ermitteln, wurden auf Video aufgezeichnete Interviews der Patienten benutzt. Die Anwendung der ESRS wurde durch auf Video aufgezeichnete Untersuchungen der Patienten erklärt.

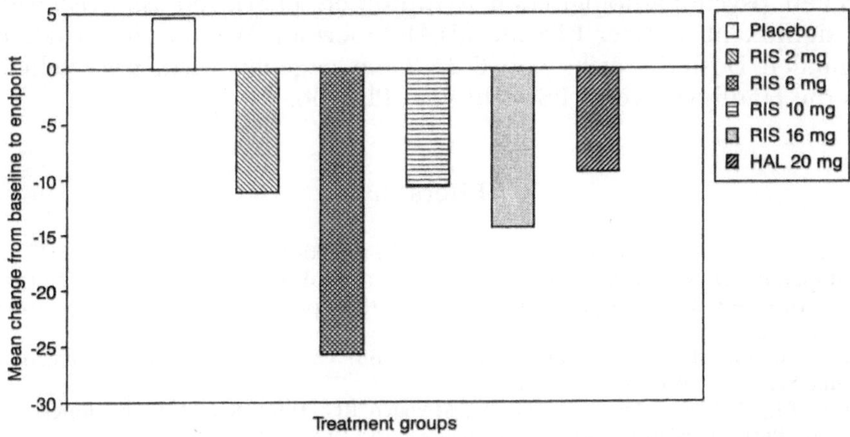

Abb. 1. Total PANSS (nach Chouinard et al. 1992)

Innerhalb der Risperidon-Gruppe zeigten die Ergebnisse, die von den 135 stationären Patienten erhalten wurden, die an der kanadischen Studie teilnahmen, ein optimales Ansprechen bei 6 mg pro Tag (siehe Abb. 1), während die Gesamtpunktzahl des Parkinsonismus, die mittels ESRS gemessen wurde, bei der gleichen Dosis sich nicht signifikant vom Plazebo unterschied (Chouinard et al. 1993).

Die Ergebnisse des internationalen Phase III-Programms zeigten, daß Risperidon in Dosierungen zwischen 4 bis 8 mg pro Tag Haloperidol sowohl bei positiven Symptomen, negativen Symptomen als auch bei generellen psychopathologischen Symptomen, die gemäß der PANSS definiert sind, überlegen ist.

Risperidon Dosen bis zu 8 mg lösten signifikant weniger EPS aus als Haloperidol, und die mit Risperidon behandelten Patienten benötigten eine signifikant geringere Antiparkinson-Medikation als die mit Haloperidol behandelten Patienten. Insbesondere waren bei allen Dosen von Risperidon Akathisie und akute Dystonie, die störendsten extrapyramidalen Symptome, im Gegensatz zu Haloperidol sehr selten aufgetreten. Risperidon-Dosen bis zu 10 mg waren in Hinblick auf EPS nicht signifikant vom Plazebo unterschieden. Darüberhinaus hatte Risperidon innerhalb dieses optimalen Dosisbereichs einen signifikanten antidyskinetischen Effekt.

Die allgemeine Sicherheit von Risperidon war ausgezeichnet: Es wurden keine signifikanten EKG-Veränderungen hervorgerufen, und bei Abnormalitäten der Laborwerte wurden keine signifikanten Unterschiede zwischen den Behandlungsgruppen beobachtet.

Langfristige Untersuchungen mit einer Behandlungsdauer von 12 Monaten, die mehr als 300 Patienten einschließen, zeigen, daß die therapeutische Wirkung und Sicherheit von Risperdon beibehalten bleiben.

Zum Abschluß kann Risperidon als ein potentes Antipsychotikum charakterisiert werden, das Haloperidol an positiven, negativen und generellen psychopathologischen Symptomen überlegen ist. Risperidon löst signifikant weniger EPS aus als Haloperidol: Wenn es innerhalb des optimalen Dosierbereichs von 6 ± 2 mg gegeben wird, unterscheidet sich die Häufigkeit von EPS nicht vom Plazebo.

Literatur

Bersani G, Bressa GM, Meco G, Marini S, Pozzi F (1990) Combined serotonin-5HT_2 and dopamine-D_2 antagonism in schizophrenia: clinical, extrapyramidal and neuro-endocrine response in a preliminary study with risperidone. Hum Psychopharmacol 5: 225–231

Bleich A, Brown SL, Kahn R, van Praag HM (1988) The role of serotonin in schizophrenia. Schizophr Bull 14: 297–315

Borison RL, Pathiraja, AP, Diamond BI, Meibach RC (1992) Risperidone: clinical safety and efficacy in schizophrenia. Psychopharmacol Bull 28, 2: 213–218

Castelao JF, Ferreira L, Gelders YG, Heylen SLE (1989) The efficacy of the D_2 and 5-HT_2 antagonist risperidon (R 64 766) in the treatment of chronic psychosis: an open dose finding study. Schizophr Res 2: 411–415

Chouinard G, Jones B, Remington G, Bloom D, Addington D, MacEwan GW, Labelle A, Beauclair L, Arnott W (1993) A Canadian multicenter placebo-controlled study of fixed doses of risperidone and haloperidol in the treatment of chronic schizophrenic patients. J Clin Psychopharmacol 13: 25–40

Claus A, Bollen J, De Cuyper H, Eneman M, Malfroid M, Peuskens J, Heylen S (1992) Risperidone versus haloperidol in the treatment of chronic schizophrenic inpatients: a multicentre double-blind comparative study. Acta Psychiatr Scand 85: 295–305

Creese I, Burt DR, Snyder SH (1976) Dopamine receptor binding predicts clinical and pharmacological potencies of antischizophrenic drugs. Science 192: 481–483

Crow TJ (1985) The two-syndrome concept: origins and current status. Schizophr Bull 11: 471–486

Desseilles M, Antoine J, Pietquin M, Burton P, Gelders Y, Heylen S (1990) Le rispéridone chez les patients psychotiques: une étude en ouvert portant sur la détermination de la dose. Psychiatr Psychobiol 5: 319–324

Gelders YG (1989) Thymosthenic agents, a novel approach in the treatment of schizophrenia. Br J Psychiatry 155 [Suppl 5]: 33–36

Gelders YG, Heylen SLE, Vanden Bussche G, Reyntjens AJM, Janssen PAJ (1990) Pilot clinical investigation of risperidone in the treatment of psychotic patients. Pharmacopsychiatry 23: 206–211

Janssen PAJ, Niemegeers CJE, Awouters F, Schellekens KHL, Megens AAHP, Meert TF (1988) Pharmacology of risperidone (R 64 766), a new antipsychotic with serotonin-S_2 and dopamine D_2 antagonistic properties. J Pharmacol Exp Ther 244: 685–693

Kay SR, Fiszbein A, Opler LA (1987) The positive and negative syndrome scale (PANSS) for schizophrenia. Schizophr Bull 13: 261–276

Kay SR, Opler LA, Lindenmayer JP (1988) Reliability and validity of the positive and negative syndrome scale for schizophrenics. Psychiatry Res 23: 99–110

Keefe RSE, Mohs RC, Losonczy MF, Davidson M, Silverman JM, Kendler KS, Horvath TB, Nora R, Davis KL (1987) Characteristics of very poor outcome in schizophrenia. Am J Psychiatry 144: 889–895

Leysen JE, Gommeren W, Eens A, de Chaffoy de Courcelles D, Stoo JC, Janssen PAJ (1988) Biochemical profile of risperidone, a new antipsychotic. J Pharmacol Exp Ther 247: 661–670

Meco G, Bedini L, Bonifati V, Sonsiniu (1989) Risperidone in the treatment of chronic schizophrenia with tardive dyskinesia. Curr Ther Res 46: 876–883

Meert TF, de Haes P, Niemegeers CJE (1989) Risperidone (R 64 766) a potent and complete LSD-antagonist in drug discrimination by rats. Psychopharmacology 97: 206–212

Megens AAHP, Awouters FHL, Niemegeers CJE (1988) Differential effects of the new antipsychotic risperidone on large and small motor movements in rats. Psychopharmacology 95: 493–496

Megens AAHP, Awouters FHL, Niemegeers CJE (1989) Interaction of haloperidol and risperidone (R 64 766) with amphetamine induced motility changes in rats. Drug Dev Res 17: 23–33

Mesotten F, Suy E, Pietquin M, Burton P, Heylen S, Gelders Y (1989) Therapeutic effect and safety of increasing doses of risperidone (R 64 766) in psychotic patients. Psychopharmacology 99: 445–449

Möller HJ, Pelzer E, Kissling W, Riehl T, Wernicke T (1991) Efficacy and tolerability of a new antipsychotic compound (risperidone): results of a pilot study. Pharmacopsychiatry 24: 185–189

Roose K, Gelders YG, Heylen S (1988) Risperidone (R 64 766) in psychotic patients: a first clinical therapeutic exploration. Acta Psychiatr Belg 88: 233–241

Van Putten T (1974) Why do schizophrenic patients refuse to take their drugs? Arch Gen Psychiatry 3: 67–72

Korrespondenz: Dr. S. L. E. Heylen, Janssen Research Foundation, B-2340 Beerse, Belgien

Therapeutische Möglichkeiten der Benzamide bei Minussymptomatik

G. Laux

Psychiatrische Universitätsklinik, Bonn, Bundesrepublik Deutschland

Die Gruppe der orthomethoxy-substituierten Benzamide setzt sich aus einer inzwischen großen Zahl zum Teil pharmakologisch-neurobiochemisch sehr heterogenen Substanzen zusammen. Zu den therapeutisch verfügbaren substituierten Benzamiden gehören die Substanzen Sulpirid, Remoxiprid, Amisulprid und Moclobemid (Abb. 1). Studien zur Behandlung schizophrener Minussymptomatik finden sich vor allem mit Sulpirid, Remoxiprid und Amisulprid.

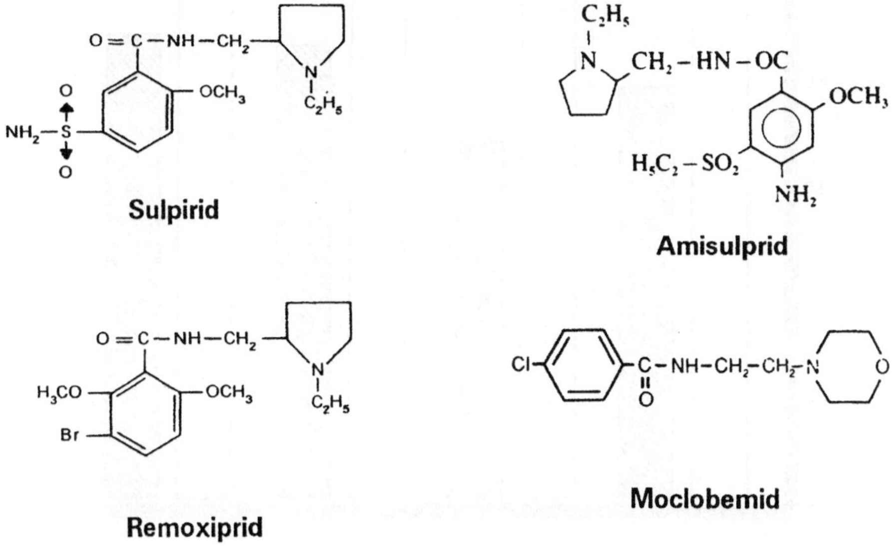

Sulpirid

Amisulprid

Moclobemid

Remoxiprid

Abb. 1. Strukturformeln im Handel befindlicher substituierter Benzamide

Sulpirid

Mit Sulpirid liegen nunmehr über 20jährige Behandlungserfahrungen vor. Klinisch-empirisch sowie in offenen Studien wurde über die Wirksamkeit dieser Substanz bei schizophrener Minussymptomatik berichtet. So konnten Laux und Rether (1984) bei N = 10 in einem Psychiatrischen Landeskrankenhaus längerfristig hospitalisierten chronisch Schizophrenen unter einer durchschnittlichen Dosierung von 375 mg Sulpirid pro die eine klinisch bedeutsame Besserung insbesondere der Minussymptomatik feststellen (Abb. 2). In Tabelle 1 sind die Studien zur Wirksamkeit von Sulpirid bei chronisch Schizophrenen bzw. schizophrener Minussymptomatik zusammengefaßt.

Aus der Zusammenstellung wird deutlich, daß in den wenigen vorliegenden kontrollierten Studien eine signifikante Wirksamkeit allerdings kaum verifiziert werden konnte. Da die Substanz dosisabhängig deutlich unterschiedliche pharmakologische Wirkeffekte zeigt (Abb. 3), könnten die enttäuschenden Ergebnisse mit der Verabreichung inadäquater Dosen zusammenhängen. Insbesondere die kontrollierten Dosie-

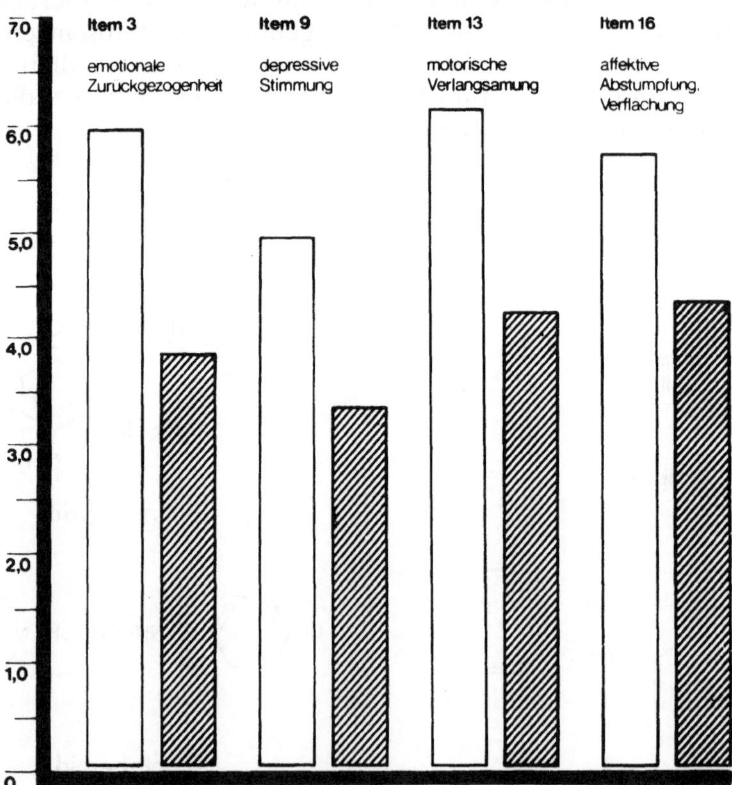

Abb. 2. Ausprägung verschiedener BPRS-Items bei N = 10 chronisch Schizophrenen vor (□) und nach (▨) Behandlung mit Sulpirid (nach Laux und Rether 1984)

Tabelle 1. Studien zur Wirksamkeit von Sulpirid (S) bei chronischer Schizophrenie/schizophrener Minussymptomatik

Autoren	N	Studiendesign	$\bar{x}$ Dosis pro die	Ergebnis Negativsympt.	Nebenwirkungen
Elizur und Davidson (1975)	14	offen (mit wash out)	800 mg (initial i. m.)	+ (5 Pat.) (Autismus)	k. A.
Edwards et al. (1980)	38	db vs Trifluperazin (T)	S: 1073 mg T: 23 mg	S = T	S: Unruhe S = T bzgl. EPMS
Rama Rao et al. (1981)	30 (w)	db vs Haloperidol (H)	S: 1200 mg H: 10 mg	S = H	S: Prolaktinanstieg, weniger EPMS
Hofmann und Dafalias (1983)	40	offen	S 450 mg (initial i. m.)	+ (26 Pat.)	S: Unruhe, leichte EPMS, 5x Abbruch
Laux und Rether (1984)	10	offen	S: 375 mg	+ (8 Pat.)	S: Unruhe, Schlafst. Galaktorrhoe
Gerlach et al. (1985)	20	db cross-over vs Haloperidol	S: 2000 mg H:12 mg	S = H	S: weniger EPMS
Wiesel et al. (1985)	50	db vs Chlorpromazin (CPZ)	S: 800 mg CPZ: 400 mg	S > CPZ (insbes. in niedriger Dos.)	k. A.
Petit et al. (1987)	17	db 2 Dosierungen	150 vs. 1200 mg	150 mg > 1200 mg	
Lepola et al. (1989)	30	db vs Perphenazin	S: 900 mg P: 24 mg	S = P	S: Schlafst. Galakt., Amenorrhoe
Catapano et al. (1991)	10	2 Dosierungen mit Placebointervall	75 mg vs 600 mg L-Sulpirid	75 mg > 600 mg	

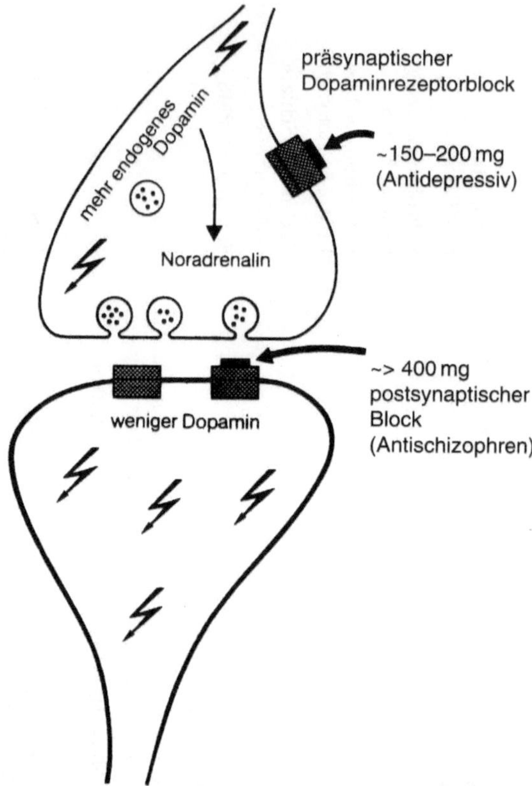

Abb. 3. Dosisabhängige prä- bzw. postsynaptische Dopamin-Rezeptorwirkung von Sulpirid (nach Alander et al. 1980)

rungsstudien von Petit et al. (1987) sowie von Catapano et al. (1991) sprechen dafür, daß die erwünschte „antiautistische“, aktivierende Wirkung von Sulpirid nur in niedrigeren Dosen (unter 250 mg/d) auftreten, nicht bei höheren, Dopaminrezeptor-blockierenden Dosierungen (über 600 mg/d).

Remoxiprid*

Erste kontrollierte Vergleichsstudien mit Haloperidol sprechen dafür, daß der selektive Dopamin D_2-Rezeptorantagonist Remoxiprid – möglicherweise bedingt durch seine hypostasierte mesolimbische Wirkpräferenz – günstige Effekte hinsichtlich einer Negativsymptomatik zeigen kann. Tabelle 2 gibt eine Übersicht zu den bislang vorliegenden Doppelblindstudien zur Wirksamkeit von Remoxiprid bei stationär behandel-

* Nach Auftreten von 8 Fällen von aplastischer Anämie unter Remoxiprid wurde die Substanz im Januar 1994 vom Hersteller vorläufig vom Markt zurückgezogen

Tabelle 2. Studien zur Wirksamkeit von Remoxiprid (R) bei chronischer Schizophrenie/schizophrener Minussymptomatik

Autoren	N	Studiendesign	$\bar{x}$ Dosis pro die	Ergebnis Negativsympt.	Nebenwirkungen
Cooper et al. (1990) King et al. (1990)	39	db vs Placebo	225 mg	R ≥ Pl	n. b.
Laux et al. (1990)	160	db vs Haloperidol (H)	R: 395 mg H: 17 mg	R ≥ H	R signif. weniger EPMS
Lewander et al. (1990)	1104 (Meta-analyse)	db vs Haloperidol (H)	R: 386 mg H: 15,8 mg	R = H	R signif. weniger EPMS
Pflug (1992)	418 (Meta-analyse)	db vs Haloperidol (H)	R: 375 mg H: 16 mg	R > H	R signif. weniger EPMS
Laux (im Druck)	419 (Meta-analyse)	db vs Haloperidol (H)	R: 375 mg H: 15,8 mg	R > H (Frauen tend. bessere Response)	R signif. weniger EPMS

ten Schizophrenen. Hierbei ist allerdings zu beachten, daß es sich bei diesen Studien um Kurzzeitbehandlungen über 4–6 Wochen bei akut dekompensierten bzw. erkrankten Schizophrenen handelt, lediglich in der Studie von Cooper et al. (1990) bzw. King et al. (1990) wurden chronisch Schizophrene bis zu 6 Monate lang mit Remoxiprid versus Placebo behandelt.

Wie aus den Abb. 4 bis 7 ersichtlich, wies Remoxiprid im Vergleich zu Haloperidol in einigen Studien tendenziell oder signifikant günstigere Behandlungsergebnisse hinsichtlich der Minussymptome bei hochsignifikant selteneren Auftreten extrapyramidal-motorischer Nebenwirkungen auf.

So zeigten eigene Studien ein tendenziell günstigeres Wirkprofil in den BPRS-Faktoren 1 (Angst/Depression) und 2 (Anergie) (Laux 1991, 1992, Laux et al. 1990, 1992) (Abb. 4). Pflug (1992) fand in einer Meta-Analyse der drei in Deutschland und Österreich durchgeführten Multicenter-Studien eine signifikante Überlegenheit von Remoxiprid in den BPRS-Faktoren 2 und 7 (negative Symptome) im Vergleich zu Haloperidol (Abb. 5, vgl. Tabelle 2). Die Meta-Analyse von Lewander et al. (1990) von N = 1104 Behandlungsfällen erbrachte allerdings für den Untersuchungszeitraum von 4–6 Wochen keine signifikanten Wirkunterschiede zwischen Remoxiprid und Haloperidol bezüglich der schizophrenen Minussymptomatik (siehe Abb. 6).

An dieser Stelle sei erwähnt, daß eine durchgeführte statistische Analyse zur Geschlechtsvariable tendenziell eine höhere Response-Rate für Frauen (sowohl unter Remoxiprid als auch unter Haloperidol) ergab (Laux et al. im Druck). Dies könnte möglicherweise mit dem früheren Erkrankungsbeginn schizophrener Psychosen bei Männern zusammenhängen; allerdings zeigte sich im analysierten Untersuchungskollektiv überraschenderweise kein signifikanter Einfluß der Krankheitsdauer auf die Response-Rate unter Remoxiprid.

Aufgrund dieses bislang vorliegenden Datenmaterials (keine per definitionem chronische Patienten, keine speziellen Minussymptomatik-Erhebungsinstrumente) ist eine Beurteilung der Wirksamkeit von Remoxiprid auf schizophrene Minussymptomatik derzeit nicht möglich. Interessant erscheinen uns aber 4 Kasuistiken von Patienten unseres Hauses mit operational definierter schizophrener Minussymptomatik, die dokumentiert anhand der PANSS-Skala unter Remoxiprid klinisch eindrucksvolle Besserungen zeigten (Abb. 7; vgl. hierzu auch den Beitrag von Broich et al. mit den SPECT-Befunden dieser Patienten, siehe Seite 163ff.).

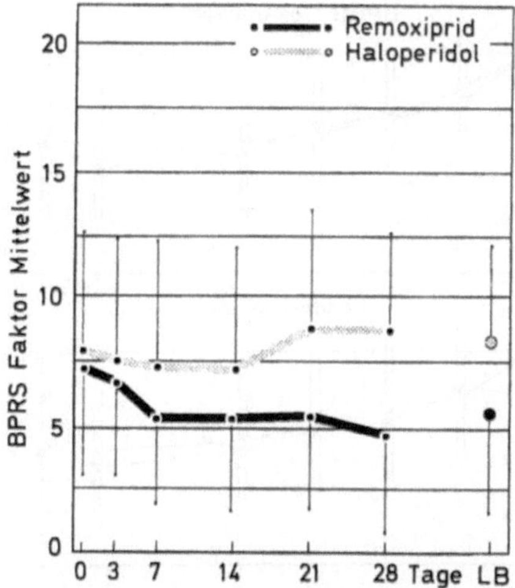

Abb. 4. BPRS-Faktor 2 (Anergie) Scores unter Behandlung mit Remoxiprid versus Haloperidol (N = 30) *LB* Letzte Beurteilung (nach Laux 1991)

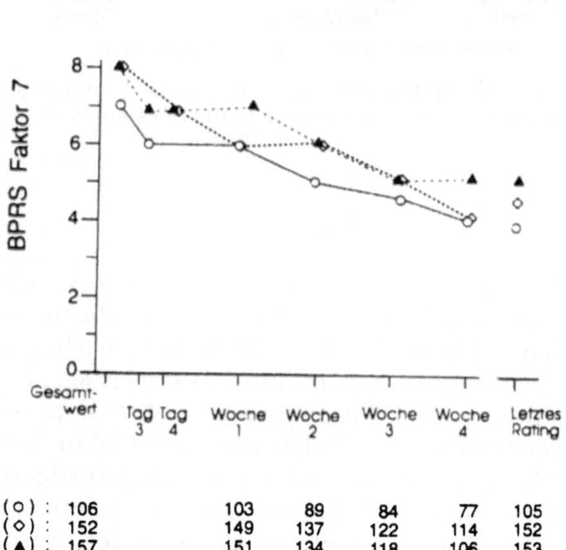

Abb. 5. BPRS-Faktor 7 (negative Items) Scores unter Behandlung mit Remoxiprid versus Haloperidol (N = 418) (nach Pflug 1992)

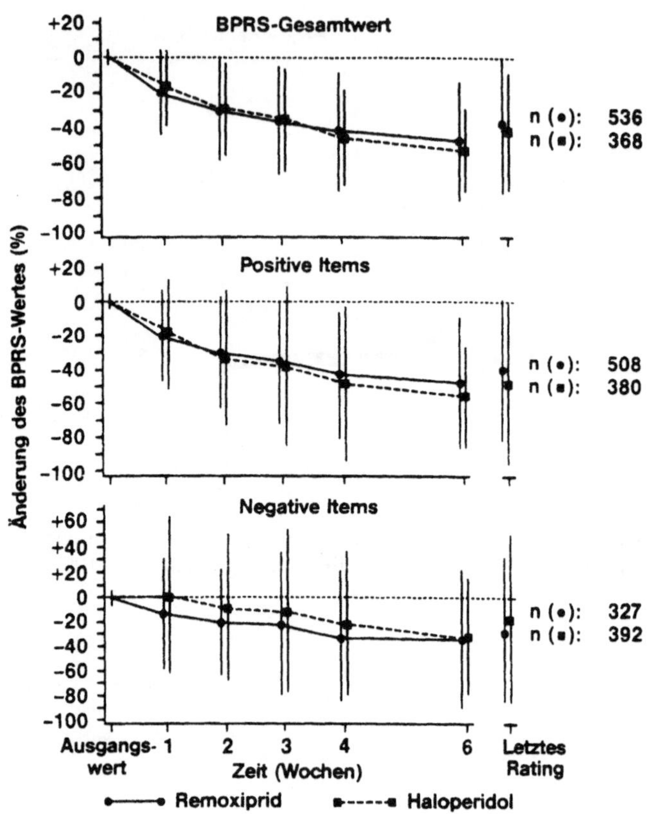

Abb. 6. Veränderungen des BPRS-Gesamtscores der positiven und negativen Items unter Behandlung mit Remoxiprid versus Haloperidol (Meta-Analyse N = 1104) (nach Lewander et al. 1990)

Amisulprid

Ähnlich stellt sich die Situation für das z. B. in Frankreich bereits zugelassene, bei uns noch in klinischer Prüfung befindliche Amisulprid dar. Tabelle 3 gibt eine Übersicht über die bislang vorliegenden Studien. Diese umfassen zum einen kontrollierte Dosisvergleiche, zum anderen Doppelblindstudien versus Fluphenazin und Haloperidol. Während Pichot und Boyer (1989) sowie Delcker et al. (1990) im Vergleich zu Fluphenazin bzw. Haloperidol für Amisulprid eine günstigere Wirksamkeit hinsichtlich Minussymptomatik fanden, konnten Saletu et al. (1991) eine solche nur in einigen psychometrischen Befunden, nicht aber im klinisch-psychopathologischen Befund mittels SANS-Skala objektivieren. Abbildung 8 gibt die signifikant günstigere Wirksamkeit von Amisulprid in den Parametern Angst-Depression, Anergie und Inhibierung in der Studie von Pichot und Boyer bei N = 62 Patienten wieder. Auch hier müssen deshalb für eine abschließende Beurteilung die Ergebnisse weiterer, z. T. laufender kontrollierter Studien abgewartet werden.

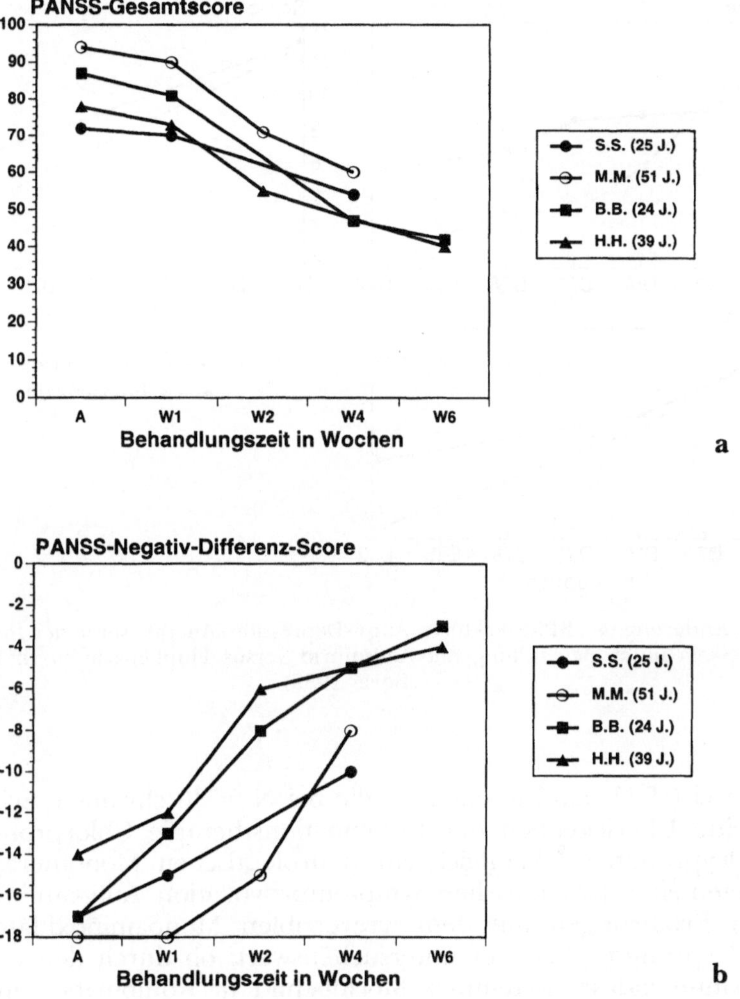

Abb. 7. Verlauf des PANSS-Gesamtscores (**a**) und des PANSS-Negativ-Differenzscores (**b**) unter Remoxiprid bei 4 Patienten mit schizophrener Minussymptomatik

Moclobemid

Insbesondere von Klinikern werden immer wieder Antidepressiva als Co-Medikation in der Therapie chronisch schizophrener Psychosen eingesetzt. Siris et al. (1978) kommen allerdings in ihrer Übersichtsarbeit zu den bis zu diesem Zeitpunkt vorliegenden Studien zu dem Ergebnis, daß in den meisten Fällen die Neuroleptika-Antidepressiva-Kombination im Vergleich zur Neuroleptika-Monotherapie keinen günstigeren Effekt zeigte. In verschiedenen Studien wurde jedoch über eine positive Beeinflussung schizophrener Minussymptomatik durch die kombinierte Behandlung mit Neuroleptika und Antidepressiva berichtet (Übersicht: Müller-Spahn et al. 1992).

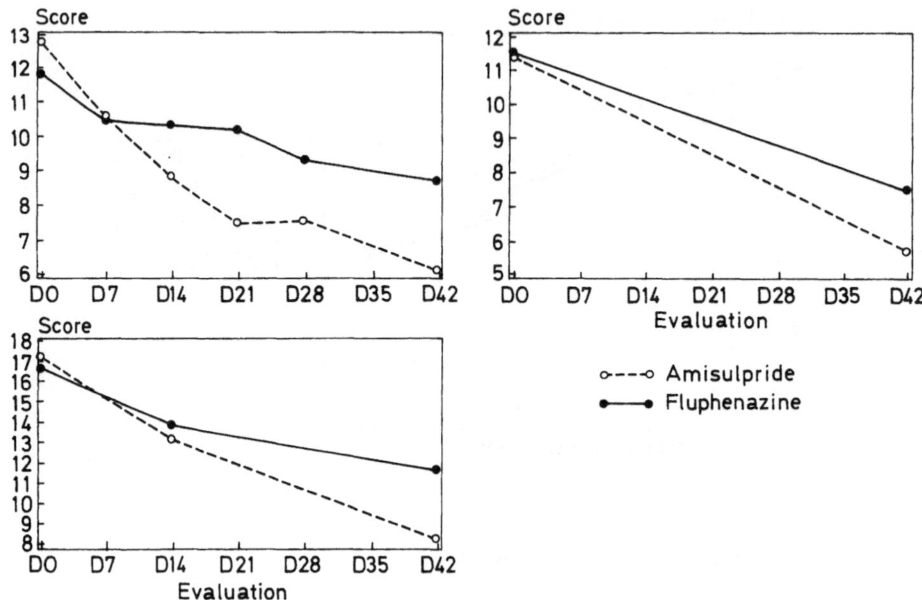

Abb. 8. Änderung der BPRS-Faktoren Angst-Depression, Anergie sowie der Inhibierungs-Defekt-Skala unter Behandlung mit Amisulprid versus Fluphenazin (nach Pichot und Boyer 1989)

Bucci (1987) fand in einer Studie bei N = 30 chronisch Schizophrenen eine Überlegenheit der Kombinationstherapie Chlorpromazin mit Tranylcypromin im Vergleich zur neuroleptischen Monotherapie ohne Auftreten einer psychotischen Symptomprovokation. Aufgrund dieser positiven Erfahrungen mit dem irreversiblen Monoaminoxidasehemmer Tranylcypromin scheint es untersuchenswert, ob durch den reversiblen Monoaminoxidase A-Hemmer Moclobemid in Kombination mit einem Neuroleptikum eine günstige Beeinflussung schizophrener Minussymptomatik möglich ist. Erste Befunde hierzu wurden von Einwächter (1992) vorgelegt: Er behandelte N = 18 schizophrene Patienten mit ausgeprägten Basisstörungen (nach Huber) zusätzlich zur neuroleptischen Dauermedikation mit 300 mg Moclobemid pro die über 6 Wochen. Er fand unter der Behandlung mit dem antriebssteigernden Benzamid Moclobemid eine Besserung u. a. des Items Anhedonie um 56 % und einen Rückgang des Gesamtscores des Frankfurter-Beschwerdebogens nach Süllwold um 29 %. Bei 2 Patienten traten psychotische Exazerbationen auf.

Zusammenfassend läßt sich mit Möller (1993) konstatieren, daß die Durchführung methodisch anspruchsvollerer Studien unter Beachtung diagnostisch-typologischer (chronisch-stabile Negativsymptomatik), differentialdiagnostischer (Depression, sekundäre Negativsymptomatik) und differentialtherapeutischer Aspekte (extrapyramidalmotorische Störungen, „pharmakogene Depression“) dringend angezeigt ist.

Tabelle 3. Studien zur Wirksamkeit von Amisulprid (A) bei chronischer Schizophrenie/schizophrener Minussymptomatik

Autoren	N	Studiendesign	$\bar{x}$ Dosis pro die	Ergebnis Negativsympt.	Nebenwirkungen
Mann et al. (1984)	14	offen	675 mg	Anergie-, Apathie-Syndr. unverändert	EPMS (Frühdyskinesie, Akathisie)
Clerc (1989)	12	db 2 Dosierungen	20–120 mg 100–600 mg	Niedr. > höhere Dosis	n. b.
Boyer (1989)	104	db 2 Dosierungen, Placebo	100 mg 300 mg Pl	SANS: 300 mg > 100 mg > Pl	geringe EPMS, Schlafst., Unruhe
Pichot und Boyer (1989)	62	db vs Fluphenazin (F)	A: 230 mg F: 9,8 mg	A > F	A weniger drop outs, weniger EPMS
Delcker et al. (1990)	41	db vs Haloperidol (H)		A > H (Angst/Depr., somat. depr. Syndrom)	A weniger EPMS
Terra et al. (1990)	71	offen	150 mg	Score-Reduktion 40 %	Somnolenz, Insomnie; EPMS, Galakt., Amenorrhoe
Saletu et al. (1991)	40	db vs Fluphenazin (F)	A: 50–100 mg F: 2–4 mg	A = F (SANS) A > F (Psychometrie)	A weniger EPMS

Literatur

Alander T, Anden NE, Grabowska-Anden M (1980) Metoclopramide and sulpiride as selective blocking agents of pre- and post-synaptic dopamine receptors. Naunyn Schmiedebergs Arch Pharmacol 312: 145–150

Boyer P (1989) Amisulpride in the treatment of negative schizophrenic symptoms: results of a double-blind controlled trial versus a placebo. In: Borenstein P, Boyer P, Braconnier A, et al (eds) Amisulpride. Expansion Scientifique Francaise, Paris, pp 111–124

Bucci L (1987) The negative symptoms of schizophrenia and monoamine oxidase inhibitors. Psychopharmacology 91: 104–108

Catapano F (1991) Efficacia della l-sulpiride a due differenti dosaggi sulla sintomatologia negativa della schizofrenia. Rivista Psichiatria 26: 315–319

Catapano F, Maj M, Grimaldi F, et al (1992) Efficacy of low vs. high doses of levosulpride on negative symptoms of schizophrenia. Pharmacopsychiatry 25: 166

Clerc G (1989) Double-blind study of amisulpride at different dosages in negative schizophrenic patients. In: Borenstein P, Boyer P, Braconnier A, et al (eds) Amisulpride. Expansion Scientifique Francaise, Paris, pp 105–110

Cooper SJ, King DJ, Blomqvist M, et al (1990) A 24 weeks' relapse prevention study of remoxipride and placebo in chronic schizophrenic patients. CINP Abstract Vol 11: 249

Delcker A, Schoon ML, Oczkowski B, Gaertner HJ (1990) Amisulpride versus haloperidol in treatment of schizophrenic patients – results of a double-blind study. Pharmacopsychiatry 23: 125–130

Edwards G, Alexander JR, Alexander MS, et al (1980) Controlled trial of sulpiride in chronic schizophrenic patients. Br J Psychiatry 137: 522–529

Einwächter HM (1992) Die Wirkung von Moclobemide auf die Basisstörungen bei endogenen Psychosen. Fortschr Neurol Psychiat 60 (Sonderheft 2): 174

Elizur A, Davidson S (1975) The evaluation of the anti-autistic activity of sulpiride. Curr Ther Res 18: 578–583

Gerlach J, Behnke K, Heltberg J, et al (1985) Sulpiride and haloperidol in schizophrenia: a double-blind cross-over study of therapeutic effect, side effects and plasma concentrations. Br J Psychiatry 147: 283–288

Hofmann G, Dafalias C (1983) Sulpirid in der Behandlung der akuten und chronischen Schizophrenien. Psycho 9: 599–601

Laux G (1991) Remoxiprid vs. Haloperidol bei akuten schizophrenen Psychosen. Eine Übersicht kontrollierter Vergleichsstudien. Münch Med Wochenschr 133: 772–776

Laux G (1992) Remoxiprid – ein atypisches Neuroleptikum der Benzamidgruppe. Fundamenta Psychiatrica 6: 45–51

Laux G, Hebenstreit GF, Amman J, et al (1992) Eine multizentrische, doppel-blinde Vergleichsstudie von Remoxiprid retard, Remoxiprid und Haloperidol bei schizophrenen Psychosen. Krankenhauspsychiatrie 3: 33–38

Laux G, Klieser E, Schröder HG, et al (1990) A double-blind multicentre study comparing remoxipride, two and three times daily, with haloperidol in schizophrenia. Acta Psychiatr Scand 82 [Suppl 358]: 125–129

Laux G, Rether H (1984) Der Einsatz von Clozapin und Sulpirid bei therapieresistenten Psychosen aus dem schizophrenen Formenkreis. In: Hopf A, Beckmann H (Hrsg) Forschungen zur biologischen Psychiatrie. Springer, Berlin Heidelberg New York, S 253–256

Lepola U, Koskinen T, Rimon R, et al (1989) Sulpiride and perphenazine in schizophrenia. Acta Psychiatr Scand 80: 92–96

Lewander T, Westerbergh SE, Morrison D (1990) Clinical profile of remoxipride – a combined analysis of a comparative double-blind multicentre trial programme. Acta Psychiatr Scand 82 [Suppl 358]: 92–98

Möller HJ (1993) Neuroleptic treatment of negative symptoms in schizophrenic patients. Efficacy problems and methodological difficulties. Eur Neuropsychopharmacol 3: 1–11

Müller-Spahn F, Modell S, Thomma M (1992) Neue Aspekte in der Diagnostik, Pathogenese und Therapie schizophrener Minussymptomatik. Nervenarzt 63: 383–400

Petit M, Zann M, Lesieur P, Colonna L (1987) The effect of sulpiride on negative symptoms of schizophrenia. Br J Psychiatry 150: 270–271

Pflug B (1992) Antipsychotische Wirksamkeit von Remoxiprid. Krankenhauspsychiatrie 3 [Suppl 1]: 28–31

Pichot P, Boyer P (1989) Controlled double-blind multi-centre trial of low dose amisulpride versus fluphenazine in the treatment of the negative syndrome of chronic schizophrenia. In: Borenstein P, Boyer P, Braconnier A, et al (eds) Amisulpride. Expanison Scientifique Francaise, Paris, pp 125–137

Rama Rao VA, Bailey J, Bishop M, Coppen A (1981) A clinical and pharmacodynamic evaluation of sulpiride. Psychopharmacology 73: 77–80

Saletu B, Küfferle B, Grünberger J, et al (1991) Clinical, brain mapping and psychometric studies in negative schizophrenia: comparative trials with amisulpride and fluphenazine. Eur Neuropsychopharmacol 1: 473

Siris SG, van Kammen DP, Docherty JP (1978) Use of antidepressant drugs in schizophrenia. Arch Gen Psychiatry 36: 1368–1377

Terra JL, Chatard JP, Dufour H, et al (1990) Value of amisulpride in schizophrenia with negative symptoms. Results of an open multicenter trial as single-drug therapy. Sem Hop 66: 251–258

Wiesel F, Alfredsson G, Bjerkenstedt L, et al (1985) Le dogmatil dans le traitement des symptomes negatifs chez des patients schizophrenes. Sem Hop 61: 1317–1321

Korrespondenz: Prof. Dr. med. Dipl.-Psych. G. Laux, Psychiatrische Klinik und Poliklinik, Universität Bonn, Sigmund-Freud-Straße 25, D-53105 Bonn, Bundesrepublik Deutschland

Behandlungsergebnisse mit präsynaptischen und postsynaptischen Dopamin-Agonisten bei Minussymptomatik

S. Kasper, P. Danos, G. Höflich und **H.-J. Möller**

Psychiatrische Universitätsklinik, Bonn, Bundesrepublik Deutschland

Ähnlich wie für Antidepressiva wird auch bei der Entwicklung von neuen Neuroleptika (Übersicht siehe Tabelle 1) u. a. das Ziel verfolgt, bei gleicher bzw. besserer therapeutischer Wirkung ein günstigeres Nebenwirkungsprofil zu erreichen. Die zur Zeit im Handel befindlichen Neuroleptika unterscheiden sich einerseits hinsichtlich der Stärke und Spezifität der Dopamin-Rezeptorblockade und andererseits hinsichtlich der Wirkung auf weitere Rezeptoren (z. B.: histaminerg, muskarinisch, serotonerg, alpha-adrenerg). Die unterschiedliche Wirkung auf diese Rezeptoren, aber auch auf Dopamin-Subtypen (D1, D2) und dabei deren toposelektive Präferenz bestimmen sowohl die Wirkung als auch das Nebenwirkungsprofil.

Für die Entwicklung neuer Neuroleptika wurde das Ziel gesteckt, daß diese Substanzen sowohl nebenwirkungsarm sind als auch eine günstige Wirkung auf die Minussymptomatik entfalten. Diese Entwicklungslinien (geringere Nebenwirkungsrate, günstiger Effekt auf Minussymptomatik) waren auch maßgebend für die Entwicklung von präsynaptischen Dopamin-Autorezeptor-Agonisten (PDAA) und für die postsynaptischen Dopamin-Agonisten.

Biochemie und Wirkmechanismus der präsynaptischen Dopamin-Autorezeptor-Agonisten (PDAA)

Da antipsychotisch wirkende Neuroleptika eine Blockade der Dopamin-Rezeptoren hervorrufen, geht man davon aus, daß einem Überschuß zentralnervös-dopaminerger Aktivität in der Pathogenese schizophrener Erkrankung eine bedeutsame Rolle zukommt (Snyder 1982, Carlsson 1988, 1991).

Tabelle 1. Wirkprinzipien und daraus resultierende neue bzw. atypische Neuroleptika

1) Selektive D2-Antagonisten (substituierte Benzamide)	
Amisulprid	Racloprid
Iodosulprid	Remoxiprid
Prosulprid	
2) Kombinierte D2-S2 Antagonisten	
Risperidon	Olanzapin
Zotepin	Tefludazin
Setoperon	Clozapin
3) Dopamin-Autorezeptor-Agonisten	
Roxindol	OPC-4392
Talipexol	Pramipexol
4) Partielle Dopamin-Agonisten	
Tergurid	SDZ HDC 912
5) Präferentiell mesolimbisch wirkende D2-Antagonisten	
Savoxepin	Maroxepin
Amerozid	Piguindon
Citatepin	Tiaspiron
Eresepin	Clozapin
6) Weitere Wirkprinzipien:	
D1-Antagonisten	Clozapin, SCH 23390
D3-Antagonisten	Clozapin, Sulpirid, Amisulprid
5HT3-Antagonisten	Odansetron, Zacoprid

In Abb. 1 sind die Verhältnisse an den präsynaptischen und postsynaptischen Nervenendigungen schematisch dargestellt (nach Roth et al. 1987). Bei dopaminergen Neuronen finden sich wie auch bei anderen Nervenzellen an Perikarien, Dendriten und synaptischen Nervenendigungen sogenannte Autorezeptoren, die spezifisch und sensibel auf Dopamin reagieren. Aufgrund neuerer Ergebnisse kann man davon ausgehen, daß Autorezeptoren gegenüber Agonisten eine bis zu 10fach höhere Affinität als postsynaptischen Rezeptoren zeigen. Wahrscheinlich entsprechen die Autorezeptoren pharmakologisch den D2 und D3-Rezeptorsubtypen (Bunzow et al. 1988, Sokoloff et al. 1990). Den Autorezeptoren wird die Aufgabe zugeschrieben, die Neurotransmittersynthese und deren Ausschüttung über einen negativen Feedbackmechanismus in dem Sinne zu regulieren, daß eine Stimulierung der Autorezeptoren zu einer Hemmung der neuronalen Entladung führt. Im Gegensatz dazu bewirkt eine Hemmung der Autorezeptoren sowohl eine vermehrte neuronale Entladung wie auch Neurotransmittersynthese und Ausschüttung (Roth et al. 1987). Unter chronischer Gabe von Neuroleptika entwickeln Autorezeptoren eine Supersensitivität und unter Dopaminagonisten eine Subsensitivität (Fritze 1992).

Da als Erklärungshypothese für die akute (oder produktive) Symptomatologie der schizophrenen Erkrankung eine dopaminerge Hy-

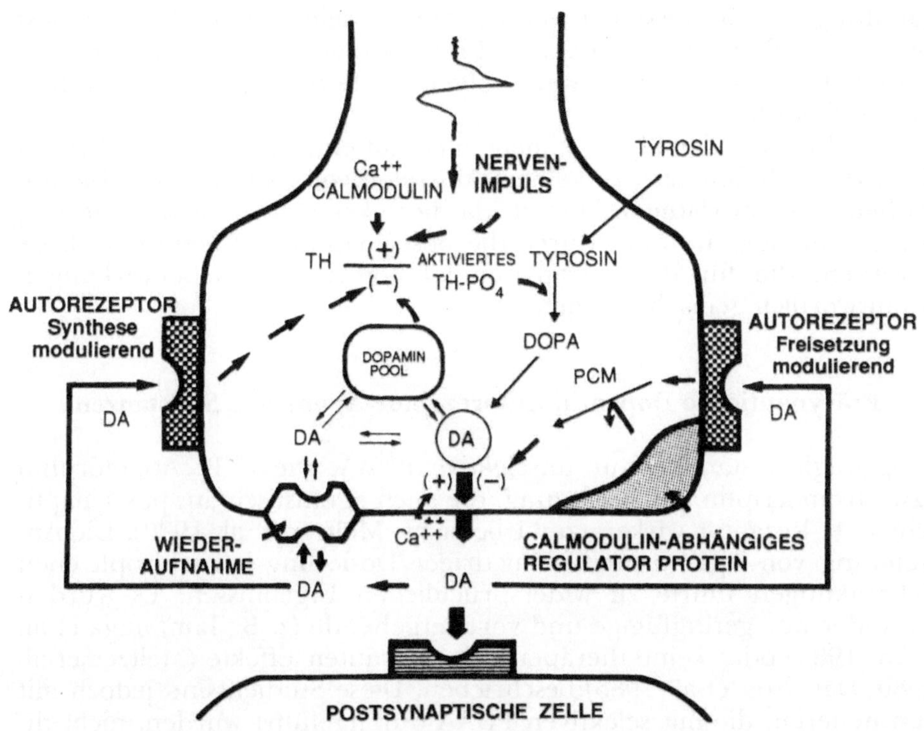

Abb. 1. Modell einer dopaminergen Synapse und deren Regulierung durch Autorezeptoren. Durch ein Aktionspotential kommt es zu einer Ca^{2+}abhängigen Ausschüttung von Dopamin (DA). Die Ausschüttung von DA wird durch Autorezeptoren in dem Sinne moduliert, daß die Aktivierung des Autorezeptors durch einen Agonisten sowohl die Syntheserate als auch die Freisetzungsrate von DA reduziert (Nach: Roth et al. 1988). *DOPA* 3,4 Dihydroxyphenylalanin. *TH* Tyroxinhydroxylase, *PCM* Protein-O-Carboxylmethyltransferase, *Calmodulin* ein Enzym, das die Information vom Autorezeptor zu entsprechenden DA-Synthesestufen bzw. zu Freisetzungsmechanismen weiterleitet

peraktivität in mesolimbischen und mesokortikalen Neuronenverbänden angenommen wird, sollte es daher möglich sein, diese durch Stimulierung präsynaptischer Dopamin-Autorezeptoren zu vermindern und dadurch die schizophrene Symptomatologie zu verbessern (Carlsson 1975, Nilsson und Carlsson 1982). Eine fehlende Spezifität der dabei verwendeten Substanzen für die präsynaptischen Dopamin-Autorezeptoren könnte jedoch zu einer Stimulierung der postsynaptischen Rezeptoren und damit zu einer Verschlechterung der produktiven Symptomatologie führen. Andererseits konnte auch für die als „pseudoselektiv" für präsynaptische Dopamin-Autorezeptoren wirkenden Substanzen, wie z. B. Talipexol eine postsynaptische DA-Blockade nachgewiesen werden. Weiterhin wurde im Laborversuch gezeigt, daß PDAA aufgrund einer Denervation supersensitiver postsynaptischen Rezeptoren eine nicht zu vernachlässigende agonistische Aktivität entfalten können (Arnt und Hyttel 1984), was insbesondere für die Behandlung von Depressionen von Bedeutung sein könnte, da zumindest bei einer Subgruppe depressiver Erkrankungen ein Dopaminmangel mit einer daraus möglicherweise folgenden Supersensibilität postuliert werden könnte.

Das Konzept der PDAA schließt auch mit ein, daß es bei der Anwendung dieser Substanzen zu keinem Auftreten von extrapyramidal-motorischen Nebenwirkungen kommt, da diese keine abrupte Reduzierung des dopaminergen Tonus durch die postsynaptische Rezeptorblockade bewirken, die für die extrapyramidal-motorischen Nebenwirkungen verantwortlich gemacht werden.

Präsynaptische Dopamin-Autorezeptor-Agonisten, Substanzen

Ursprünglich standen nur unselektive PDAA, wie z. B. Apomorphin bzw. Bromocriptin zur Verfügung, die auch agonistisch am postsynaptischen D1-Rezeptor wirken (zur Übersicht: Meltzer et al. 1980). Die Anwendung von Apomorphin in niedriger Dosierung bei schizophrenen Erkrankungen führte zu widersprüchlichen Ergebnissen. Es wurden entweder nur geringfügige und vorübergehende (z. B. Tamminga et al. 1978, 1983) oder keine therapeutisch relevanten Effekte (Meltzer et al. 1980, Davidson et al. 1985) beschrieben. Diese Studien sind jedoch mit den neueren, die mit selektiven PDAA durchgeführt wurden, nicht direkt vergleichbar, da Apomorphin (meist 0,75–1 mg; in einer Studie auch bis 30 mg) häufig nur einmalig verabreicht und die Auswirkung auf psychopathologische Parameter nur über eine kurze Zeitdauer beobachtet wurde. Ähnliche Effekte wie für Apomorphin wurden auch für

Tabelle 2. Synapsenselektivität präsynaptischer Autorezeptor Agonisten

Nicht-selektiv (agonistische Wirkung sowohl auf präsynaptischen Dopamin-Autorezeptor als auch antagonistisch auf postsynaptischen Rezeptor)	
Apomorphin	
Bromocriptin	
Pseudo-selektiv (agonistische Wirkung vorwiegend auf präsynaptischen Dopamin-Autorezeptor jedoch auch antagonistisch auf postsynaptischen Rezeptor)	
Talipexol	(B-HT 920, Thiazoloazepin)
Pramipexol	(SND 919)
OPC-4392	
Selektiv (wirken nur auf präsynaptische Dopamin-Autorezeptoren)	
Roxindol	(EMD-49980; Indolalhylpiperidin)

Bromocriptin (niedrigere Dosierung) beschrieben. Meltzer et al. (1983) beobachteten eine geringfügige Besserung und Brambilla et al. (1983) keine Besserung der schizophrenen Symptomatik.

Da bereits verfügbare D2-Agonisten (Apomorphin, Bromocriptin), keine Differenzierung hinsichtlich der präsynaptischen (Autorezeptor) und postsynaptischen Wirkkomponenten zeigten, wurden in den vergangenen Jahren neue, selektive bzw. wie sich später herausstellte „pseudoselektive" PDAA entwickelt (Carlsson 1988). Wie aus Tabelle 2 entnommen werden kann, fanden vorwiegend folgende Substanzen in klinischen Prüfungen Verwendung: Roxindol (EMD 49980), Talipexol (B-HT 920), Pramipexol (SND 919), und OPC-4392. Es zeigte sich, daß Talipexol und OPC-4392 neben der Autorezeptor-agonistischen Eigenschaft auch geringe antagonistische Effekte (d. h. klassisch neuroleptische) an der postsynaptischen Membran entfalten, und daher als „pseudoselektiv" hinsichtlich der Dopamin-Autorezeptor-agonistischen Eigenschaft angesehen werden müssen.

Klinische Effekte der PDAA bei schizophrenen Erkrankungen

Die vorliegenden Studien zur Wirkung der PDAA wurden vorwiegend an Universitätskliniken und bei dem dort vorherrschenden Klientel von Patienten mit einer produktiven Symptomatik durchgeführt. Von einigen Autoren wurde jedoch auch der Versuch unternommen, Patienten mit einer vorwiegenden Minussymptomatik in die Studie einzuschließen (Wetzel et al. 1993, Wiedemann et al. 1991). Am besten wurde bis jetzt Roxindol und mit Abstand dazu Telipexol, Pramipexol und OPC-4392 untersucht.

Roxindol

Roxindol (EMD 49980) ist ein selektiver PDAA mit einer Affinität für den D2-Rezeptor. Neben einer deutlich geringen Affinität für die D1, Alpha-1, Alpha-2, muskarinischen und 5-HT_2 Rezeptoren zeigt es auch eine Serotonin-Wiederaufnahmehemmung sowie eine 5-HT_{1A}-agonistische Eigenschaft (Seyfried et al. 1989). Im Laborversuch konnte bei einem, aufgrund einer nigrostriatalen Läsion existierenden, supersensitiven Dopaminsystem eine Dopamin-agonistische Eigenschaft zur Darstellung gebracht werden. Wie aus den Tabellen 3 und 4 entnommen werden kann, wurden mit Roxindol klinische Studien sowohl an Patienten mit vorwiegend positiver (produktiver) Symptomatik als auch bei Patienten mit einer Minussymptomatik durchgeführt.

Tabelle 3. Klinische Wirkung von präsynaptischen Dopamin-Autorezeptor-Agonisten bei Patienten mit der Symptomatik einer akuten Schizophrenie*

Substanz Autoren	Anzahl	Dosis/Tag Dauer	Bemerkung
Roxindol (EMD 49980)			
Kliemke und Klieser (1991)	n =20	3,9 mg 28 Tage	BPRS-Gesamtskore sign. Reduzierung Angst/Depression, Anergie sign. gebessert
Wetzel et al. (1994)	n = 7	0,3–28 mg 28 Tage	BPRS-Gesamtskore keine Veränderung 3 Patienten deutliche Verschlechterung
Kasper et al. (1992)	n = 7	2–30 mg 28 Tage	BPRS Gesamtskore reduziert Angst/Depression, Anergie reduziert
Talipexol (BHT 920)			
Wiedemann et al. (1990)	n = 12	0,3–1,2 mg 28 Tage	BPRS sign. Veränderung Angst/Depression 30 % Reduktion
Pramipexol (SND 919)			
Kissling et al. (1992)	n = 17	bis 3,6 mg 28 Tage	BPRS-Gesamtskore reduziert besser als Haloperidol (15–30 mg) oder Perazin (bis 500 mg) bei Minus- symptomatik Hohe Drop-out Rate! Analyse nur an Respondern

* siehe auch Abb. 4 und 5

Tabelle 4. Klinische Wirkung von präsynaptischen Dopamin-Autorezeptor-Agonisten bei schizophrenen Patienten mit einer Minussymptomatik*

Substanz Autoren	Anzahl	Dosis/Tag Dauer	Bemerkung
Roxindol (EMD 49980)			
Wiedemann et al. (1991)	n = 10	0,5–9 mg 28 Tage	bei 4 Patienten deutliche Reduktion des SANS Gesamtskores
Wetzel et al. (1994)	n = 13	12,5 mg 28 Tage	SANS-Gesamtskore + Subskores sign. Reduktion
OPC-4392			
Gerbaldo et al. (1988)	n = 11	2–24 mg 14 Tage	5 Patienten deutlich gebessert

* siehe auch Abb. 4 und 5

Roxindol bei akuter Schizophrenie

Kliemke und Klieser (1991) haben 20 akut erkrankte schizophrene Patienten (paranoid-halluzinatorischer Typ, ICD-9:295,3) in eine vierwöchige Studie aufgenommen, in der Roxindol in der Dosierung von 3–9 mg pro Tag Verwendung fand. In der Gesamtgruppe kam es zu einem statistisch signifikanten Abfall der BPRS-Gesamtwerte (Mittelwert ± SD), von 64,9 ± 11 auf 51,2 ± 19. Die Analyse der BPRS-Subskalen ergab eine signifikante Reduktion der Subskalen „Angst-Depression" (29 % Besserung) und „Anergie" (33 % Besserung). Drei Patienten zeigten unter der Therapie mit Roxindol eine Verschlechterung der Symptomatologie und nur 4 Patienten wurden als Responder (50 % Reduktion des BPRS-Gesamtskores) klassifiziert.

In die Untersuchung von Wetzel et al. (1993) wurden 7 Patienten mit einer paranoiden Schizophrenie (DSM-R-III: 295,3; n = 3) oder einer undifferenzierten Schizophrenie (DSM-R-III: 295,9; n = 4) eingeschlossen und über den Zeitraum von 4 Wochen mit bis zu 30 mg pro Tag Roxindol behandelt. Bei 3 Patienten verschlechterte sich die psychopathologische Symptomatik (einschließlich einer psychomotorischen Aktivierung) derart, daß die Studie vorzeitig beendet werden mußte. Im BPRS-Gesamtskore zeigte sich ebenso wie bei beiden Summenskores der SANS keine signifikante Veränderung (Beginn: 59,5 ± 8, Ende: 56,7 ± 19).

Bei der Untersuchung von Kasper et al. (1992) wurden 7 Patienten mit einer paranoid-halluzinatorischen Schizophrenie (DSM-III-R: 295,3) über den Zeitraum von 28 Tagen mit bis zu 30 mg pro Tag Roxindol behandelt. In der Gesamtgruppe zeigte sich ein Abfall der BPRS-Gesamtwerte (Mittelwert ± SD) von 65,4 ± 5 auf 55,7 ± 5. Die BPRS-Subskores, die im Zusammenhang mit der Minussymptomatik stehen können, wie z. B. Anergie, Angst und Depression bzw. Denkstörungen, wiesen die deutlichsten Veränderungen auf. Im Gegensatz dazu fand sich in Skalenbereichen, die eher mit einer positiven Symptomatik einhergehen können, wie z. B. Aktivierung oder Feindseligkeit (siehe Abb. 2) keine eindeutige Verbesserung. Darüberhinaus zeigte sich auch eine Dosisabhängigkeit der Besserungsraten, wobei Patienten, die eine höhere Dosierung (20–30 mg) erhielten, besser ansprachen als Patienten mit einer niedrigen Dosierung (2–4,5 mg). Bei keinem der Patienten zeigte sich eine extrapyramidal-motorische Nebenwirkung.

Roxindol bei Patienten mit vorherrschender Minussymptomatik

Bei der Untersuchung von Wetzel et al. (1993) wurden 13 stationär behandelte schizophrene Patienten (DSM-III-R 295,6, n = 8; 295,1, n = 5) mit vorherrschender Minussymptomatik in eine vierwöchige Studie mit Roxindol aufgenommen. Der Median der Dosierung lag bei 7,5 mg am 7. bei 9 mg am 14. und bei 12,5 mg am 28. Behandlungstag. Der BPRS-Gesamtskore (Mittelwert ± SD) zeigte einen Abfall von 52,2 ± 2 auf

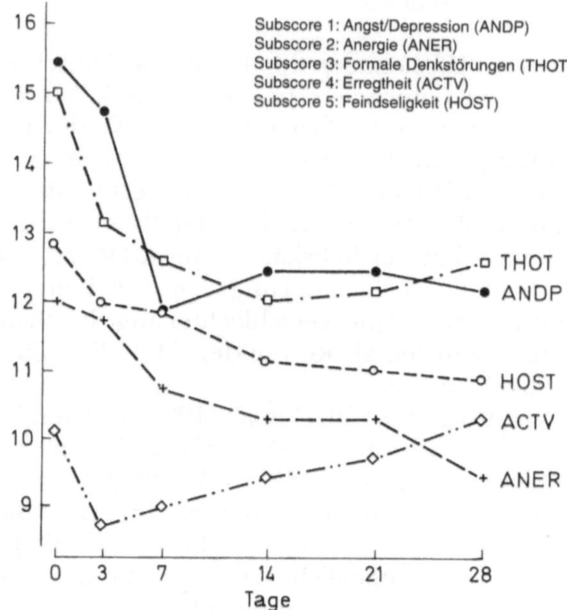

Abb. 2. Roxindol in der Behandlung von Patienten (n=7) mit einer akuten Schizophrenie. BPRS Subskores (Daten aus: Kasper et al. 1992)

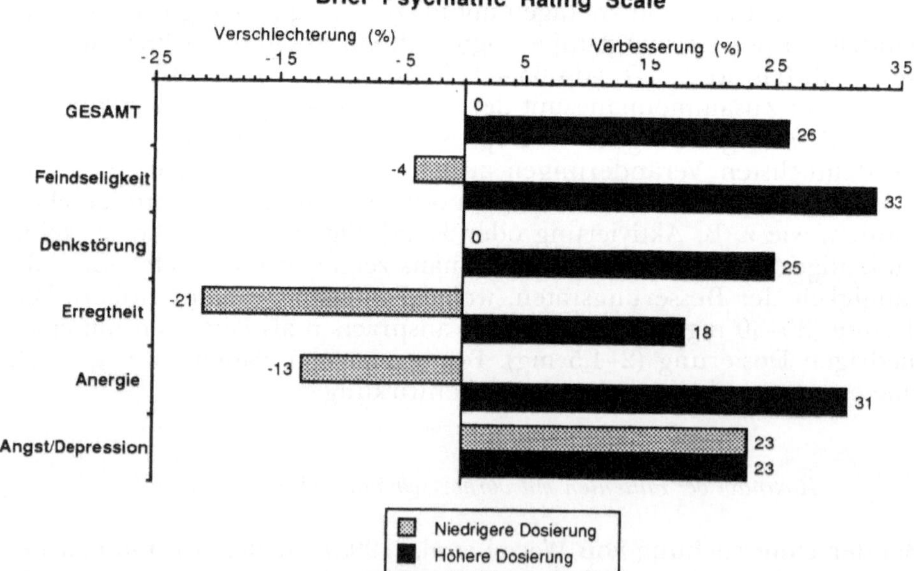

Abb. 3. Dosisabhängige Besserung, gemessen durch BPRS Gesamtskore und Subskores durch Roxindol bei der Behandlung von Patienten (n = 7) mit einer akuten Schizophrenie. Hohe Dosierung: 20–30 mg/Tag Roxindol; Niedrige Dosierung: 2–4,5 mg/Tag Roxindol (Daten aus: Kasper et al. 1992)

45.8 ± 4 und der SANS-Summenwert (Mittelwert ± SD) einen Abfall von 81 ± 4 auf 63 ± 5. Die BPRS-Subskores Angst/Depression und Anergie fielen um 20–25 % ab, während die übrigen BPRS-Subskores nach der Behandlung im Vergleich zur Ausgangssituation nahezu unverändert waren. Die Subtypisierung in diagnostische Untergruppen ergab einen günstigeren Verlauf für die Gruppe der Patienten mit einer residualen Schizophrenie.

In einer Studie mit einem ähnlichen Design wie in der Untersuchung von Wetzel et al. (1993) haben Wiedemann et al. (1991) vergleichbare Ergebnisse zu der letztgenannten Untersuchung bei 10 Patienten mit einer vorherrschenden Minussymptomatik berichtet. Dabei zeigte sich bei 4 Patienten eine deutliche Verbesserung der Minussymptomatik (≥ 40 % Reduktion der SANS), 5 Patienten wiesen keine nennenswerten Veränderungen auf und eine Verschlechterung der produktiven Symptomatik zeigte sich bei einem Patienten. Es konnte keine extrapyramidal-motorische Symptomatik beobachtet werden. Wie aus pharmakologischen Daten zu erwarten waren die Prolaktin 4 Stunden nach Verabreichung einer Roxindol-Dosis signifikant erniedrigt.

Zusammenfassung der Ergebnisse mit Roxindol

Die vorgelegten 5 Studien wurden an insgesamt 57 Patienten mit folgender diagnostischer Typisierung durchgeführt: Paranoid-halluzinatorisch (n = 34), desorganisiert (n = 5), residual (n = 8), (10 Patienten nicht näher nach ICD-9 bzw. DSM-III-R definiert, sondern als mit vorherrschenden negativen Symptomen bezeichnet). In Abb. 4 und 5 sind BPRS-Gesamtskores sowie die Subskores Anergie und Angst/Depression von 3 bzw. 4 Studien graphisch zusammengefaßt. Daraus kann man erkennen, daß es unter Roxindol zu keinem nennenswerten Abfall der BPRS-Gesamtwerte, jedoch einheitlich zu einem Abfall der Subskores Anergie sowie Angst/Depression kommt. Aus diesen Studien geht hervor, daß der antipsychotische Effekt unter Roxindol, wenn überhaupt, nur sehr gering ausgeprägt ist. Insgesamt mußten 10 Patienten die Studie wegen Verschlechterung der produktiven Symptomatik oder wegen Auftretens einer solchen vorzeitig beenden. Diesem fehlenden Effekt auf die Beeinflussung der Positivsymptome stand die deutliche Besserung der Minussymptomatik gegenüber, die sich bei allen Untersuchungen, jedoch insbesondere bei ausgewählten Patienten mit einer Minussymptomatik fand. Wie von dem psychopharmakologischen Profil her zu erwarten war, zeigten sich keine extrapyramidal motorischen Nebenwirkungen. In der Untersuchung von Kasper et al. (1992) wurde bei einer Patientin sowohl vor (unter Plazebo) als auch während der Behandlung mit Roxindol eine nuklearmedizinische Untersuchung (SPECT) mit dem Radioliganden ^{123}J-Iodobenzamid (IBZM), der mit hoher Spezifität und Affinität an zerebrale Dopamin-D2-Rezeptoren bindet, durchgeführt (Kasper S, Danos P, Klemm E, Grünwald F, Broich K, Biersack HJ,

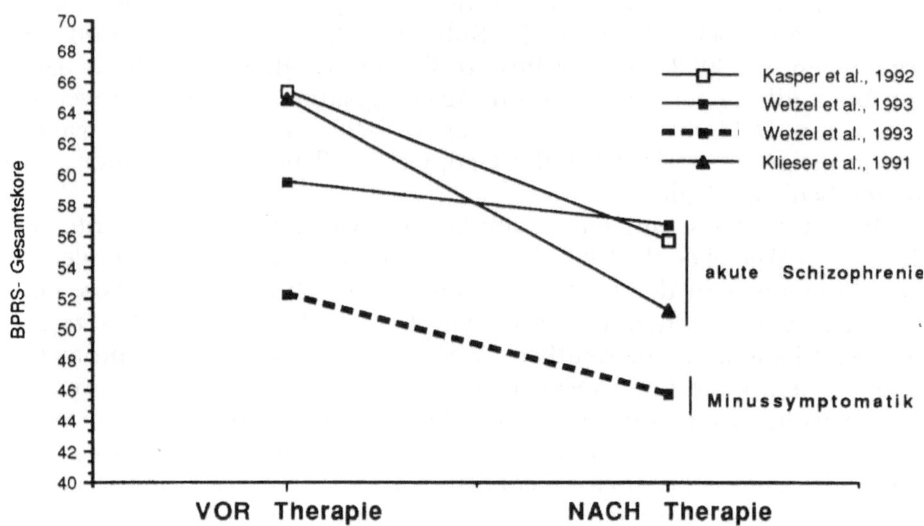

Abb. 4. BPRS Gesamtskore der Studien bei denen Roxindol bei Patienten mit einer akuten Schizophrenie bzw. bei Patienten mit einer Minussymptomatik geprüft wurde. Nähere Einzelheiten zu den Studien siehe Tabellen 3 und 4

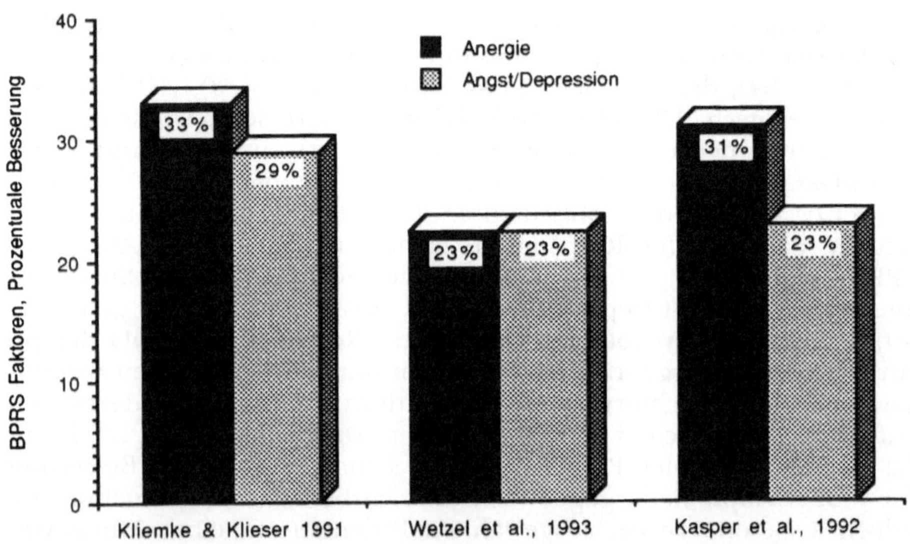

Abb. 5. Besserung der BPRS Subskores Anergie und Angst/Depression durch Roxindol in einzelnen Studien. In der Studie Kasper et al. (1992) sind nur die höheren Dosierungen berücksichtigt worden. Nähere Einzelheiten zu den Studien siehe Tabellen 3 und 4

Möller HJ, unveröffentlichte Beobachtung). Im Gegensatz zu der Behandlung mit Haloperidol (BG/FC Quotient: 1,08) kam es zu einem geringeren Abfall des striatofrontalen Quotienten (BG/FC) von 1,23 auf 1,15, was unter anderen noch zu berücksichtigenden Faktoren eine Erklärung für die fehlenden extrapyramidal motorischen Nebenwirkungen unter der Behandlung mit Roxindol geben kann.

Weitere präsynaptische Dopamin-Autorezeptor-Agonisten

Talipexol

Talipexol (BHT 920) ist ebenso wie Roxindol ein potenter, jedoch „pseudoselektiver" Dopamin-Autorezeptor Agonist, der den Dopamin-Turnover und die Dopaminsyntheserate erniedrigt und die Entladungsrate dopaminerger Neurone im Striatum hemmt (Anden et al. 1982, Eriksson et al. 1985). Darüber hinaus wurden auch geringfügige postsynaptisch dopaminagonistische Effekte (Hinzen et al. 1986) sowie Alpha-2 adrenerge Wirkungen (Pichler und Kobinger 1981) dargestellt.

Talipexol wurde in einer offenen Studie (Wiedemann et al. 1990) in der Dosierung von 0,3–1,2 mg pro Tag über den Zeitraum von 4 Wochen an 12 Patienten (paranoid-halluzinatorischer Typ nach DSM-III-R) geprüft. Zwei Patienten mußten die Studie wegen mangelnder Effektivität bzw. Zunahme der psychomotorischen Aktivierung vorzeitig abbrechen. Bei den verbliebenen 10 Patienten sank der BPRS-Gesamtskore (Mittelwert ± SD) von 49,3 ± 10 auf 39 ± 19 ab. Von den BPRS-Subskores zeigte lediglich der Subskore 1 („Angst/Depression") eine statistisch signifikante Reduktion von 30 %. Vier Patienten konnten als Responder (50 % Reduktion des BPRS-Gesamtskores) klassifiziert werden. Keiner der Patienten zeigte extrapyramidal-motorische Nebenwirkungen. Sieben von 12 Patienten wiesen eine deutliche psychomotorische Aktivierung während der Therapie mit Talipexol auf.

Pramipexol

Pramipexol (SND 919) ist Talipexol ähnlich, jedoch mit einer geringeren Alpha-2-adrenergen Aktivierung (Miraeau und Bechtel 1987). Pramipexol (bis 3.6 mg täglich) wurde in einer vierwöchigen offenen Multicenterstudie an 17 Patienten geprüft und der Effekt mit dem von 20 Patienten verglichen, die mit Haloperidol (15–30 mg pro Tag) oder Perazin (bis zu 500 mg pro Tag) behandelt wurden (Kissling et al. 1992). In der Pramipexol-Gruppe wurden häufiger (53 %) Abbrüche registriert als in der Vergleichsgruppe (30 %). Bei den in der Studie verbliebenen Patienten (n = 8) zeigte Pramipexol eine günstige Beeinflussung der durch die SANS gemessenen Symptome und keinen Unterschied zur antipsychotischen Aktivität im Vergleich zu der Haloperidol/Perazin-Gruppe. Unter Pramipexol traten keine extrapyramidal-motorischen Nebenwirkungen auf. Als häufigste Nebenwirkungen wurden bei dieser Gruppe Schlaflosigkeit und Unruhe registriert. Die Beurteilung dieser Studie ist jedoch insofern schwierig, da die Analyse psychopathologischer Veränderungen nur an der Patientengruppe (n = 8) vorgenommen wurde, die mindestens 3 Wochen in der Studie verblieben und dadurch die in der Publikation aufgeführten Ergebnisse verzerrt sind.

OPC - 4392

In der Untersuchung von Gerbaldo et al. (1988) wurde 11 schizophrenen Patienten unterschiedlicher diagnostischer Gruppierungen (bei 4 Patienten mit vorherrschender Negativ-Symptomatik) der „pseudoselektive" präsynaptische Dopamin-Autorezeptor Agonist OPC-4392 in der Dosierung von 2 bis 24 mg über den Zeitraum von 2 Wochen verabreicht. OPC-4392 weist neben der agonistischen Wirkung auf den präsynaptischen Dopamin-Autorezeptor auch eine antagonistische Wirkung auf den postsynaptischen Dopamin-Rezeptor auf. Vier Patienten brachen die Studie vorzeitig ab und bei 5 Patienten zeigte sich eine deutliche Besserung der Symptomatik. In der Gesamtgruppe kam es zu einem signifikanten Abfall des BPRS Gesamtskores von 44 ± 12 auf 34 ± 10. Die genauere Aufschlüsselung ergab einen signifikanten Abfall der BPRS-Faktoren Anergie und formale Denkstörungen. Eine deutliche Besserung zeigte sich insbesondere bei den 3 von 4 Patienten mit einer vorherrschenden Minussymptomatik. Extrapyramidal-motorische Symptome kamen nicht zur Darstellung. Als Nebenwirkung zeigte sich vorwiegend Nausea, wahrscheinlich deshalb, weil eine hohe Initialdosis von 9 bis 48 mg gewählt wurde um gleich initial hohe Plasmaspiegel zu erhalten. Eine produktiv psychotische Smyptomatik bzw. eine Verschlechterung derselben trat bei keinem Patienten auf, jedoch zeigte sich bei einem Patienten Feindseligkeit und motorische Anspannung.

Postsynaptische Dopamin-Agonisten

Im Gegensatz zu den PDAA wurde auch die therapeutische Effizienz der postsynaptischen partiellen D2-Agonisten geprüft. Diese Substanzen, wie Tergurid, SDZ/HDC 911 oder SDZ/HDZ 912 wirken bei dopaminerger Überaktivität als Dopamin-Antagonisten, und bei reduzierter dopaminerger Aktivität, wie z. B. beim Morbus Parkinson, als Dopamin-Agonisten (Brücke et al. 1986). In Abb. 6 sind die Verhältnisse an Rezeptoren für die Wirkungsweise der postsynaptischen Dopamin-Antagonisten mit intrinsischer dopaminerger Aktivität (partielle Dopamin-Agonisten) am Beispiel von Wassersäulen mit unterschiedlicher Temperatur schematisch dargestellt (nach: C.A. Seyfried, persönliche Kommunika-

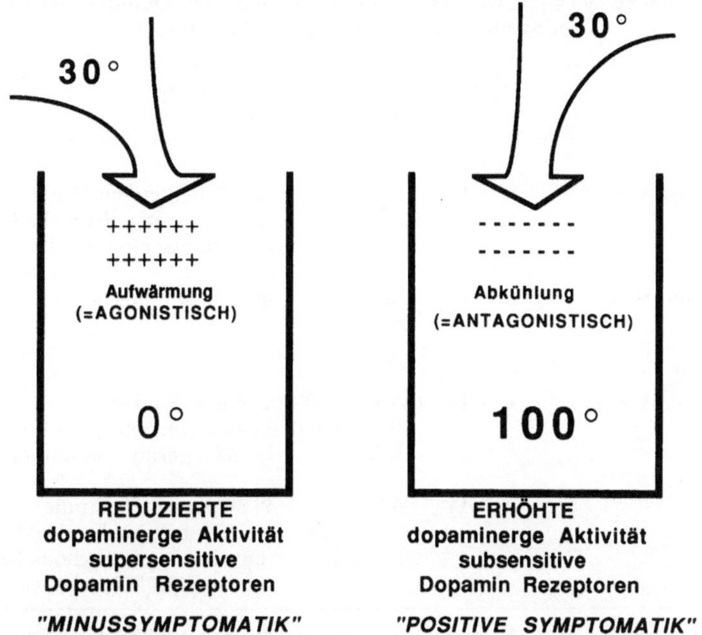

Abb. 6. Schematische Darstellung der Verhältnisse an Rezeptoren für die Wirkungsweise der postsynaptischen Dopamin-Antagonisten mit intrinsischer dopaminerger Aktivität (partielle Dopamin-Agonisten). In Analogie zu den Verhältnissen am Rezeptor soll durch diese vereinfachte Darstellung verdeutlicht werden, daß die Zugabe von Wasser mit einer Temperatur von 30° C in ein Gefäß mit der Temperatur von 0° C (=reduzierte dopaminerge Aktivität, supersensitive Dopamin-Rezeptoren) eine Aufwärmung (= agonistische Wirkung) bedeutet, während die Zugabe von Wasser mit derselben Temperatur (30° C) in ein Gefäß mit der Temperatur von 100° C (= erhöhte dopaminerge Aktivität, subsensitive Dopamin-Rezeptoren) eine Abkühlung (= antagonistische Wirkung) bedeutet (Nach C.A. Seyfried, persönliche Kommunikation)

tion). Diese Abbildung soll in Analogie zu den Verhältnissen am Rezeptor verdeutlichen, daß die Zugabe von Wasser mit einer Temperatur von 30° C in ein Gefäß mit der Temperatur von 0° C (= reduzierte dopaminerge Aktivität, supersensitive Dopamin-Rezeptoren) eine Aufwärmung (= agonistische Wirkung) bedeutet, während die Zugabe von Wasser mit derselben Temperatur (30° C) in ein Gefäß mit der Temperatur von 100° C (= erhöhte dopaminerge Aktivität, subsensitive Dopamin-Rezeptoren) eine Abkühlung (= antagonistische Wirkung) bedeutet. Diese pharmakologischen Eigenschaften lassen daher den Einsatz dieser Substanzen sowohl bei produktiv-psychotischer Symptomatik als auch bei Minussymptomatik als erfolgversprechend erscheinen (Coward et al. 1989).

Tabelle 5. Klinische Wirkung von postsynaptischen Dopamin-Agonisten bei Patienten mit der Symptomatik einer akuten Schizophrenie

Substanz Autoren	Anzahl	Dosis/Tag Dauer	Bemerkung
Tergurid			
Olbrich und Schanz (1988)	n = 11	0,5–2 mg 28 Tage	Alle Patienten mit Minussymptomatik Bei 8 Patienten deutliche Reduktion der Minussymptomatik (SANS)
Olbrich und Schanz (1991)	n = 7	bis 2 mg 28 Tage	geringe Wirkung auf positive Symptome
SDZ HDC 912			
Naber et al. (1992)	n = 48	Ø 4,2 mg/Tag (0,4–20 mg) 28 Tage	1) offene Studie: in 44% gute/sehr-gute Wirksamkeit bei 43% geringe bis mittlere EPMS
	n = 44	Ø 6,1 mg (1–10 mg) 28 Tage	2) Doppelblinde Studie: Kein Unterschied zu Haldol (11,5 mg) hinsichtlich antipsychotischer Wirkung und auch EPMS Nebenwirkungen

SANS Scale for Assessment of Negative Symptoms (Andreasen 1982); *EPMS* Extrapyramidal motorische Symptomatik

Tergurid

Tergurid ist ein Ergot-Derivat mit dem pharmakologischen Profil eines partiellen Dopamin-Agonisten bei supersensitiven postsynaptischen Dopamin-Rezeptoren und einer antagonistischen Wirkung bei subsensitiven Dopamin-Rezeptoren (Wachtel und Dorwen 1983). Olbrich und Schanz (1988) untersuchten erstmals die Wirkung von Tergurid (über den Zeitraum von 28 Tagen, Dosierung 0,5 bis 2 mg pro Tag) bei 11 schizophrenen Patienten, die eine ausgeprägte Minussymptomatik aufwiesen und keine Positivsymptomatik zeigten. Die Gesamtgruppe wies eine signifikante Abnahme sämtlicher SANS-Subskores nach der Behandlung mit Tergurid auf. Der SANS-Gesamtskore sank bei 8 von 11 Patienten deutlich ab. Die Substanz wurde insgesamt gut vertragen und kein Patient zeigte eine Exacerbation der psychotischen Symptomatologie. In einer Folgeuntersuchung konnten Olbrich und Schanz (1991) eine nur geringe Wirkung von Tergurid auf Positivsymptome zur Darstellung bringen.

SDZ/HDC 912

Von Naber et al. (1992) wurde das Prüfpräparat SDZ/HDC 912 im Rahmen einer Multicenterstudie über den Zeitraum von 4 Wochen im Rahmen einer offenen Prüfung an 48 und im Rahmen einer doppel-blind kontrollierten Prüfung an 44 akut erkrankten schizophrenen Patienten verabreicht. In der offenen Prüfung wurde SDZ/HDC 912 in der Dosierung von 0,4–20 mg (durchschnittlich 4,2 ± 3,2 mg) gegeben und es zeigte sich eine 33 % Besserung der BPRS Gesamtwerte. Das Präparat wurde in 44 % als gut/sehr gut wirksam und in 85 % als gut/sehr gut verträglich eingestuft. In der doppel-blinden Vergleichsstudie mit Haloperidol (2–20 mg, Durchschnitt: 11,5 mg) wurde SDZ/HDC 912 in der Dosierung von 1–10 mg (Durchschnitt: 6,1 mg) verabreicht. Hinsichtlich der therapeutischen Wirksamkeit (gemessen durch BPRS) ergab sich kein Unterschied zwischen beiden Behandlungsformen, die generelle Wirksamkeit wurde für beide Gruppen als gut/sehr gut mit 51 % (SDZ/HDC 912) oder 48 % (Haloperidol) angegeben. Zwischen den beiden Gruppen ergab sich jedoch kein signifikanter Unterschied hinsichtlich der häufig auftretenden extrapyramidal-motorischen Nebenwirkungen (EPMS). Die Autoren diskutieren die hohe Inzidenz von EPMS im Zusammenhang mit einer eventuell verabreichten zu hohen Dosierung von SDZ/HDC 912.

Diskussion

Insgesamt konnte weder für den am besten untersuchten PDAA Roxindol, noch für die anderen PDAA's eine antipsychotische Effektivität von klinischer Relevanz belegt werden. Im Gegensatz dazu kam es unter der Behandlung mit Roxindol sogar bei etwa einem Fünftel der Patienten zu einer Verschlechterung der produktiven Symptomatik bzw. zu einem Wiederauftreten derselben. Verschiedene Erklärungshypothesen, die bis jetzt noch nicht näher untersucht sind, können für diese fehlende Effektivität bei der therapeutischen Beeinflußbarkeit der produktiven (positiven) Symptomatik herangezogen werden (nach Benkert et al. 1992): (1) Ungenügende Konzentration von PDAA im ZNS, (2) die Reduzierung der DA-Ausschüttung durch PDAA ist nicht ausreichend, um die dopaminerge Überaktivität zu beeinflussen, (3) die dopaminergen Systeme, die für die produktiv-psychotische Symptomatologie verantwortlich sind, haben keine negative Rückkoppelungsmechanismen, was z. B. für einige Projektionsbahnen, die von ventrotegmentalen Kerngebieten zum mesopräfrontalen Cortex ziehen gefunden wurde, (4) PDAA interagieren nur mit einem Subset von D2-Rezeptoren, bzw. (5) die Dopaminhypothese, wie sie gegenwärtig diskutiert wird, trifft nur teilweise zu.

Bei Patienten mit einer Minussymptomatik wird als mögliche Ursache eine Dopamin-Defizienz angenommen (van Kammen et al. 1986). Da der Einsatz der PDAA ursprünglich zur Behandlung von hyperfunktionellen dopaminergen Syndromen konzipiert wurde, erscheint der Einsatz für die Indikation der Minussymptomatik daher zumindest fragwürdig. Trotz dieser theoretischen Einschränkung konnte jedoch gerade bei dieser Gruppe eine gute Effektivität gefunden werden. Prinzipiell ist denkbar, daß bei diesen Patienten supersensitive postsynaptische DA-Rezeptoren vorliegen, die durch PDAA beeinflußt werden. Wahrscheinlicher ist jedoch, daß die Wirkung über serotonerge Wirkkomponenten ($5\text{-}HT_{1A}$-Rezeptoren, Serotonin-Wiederaufnahmehemmung) vermittelt wird, die zumindest für Roxindol als pharmakologisch existent nachgewiesen wurden (Seyfried et al. 1989).

Neben der Minussymptomatik zeigen auch die psychopathologischen Dimensionen Angst und Depression eine deutliche Besserung unter der Behandlung mit PDAA auf. Dieser psychopathologische Effekt veranlaßte die Gruppe um Gründer et al. (1992) eine offene Studie mit Roxindol (15 mg über 4 Wochen) bei Patienten mit einer Major Depression durchzuführen. Bei 12 Patienten mit dieser Diagnose ergab sich ein günstiges Ergebnis mit einem Abfall des HAM-D-Summenskores (Mittelwert ± SD) von 26,6 ± 6 auf 11,8 ± 9. Dieser Abfall ist vergleichbar mit dem unter der Behandlung mit klassischen Antidepressiva. Die in dieser Studie gemachten Erfahrungen ergeben auch einen Hinweis dafür, daß möglicherweise ein schnelleres Ansprechen von Roxindol, im Vergleich zu konventionellen Antidepressiva, vorliegt. Es kam bei 4 Patienten bereits innerhalb von einer Woche zu einer 50%igen Symptomreduktion. Bei 8 Patienten (70 %) traten Nausea während der Einstellungsphase auf, was wahrscheinlich, ähnlich wie bei den selektiven Serotonin-Wiederaufnahme-Hemmern, als typischer serotonerger Effekt bewertet werden kann.

Für die Beeinflussung der depressiven Symptomatologie kann sowohl ein serotonerger als auch ein dopaminerger Wirkmechanismus diskutiert werden. Für Roxindol wurde z. B. neben der Wirkung auf die präsynaptischen Dopamin Autorezeptoren auch eine agonistische Wirkung auf den $5\text{-}HT_{1A}$ Rezeptor und eine starke Serotonin-Wiederaufnahmehemmung gefunden (Seyfried et al. 1990), die z. B. wesentlich ausgeprägter ist als für Fluoxetin (IC_{50} für Roxindol: 0,2; IC_{50} für Fluoxetin: 40). Während der serotonerge Mechanismus, basierend auf der günstigen antidepressiven Wirksamkeit der selektiven Serotonin-Wiederaufnahmehemmer (Kasper et al. 1992) naheliegend erscheint, besteht eine geringere Evidenz, daß bei depressiven Patienten ein krankheitsrelevanter Dopaminmangel vorliegt (Jimerson et al. 1987, Willner 1983). Ähnlich wie für die Beeinflussung der Minussymptomatik muß die Beeinflußbarkeit dann über die dopaminerge Aktivierung postsynaptischer supersensibler Dopaminrezeptoren vermutet werden. Diese Annahme würde auch durch die Beobachtung der therapeutischen Effektivität von Sulpirid unterstützt werden, das in niedriger Dosierung (200 mg) eine präsynaptische D2-Rezeptor Blockade bewirkt (Serra et al. 1990). Weitere klinische Hinweise für die Wirksamkeit von Dopamin-Agonisten für die Behandlung von Depressionen ergibt sich aus Behandlungsergebnissen mit L-Dopa, Methylamphetamin, Bromocriptin, Piribedil, Buproprion, sowie Nomifensin.

Die Beurteilung der Wirkung der postsynaptischen Dopamin-Agonisten ist zur Zeit noch nicht abgeschlossen. Wie in der Untersuchung von

Olbrich und Schanz (1988) verdeutlicht, könnte auch hier das Haupteinsatzgebiet bei der Behandlung von Patienten mit Minussymptomatik liegen, was eventuell auch über einen serotonergen Wirkmechanismus (5-HT_{1A}) dieser Substanzen vermittelt werden könnte (Coward et al. 1990). Für die Substanz SDZ/HDC 912 muß diese Indikation jedoch noch spezifisch abgeklärt werden und darüber hinaus das Problem der EPMS anhand von Dosis-Wirkungsstudien gelöst werden.

Schlußbemerkung

Zur therapeutischen Wirksamkeit von präsynaptischen Dopamin-Autorezeptor-Agonisten liegen bis jetzt nur offene Studien vor. Während der Einsatz dieser Substanzen aus theoretischer Annahme zuerst bei schizophrenen Patienten mit einer akuten (produktiven Symptomatik) geprüft wurde, zeigte sich jedoch im Verlauf der klinischen Studien, vorwiegend für die Substanz Roxindol, daß deren Einsatz wahrscheinlich bei schizophrener Minussymptomatik bzw. bei depressiven Erkrankungen am erfolgversprechendsten ist. Diese klinische Wirkung wurde aufgrund des pharmakologischen Profils (Agonistische Wirkung auf 5-HT_{1A}-Rezeptor, Serotoninwiederaufnahmehemmung) bereits von Seyfried und Boetcher (1990) vorausgesagt. Zur Abklärung der daraus resultierenden neuen Indikationen wie z. B. postpsychotische Depression, schizoaffekte Psychose (depressiv), Major Depression (mit oder ohne psychotische Merkmale), sind doppelblinde Placebo-kontrollierte Studien notwendig. Für die postsynaptischen Dopamin-Agonisten könnte als Indikation ebenfalls die Minussymptomatik von Bedeutung sein, was jedoch auch noch weiter abzuklären ist.

Literatur

Anden NE, Golembiowska-Nikitin K, Thornstrom U (1982) Selective stimulation of dopamine and noradrenaline autoreceptors by B-HT 920 and B-HT 933, respectively. Naunyn Schmiedebergs Arch Pharmacol 321: 100–104

Andreasen NC (1982) Negative symptoms in schizophrenia. Definition and reliability. Arch Gen Psychiatry 39: 784–794

Arnt J, Hyttel J (1984) Postsynaptic dopamine agonistic effects of 3-PPP enantiomers revealed by bilateral 6-hydroxydopamine lesions and by chronic reserpine treatment in rats. J Neural Transm 60: 205–223

Benkert O, Holsboer F (1984) Effect of sulpiride in endogenous depression. Acta Psychiatr Scand [Suppl] 311: 43–48

Benkert O, Gründer G, Wetzel H (1992) Dopamine autoreceptor agonists in the treatment of schizophrenia and major depression. Pharmacopsychiatry 25: 254–260

Brambilla F, Scarone S, Pugnetti L, Massironi R, Penati G, Nobile P (1983) Bromocriptine therapy in chronic schizophrenia. Effects on symptomatology, sleep patterns and prolactin response to stimulation. Psychiatry Res 8: 159–169

Brücke T, Danielczky W, Simanyi M, Sofic E, Riederer P (1986) Terguride: partial dopamine agonist in the treatment of Parkinson's disease. In: Yahr MD, Bergmann KJ (eds) Advances in neurology, vol 45. Raven Press, New York, pp 573–576

Bunzow JR, van Tol HHM, Grandy DK, Alter P, Salon J, Christie M, Machida CA, Neve KA,

Civelli O (1988) Cloning and expression of a rat D2 dopamine receptor cDNA. Nature 336: 783–787

Carlsson A (1975) Receptor-mediated control of dopamine metabolism. In: Usdin E, Bunney WE Jr (eds) Pre- and postsynaptic receptors. Marcel Dekker, New York, pp 49–65

Carlsson A (1988) The dopamine hypothesis of schizophrenia 20 years later. In: Häfner H, Gattaz WF, Janzarik W (eds) Search for the causes of schizophrenia. Springer, Berlin Heidelberg New York Tokyo, pp 223–235

Carlsson A (1991) Das antipsychotische Potential von dopaminergen Liganden. In: Beckmann H, Osterheider M (Hrsg) Tropon-Symposium, Bd Vl. Springer, Berlin Heidelberg New York Tokyo, S 135–144

Coward D, Dixon K, Enz A, Sherman G, Urwyler S, White T, Karobath M (1989) Partial brain dopamine D2 receptor agonists in the treatment of schizophrenia. Psychopharmacol Bull 25: 393–397

Coward D, Dixon K, Urwyler S (1990) Partial dopamine-agonistic and atypical neuroleptic properties of the amino-ergolines SDZ 208–911 and SDZ 208–912. J Pharmacol Exp Ther 252: 279–285

Davidson M, Kendler KS, Davis BM, Horvath TB, Mohs RC, Davis KL (1985) Apomorphine has no effect on plasma homovanillic acid in schizophrenic patients. Psychiatry Res 16: 95–99

Fritze J (1992) Neurobiochemie, Wirkungsmechanismen. In: Riederer P, Laux G, Pöldinger W (Hrsg) Neuropsychopharmaka, Bd 4. Neuroleptika. Springer, Wien New York, S 59–80

Gerbaldo H, Demisch I, Lehmann CO, Bochnik J (1988) The effect of OPC-4392, a partial dopamine receptor agonist, on negative symptoms. Results of an open study. Pharmacopsychiatry 21: 387–388

Gründer G, Wetzel H, Hammes E, Benkert O (1992) Roxindole, a dopamine autoreceptor agonist, in the treatment of major depression. Psy Clin Neuropharm 15 [Suppl 1, Pt B] : 175B

Hinzen D, Hornykiewicz O, Kobinger W, Pichler L, Pifl C, Schingnitz G (1986) The dopamine autoreceptor agonist B-HT 920 stimulates denervated postsynaptic brain dopamine receptors in rodent and primate models of parkinson's disease a novel approach to treatment. Eur J Pharmacol 131: 75–86

Jimerson DC (1987) Role of dopamine mechanisms in the affective disorders. In: Meltzer HY (ed) Psychopharmacology. The third generation of progress. Raven Press, New York, pp 505–512

Kasper S, Fuger J, Zimmer HJ, Bäuml J, Möller HJ (1992) Early clinical results with the neuroleptic roxindole (EMD 49980) in the treatment of schizophrenia – an open study. Eur Neuropsychopharmacol 2: 91–95

Kasper S, Fuger J, Möller HJ (1992) Comparative efficacy of antidepressants. Drugs [Suppl] 43: 11–23

Kissling W, Mackert A, Bäuml J, Lauter H (1992) Erste klinische Erfahrungen mit dem neuen Dopamin-Autorezeptoragonisten SND 919. In: Gaebel W, Laux G (Hrsg) Biologische Psychiatrie. Synopsis 90/91. Springer, Berlin Heidelberg New York Tokyo, S 256–249

Klimke A, Klieser E (1991) Antipsychotic efficacy of the dopaminergic autoreceptor agonist EMD 49980 (roxindole). Pharmacopsychiatry 24: 107–112

Meltzer HY (1980) Relevance of dopamine autoreceptors for psychiatry: preclinical and clinical studies. Schizophr Bull 6: 456–475

Meltzer HY, Kolakowska T, Robertson A, Tricon BJ (1983) Effect of low-dose bromocriptine in treatment of psychosis: the dopamine autoreceptor-stimulation strategy. Psychopharmacology 81: 37–41

Mireau J, Schingnitz G (1991) Biochemical and pharmacological studies on pramipexol, a potent and selective D-2 dopamine receptor agonist. Eur J Pharmacol 136: 12–19

Möller HJ (1992) Neuroleptic treatment of negative symptoms in schizophrenic patients. Efficacy problems and methodological difficulties. Eur Neuropsychopharmacol 3: 1–11

Naber D, Gaussares C, „SDZ HDC 912 Collaborative Study Group". In: Moegelen JM, Tremmel L, Bailey PE (1992) Wirksamkeit und Verträglichkeit des Dopamin-Agonisten/Antagonisten SDZ HDC 912 in der Therapie schizophrener Patienten. In: Gaebel W, Laux G (Hrsg) Biologische Psychiatrie. Synopsis 90/91. Springer, Berlin Heidelberg New York Tokyo, S 245–249

Nilsson LJG, Carlsson A (1982) Dopamin receptor agonist with apparent selectivity for autoreceptors: a new principle for antipsychotic action? Trends Pharmacol Sci: 322–325

Olbrich R, Schanz H (1988) The effect of the partial dopamin agonist terguride on negative symptoms in schizophrenics. Pharmacopsychiatry 21: 389–390

Olbrich R, Schanz H (1991) An evaluation of the partial dopamine agonist terguride on negative symptoms in schizophrenia. J Neural Transm [Gen Sect] 84: 233–236

Pichler L, Kobinger W (1981) Centrally mediated cardiovascular effects of B-HT 920 (6-allyl-2-amino-5,6 7,8-tetrahydro-4H-thiazolo (4,5-d)azepine dihydrochloride), a hypotensive agent of the clonidine type. J Cardiovasc Pharmacol 3: 269–277

Roth RH, Wolf ME, Deutsch AY (1987) Neurochemistry of midbrain dopamine systems. In: Meltzer HY (ed) Psychopharmacology: the third generation of progress. Raven Press, New York, pp 81–94

Serra G, Forgione A, d'Aquila PS, Collu M, Fratta W, Gessa GL (1990) Blockade of DA autoreceptors: possible mechanism of antidepressant action of L-sulpiride. Adv Biosci 77: 185–191

Seyfried CA, Greiner HE, Haase AF (1989) Biochemical and functional studies on EMD 49980: a potent, selectively presynaptic D2 dopamine agonist with actions on serotonin systems. Eur J Pharmacol 160: 31–41

Seyfried CA, Boettcher H (1990) Central D2-autoreceptor agonists, with special reference to indolylbutylamines. Drugs of the Future 8: 819–832

Seyfried CA, Bartoszyk GD, Greiner HE, Wolf HP (1992) Lack of dopamine D2-receptor sensitivity changes after long-term treatment with roxindole. Naunyn Schmiedebergs Arch Pharmacol [Suppl] 345

Snyder SH (1982) Schizophrenia. Lancet ii: 970–974

Sokoloff P, Giros B, Martres MP, Boutenet ML, Schwartz JC (1990) Molecular cloning and characterization of a novel dopamine receptor (D3) as a target for neuroleptics. Nature 347: 146–151

Tamminga CA, Schaffer MH, Smith RC (1978) Schizophrenic symptoms improve with apomorphine. Science 200: 567–568

Tamminga CA, Gotts MD, Miller MR (1983) N-propyl-norapomorphine in the treatment of schizophrenia. Acta Pharm Sued [Suppl] 2: 153–158

van Kammen DP, van Kammen WB, Mann LS, Seppala T, Linnoila M (1986) Dopamine metabolism in the cerebrospinal fluid of drug-free schizophrenic patients with and without cortical atrophy. Arch Gen Psychiatry 43: 978–983

Wachtel H, Dorow R (1983) Dual action on central dopamine function of trans-dihydrolisuride, a 9,10-dihydrogenated analogue of the ergot dopamine agonist lisuride. Life Sci 32: 421–432

Wetzel H, Benkert O (1990) Neuroleptika: Neue Substanzen – Neue Indikation. In: Herz VA, Hippius A, Spann W (Hrsg) Psychopharmaka heute. Springer, Berlin Heidelberg New York Tokyo, S 108–128

Wetzel H, Gründer G, Hillert A, Hiemke C, Benkert O (1993) Neuroendocrinological and EEG sleep effects of Roxindole, a dopamine autoreceptor agonist in schizophrenic and depressed patients. Clin Neuropharm 15 [Suppl 1B]: 602 B

Wetzel H, Hillert A, Gründer G, Benkert O (1994) Roxindole a dopamine autoreceptor agonist, in the treatment of positive and negative schizophrenia. Am J Psychiatry (im Druck)

Wetzel H, Benkert O (1994) Dopamin autoreceptor agonists in the treatment of schizophrenic disorders. Prog Neuropsychopharmacol Biol Psychiatry 17: 525–540

Wiedemann K, Benkert O, Holsboer F (1990) B-HT 920 – a novel dopamine autoreceptor agonist in the treatment of patients with schizophrenia. Pharmacopsychiatry 23: 50–55

Wiedemann K, Loycke A, Krieg JC, Holsboer F (1991) EMD 49980 – a novel dopamine autoreceptor agonist in the treatment of schizophrenic patients with negative symptoms. Biol Psychiatry [Suppl] 29: 422 S

Willner P (1983) Dopamine and depression: a review of recent evidence. I. Empirical studies. Brain Res Rev 6: 211–224

Korrespondenz: o.Univ.Prof. Dr. S. Kasper, Universitätsklinik für Psychiatrie, Allgemeines Krankenhaus der Stadt Wien, Währinger Gürtel 18–20, A–1090 Wien, Österreich

Zur Wirksamkeit der substituierten Diphenylbutylpiperidine auf schizophrene Negativsymptomatik

E. Klieser und **A. Klimke**

Rheinische Landes- und Hochschulklinik, Düsseldorf, Bundesrepublik Deutschland

Einleitung

Zur Gruppe der Diphenylbutylpiperidine, die den Butyrophenonen chemisch strukturverwandt sind, gehören Pimozid (Orap[R]), Fluspirilen (Imap[R]) sowie das in der Bundesrepublik nicht mehr zugelassene Penfluridol (Semap[R]) und das nicht in den Handel gebrachte Clopimozid (Abb. 1). Neben der chemischen Strukturverwandtschaft ist allen genannten Substanzen ein ausgeprägter Kalzium-Antagonismus gemeinsam (Gould et al. 1983). Allerdings hat sich die Hypothese nicht bestätigen lassen, daß dies in Kombination mit den neuroleptischen Eigenschaften

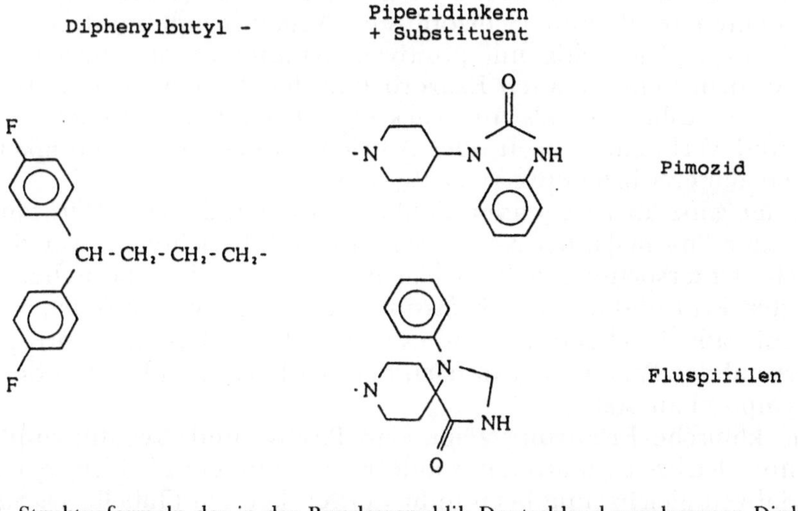

Abb. 1. Strukturformeln der in der Bundesrepublik Deutschland zugelassenen Diphenylbutylpiperidine

(Blockade von Dopaminrezeptoren im ZNS) möglicherweise eine geringere Inzidenz von extrapyramidal-motorischen Symptomen (EPS) und/oder eine spezifische Wirkung auf schizophrene Negativsymptome zur Folge haben könnte.

Allerdings wird in der Gebrauchsinformation des Herstellers insbesondere das Pimozid (Orap[R]) zur „Erhaltungstherapie bei chronischen Psychosen des schizophrenen Formenkreises vorwiegend mit Minussymptomatik" empfohlen.

Unter Berücksichtigung der Literatur und aufgrund eigener Untersuchungen an der RLHK Düsseldorf soll dargestellt werden, inwieweit der Einsatz der Diphenylbutylpiperidine bei der Indikation ‚schizophrene Negativsymptomatik' durch entsprechende klinische Studien rational begründet werden kann.

Methodische Probleme

Die Frage, ob ein bestimmtes Therapieverfahren eine spezifische Wirkung auf schizophrene Negativsymptome hat, ist methodisch nur schwer zugänglich. Hierbei handelt es sich nämlich um ätiologisch heterogene Symptome, deren differentialdiagnostische Einordnung im Einzelfall bisher mangels klarer Operationalisierung nicht sicher möglich ist.

Carpenter et al. haben dem eigentlichen, sich u. U. prozeßhaft entwickelten schizophrenen Defekt (‚primarily enduring negative symptoms') die „sekundäre" Negativsymptomatik gegenübergestellt. Letztere kann Ausdruck affektiver Störungen sein (‚dysphoric affect'; postremissives Erschöpfungssyndrom i. S. von Heinrich 1967), sie kann als Folge einer Neuroleptika-Behandlung (Akinese, Parkinsonoid) auftreten, aber auch aus einer reizarmen, kustodialen Umgebung bei langjährig hospitalisierten Patienten resultieren. Schizophrene Negativsymptome treten aber vielfach auch gleichzeitig mit positiven Symptomen auf, und können dann Ausdruck einer akuten Exazerbation der Psychose sein, z. B. Mutismus oder Anhedonie als Ausdruck oder Folge psychotischer Beziehungs- und Verfolgungsideen oder Antriebs- und Interessenlosigkeit im Rahmen akuter schizodepressiver Psychosen.

In der ganz überwiegenden Zahl der Studien, die eine Wirksamkeit bestimmter Pharmaka bei Negativsymptomatik berichteten, war das eigentliche Untersuchungsziel der Nachweis einer antipsychotischen Wirkung der Prüfsubstanz; die Erfassung von Negativsymptomen wurde nur explorativ durchgeführt, und es fand insbesondere keine prospektive Auswahl der Patienten etwa nach dem vorherrschenden Typ der Negativsymptomatik statt.

Die klinische Erfahrung zeigt, daß Positiv- und Negativsymptome nicht nur gleichzeitig auftreten, sondern durch unterschiedlichste Therapieverfahren gleichsinnig beeinflußt werden können (Tabelle 1). So zeigen Interventionen, die primär zur Behandlung schizophrener Negativ-

Tabelle 1. Wechselwirkungen von therapeutischen Maßnahmen bei Schizophrenen auf Plus- und Minussymptomatik bei Therapierespondern

Rheinische Landes- und Hochschulklinik Düsseldorf		
1. Arbeitstherapie		zur Verbesserung von Minussymptomatik
	aber:	auch Reduktion von Plussymptomatik
2. Neuroleptika		zur Verbesserung von Plussymptomatik
	aber:	auch Reduktion von Minussymptomatik
3. Plazebo		zur Verbesserung von Plussymptomatik
	aber:	auch Reduktion von Minussymptomatik
4. NET		zur Verbesserung von Plussymptomatik
	aber:	auch Reduktion von Minussymptomatik
5. VT/GT	bei schizophrenem Defekt mit Residualsymptomatik:	
	VT ↓↓	Reduktion von Minussymptomatik
	↓	Reduktion von Plussymptomatik
	GT ↓	Reduktion von Minussymptomatik
	(↓)	Reduktion von Plussymptomatik

NET Neuroelektrische Therapie (Elektrokrampftherapie); *VT* Verhaltenstherapie; *GT* Gesprächspsychotherapie

symptome durchgeführt wurden, wie Arbeitstherapie (Lehmann et al. 1979) bzw. kognitive Verhaltenstherapie (Strauß und Klieser 1985), neben einer Verbesserung von Minussymptomen auch eine Reduktion einer chronisch-produktiven Plussymptomatik. Umgekehrt führen primär zur Behandlung akuter schizophrener Symptome eingesetzte Verfahren wie Neuroleptikabehandlung (Klieser und Schönell 1990, Woggon 1990) bzw. Neuroelektrische Therapie (Elektrokrampftherapie) gleichfalls zur Reduktion von Minussymptomen (Klimke und Klieser, in Vorbereitung). Schließlich ist bei vielen Patienten auch eine Plazebo-Behandlung wirksam zur Reduktion von Minussymptomen, auch bei solchen, die zuvor keine medikamentöse Behandlung erhielten, so daß es sich nicht um ein einfaches Absetzphänomen oder Vormedikation handeln konnte (Klieser 1990).

Hieraus ergibt sich, daß offene Studien zur potentiellen Wirkung von neuen Psychopharmaka bei schizophrener Negativsymptomatik lediglich Pilotcharakter haben. Vielmehr muß eine Bestätigung solcher Befunde in kontrollierten Doppelblind-Studien erfolgen. Offen ist dabei angesichts des Fehlens einer Standardbehandlung für Negativsymptome, gegen welche Vergleichssubstanz geprüft werden sollte. Hierbei ist zu bedenken, daß Neuroleptika schizophrene Negativsymptome sowohl mindern, aber auch verstärken können (Tabelle 2). Eine allgemein bessere Wirksamkeit einer Prüfsubstanz auf die Ausprägung negativer Symptome in eine Vergleichsstudie beweist daher zunächst noch keine spezifische Wirksamkeit; möglicherweise verursacht die Standardsubstanz mehr Sedation, extrapyramidal-motorische oder kognitiv-emotionale Störungen, oder etwa massive Gewichtszunahme mit der Folge kör-

Tabelle 2. Wechselwirkung der Neuroleptika auf die Negativsymptomatik

↓ Minderung durch: (therapeutische Beeinflussung)	↑ Verstärkung durch:
antipsychotische Wirkung (alle klassischen Neuroleptika)	Sedierung
antidepressive Wirkung?	EPMS
spezif. Wirkung auf Minussymptome	cognitiv-emotionale Störungen
	Gewichtszunahme
	Störung des Glucosestoffwechsels
	Kreislaufstörungen
	ableitbar vom Rezeptorbesetzungsprofil

perlicher Inaktivität, wohingegen eine andere Vergleichssubstanz keinen Unterschied erbracht hätte.

Um darüber hinaus einen unspezifischen Effekt anderer Variablen (rehabilitative Maßnahmen, Psychotherapie, Arbeitstherapie etc.) auszuschließen, müßte aus methodischer Sicht zusätzlich eine Plazebo-Gruppe mitgeführt werden, was aber erhebliche ethische und praktische Probleme mit sich bringen kann.

Klinische Studien

In den Jahren von 1965 bis 1975 sind in der RLHK Düsseldorf, damals noch Rheinisches Landeskrankenhaus, insgesamt 371 Patienten unter Studienbedingungen unter überwiegend offenen Studienbedingungen mit Diphenylbutylpiperidinen behandelt worden (Tabelle 3). Alle Substanzen (Clopimozid, Fluspirilen, Penfluridol, Pimozid) zeigten in entsprechender Dosierung gute antipsychotische Wirkungen, lösten aber auch extrapyramidal-motorische Symptome aus. Monotherapeutisch behandelte produktive schizophrene Symptome und depressive Begleitsymptome sprachen am besten auf Fluspirilen an, schizophrene Minussymptome besser auf Clopimozid und Pimozid an. Die Patientenakzeptanz war unter Pimozid am größten.

Auch in der Literatur berichten mehrere Untersuchungsgruppen über eine erfolgreiche Behandlung unterschiedlicher Minussymptome mit Pimozid unter offenen Untersuchungsbedingungen.

Pöldinger (1971) empfahl aufgrund einer offenen Untersuchung an

Tabelle 3. Ergebnisse von 12 Dissertationen über Kurzzeit- und Langzeitwirkung und Verträglichkeit von Diphenylbutylpiperidin-derivaten an chronisch schizophrenen Patienten. Rheinisches Landeskrankenhaus Düsseldorf 1965–1975; N = 371 Patienten, Behandlungsdauer 8 Wochen bis 52 Wochen, überwiegend offene Studien

1. Alle Substanzen (Clopimozid, Fluspirilen, Penfluridol, Pimozid) zeigten in entsprechender Dosierung gute antipsychotische Wirkung und lösten EPMS aus.
2. Für die Monotherapie von produktiven schizophrenen Symptomen ist die Gabe von Fluspirilen geeigneter Penfluridol geeigneter Pimozid geeigneter Clopimozid.
3. Für die Therapie von schizophrenen Minussymptomen ist die Gabe von Clopimozid geeigneter Pimozid geeigneter Penfluridol geeigneter Fluspirilen.
4. Für die Behandlung von depressiver Symptomatik Fluspirilen geeigneter Penfluridol geeigneter Pimozid geeigneter Clopimozid.
5. Die Patientenakzeptanz war unter Pimozid größer Penfluridol größer Fluspirilen.
6. Gewichtszunahme trat stärker unter Fluspirilen → Penfluridol → Pimozid auf.

20 chronisch schizophrenen Patienten Pimozid (1–7 mg) als Substanz der Wahl bei präpsychotischen oder psychotischen Patienten, bei denen die soziale Reintegration angestrebt wird.

Baro et al. (1972) fanden bei 43 chronisch Schizophrenen, die zuvor unter einer neuroleptischen Vorbehandlung stabilisiert waren, nach Umstellung auf Pimozid eine weitere Besserung psychotischer Symptome, aber auch des Antriebs, der sozialen Anpassungsfähigkeit und der Aufmerksamkeit.

Barnes et al. (1977) fanden bei 14 stationären Patienten mit ausgeprägter Minussymptomatik (Affektverflachung, sozialer Rückzug, Apathie) signifikante Besserungen des sozialen Interesses unter einer in individuellen Dosisschritten titrierten Dosis bis 20 mg Pimozid/d.

Feinberg et al. (1988) berichteten bei 10 Neuroleptika-Nonrespondern mit vorherrschenden Defektsymptomen über selektive Besserungen der negativen, nicht jedoch der positiven Symptome unter einer 6wöchigen Pimozid-Behandlung (4–20 mg/d).

Auch in einigen kontrollierten Doppelblindstudien (Tabelle 4) ergaben sich Hinweise auf eine bessere Wirksamkeit des Pimozids auf einzelne Negativsymptome.

Kolivakis et al. (1974) verglichen Pimozid (2,5–21 mg/d) mit Chlorpromazin (75–450 mg/d) bei 51 ambulanten Patienten mit chronischer Schizophrenie, und fanden im Gruppenvergleich eine signifikante Besserung von emotionaler Zurückgezogenheit unter Pimozid. Auch McCreadie et al. (1978) fanden in einem cross-over Design bei 12 stationären Patienten ein verbessertes Verhalten der Patienten auf der psychiatrischen Station unter Pimozid (vs. Chlorpromazin).

Abuzzahab und Zimmermann (1976) fanden in einer dreijährigen

Tabelle 4. Wirksamkeit des Pimozids auf Minussymptome bei chronisch schizophrenen Patienten

Autor(en)	Patienten	Dauer (Monate)	Ergebnis
[Pimozid versus Chlorpromazin]			
Kolivakis et al. (1974)	51 ambul. Pat.	6	Pimozid = Chlorpromazin[1] Pimozid: emotionaler Rückzug ↓[2]
McCreadie et al. (1978)	12 stat. Pat. cross-over-Design	2x3	Pimozid = Chlorpromazin Pimozid: Sozialverhalten ↑
Wilson et al. (1982)	43 ambul. Pat.	12	Pimozid = Chlorpromazin
Pimozid versus Fluphenazin			
Abuzzahab und Zimmerman (1976)	63 ambul. Pat.	36	Pimozid = Fluphenazin Pimozid: Sozialverhalten ↑
Donlon et al. (1977)	46 ambul. Pat.	12	Pimozid = Fluphenazin Pimozid: Sozialverhalten ↑
Falloon et al. (1978)	44 ambul. Pat.	12	Pimozid = Fluphenazin Pimozid: Sozialverhalten ↑ Depressivität ↓
Barnes et al. (1983)	36 ambul. Pat.	12	Pimozid = Fluphenazin
Pimozid versus Trifluoperazin			
Amin et al. (1977)	20 ambul. Pat.	4	Pimozid = Trifluoperazin

[1] = vergleichbar in der antipsychischen bzw. rezidivprophylaktischen Wirksamkeit
[2] ↑ Verbesserung; ↓ Verringerung

Vergleichsuntersuchung (Pimozid vs. Fluphenazin) bei 62 chronisch schizophrenen, ambulanten Patienten eine signifikante Besserung der sozialen Anpassung unter Pimozid, allerdings erst nach mindestens einjähriger Behandlungsdauer. Donlon et al. (1977) fanden bei gleicher rezidivprophylaktischer Wirkung bei 46 ambulanten Schizophrenen eine Überlegenheit des Pimozids (gegenüber Fluphenazin) hinsichtlich der sozialen Integrations- und Leistungsfähigkeit. Falloon et al. (1978) berichteten in einem ähnlichen Studiendesign über eine Verbesserung von sozialer Integration, Freizeitverhalten, emotionaler Beziehungsfähigkeit und Verantwortungsgefühl im häuslichen Umfeld unter Pimozid.

Kline et al. (1977) berichteten über ausgeprägte Besserungen einiger Defektschizophrener unter Pimozid (vs. Trifluoperazine), und postulierten, daß aufgrund der verbesserten sozialen Anpassung eine Behandlung mit Pimozid bei sorgfältig ausgewählten, anergisch/apathischen Patienten angezeigt sein könnte.

Andere Untersucher fanden hingegen gegenüber dem Chlorpromazin (Wilson et al. 1982), dem Fluphenazin (Barnes et al. 1983) und dem Trifluoperazin (Amin et al. 1977) keine signifikante Wirkung des Pimozids auf schizophrene Minussymptome.

Diskussion

Auch wenn die Mehrzahl der offenen und der kontrollierten Studien einen positiven Einfluß des Pimozids auf schizophrene Minussymptomatik andeutet, muß die Frage nach einem spezifischen Einfluß etwa auf die schizophrene Defektsymptomatik offen bleiben. In keiner der genannten Doppelblind-Studien war das Studienziel primär die Untersuchung der Wirksamkeit auf die Negativsymptomatik. Vielmehr wurde die berichtete differentielle Wirkung des Pimozids lediglich im Rahmen der explorativen Analyse beschrieben, die aber zu ihrer Bestätigung einer prospektiven Untersuchung bedurft hätte. Es ist denkbar, daß die Unterschiede im Vergleich zu anderen Neuroleptika auf ein unterschiedliches Nebenwirkungsprofil, etwa eine substanzspezifische stärkere Sedation (durch Chlorpromazin oder Fluphenazin) oder eine zu hohe Dosis der Vergleichssubstanz zu einem günstigeren Ergebnis hinsichtlich des Pimozids geführt hat.

In der klinischen Praxis ist der Einsatz des Pimozids in den letzten Jahren bei schizophrener Minussymptomatik jedenfalls deutlich rückläufig. In der Rheinischen Landes- und Hochschulklinik Düsseldorf wurden in den Jahren 1980–1983 jährlich zwischen 30 und 36 Patienten mit predominierender Minussymptomatik mit Pimozid (4–8 mg/d) in die ambulante Behandlung entlassen. Seit 1984 wurde vom Landschaftsverband Rheinland wieder die Erlaubnis zur Behandlung mit Clozapin (Leponex[R]) erteilt. Seitdem zeigte sich in unserer Klinik ein deutlicher Rückgang der Verordnung von Pimozid (Abb. 2) bei dieser Patientengruppe zugunsten des Clozapins, dessen spezifische Wirksamkeit bei Minussymptomatik auch nocht nicht eindeutig belegt ist (vgl.

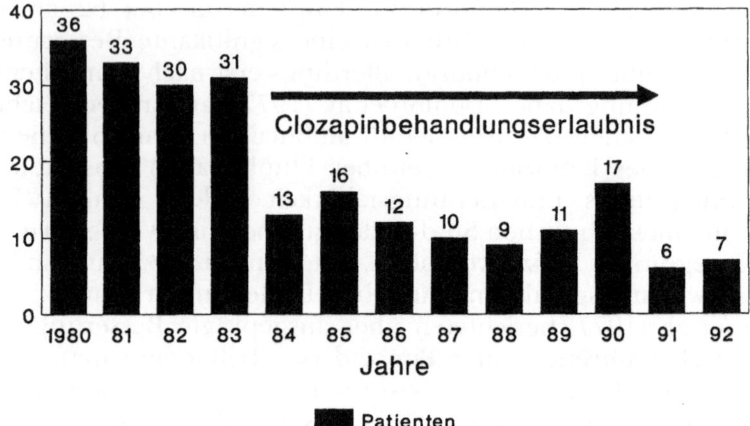

Abb. 2. Entlassungsmedikation Pimozid (4–8mg) bei schizophrenen Patienten mit imponierender Minussymptomatik

Müller-Spahn). Ob die Änderung des Verschreibungsverhaltens rational begründet ist, kann mangels entsprechender kontrollierter Vergleichsstudien (Pimozid vs. Clozapin) nicht abschließend gesagt werden.

Zusammenfassung

Das Diphenylbutylpiperidin Pimozid (Orap[R]) wird vom Hersteller zur Erhaltungstherapie chronisch schizophrener Psychosen mit vorwiegender Minussymptomatik empfohlen. Tatsächlich deuten eigene Untersuchungen, offene Pilotstudien und kontrollierte Vergleichsstudien zu Chlorpromazin, Fluphenazin und Trifluoperazin auf eine Überlegenheit des Pimozids hinsichtlich bestimmter Minussymptome (sozialer und emotionaler Rückzug, soziale Anpassungsfähigkeit) hin, wobei die prospektive Bestätigung einer spezifischen Wirkung auf Minussymptomatik bisher jedoch aussteht. Es ist deshalb offen, ob Pimozid eine spezifische Wirkung auf die schizophrene Defektsymptomatik hat, oder ob etwa aufgrund des Begleitwirkungsprofils nur in geringerem Maße sekundäre Negativsymptome (i. S. von Carpenter) induziert werden. In der RLHK Düsseldorf ist die praktische Verordnungshäufigkeit des Pimozids mit der Behandlungserlaubnis des Clozapins (Leponex[R]) bei ausgeprägter Minussymptomatik deutlich zurückgegangen.

Literatur

Abuzzahab FS, Zimmerman RL (1976) A three-year double-blind investigation of pimozide versus fluphenazine in chronic schizophrenia. Psychopharmacol Bull 13: 71–73

Amin MM, Ban TA, Lehmann HE (1977) A standard-(trifluoperazine) controlled clinical study with pimozide in the maintenance treatment of schizophrenic patients. Psychopharmacol Bull 13: 15–17

Barnes TRE, Roy DH, Gaind R (1977) Open study to determine appropriate maintenance dosage of pimozide in patients with chronic schizophrenia. Proc R Soc Med 70 [Suppl 10]: 44–47

Barnes TRE, Milavic G, Curson DA, et al (1983) Use of the social behaviour assessment schedule (SBAS) in a trial of maintenance antipsychotic therapy in schizophrenic outpatients: pimozide versus fluphenazine. Soc Psychiatry 18: 193–199

Baro F, Van Lommel R, Dom R, et al (1972) Pimozide treatment of chronic schizophrenics as compared with haloperidol and penfluridol treatment. Acta Psychiatr Belg 72: 199–214

Carpenter WT Jr, Heinrichs DW, Alphs LD (1985) Treatment of negative symptoms. Schizophr Bull 11 (3): 440–452

Falloon I, Watt DC, Shepherd M (1978) The social outcome of patients in a trial of long-term continuation therapy in schizophrenia: pimozide vs. fluphenazine. Psychol Med 8: 265–274

Feinberg SS, Kay SR, Elijovich, et al (1988) Pimozide treatment of the negative schizophrenic syndrome: an open trial. J Clin Psychiatry 49: 235–238

Gould J, Murphy KM, Reynolds IJ, Snyder SH (1983) Antischizophrenic drugs of the diphenylbutylpiperidine type act as calcium channel antagonists. Proc Natl Acad Sci USA 80: 5122–5125

Heinrich K (1967) Zur Bedeutung des postremissiven Erschöpfungssyndroms für die Rehabilitation Schizophrener. Nervenarzt 38: 487–491

Klieser E (1990) Psychopharmakologische Differentialtherapie endogener Psychosen. Thieme, Stuttgart New York, S 71

Klieser E, Schönell H (1990) Klinisch-pharmakologische Studien zur Behandlung schizophrener Minussymptomatik. In: Möller HJ, Pelzer E (Hrsg) Neue Ansätze zur Diagnostik und Therapie schizophrener Minussymptome. Springer, Berlin Heidelberg New York Tokyo

Kline F, Burgoyne RW, Yamamoto J (1977) Comparison of pimozide and trifluoperazine as once-daily therapy in chronic schizophrenic outpatients. Curr Ther Res 21: 768–778

Kolivakis T, Azian H, Kingstone E (1974) A double-blind comparison of pimozide and chlorpromazine in the maintenance of chronic schizophrenic patients. Curr Ther Res 16: 998–1004

Lehmann E, Klieser E, Kinzler E (1979) Experimentelle Untersuchung zum Einfluß der Entlohnung in der Arbeitstherapie auf Arbeits- und Sozialverhalten bei langfristig hospitalisierten psychiatrischen Patienten. Soc Psychiatry 14: 167–173

Opler LA, Feinberg SS (1991) The role of pimozide in clinical psychiatry: a review. J Clin Psychiatry 52 (5): 221–233

Pinder RM, Brogden RN, Sawyer PR, Speight TM, Spencer R, Avery GS (1976) Pimozide: a review of its pharmacological properties and therapeutic uses in psychiatry. Drugs 12: 1–40

Pöldinger W (1971) Clinical experience with pimozide. Curr Ther Res 13: 23–27

Strauß WH, Klieser E (1985) Ist der schizophrene Residualzustand durch VT günstig zu beeinflussen? Psycho 11: 474–475

Wilson LG, Roberts RW, Gerber CJ, et al (1982) Pimozide versus chlorpromazine in chronic schizophrenia: a 52-week double blind study of maintenance therapy. J Clin Psychiatry 43: 62–65

Woggon B (1990) Wirkprofile klassischer Neuroleptika und die Beeinflussung von Minussymptomatik. In: Möller HJ, Pelzer E (Hrsg) Neue Ansätze zur Diagnostik und Therapie schizophrener Minussymptome. Springer, Berlin Heidelberg New York Tokyo

Korrespondenz: Priv.-Doz. Dr.med. E. Klieser, Rheinische Landes- und Hochschulklinik Düsseldorf, D-40605 Düsseldorf, Bundesrepublik Deutschland

Zur Wirkung von Clozapin bei Patienten mit schizophrener Minussymptomatik

D. Naber

Psychiatrische Universitätsklinik, München, Bundesrepublik Deutschland

Das einzigartige pharmakologische und klinische Profil von Clozapin ist in zahlreichen Studien und Übersichten beschrieben worden. Die wesentlichen pharmakologischen Unterschiede gegenüber klassischen Neuroleptika sind u. a. die geringere Dopamin-D_2-Rezeptor-Blockade, die stärkere Dopamin-D_1-Rezeptor-Blockade und die ausgeprägtere Serotonin-5HT_2-Rezeptor-Blockade (Coward 1992). Strittig ist der für die atypischen klinischen Effekte verantwortliche pharmakologische Wirkungsmechanismus (Meltzer 1991), an der antipsychotischen Wirkung bei weitgehendem Fehlen klinisch relevanter motorischer Nebenwirkungen aber besteht kein Zweifel (Baldessarini und Frankenburg 1991).

Die Erfahrung zahlreicher Kliniker, daß Clozapin nicht nur produktive Symptome reduziert, sondern auch die schizophrene Minussymptomatik günstig beeinflußt, wurde in zahlreichen, überwiegend retrospektiven Studien übereinstimmend beschrieben (Gerlach et al. 1989, Lindström 1988, Naber et al. 1992b, Povlsen et al. 1985, Verhoeven et al. 1992). So zeigte sich in einer eigenen retrospektiven Untersuchung an 540 schizophrenen Patienten in stationärer Therapie, bei denen unter klassischen Neuroleptika eine Therapieresistenz oder schwerwiegende Nebenwirkungen zu beobachten waren, daß auch von den beiden Patientengruppen mit ausgeprägter schizophrener Minussymptomatik, nämlich hebephrenen und chronischen Patienten, ein großer Teil, nämlich 45 bzw. 50 % unter der Therapie mit Clozapin eine deutliche Besserung zeigte (siehe Tabelle 1). Ein weiterer Beleg ist die neuroleptische Medikation bei Entlassung, für die Wirkung und Verträglichkeit der klassischen Neuroleptika sowie von Clozapin einbezogen bzw. die jeweiligen Nutzen und Risiken abgewägt werden. Auch hier zeigte sich, daß von den hebephrenen Patienten nur bei 29 % und von den chronischen Patienten nur bei 11 % Clozapin durch klassische Neuroleptika ersetzt wurde (siehe Tabelle 2).

Tabelle 1. Wirkung von Clozapin in der Behandlung schizophrener Patienten

	Gesamt gruppe (%,n = 540)	Hebe- phrenie (%,n = 81)	Kata- tonie (%,n = 59)	Paran. Halluz. (%,n = 198)	Chro- nisch (%,n = 83)	Schizo- affektiv (%,n = 119)
Verschlechterung oder keine Veränderung	11,0	20	11	10	10	9
Geringe Verbesserung	31,5	34	28	34	40	24
Deutliche Verbesserung	53,0	44	59	52	50	56
Nahezu vollständiges Abklingen der Symptome	4,5	1	3	4	0	10

Tabelle 2. Neuroleptische Medikation bei Entlassung

	Gesamt gruppe	Hebe- phrenie	Kata- tonie	Paran.- Halluz.	Chro- nisch	Schizo- affektiv
Nur Clozapin	59,9	51	68	56	66	62
Clozapin + andere NL	20,3	20	10	29	23	16
Nur andere Neuroleptika	19,8	29	22	16	11	22

Berichtenswert ist in diesem Zusammenhang auch die Studie von Meltzer und Mitarbeitern (1990), in der gezeigt wurde, daß sich die Lebensqualität chronisch schizophrener Patienten bereits nach 6-monatiger Therapie mit Clozapin signifikant verbesserte. Dabei ist zu beachten, daß vor Beginn der Clozapin-Therapie das Ausmaß der Lebensqualität zwar signifikant mit den positiven Symptomen der Schizophrenie korrelierte ($r = -0{,}35$), aber der Zusammenhang mit der schizophrenen Minussymptomatik deutlich ausgeprägter war ($r = -0{,}57$).

Auch in Übersichtsartikeln zur medikamentösen Therapie schizophrener Minussymptomatik wird Clozapin fast immer als eines der aussichtsreichsten Neuroleptika erwähnt (u. a. Müller-Spahn et al. 1992). Diese Empfehlung liegt aufgrund der Ähnlichkeit zwischen Minussymptomatik und extrapyramidalen Nebenwirkungen nahe; ein Medikament wie Clozapin ohne motorische Nebenwirkungen sollte eine Minussymptomatik zumindest nicht verstärken, vielleicht sogar reduzieren. Diese plausible Vermutung wird aber nur durch wenige kontrollierte Studien gestützt.

Kontrollierte Studien zum Vergleich von Clozapin mit klassischen Neuroleptika in der Wirkung auf schizophrene Minussymptomatik

Angst und Mitarbeiter verglichen 1989 in einer Meta-Analyse die Wirkungen einer 20-tägigen Therapie von Haloperidol (n = 90). Fluperlapin (n = 90) und Clozapin (n = 89) auf schizophrene Minussymptome. Die beiden ersten Gruppen stammten aus einer multizentrischen Doppelblindstudie, die dritte Gruppe setzte sich zusammen aus Patienten von fünf verschiedenen in Zürich durchgeführten klinischen Prüfungen von Clozapin. Für alle drei Patientengruppen zeigte sich eine deutliche Besserung der Minussymptome unter der neuroleptischen Therapie, zwischen den drei Gruppen aber kein signifikanter Unterschied. Neben den methodischen Problemen einer Meta-Analyse begrenzt auch der sehr kurze Behandlungszeitraum die Aussagekraft der Untersuchung.

Klieser und Schönell (1990) berichteten von zwei Untersuchungen, in denen die Wirkung von Clozapin und von klassischen Neuroleptika geprüft wurde. In einer Studie, in der 400 mg Clozapin (n = 15) über fünf Wochen mit 20 mg Haloperidol (n = 15) in der Wirkung auf den SANS-Gesamtwert verglichen wurde, zeigte sich ein signifikanter Unterschied zugunsten des Clozapins ($p > 0,01$). In einer weiteren Studie aber, in der 350 mg Clozapin (n = 17), 16 mg Haloperidol (n = 17) und 375 mg Remoxiprid (n = 17) jeweils über vier Wochen verabreicht wurden, ergab sich zwischen den drei Neuroleptika hinsichtlich der Minussymptomatik im AMDP-System kein signifikanter Unterschied.

Die deutlichsten Unterschiede wurden beobachtet in den zwei Untersuchungen, in denen Clozapin mit Chlorpromazin über die zumindest annähernd adäquate Behandlungsdauer von je sechs Wochen verglichen wurde: In beiden wurde eine signifikante Überlegenheit von Clozapin deutlich. So berichteten Kane und Mitarbeiter (1988), daß bei 350 Therapie-resistenten schizophrenen Patienten 200–600 mg Clozapin die BPRS-Negativsymptome hochsignifikant ($p < 0,001$) wirksamer reduzierten als 600–1.200 mg Chlorpromazin. Auch in der Studie von Claghorn et al. (1987) an 150 schizophrenen Patienten war die Reduktion des BPRS-Anergic-Subscores unter Clozapin deutlich ausgeprägter ($p < 0,01$) als unter Chlorpromazin.

Ein wesentlicher Vorteil von Clozapin ist die relativ gute Compliance

Ein bedeutsamer Unterschied zwischen Clozapin und konventionellen Neuroleptika, in der klinischen Praxis sicher noch wesentlicher als in klinischen Prüfungen, ist die Compliance. Gerade die langwierige Behandlung von Patienten mit schizophrener Minussymptomatik hängt wesentlich von einer kontinuierlichen Langzeiteinnahme des Neuroleptikums ab. Eigene Erfahrungen in der ambulanten Therapie 78 schizophrener Patienten mit Clozapin über zumindest zwei Jahre zeigten im Vergleich zur Therapie unter klassischen Neuroleptika eine hochsignifikante Reduktion der Rehospitalisierung bzw. der Aufenthaltsdauer in stationärer Therapie (Naber et al. 1992a). Der naheliegende Grund ist die verbesserte Compliance bzw. die regelmäßige Einnahme über zwei Jahre: Sie betrug für Clozapin 88 %, für eine nach klinischen Variablen wie Psychopathologie, Krankheitsdauer, etc. parallelisierte Kontrollgruppe unter typischen Neuroleptika aber nur 47 %. Diese Zahl stimmt mit der Literatur überein, die Angaben zur Compliance für klassische Neuroleptika schwanken zwischen 40 und 55 %.

Van Putten (1974) dokumentierte einen signifikanten Zusammenhang zwischen den extrapyramidal-motorischen Nebenwirkungen, insbesondere der Akathisie, und geringer Compliance. Darüberhinaus sind aber wahrscheinlich weitere subjektive Nebenwirkungen für die Compliance von großer Bedeutung. Sie sind von einigen Psychiatern im Selbstversuch eindrucksvoll beschrieben worden (Belmaker und Wald 1977, Ernst 1954) und ähneln der von schizophrenen Patienten unter neuroleptischer Therapie gelegentlich geäußerten Verminderung von Emotionalität, Lebensfreude, Willensstärke, Spontaneität und Zuwendung zur Umwelt (Brenner et al. 1986, Windgassen 1989). Diese Symptomatik wurde von verschiedenen Autoren durch Begriffe wie „pharmakogene Depression“ (Helmchen und Hippius 1969), „post-remissives Erschöpfungssyndrom“ (Heinrich 1967) oder „akinetische Depression“ (Van Putten und May 1978) gekennzeichnet, aber entweder aufgrund der methodischen Schwierigkeiten oder wegen eines nur geringen wissenschaftlichen Interesses bisher kaum systematisch erforscht.

Die ätiologische Differenzierung dieser Beschwerden ist äußerst schwierig und Heinrich (1967) betonte zurecht, daß neben der neuroleptischen Therapie zwei weitere Kausalfaktoren zu berücksichtigen sind: die Grundkrankheit bzw. die Schizophrenie, besonders bei ausgeprägter Negativ-Symptomatik und die Reaktion des weitgehend remittierten Patienten auf die durchlebte Psychose. Anzumerken ist, daß die o. a. klinischen Arbeiten über die anhedone Wirkung von Neuroleptika, in der umfangreichen tierexperimentellen Literatur eindrucksvoll dokumentiert (Naber 1990), sich auf die Effekte einer neuroleptischen Langzeit-Therapie beziehen. Sie stehen somit keineswegs im Widerspruch zu Untersuchungen, in denen gefunden wurde, daß depressive Syndrome schizophrener Patienten in der Akutphase unter neuroleptischer Therapie abklingen (Knights und Hirsch 1981, Möller und von Zerssen 1981).

Um die Befindlichkeit schizophrener Patienten näher zu untersuchen, wurde ein Selbstbeurteilungsbogen, eine Likert-Skala mit 38 Items entwickelt (Naber et al. 1992a). Mittlerweile liegen die Daten von ca. 250 schizophrenen Patienten vor. Sie standen entweder kurz vor der Entlassung oder waren in ambulanter Therapie. Nach Abklingen der akuten Psychose war bisher jeder Patient in der Lage, den Bogen in 15–20 Minuten auszufüllen.

Schizophrene Patienten beurteilen ihre Befindlichkeit unter Clozapin signifikant besser als unter klassischen Neuroleptika

Die Befindlichkeit von 28 Patienten unter Clozapin (180 ± 110 mg/Tag) wurde mit der von 38 Patienten unter klassischen Neuroleptika (überwiegend Haloperidol n = 22 und Flupentixol n = 9; 195 ± 110 Chlorpromazin-Äquivalenz mg/Tag) verglichen. Die Gruppen unterschieden sich in keiner klinischen Variablen wie Alter, Dauer der Erkrankung, ICD-Diagnose bzw. Subtyp. Alle Clozapin-Patienten reagierten zuvor auf klassische Neuroleptika mit schwerwiegenden, überwiegend motorischen Nebenwirkungen oder Therapie-Resistenz. Trotz dieser negativen Selektion war die Befindlichkeit unter Clozapin signifikant besser (p = 0,02). Der trotz der geringen Fallzahl signifikante Unterschied in der selbstbeurteilten Befindlichkeit bestätigt die klinische Erfahrung und eine Studie, in der je zehn schizophrene Patienten, mit Perazin oder mit Clozapin behandelt, eine Eigenschaftswörterliste ausfüllten. Die Clozapin-Patienten beurteilten sich signifikant besser in den Bereichen „Kontaktfreude", „Aktivität" und „Stimmung" (Gebhardt 1972).

Die klinische Relevanz der Selbstbeurteilung bzw. der Bezug zur Compliance wird auch durch folgendes Ergebnis deutlich: 48 schizophrene Patienten füllten den Bogen sowohl kurz vor der Entlassung wie vier bis sechs Monate später aus; außerdem wurde der behandelnde Arzt zur Beurteilung der Compliance befragt. Schon bei der Entlassung beurteilten die 14 später nicht-complianten Patienten ihre Befindlichkeit signifikant schlechter (p = 0,02) als die 34 complianten Patienten. In der Fremdbeurteilung (PANSS, BPRS) ergab sich zu dem Zeitpunkt (noch?) kein signifikanter Unterschied.

Konklusion

1. Eine im Vergleich zu klassischen Neuroleptika deutlich bessere Wirkung von Clozapin auf schizophrene Minussymptomatik ist nur in wenigen kontrollierten Studien nachgewiesen worden.
2. Die internationale klinische Erfahrung aber offenbart unter einer Langzeit-Therapie mit Clozapin zumindest bei einer Untergruppe von Patienten eine deutliche Reduktion der Minussymptomatik.
3. Als Mechanismus dieser Langzeit-Wirkung wird folgende „Reaktionskette" vermutet: Die Nebenwirkungen von Clozapin sind subjektiv deutlich weniger aversiv als die klassischer Neuroleptika. Daraus resultiert, daß die medikamentöse Therapie weniger selten abgebrochen wird bzw. eine bessere Compliance. Das wiederum hat eine seltenere Exazerbation bzw. Rehospitalisierung zur Folge und schließlich die Konsequenz, daß die Patienten fähig sind, regelmäßig und langfristig an einer psychosozialen Therapie teilzunehmen.

Literatur

Angst J, Stassen HH, Woggon B (1989) Effect of neuroleptics on positive and negative symptoms and the deficit state. Psychopharmacology 99 [Suppl]: S 41–S 46

Baldessarini RJ, Frankenburg FR (1991) Clozapine. A novel antipsychotic agent. N Engl J Med 324: 746–754

Belmaker RH (1977) Wald D. Haloperidol in normals. Br J Psychiatry 131: 222–223

Brenner HD, Böker W, Rui C (1986) Subjektive Neuroleptikawirkung bei Schizophrenen und ihre Bedeutung für die Therapie. In: Hinterhuber H, Schubert H, Kulhanek F (Hrsg) Seiteneffekte und Störwirkungen der Psychopharmaka. Schattauer, Stuttgart, S 97–107

Claghorn J, Honigfeld G, Abuzzahab PS, Wang R, Steinbook R, Tuason V, Klerman G (1987) The risks and benefits of clozapine versus chlorpromazine. J Clin Psychopharmacol 7: 377–384

Coward D (1992) Aktuelle Aspekte zum Wirkungsmechanismus von Clozapin. In: Naber D, Müller-Spahn F (Hrsg) Clozapin. Pharmakologie und Klinik eines atypischen Neuroleptikums. Schattauer, Stuttgart, S 11–18

Ernst K (1954) Psychopathologische Wirkungen des Phenothiazinderivates „Largactil" (Megaphen) im Selbstversuch und bei Kranken. Arch Psychiatr Neurol 192: 573–590

Gebhardt R (1972) Veränderungen der subjektiven Befindlichkeit psychotischer Patienten unter neuroleptischer Therapie. Pharmakopsychiatry 5: 295–300

Gerlach J, Jorgensen EO, Peacock L (1989) Long-term experience with clozapine in Denmark: research and clinical practice. Psychopharmacology [Suppl 99]: S 92–S 96

Heinirch K (1967) Zur Bedeutung des postremissiven Erschöpfungs-Syndroms für die Rehabilitation Schizophrener. Nervenarzt 38: 487–491

Helmchen H, Hippius H (1969) Pharmakogene Depression. In: Hippius H, Selbach H (Hrsg) Das depressive Syndrom. Schattauer, München, S 443–448

Kane J, Honigfeld G, Singer J, Meltzer HY (1988) Clozapine for the treatment-resistant schizophrenic. A double-blind comparison with chlorpromazine. Arch Gen Psychiatry 45: 789–796

Klieser E, Schönell H (1990) Klinisch-pharmakologische Studien zur Behandlung schizophrener Minussymptomatik. In: Möller HJ, Pelzer E (Hrsg) Neuere Ansätze zur Diagnostik und Therapie schizophrener Minussymptomatik. Springer, Berlin Heidelberg New York Tokyo, S 217–222

Knights A, Hirsch SR (1981) ‚Revealed' depression and drug treatment for schizophrenia. Arch Gen Psychiatry 38: 806–811

Lindström LH (1988) The effect of long-term treatment with clozapine in schizophrenia: a retrospective study in 96 patients treated with clozapine for up to 13 years. Acta Psychiatr Scand 77: 524–529

Meltzer HY (1991) The mechanism of action of novel antipsychotic drugs. Schizophr Bull 17: 263–287

Meltzer HY, Burnett S, Bastani B, Ramirez LF (1990) Effects of six months of clozapine treatment on the quality of life of chronic schizophrenic patients. Hosp Commun Psychiatry 41: 892–897

Möller HJ, v. Zerssen D (1981) Depressive Symptomatik im stationären Behandlungsverlauf von 280 schizophrenen Patienten. Pharmacopsychiatry 14: 172–179

Müller-Spahn F, Modell S, Thomma M (1992) Neue Aspekte in der Diagnostik, Pathogenese und Therapie schizophrener Minussymptomatik. Nervenarzt 63: 383–400

Naber D (1990) Neurobiologische und psychopharmakologische Aspekte der Anhedonie. In: Heimann H (Hrsg) Anhedonie. Verlust der Lebensfreude. Fischer, Stuttgart, S 131–145

Naber D, Hackl C, Marzelli B, Modell S, Boerner R, Koch HJ (1992a) Zur subjektiven Wirkung von Clozapin im Vergleich zu typischen Neuroleptika. In: Naber D, Müller-Spahn F (Hrsg) Clozapin. Pharmakologie und Klinik eines atypischen Neuroleptikums. Schattauer, Stuttgart, S 171–177

Naber D, Holzbach R, Perro C, Hippius H (1992b) Clinical management of clozapine patients in relation to efficacy. Br J Psychiatry 160 [Suppl 17]: 54–59

Povlsen UJ, Noring U, Fog R (1985) Tolerability and therapeutic effects of clozapine. A retrospective investigation of 216 patients treated with clozapine for up to 12 years. Acta Psychiatr Scand 71: 176–185

Van Putten T (1974) Why do schizophrenic patients refuse to take their drugs? Arch Gen Psychiatry 31: 67–72

Von Putten T, May PR (1978) ‚Akinetic depression' in schizophrenia. Arch Gen Psychiatry 35: 1101–1107

Verhoeven WMA, Doesburg WH, Snoej R, Rutgers AJMP, van Dongen PHM (1992) Efficacy of clozapine in treatment-resistant psychosis and neuroleptic sensitivity: results of the Dutch open multi-center project. Eur Psychiatry 7: 77–84

Windgassen K (1989) Schizophreniebehandlung aus der Sicht des Patienten. Springer, Berlin Heidelberg New York Tokyo

Korrespondenz: Prof. Dr. D. Naber, Psychiatrische Universitätsklinik, Nußbaumstraße 7, D-80336 München, Bundesrepublik Deutschland

Medikamentöses Therapieschema bei Patienten mit schizophrener Minussymptomatik

F. Müller-Spahn und **G. Kurtz**

Psychiatrische Klinik und Poliklinik, LM-Universität München, Bundesrepublik Deutschland

Einleitung

Konzeptionelle und diagnostische Fragestellungen im Zusammenhang mit der schizophrenen Minussymptomatik werden seit der von Crow (1980) vorgeschlagenen Typisierung der Schizophrenien in einen Typ-1 und Typ-2 intensiv diskutiert, wobei eine verbindliche Einteilung bisher jedoch noch nicht vorliegt. Nach der anfänglichen Fokussierung auf Diagnostik und Pathogenese der schizophrenen Minussymptomatik traten in den vergangenen Jahren pharmakotherapeutische Aspekte zur Beeinflussung von Minussymptomen bei schizophren Erkrankten in den Vordergrund wissenschaftlichen Interesses. Ein allgemeingültiges Therapiekonzept zur Behandlung der Minussymptomatik bei schizophrenen Patienten gibt es derzeit jedoch noch nicht, da

1. schizophrene Minussymptome multifaktoriell bedingt sind,
2. geeignete Tiermodelle für die Negativsymptomatik nicht zur Verfügung stehen und
3. die meisten der bislang durchgeführten Therapiestudien erhebliche methodische Mängel aufweisen:
   so war das Studiendesign der bisher publizierten Studien meist so konzipiert, daß primär das Ansprechen akuter produktiver Symptomatik auf Neuroleptika und erst sekundär das Ansprechen der Minussymptomatik geprüft wurde. Ein weiteres methodisches Problem der vorliegenden Studien, das die Erstellung therapeutischer Richtlinien erheblich erschwert, stellen der geringe Stichprobenumfang und der häufig kurze, nur wenige Wochen betragende, Untersuchungszeitraum dar.

Überlegungen zur Differentialdiagnose der Minussymptomatik sind wesentliche Voraussetzungen für die Entwicklung von Therapiekonzepten (Müller-Spahn et al. 1992). Minussymptome sind keineswegs schizophreniespezifisch (Angst et al. 1989, Wing 1989). Vielmehr werden sie bei zahlreichen, ätiologisch völlig unterschiedlichen psychiatrischen Erkrankungen beschrieben, was die Notwendigkeit einer klaren nosologischen Zuordnung vor Festlegung eines Behandlungsplanes deutlich macht. So wurden z. B. Negativsymptome sowohl bei Patienten mit einer Major affective disorder als auch im Rahmen einer Demenz und einer Wesensänderung, z. B. bei Alkoholismus, beobachtet (Nestadt und McHugh 1985), in geringerem Umfang auch bei neurotischen Erkrankungen, Phobien und Persönlichkeitsstörungen. Darüber hinaus wurden Minussymptome bei primär neurologischen Erkrankungen wie Parkinson-Syndromen oder postencephalitischen Störungen beschrieben (Wing 1989).

Carpenter et al. (1985) entwickelten mit der Unterteilung in primäre und sekundäre Minussymptome wichtige Hypothesen im Hinblick auf therapeutische Interventionsmöglichkeiten.

Nach dem Konzept von Carpenter sind Minussymptome nicht immer auf die Grundprozesse der schizophrenen Erkrankung allein zurückzuführen. Sogenannte „sekundäre“ Minussymptome können im Kontext mit einer akuten psychotischen Dekompensation, z. B. autistischer Rückzug als Schutz vor externer Reizüberflutung, einer neuroleptischen Therapie, aber auch als Reaktion auf soziale Unterstimulation, z. B. bei längerfristiger Hospitalisierung (Wing und Brown 1961) oder im Sinne eines unabhängigen depressiv-dysphorischen Syndroms (Kulhara et al. 1989) auftreten. Die Behandlung sollte sich dementsprechend nach der jeweiligen Ursache richten. Die primäre, „schizophreniekennzeichnende“ Minussymptomatik zeichnet sich dagegen durch Affekt- und Antriebsstörungen aus, wie sie bereits von Kraepelin (1913) und Bleuler (1911) beschrieben wurden. Sie ist Ausdruck umfassender kognitiver Störungen, einer tiefgreifenden Kontaktunfähigkeit, einer Störung der inneren Organisation mit Verlust des zielgerichteten Handelns bzw. einer primären Vitalschwäche (Kraepelin 1913, Bleuler 1911, Mundt und Kasper 1987).

Im folgenden werden kurz Substanzen vorgestellt, die derzeit in der Therapie der primären Minussymptomatik bei schizophren Erkrankten zur Anwendung kommen.

Behandlung mit konventionellen Neuroleptika

Zunächst bestand die Annahme, daß die schizophrene Negativsymptomatik „irreversibel“ und damit therapeutische Ansätze wenig erfolgversprechend seien (Johnstone et al. 1978, Weinberger et al. 1980, Andreasen 1982). Erst mit differenzierterer Beurteilung der unterschiedlichen Ätiologie der Minussymptomatik kam es zu einer Hinwendung zu wichtigen therapeutischen Fragestellungen. Im Rahmen zweier unterschiedlicher Forschungsstrategien wurde in den letzten Jahren untersucht, inwieweit für klassische Neuroleptika eine Differentialindikation zur Behandlung schizophrener Minussymptomatik bestehen könnte (Müller-Spahn 1990). Ferner wurden neuartige Substanzen mit unterschiedlicher chemischer Struktur, häufig am pharmakologischen Wirkprofil des Clozapin orientiert, entwickelt. Ein atypisches Neuroleptikum wie das Clozapin schien als Modellsubstanz für die Entwicklung von Neuroleptika der „neueren Generation“ besonders geeignet, nachdem in verschiedenen Studien über eine Reduktion der Minussymptomatik und eine günstige Beeinflussung therapieresistenter Verläufe bei gleichzeitig weitgehend fehlenden extrapyramidalmotorischen Störungen (EPMS) berichtet wurde (Kane et al. 1988, Meltzer und Zureick 1989, Naber et al. 1992).

Verschiedene klinisch-pharmakologische Studien zeigen, daß negative Symptome auf eine Behandlung mit klassischen Neuroleptika parallel oder langsamer als positive Symptome ansprechen (Woggon und Angst 1976, Goldberg 1985), wobei die Zeitdauer der negativen Symptomatik in engem Zusammenhang zu ihrer klinischen Beeinflußbarkeit steht. Im Falle eines chronischen Verlaufes ist sie in der Regel stabiler und schwerer beeinflußbar. Tabelle 1 gibt eine Übersicht der Studien zur Wirksamkeit konventioneller Neuroleptika bei schizophrener Negativsymptomatik (wobei Differentialindikationen für unterschiedliche konventionelle Neuroleptika nicht herausgefunden wurden).

An dieser Stelle sei nochmals darauf verwiesen, daß die meisten Studien aufgrund unterschiedlichen Studiendesigns nur begrenzt miteinander vergleichbar sind. Eine klinisch relevante Überlegenheit einer Substanz über eine andere war dabei nicht nachweisbar.

Behandlung mit Antidepressiva

Nach einer Studie von Siris et al. (1988) weisen von 46 Patienten mit einer postpsychotischen Depression die Hälfte zur gleichen Zeit auch Minussymptome auf. Insgesamt jedoch sind die Befunde bezüglich eines eventuellen Zusammenhangs zwischen depressiv-apathischen Syndromen und Minussymptomatik inkonsistent (Tegeler 1990). In Tabelle 2 sind die Ergebnisse verschiedener Studien aufgelistet, in denen die Wirksamkeit von Antidepressiva in Kombination mit einer neuroleptischen Basistherapie überprüft wurde. Dabei wurde über günstige Effekte unabhängig von der Art des jeweiligen Antidepressivums berichtet. Zur Vermeidung einer psychotischen Symptomprovokation sollte eine antidepressive Monotherapie vermieden werden, insbesondere, wenn bei Behandlungsbeginn noch floride psychotische Symptome vorliegen oder erst seit kurzer Zeit abgeklungen waren.

Tabelle 1. Studien zur Wirksamkeit konventioneller Neuroleptika in der Therapie schizophrener Minussymptomatik

Autoren	Jahr	Anzahl Diagnose	Studiendesign Substanz	Vergleichs-substanz	Dauer (Tage)	Maximal-dosierungen (Tag)	Ergebnisse	Drop-out-Rate
Lapierre und Lavallee	1975	32 chronisch Schizophrene	Doppelblind, Pimozid Gruppenpsycho therapie (n = 16)	Fluphenazin	112	Pimozid: 10 mg Fluphenazin 21 mg	Besserung des Faktors Anergie (BPRS) unter beiden Substanzen	?
Frangos et al.	1978	50 chronisch Schizophrene	Doppelblind, Fluspirilen	Fluphenazin-dec.	112	Fluspirilen: 20 mg/Woche Fluphenazin: 150 mg/ 14 Tage	Vergleichbar günstiger Effekt auf Minussymptomatik (BPRS, NOSIE), Fluspirilen besser verträglich	–
Haas und Beckmann	1982	30 Schizo-phrene	Doppelblind, Pimozid	Haloperidol	30 60 mg	Pimozid: Besserung der Haloperidol: 60 mg	Signifikante Affektverflachung und des emotionalen Rückzuges unter Pimozid (BPRS)	2
Wilson et al.	1982	43 chronisch Schizophrene	Doppelblind, Vergleich Pimozid mit CPZ in der Er-haltungstherapie	CPZ	365	Pimozid: 20 mg CPZ: 950 mg	Beide Substanzen vergleichbar wirksam (BPRS, Evaluation of Social Functioning Scale)	19

(Fortsetzung siehe S. 263)

Tabelle 1. Fortsetzung

Autoren	Jahr	Anzahl Diagnose	Studiendesign Substanz	Vergleichs-substanz	Dauer (Tage)	Maximal-dosierungen (Tag)	Ergebnisse	Drop-out-Rate
Wiesel et al.	1985	50 Schizo-phrene	Doppelblind, Sulpirid	CPZ	56	Sulpirid: 800 mg CPZ: 400 mg	Signifikante Besserung des Faktors Verlangsamung (NOSIE) unter Sulpirid	?
Breier et al.	1987	19 chronisch Schizophrene	Doppelblind, Fluphenazin	Placebo	28	31± 12mg	Signifikante Besserung der Minus-symptomatik unter Fluphenazin (BPRS, Emotional Blunting Scale)	–
Kane et al.	1988	268 therapie-resistente schizophrene Patienten	Doppelblind, Clozapin	CPZ und Benztropin	42	Clozapin: 900 mg CPZ: 1800 mg	Clozapin: 30 % Responder, CPZ: 4 % (BPRS, NOSIE, CGI); unter Clozapin signi-fikante Besserung der Minussymptomatik (BPRS, NOSIE)	Clozapin: 12 % CPZ: 13 %
Serban et al.	1992	30 chronisch Schizophrene	offen, Thiothixene	–	90	durchschnitt-lich 26,75 mg maximal 60 mg	Signifikante Besserung der Minussymptomatik für alle 5 Faktoren (SANS) (mit Ausnahme von An-hedonien der 4. Woche), Besserung der Plus-Symptomatik scheint un-abhängig davon zu sein	7

Tabelle 2. Studien zur Wirksamkeit von Antidepressiva in der Therapie schizophrener Minussymptomatik

Autoren	Jahr	Anzahl Diagnose	Studiendesign Substanz	Vergleichs-substanz	Dauer (Tag)	Dosis	Ergebnisse	Drop-out-Rate
Bucci	1987	30 chronisch Schizophrene	2 Wochen wash-out-Periode, Vergleich zwischen Monotherapie mit CPZ und Kombinations-therapie CPZ mit Tranylcypromin	Chlor-promazin	14 Monate	flexibel, bis zu 300 mg CPZ und 20 mg Tranylcy-promin	Kombinationstherapie deutlich überlegen (BPRS), Besserung in ca. 66 %, keine Symptomprovokation	?
Siris et al.	1988	46 Pat. mit postpsychot. Depression, 23 mit Minussymptomatik	doppelblind, Imipramin zusätzlich zu Fluphenazindec. und Benztropin	Placebo	6 Wochen	150–200 mg	Imipramin besser als Placebo (CGI)	–
Yamagami und Soejima	1989	32 chronisch Schizophrene	offen, Maprotilin zusätzlich zu Neuroleptika	–	10 Wochen	150–250 mg	Besserung in 68,8 % (Final Global Improvement Rating)	–
Mizuki et al.	1991	20 chronisch Schizophrene ohne EPMS	offen, Mianserin zusätzlich zu Neuroleptika	–	6 Wochen	120 mg	Signifikante Besserung der Minus-symptomatik (BPRS)	–

(Fortsetzung siehe S. 265)

Tabelle 2 . Fortsetzung

Autoren	Jahr	Anzahl Diagnose	Studiendesign Substanz	Vergleichs-substanz	Dauer (Tag)	Dosis	Ergebnisse	Drop-out-Rate
Goff et al.	1990	14 therapieresistente Schizophrene	offen, Fluoxetin zusätzlich zu Neuroleptika	–	6 Wochen	20 mg	Signifikante Besserung nach 6 Wochen (SANS)	5
Siris et al.	1990	14 Patienten mit postpsychotischer Depression oder Minussymptomatik, frühere Imipraminresponder	doppelblind, 8 Patienten Imipraminerhaltungstherapie zusätzlich zu Fluphenazindec. und Benztropin, 6 Patienten Placebo	Placebo	1 Jahr	mind. 150 mg (150–300 mg)	bei allen Placebopatienten Rezidiv, bei 2 von - 8 Imipraminpatienten Rezidiv (SADS, CGI)	1
Silver und Nassar	1992	30 chronisch Schizophrene mit mind. 5jähr. Krankheitsdauer u. 1jähr. Hospital.	doppelblind Fluvoxamin zusätzlich zu NL und Benztropin	Placebo	7 Wochen	1. Woche 50 mg, ab 2. Woche 100 mg, ab 6. Woche 50 mg	sign. Besserung von SANS Gesamt-Score bei Verum- und Placebo-Pat., Fluvoxamin Gruppe sign. besser als Placebo-Gruppe; Fluvoxamin sign. besser als Placebo nach 7 Wochen in Einzelfaktoren, (affektive Verflachung, Alogie, Anhedonie)	–

BPRS Brief Psychiatric Rating Scale, *CGI* Clinical Global Impressions, *SANS* Scale for Assessment of Negative Symptoms, *SADS* Schedule for Affective Disorders and Schizophrenia

Behandlung mit nicht neuroleptisch wirksamen Substanzen

Tabelle 3 faßt Studien zusammen, die nicht-neuroleptisch wirksame Substanzen in der Therapie schizophrener Minussymptomatik überprüften.

In Untersuchungen zur Pathophysiologie der schizophrenen Defizitsymptome wurden Hinweise für funktionelle Störungen unterschiedlicher Neurotransmittersysteme gefunden. So wurde über eine erhöhte serotonerge Aktivität (Reyntjens et al. 1986, Alphs et al. 1989), eine erhöhte cholinerge Aktivität (Tandon et al. 1988, 1990, Tandon und Greden 1989, Fisch 1987), eine erhöhte noradrenerge Aktivität (van Kammen et al. 1990), eine reduzierte dopaminerge Aktivität (Gerlach und Lüdorf 1975, Waddington et al. 1987, Carnoy 1986, Davis et al. 1991) und eine Dysfunktion des glutamatergen Systems (Kornhuber et al. 1990, Meltzer 1991) berichtet.

Das Behandlungsspektrum umfaßt deshalb je nach dem zugrundeliegenden biologischen Modell sehr unterschiedliche Substanzen. Aus der Vielfalt dieser Behandlungskonzepte läßt sich für die klinische Praxis noch keine generelle Therapieempfehlung ableiten.

Behandlung mit neuen potentiell antipsychotisch wirksamen Substanzen

Bei der Entwicklung von Neuroleptika der neueren Generation war Clozapin nicht nur aufgrund seines serotonin-antagonistischen Wirkprofils als Modellsubstanz interessant, sondern auch wegen der weitgehend fehlenden extrapyramidal-motorischen Nebenwirkungen. Mit Entdeckung neuer Dopaminrezeptor-Subtypen wurde dann spekuliert, daß eine selektive D4-Rezeptor-Blockade für die besonderen Eigenschaften von Clozapin (mit)verantwortlich sein könnte (Seemann 1992). Aufgrund experimenteller Untersuchungen wurde vermutet, daß die Negativsymptomatik in einer Unteraktivität dopaminerger Neurotransmittersysteme im frontalen Cortex und die Plussymptomatik in einer Überaktivität dopaminerger Systeme in subcortikalen und limbischen Systemen begründet sei (Davis et al. 1991, Herith 1992). Deshalb wurde die Entwicklung neuer Substanzen mit kombinierter regionenselektiver Blockade entsprechender dopaminerger Systeme gefordert. Das besondere klinische Wirkprofil von Clozapin wurde auch damit erklärt, daß diese Substanz im frontalen Cortex der Ratte über eine D-1-Blockade „präferentiell und langanhaltend" die extrazelluläre Dopaminkonzentration erhöht und damit einer dopaminergen Unteraktivität in diesem Gebiet entgegen wirkt, während postsynaptische D-1- und D-2-Rezeptoren in „balancierter" Weise, aber nicht vollständig, gehemmt werden (Markstein 1993).

Antipsychotisch wirksame Substanzen, die die Therapie der Minussymptomatik zum Ziel haben, sollten keine klinisch relevante dopa-

Tabelle 3. Studien zu nicht neuroleptisch wirksamen Substanzen in der Therapie schizophrener Minussymptomatik

Autoren	Jahr	Anzahl Diagnose	Studiendesign Substanz	Vergleichs-substanz	Dauer	Maximal-dosierung (Tag)	Ergebnisse	Drop-out-Rate
Gerlach und Lühdorf	1975	18 Patienten mit Schizophrenia simplex	doppelblind crossover, Vergleich L-Dopa + Benserazid mit Placebo unter Fortführung der bisherigen NL-Therapie	Placebo	168 Tage	bis zu 900 mg L-Dopa + 225 mg Benserazid	6 von 13 Pat. zeigten Besserung unter L-Dopa (Global evaluation), keine psychot. Exacerbation	5
Eccleston et al.	1985	46 chronisch Schizophrene	doppelblind, Vergleich Propranolol mit Thioridazin	Thioridazin	35 Tage	Propranolol: 640 mg Thioridazin: 400 mg	Propranolol besser als Thioridazin (BPRS, NOSIE)	2
Cesarec und Nyman	1985	48 chronisch Schizophrene	offen, meist unter Fortführung der NL-Therapie (N = 35) Gabe von Amphetamin	–	variabel, abhängig von Therapieresponse	bis zu 50 mg	individuell unterschiedliche Reaktionsmuster, bei 9 von 17 Pat. mit ausschließlicher Minussymptomatik Besserung, bei 5 von 17 psychot. Dekompensation	abhängig von Therapieresponse
Uhr et al.	1988	12 Schizophrene/ Schizoaffektive (depressiv), davon 10 Patienten mit Minussymptomatik	doppelblind unter Fortführung der NL-Therapie (ein Patient ohne NL), Zugabe von Verapamil	Placebo	14–42	320 mg p. o.	kein Unterschied zu Placebo	–

(Fortsetzung siehe S. 268)

Tabelle 3. Fortsetzung

Autoren	Jahr	Anzahl Diagnose	Studiendesign Substanz	Vergleichs-substanz	Dauer	Maximal-dosierung (Tag)	Ergebnisse	Drop-out-Rate
Tandon et al.	1988	5 chronisch Schizophrene ohne EPMS	offen unter Fortführung der NL-Therapie, Zugabe von Trihexyphenidyl	–	56	10 mg p. o.	Signifikante Besserung, (SANS-Gesamtscore, Affektverflachung, Abulie, Apathie, Anhedonie)	–
Csernansky et al.	1988	72 Schizophrene	doppelblind Alprazolam	Placebo Diazepam	35	Alprazolam 4,2 ± 1,8 mg Diazepam 44 ± 16 mg	keine sign. Unterschiede (SANS)	28
Alphs et al.	1989	11 Schizophrene/ Schizoaffektive mit Minussymptomatik	doppelblind unter Fortführungd er NL-Therapie, 2–3 Wochen Placebo, dann intermittierend Vergleich Fenfluramin mit Placebo	Placebo	–	240 mg p. o.	kein signifikanter Unterschied (NSA), Hypotension als Nebenwirkung	–
Tandon . et al.	1991	30 Schizophrene	offen, mindestens 14 Tage ohne NL, dann Biperiden	–	2	8 mg p. o.	sign. Besserung der Minuss. (BPRS), sign. Verschlechterung der Plussymptomatik (BPRS)	–
Levi-Minzi et al.	1991	6 chronisch Schizophrene	offen unter Fortführung der NL-Therapie, Zugabe von Bromocriptin	–	2–9 Jahre („27 Pat.-Jahre)	10–20 mg p. o.	kasuistische Beschreibung der Besserung der Minussymptomatik; 3 Patienten erlitten psychot. Dekompensation, 1 Pat. wg. NL-Noncompliance, bei 4 Pat. auch Besserung der depr. Verstimmung	–

BPRS Brief Psychiatric Rating Scale; *NL-RS* Luria Nebraska Rating Scale; *NOSIE* Nurse's Observation Scale for Inpatient Evaluation; *NSA* Negative Symptom Assessment; *SANS* Scale for Assessment of Negative Symptoms

minerge Blockade im nigrostriären System verursachen, da eine Antriebsarmut, wie sie sich unter Therapie mit konventionellen Neuroleptika entwickeln kann, auch als Hypo- oder Akinese im Sinne eines „morbogenen" Antriebsdefizites imponieren oder diese im Sinne eines Additionseffektes negativ beeinflussen kann. Gute vegetative Verträglichkeit, klinische Wirksamkeit sowohl bei Plus- als auch bei Minussymptomatik, günstige Beeinflussung chronischer Verläufe, kein Mißbrauchs- oder Abhängigkeits-Potential und fehlende Potenz zur Schädigung des hämatopoetischen Systems – im Gegensatz zum Agranulozytoserisiko von Clozapin – sind weitere Erwartungen, die an das pharmakologische und klinische Wirkprofil neuer Substanzen gestellt werden. Eine Substanz, die alle diese Kriterien erfüllt, steht derzeit allerdings nicht zur Verfügung.

Im folgenden sollen neue, potentiell antipsychotisch wirksame Substanzen nach ihrem pharmakologischen Wirkprofil klassifiziert (Gerlach 1991) und über erste Resultate der klinischen Prüfungen in der Behandlung schizophrener Minussyndrome berichtet (Tabelle 4) werden.

Die neuentwickelte atypische Substanz Remoxiprid ist ein spezifischer D2-Rezeptor-Antagonist ohne Effekte auf andere Neurotransmittersysteme mit Ausnahme der Beeinflussung des Sigma-Opiat-Rezeptors (Ögren et al. 1990). Tierexperimentelle und klinische Daten zeigen nicht das mit dem D2-Antagonismus häufig assoziierte Nebenwirkungsprofil in Form von Prolaktin-Anstieg und sekundärem Parkinson-Syndrom. Dies deutet darauf hin, daß Remoxiprid D2-Rezeptoren im mesolimbischen und mesocorticalen Bereich des Gehirns selektiver blockiert als D2-Rezeptoren im nigrostriatalen System (Ögren et al. 1990). In neun Doppelblindstudien zeigte Remoxiprid bezüglich der antipsychotischen Eigenschaften eine ähnlich gute Wirkung wie Haloperidol bei geringerem Bedarf an Anticholinergika, dies sowohl bezüglich der positiven als auch der negativen Symptome (Lewander et al. 1990).

SDZ HDC 912, ein Ergolin-Derivat, zeigt neben ausgeprägter Dopamin-D2-Rezeptorblockade auch eine dopamin-agonistische Wirkkomponente. Partielle Dopamin-Agonisten sind zentral wirksame Substanzen, die agonistische und antagonistische Wirkungen auf dopaminerge Neurone besitzen. Für diese Substanzen wird ein Einfluß auf die Dopamin-Rezeptoren in Abhängigkeit vom jeweiligen dopaminergen Aktivierungsniveau angenommen. Während eines Zustands gesteigerter dopaminerger Aktivität würde eine entsprechende Substanz dopamin-antagonistisch wirken, in einem Zustand reduzierter dopaminerger Aktivität käme es dagegen zu einer begrenzten agonistischen Wirkung (Wachtel und Dorow 1983). Klinisch wird die antagonistische Wirkung mit einer Suppression der produktiv psychotischen Symptomatik schizophrener Patienten in Verbindung gebracht, die der Wirkung konventioneller Neuroleptika vergleichbar wäre. Dagegen könnte die agonistische Wirkung unerwünschte extrapyramidalmotorische und endokrine Begleiteffekte verhindern bzw. sich positiv auf die schizophrene Minussymptomatik auswirken. Letzteres konnte bei einzelnen schizophren Erkrank-

Tabelle 4. Pharmakologische Klassifikation neuer und möglicher antipsychotisch wirksamer Substanzen (modifiziert nach Gerlach 1991)

1. Selektive Dopamin(DA)-Rezeptorantagonisten

   D1-Rezeptorantagonisten
   SCH 39166
   NNC 01-0687

   D2/D3-Rezeptorantagonisten
   Remoxiprid
   Racloprid

2. Partielle D2-Rezeptoragonisten

   SDZ HDC 912
   SDZ MAR 327
   Tergurid

3. DA-Autorezeptoragonisten

   B-HT 920
   Roxindol

4. D_2- und $5HT_2$-Rezeptorantagonisten

   Risperidon
   ICI 204.636

5. D_2- $5HT_2$- und Alpha1-Rezeptorantagonisten

   Zotepin
   Sertindol
   Amperozid

6. D_1- D_2- Alpha1- und $5HT_2$-Rezeptorantagonisten

   Savoxepin

7. Sigma- $5HT_{1A}$- $5HT_2$- D_2-Rezeptorantagonisten

   SL 82.0715

8. Nicht-dopaminerg wirksame Substanzen

   Serotoninerg wirksame Substanzen
   $5HT_1$-Agonisten (Buspiron, Ipsapiron, Eltoprazin)
   $5HT_2$-Antagonisten (Ritanserin)
   $5HT_3$-Antagonisten (Ondansetron)

   Glutamatagonisten
   Glycin
   Milacemid

   GABA-A-Benzodiazepinagonisten
   GABA-Mimetika
   Partielle Benzodiazepinagonisten (Bretazenil)

ten durch Behandlung mit Amphetaminen und L-Dopa nachgewiesen werden (Gerlach und Lühdorf 1975, Angrist et al. 1982). SDZ HDC 912 besitzt neben ausgeprägter Dopamin-D2-Rezeptorblockade, auch alpha-adrenolytische und serotonin-antagonistische Effekte. Eine erste offene Therapiestudie mit schizophrenen Patienten, die vorwiegend unter einer akuten Exacerbation einer subchronischen oder chronischen Schizophrenie litten, zeigte bei 85 % der Patienten eine antipsychotische Wirkung bei relativ geringen EPMS und bei guter bis sehr guter Verträglichkeit (Naber et al. 1992a). In einer daran anschließenden multizentrischen Doppelblindprüfung über vier Wochen wurde SDZ HDC 912 mit Haloperidol verglichen. Der Krankheitsverlauf wurde bei 89 % der Patienten als chronisch oder subchronisch mit bzw. ohne akute(r) Exacerbation eingestuft. Die Resultate der Doppelblindprüfung erfüllten die Erwartungen jedoch nicht. Es zeigte sich zwar eine mit Haloperidol vergleichbare, gute antipsychotische Wirksamkeit, Frequenz und Schwere extrapyramidal-motorischer Störungen der Prüfsubstanz entsprachen jedoch ebenfalls den durch Haloperidol verursachten Störungen. Zusätzlich trat unter SDZ eine klinisch relevante Tachykardie auf. Möglicherweise war die eingesetzte Dosis zu hoch. Ein besonderes Ansprechen der Negativsymptomatik auf SDZ HDC war nicht festzustellen (Naber et al. 1992a).

Das Ergotalkaloid Tergurid (Transdihydrolisurid) wurde in einer offenen Pilotstudie über vier Wochen 11 schizophrenen Patienten, bei denen nach Remission der akut psychotischen Symptomatik Minussymptome vorlagen, verabreicht (Olbrich und Schanz 1988). Dabei wurde über eine deutliche Besserung bei 8 Patienten berichtet. EPMS wurden nicht beschrieben.

B-HT 920 (Talipexole) ist ein selektiver Dopamin-Autorezeptor-Agonist, der im Tierexperiment unter anderem eine Reduktion der Dopaminsynthese, eine Hemmung der elektrischen Aktivität in dopaminergen Neuronen, eine Reduktion der Spontanaktivität und eine Erniedrigung des Prolaktinspiegels bewirkt. Bei zwölf schizophrenen Patienten mit einer paranoid-halluzinatorischen Symptomatik wurde im Rahmen einer offenen klinischen Prüfung (Wiedemann et al. 1990) unter 28-tägiger Behandlung mit B-HT 920 nur eine unvollständige Remission der floriden Symptomatik beobachtet. Bei fehlenden extrapyramidal-motorischen Störungen fiel bei sieben Patienten eine deutliche psychomotorische Aktivierung auf. Um überprüfen zu können, inwieweit Patienten mit primärer Minussymptomatik und entsprechender Antriebsverarmung von einer derartigen Antriebssteigerung unter B-HT 920 profitieren könnten, sind kontrollierte Therapiestudien erforderlich.

Roxindol, ein Indolalkylpiperidin-Derivat, das sich im Tierexperiment als ein selektiver präsynaptischer D2-Rezeptor-Agonist erwies, ist gleichzeitig ein effektiver 5-HT1a-Agonist und Serotonin-Rückaufnahme-Hemmer. Daneben hat Roxindol leichte alpha1- und alpha2- sowie 5-HT2-antagonistische Wirkungen (Wetzel et al. 1990). Im Rahmen einer Pilotstudie wurden zehn schizophren Erkrankte mit einer „reinen“

Negativsymptomatik über vier Wochen mit Roxindol oral behandelt. Klinisch relevante unerwünschte Begleiteffekte traten nicht auf, insbesondere keine EPMS. Bei zwei Patienten mußte die Untersuchung wegen der Exacerbation „typischer Positivsymptome" vorzeitig beendet werden. Zusammenfassend reduzierte sich nach vierwöchiger Behandlung der SANS-Gesamt-Score um 25 bis 30 %, die vier Patienten, bei denen es zu einer zumindest mäßiggradigen Besserung kam, waren alle an einer Schizophrenie vom residualen Typus erkrankt. Auf Symptomebene wurde eine Besserung von Antriebs- und Affektstörungen, Anhedonie und depressiver Stimmung berichtet (Wetzel et al. 1990).

Risperidon, ein Benzisoxazol-Derivat, wurde sowohl in in-vitro-Rezeptorbindungsstudien als auch in in-vivo-Studien als potenter zentraler Serotonin-5-HT2- in niedrigen Dosen und in höheren Dosen als potenter Dopamin-D2-Antagonist charakterisiert. Risperidon ähnelt pharmakologisch der Substanz Ritanserin in Bezug auf ihren Serotonin-5-HT2-Antagonismus sowie Haloperidol bezüglich ihres Dopamin-D2-Antagonismus (Janssen et al. 1988, Leysen et al. 1988). Das pharmakologische Wirkprofil von Risperidon ist damit dem von Clozapin ähnlich, wobei die Substanz allerdings keine anticholinergen Eigenschaften besitzt (Janssen et al. 1988). In Analogie zu Clozapin wird von kombinierten 5-HT2- und D2-Rezeptor-Antagonisten eine therapeutische Effizienz bei der Behandlung von Plus- und Minussymptomatik bei geringen bis fehlenden EPMS erwartet.

Im Rahmen einer eigenen Untersuchung wurden 11 chronisch Schizophrene mit im Vordergrund stehender Minussymptomatik mit einer durchschnittlichen Risperidon-Dosierung von 5,5 mg pro Tag behandelt. Der Untersuchungszeitraum betrug durchschnittlich 27 Tage. Bei insgesamt guter Verträglichkeit kam es zu einer signifikanten Besserung der Minussymptomatik, wobei vereinzelt extrapyramidale sowie gastrointestinale Nebenwirkungen auftraten (Müller-Spahn et al. 1990). Eine kanadische placebokontrollierte Multicenter-Studie untersuchte den Effekt fester Dosen von Risperidon und Haloperidol bei 135 hospitalisierten chronisch schizophrenen Patienten über acht Wochen in sechs verschiedenen parallelen Behandlungsgruppen: Die Patienten erhielten täglich entweder 2, 6, 10 oder 16 mg Risperidon bzw. 20 mg Haloperidol oder Placebo. Die Daten zeigen, daß Risperidon bei einer therapeutischen Dosis von 6 mg pro Tag eine signifikante Verbesserung von Plus- und Minussymptomatik bewirkt (Chouinard et al. 1992).

Zotepin, ein trizyklisches Dibenzothiepin-Derivat kann pharmakologisch als gemischter 5-HT2-, D2- und Alpha-1-Rezeptor-Antagonist charakterisiert werden. Zotepin besitzt anticholinerge Eigenschaften und weist gewisse Ähnlichkeiten zu dem pharmakologischen Wirkprofil von Clozapin auf (Uchida et al. 1979, Shimomura et al. 1982). Eine eigene offene Studie bei chronisch schizophrenen Patienten ergab eine signifikante Besserung der Subcores Affektverflachung, Anhedonie/sozialer Rückzug und Störungen der Aufmerksamkeit auf der SANS-Scala bei Dosierungen zwischen 50 und 200 mg/die. In einer zweiten Untersuchung doppelblind geführt gegen Perazin (Hauptprüfkriterium war allerdings die Besserung produktiv-psychotischer Symptome) zeigte sich bei chronisch schizophrenen Patienten eine vergleichbar günstige Beeinflussung aller Subscores der Negativsymptomatik (Müller-Spahn et al. 1991). Damit wurden andere Untersuchungen (Fleischhacker et al. 1987), die ebenfalls eine klinisch günstige Wirkung von Zotepine auf Minussymptome sahen, bestätigt.

Zusammenfassend sind derzeit verschiedene durchaus vielversprechende Substanzen in klinischer Prüfung. Die Entwicklung eines "idealen" Clozapins ohne Störungen des hämatopoetischen Systems und ohne vegetative Begleitwirkungen ist bisher allerdings noch nicht gelungen.

Durchführung der Therapie

Welche medikamentösen Therapieansätze zur Beeinflussung schizophrener Minussymptomatik sind angesichts der unterschiedlichen zugrunde liegenden biologischen Hypothesen und differentialdiagnostischen Schwierigkeiten sinnvoll und realisierbar?

Vor Therapieeinleitung sind zunächst die folgenden Punkte zu diskutieren:

1. Zusammenhang zwischen schizophrener Minussymptomatik und produktiv-psychotischer Symptomatik.
2. Zusammenhang zwischen sekundärer Minussymptomatik und
   - akuter psychotischer Dekompensation
   - einer vorbestehenden Neuroleptika-Therapie
   - einer Reaktion auf soziale Unterstimulation und
   - einer depressiven Symptomatik.
3. Der Zeitpunkt der Erkrankung, zu dem sich die Symptomatik entwickelte.
4. Erfordernis eines Gesamtbehandlungskonzeptes mit sozio- und milieu-therapeutischen Behandlungsangeboten.
5. Berücksichtigung individueller Risikofaktoren (Alter, Compliance, somatische Erkrankungen, Blutbildveränderungen, erhöhte Sensibilität bezüglich extrapyramidalmotorischer Störungen) bei der Auswahl der Substanz.

Die Tabelle 5 zeigt Therapiekonzepte für sekundäre schizophrene sowie Beispiele für Behandlungsmöglichkeiten primärer Minussymptomatik.

Besteht die Defizitsymptomatik im Kontext einer floriden psychotischen Symptomatik, ist eine Neuroleptika-Dosierung zwischen 300 und 600 mg Chlorpromazin-Einheiten pro Tag sinnvoll (Kane 1989). Handelt es sich dagegen um Negativsymptomatik im Zusammenhang mit extrapyramidalen Störungen, ist eine anticholinerge Zusatzmedikation, Dosisreduktion bzw. gegebenenfalls das Umsetzen auf eine andere Substanz er-

Tabelle 5. Therapie schizophrener Minussymptomatik

1. Sekundäre Minussymptomatik

Pathogenese	Therapie
Im Zusammenhang mit einer akuten Psychose	Neuroleptika, 300–600 mg/Tag Chlorpromazin-äquivalente
Im Rahmen von extrapyramidalen Störungen	Biperiden, Dosisreduktion bzw. Umsetzen
Als Reaktion auf soziale Unterstimulation	primär Soziotherapie
Im Zusammenhang mit depressiven Syndromen	zusätzlich Antidepressiva

2. Primäre Minussymptomatik

Substanz (Beispiele)	1. Schritt (mg/Tag)	2. Schritt (mg/Tag)
Clozapin	100–200	– 600
Flupentixol	2–4	– 12
Fluphenazin	2,5–10	– 25
Perazin	150–300	– 600
Pimozid	2–4	– 10
Sulpirid	100–300	– 1000
Zotepin	100–200	– 300

forderlich. Besteht klinisch der Verdacht, daß sich die Minussymptomatik als Reaktion auf Hospitalisierung und soziale Unterstimulation entwickelt hat, sind primär soziotherapeutische Ansätze unter einer nach Möglichkeit niedrig dosierten rezidivprophylaktischen neuroleptischen Therapie hilfreich. Dagegen wird eine Kombinationstherapie mit Antidepressiva bei Patienten indiziert sein, bei denen die Minussymptome im Zusammenhang mit depressiver Symptomatik auftreten.

Der Aspekt der Dosierung sollte in der Therapie der Minussymptomatik besonders berücksichtigt werden. Eine primäre Minussymptomatik scheint auf eine niedrig dosierte antipsychotische Therapie günstiger anzusprechen. So werden jedenfalls die deutlichen Verhaltensaktivierungen im Tierexperiment bei Verabreichung niedriger Pimoziddosierungen (Niemegeers 1988) interpretiert. Deshalb sollten in einem ersten Behandlungsschritt niedrige Dosierungen verabreicht werden. Im Gegensatz zur Akutbehandlung sind im allgemeinen längere Behandlungszeiträume erforderlich.

Zusammenfassung

Obwohl Katamnesestudien seit Einführung der neuroleptischen Therapie auf eine Besserung der Langzeitprognose schizophrener Psychosen in Richtung eines mitigierten Verlaufes hinweisen, entwickeln weiterhin viele schizophren Erkrankte Symptome wie autistisches Verhalten, Affektverflachung und Antriebsverarmung, Anhedonie und Sprachverarmung.

Erst durch die Aufgabe der sehr fragwürdigen Einschätzung, daß dieser Anteil schizophrener Symptomatik eben „primär" und damit therapeutisch nicht beeinflußbar sei, wurde eine objektive Untersuchung wichtiger diagnostischer und therapeutischer Fragestellungen der Minussymptomatik möglich.

Im Rahmen der Entwicklung neuer innovativer Antipsychotika zentrieren sich viele Fragestellungen weiterhin auf die speziellen Charakteristika von Clozapin und die Aufklärung seines besonderen Wirkungsmechanismus, dem eine Besserung von sowohl positiver wie auch insbesondere negativer Symptomatik bei weitgehend fehlenden EPMS-Störungen zugeschrieben wird.

Wenngleich ein effizientes medikamentöses Therapieschema für die sog. primäre oder „reine" Minussymptomatik, die im Rahmen schizophrener Psychosen auftreten kann, bislang noch nicht vorliegt, wurden doch ermutigende Behandlungskonzepte entwickelt. Insbesondere die Einführung von Antipsychotika der „neueren Generation" läßt hoffen, daß schizophrenen Patienten mit schwerem und chronischem Krankheitsverlauf durch eine Suppression der Symptomatik zu einer sozialen Remission verholfen werden kann, indem durch eine vorrangige oder begleitende psychopharmakologische Therapie differenzierte psychosoziale Therapiestrategien durchführbar werden.

Literatur

Alphs L, Lafferman J, Ross L, Bland W, Levine J (1989) Fenfluramine treatment of negative symptoms in older schizophrenic inpatients. Psychopharmacol Bull 25: 149–153

Andreasen NC (1982) Negative symptoms in schizophrenia: definition and reliability. Arch Gen Psychiatry 39: 784–788

Angrist B, Peselow E, Rubinstein M, et al (1982) Partial improvement in negative schizophrenic symptoms after amphetamine. Psychopharmacology 78: 128–130

Angst J, Stassen H, Woggon B (1989) Effect of neuroleptics on positive and negative symptoms and the deficit state. Psychopharmacology 99: 41–46

Bleuler E (1911) Dementia praecox oder die Gruppe der Schizophrenien. In: Aschaffenburg G (Hrsg) Handbuch der Psychiatrie, 4. Abteilung, 1. Hälfte. Deuticke, Leipzig

Breier A, Wolkowitz O, Doran A, Roy A, Boronow J, Hommer D, Pickar D (1987) Neuroleptic responsitivity of negative and positive symptoms in schizophrenia. Am J Psychiatry 144: 1549–1555

Bucci L (1987) The negative symptoms of schizophrenia and the monoamine oxidase inhibitors. Psychopharmacology 91: 104–108

Carnoy P, Soubrie P, Puech A, Simon P (1986) Performance deficit induced by low doses of dopamine agonists in rats. Biol Psychiatry 21: 11–22

Carpenter W, Heinrichs D, Alphs L (1985) Treatment of negative symptoms. Schizophr Bull 11: 440–452

Cesarec Z, Nyman A (1985) Differential response to amphetamine in schizophrenia. Acta Psychiatr Scand 71: 523–538

Chouinard G, Jones B, Remington G, Bloom D, Addington D, MacEwan GW, Labelle A, Beauclair L, Arnott W (1992) A canadian multicenter placebo-controlled study of fixed doses of risperidone and haloperidol in the treatment of chronic schizophrenic patients. J Clin Psychopharmacol 13: 25–40

Crow TJ (1980) Molecular pathology of schizophrenia: more than one disease process? Br Med J 280: 66–68

Csernansky J, Riney S, Lombrozo L, Overall J, Hollister L (1988) Double-blind comparison of alprazolam, diazepam and placebo for the treatment of negative schizophrenic symptoms. Arch Gen Psychiatry 45: 655–659

Davis K. L, Kahn RS, Ko G, Davidson M (1991) Dopamine in schizophrenia: a review and reconceptualization. Am J Psychiatry 148: 1474–1486

Eccleston D, Fairbairn A, Hassanyeh F, McClelland H, Stephens D (1985) The effect of propranolol and thioridazine on positive and negative symptoms of schizophrenia. Br J Psychiatry 147: 623–630

Fisch R (1987) Trihexyphenidylabuse: therapeutic implications for negative symptoms of schizophrenia. Acta Psychiatr Scand 75: 91–94

Fleischhacker W, Barnas C, Stuppäck C, Unterweger B, Hinterhuber H (1987) Zotepine in the treatment of negative symptoms in chronic schizophrenia. Pharmacopsychiatry 20: 58–60

Frangos H, Zissis N, Leontopoulos J, Diamantas W, Tsituouridis S, Gavrill I, Tsolis K (1978) Double-blind therapeutic evaluation of fluspirilene compared with fluphenazine decanoate in chronic schizophrenics. Acta Psychiatr Scand 57: 436–446

Gerlach J, Lühdorf K (1975) The effect of L-dopa on young patients with simple schizophrenia, treated with neuroleptic drugs. Psychopharmacologia 44: 105–110

Gerlach J (1991) New antipsychotics: classification, efficacy, and adverse effects. Schizophr Bull 17: 289–309

Goff D, Brotman A, Waites M, McCormick S (1990) Trial of fluoxetine added to neuroleptics for treatment-resistant schizophrenic patients. Am J Psychiatry 147: 492–494

Goldberg S (1985) Negative and deficit symptoms in schizophrenia do respond to neuroleptics. Schizophr Bull 11: 453–456

Haas S, Beckmann H (1982) Pimozide versus haloperidol in acute schizophrenia. A double blind controlled study. Pharmacopsychiatry 15: 70–74

Herith AJ (1992) The dopamine hypothesis and neurophysiologic concepts in schizophrenia. Rev Neurosci 3: 207–216

Janssen P, Niemegeers C, Awouters F, Schellekens K, Megens A, Meert T (1988) Pharmacology of risperidone (R 64 766), a new antipsychotic with serotonin-S2 and dopamine-D2 antagonistic properties. J Pharmacol Exp Ther 244: 685–693

Johnstone EC, Frith CD, Crow TJ, Carney MWP, Price JS (1978) Mechanism of the antipsychotic effect in the treatment of acute schizophrenia. Lancet i: 848–851

Kane J, Honigfeld G, Singer J, Meltzer H (1988) Clozapine for the treatment-resistant schizophrenic. A double-blind comparison with chlorpromazine. Arch Gen Psychiatry 45: 789–796

Kane J (1989) The current status of neuroleptic therapy. J Clin Psychiatry 50: 322–328

Kane J, Mayerhoff D (1989) Do negative symptoms respond to pharmacological treatment. Br J Psychiatry 155 [Suppl 7]: 115–118

Kornhuber J, Beckmann H, Riederer P (1990) Das dopaminerg-glutamaterge Gleichgewicht unter dem Aspekt von schizophrener Plus- und Minussymptomatik. In: Möller HJ, Pelzer E (Hrsg) Neuere Ansätze zur Diagnostik und Therapie schizophrener Minussymptomatik. Springer, Berlin Heidelberg New York Tokyo, S 119–126

Kraepelin E (1913) Psychiatrie. Ein Lehrbuch für Studierende und Ärzte, 8. Aufl. Barth, Leipzig

Kulhara P, Avashti A, Chedda R, Chandiramani K, Mattoo SK, Kota SK, Joseph S (1989) Negative and depressive symptoms in schizophrenia. Br J Psychiatry 154: 207–211

Lapierre Y, Lavallee J (1975) Pimozide and the social behavior of schizophrenics. Curr Ther Res 18: 181–188

Levi-Minzi S, Bermanzohn PC, Siris SG (1991) Bromocriptine for „negative" schizophrenia. Compr Psychiatry 32: 210–216

Lewander T, Westerbergh SE, Morrison D (1990) Clinical profile of remoxipride combined analysis of a comparative double-blind multicentre trial programme. Acta Psychiatr Scand 82 [Suppl 358]: 92–98

Leysen JE, Gommeren W, Eens A, De Chaffoy De Courcelles D, Stoof JC, Janssen PAJ (1988) The biochemical profile of risperidone, a new antipsychotic. J Pharmacol Exp Ther 247: 661–670

Markstein R (1993) Bedeutung neuer Dopaminrezeptoren für die Wirkung von Clozapin. In: Naber D, Müller-Spahn F (Hrsg) Clozapin, Pharmakologie und Klinik eines atypischen Neuroleptikums. Neue Aspekte in der klinischen Praxis. Springer, Berlin Heidelberg New York Tokyo, S 5–15

Meltzer HY, Zureick J (1989) Negative symptoms in schizophrenia: a target for new drug development. In: Dahl SG, Gram LF (eds) Clinical pharmacology in psychiatry. Springer, Berlin Heidelberg New York Tokyo, pp 68–77

Meltzer H (1991) The mechanism of action of novel antipsychotic drugs. Schizophr Bull 17: 263–287

Mizuki Y, Kajimura N, Imai T, Suetsugi M, Kai S, Kaneyuki H, Yamada M (1991) Effects of mianserin on negative symptoms in schizophrenia. Int Clin Psychopharmacol 5: 83–95

Müller-Spahn F (1990) Die Bedeutung von Neuroleptika der neueren Generation: Perspektiven in der Therapie schizophrener Patienten mit Minussymptomatik. In: Möller HJ, Pelzer E (Hrsg) Neuere Ansätze zur Diagnostik und Therapie schizophrener Minussymptomatik. Springer, Berlin Heidelberg New York Tokyo, S 207–216

Müller-Spahn F, Botschev C, Dieterle D (1990) Efficacy and tolerability of risperidone, a serotonine S2 and dopamine D2 receptor antagonist, in the treatment of chronic schizophrenic patients. 17th Congress of CINP, Kyoto

Müller-Spahn F, Dieterle D, Ackenheil M (1991) Klinische Wirksamkeit von Zotepin in der Behandlung schizophrener Minussymptomatik. Fortschr Neurol Psychiat 59: 30–35

Müller-Spahn F, Modell S, Thomma M (1992) Neue Aspekte in der Diagnostik, Pathogenese und Therapie schizophrener Minussymptomatik. Nervenarzt 63: 383–400

Mundt C, Kasper S (1987) Zur Schizophreniespezifität von negativen und Basissymptomen. Nervenarzt 58: 489–495

Naber D, Gaussares C, Moeglen JM, Tremmel L, Bailey PE (1992a) Efficacy and tolerability of SDZ HDC 912, a partial dopamine D2 agonist, in the treatment of schizophrenia. In: Meltzer HY (ed) Novel antipsychotic drugs. Raven Press, New York, pp 99–107

Naber D, Holzbach R, Perro C, Hippius H (1992b) Clinical management of clozapine patients in relation to efficacy and side effects. Br J Psychiatry 160 [Suppl 17]: 54–59

Nestadt G, McHugh P (1985) The frequency and specifity of some negative symptoms. In: Huber G (Hrsg) Basisstadien endogener Psychosen und das Borderlineproblem. Schattauer, Stuttgart

Ögren SO, Florvall L, Hall H, Magnusson O, Ängeby-Möller K (1990) Neuropharmacological and behavioural properties of remoxipride in the rat. Acta Psychiatr Scand 82 [Suppl 358]: 21–26

Olbrich R, Schanz H (1988) The effect of the partial dopamine agonist terguride on negative symptoms in schizophrenia. Pharmacopsychiatry 21: 389–390

Reyntjens A, Golders Y, Hoppenbrouwers M, van den Bussche G (1986) Thymostenic effects of ritanserin (R 55667), a centrally acting serotonin S-2-receptor blocker. Drug Dev Res 8: 205–211

Seeman P (1992) Dopamine receptor sequences: therapeutic levels of neuroleptics occupy D-2 receptors, clozapine occupies D-4. Neuropsychopharmacology 7: 261–284

Serban G, Seymour S, Gaffney M (1992) Response of negative symptoms of schizophrenia to neuroleptic treatment. J Clin Psychiatry 53: 229–234

Shimomura K, Saton H, Hivai O, Mori J, Tomoi T, Terai T, Katsuki S, Motoyama Y, Ono T (1982) The central anti-serotonin activity of zotepine, a new neuroleptic in rats. Jpn Pharmacol 32: 405–412

Silver H, Nassar A (1992) Fluvoxamine improves negative symptoms in treated chronic schizophrenia: an add-on double-blind, placebo-controlled study. Biol Psychiatry 31: 698–704

Siris S, Adan F, Cohen M, Mandeli J, Aronson A, Casey E (1988) Postpsychotic depression and negative symptoms: an investigation of syndromal overlap. Am J Psychiatry 145: 1532–1537

Siris S, Mason S, Bermanzohn P, Alvir M, McCorry T (1990) Adjunctive imipramine maintenance in postpsychotic depression/negative symptoms. Psychopharmacol Bull 26: 91–94

Tandon R, Greden J, Silk K (1988) Treatment of negative schizophrenic symptoms with trihexyphenidyl. J Clin Psychopharmacol 8: 212–215

Tandon R, Greden J (1989) Cholinergic hyperactivity and negative schizophrenic symptoms. Arch Gen Psychiatry 46: 745–752

Tandon R, Mann N, Eisner W, Coppard N (1990) Effect of anticholinergic medication on positive and negative symptoms in medication-free schizophrenic patients. Psychiatr Res 31: 235–241

Tandon R, Shipley J, Greden J, Mann N, Eisner W, Goodson J (1991) Muscarinic cholinergic hyperactivity in schizophrenia. Schizophr Res 4: 23–30

Tegeler J (1990) Empirische Befunde zum Einsatz von Antidepressiva zur Therapie von Minussymptomen. In: Möller HJ, Pelzer E (Hrsg) Neuere Ansätze zur Diagnostik und Therapie schizophrener Minussymptomatik. Springer, Berlin Heidelberg New York Tokyo, S 241–252

Uchida S, Honda F, Otsuka M, Satoh Y, Mori J, Ono T, Hitomie M (1979) Pharmacological study of (2-chloro-11- (2-dimethylamino-ethoxy) dibenzo (b, f) thiepine) (zotepine), a new neuroleptic drug. Arzneimittelforschung/Drug Res 29: 1588–1594

Uhr S, Jackson K, Berger P, Csernansky J (1988) Effects of verapamil administration on negative symptoms of chronic schizophrenia. Psychiatry Res 23: 351–352

Van Kammen D, Peters J, Yao J, van Kammen W, Neylan T, Shaw D, Linnoila M (1990) Norepinephrine in acute exacerbations of chronic schizophrenia. Arch Gen Psychiatry 47: 161–168

Wachtel H, Dorow R (1983) Dual action, a central dopamine function of transhydrolisuride, a 9, 10-dihydrogenated analogue of the ergot dopamine agonist lisuride. Life Sci 32: 421–432

Waddington J, Yousseff H, Dolphin C, Kinsella A (1987) Cognitive dysfunction, negative symptoms, and tardive dyskinesia in schizophrenia. Their association in relation to topography of involuntary movements and criterion of their abnormality. Arch Gen Psychiatry 44: 907–912

Weinberger DR, Bigelow LB, Kleinman JE (1980) Cerebral ventricular enlargement and poor response to treatment. Arch Gen Psychiatry 37: 11–13

Wetzel H, Hillert A, Gründer G (1990) Behandlung der schizophrenen Negativ-Symptomatik mit Dopamin-Autorezeptor-Agonisten: Erste Erfahrungen mit Roxindol. In: Möller HJ, Pelzer E (Hrsg) Neuere Ansätze zur Diagnostik und Therapie schizophrener Minussymptomatik. Springer, Berlin Heidelberg New York Tokyo, S 231–239

Wiedemann K, Benkert O, Holsboer F (1990) B-HT 920 – a novel dopamine autoreceptor agonist in the treatment of patients with schizophrenia. Pharmacopsychiatry 23: 50–55

Wiesel F, Alfredsson G, Bjerkenstedt L, Härnryd C, Oxenstierna G, Sedvall G (1985) Dogmatil in der Behandlung der Minussymptomatik bei schizophrenen Patienten. Semin Hop Paris 61: 1317–1321

Wilson L, Roberts R, Gerber C (1982) Pimozide vs chlorpromazine in chronic schizophrenia: a 52 week double-blind study of maintenance therapy. J Clin Psychiatry 43: 62–65

Wing J, Brown G (1961) Social treatment of chronic schizophrenia: a comparative survey of three mental hospitals. J Ment Sci 107: 847–861

Wing J (1989) The concept of negative symptoms. Br J Psychiatry 155 [Suppl 7]: 10–14

Woggon B, Angst J (1976) Einzelne Aspekte der Behandlung mit Depotneuroleptika. In: Huber G (Hrsg) Therapie, Rehabilitation und Prävention schizophrener Erkrankungen. 3. Weissenauer Schizophreniesymposium. Schattauer, Stuttgart New York, S 191–200

Yamagami S, Socjima K (1989) Effect of maprotiline combined with conventional neuroleptics against negative symptoms of chronic schizophrenia. Drugs Exp Clin Res XV: 171–176

Korrespondenz: Prof. Dr. F. Müller-Spahn, Psychiatrische Klinik, Universität München, Nußbaumstraße 7, D-80336 München, Bundesrepublik Deutschland

Zur Relevanz psychosozialer Therapieverfahren für die Minussymptomatik: Effekte des Integrierten Psychologischen Therapieprogrammes für schizophrene Patienten (IPT)

B. Hodel, H. D. Brenner und **U. Giebeler**

Psychiatrische Universitätsklinik, Bern, Schweiz

Die nosologische Differenzierung der Schizophrenie auf Grund von Symptomen ist in den letzten Jahren recht populär geworden, obwohl Strauss et al. schon 1974 vertraten, daß sich die Untergruppen der Schizophrenie nach dem Vorherrschen positiver oder negativer Symptomatik unterscheiden lassen. Crow (1985) unterteilte später die schizophren Erkrankten in „Typ I" (produktive Symptomatik) und in „Typ II" (negative oder Minussymptomatik). Trotz individueller Fluktuationen und Überschneidungen zwischen diesen beiden Untergruppen ist feststellbar, daß mit zunehmender Chronizität die negativen Symptome bzw. die Minussymptome überwiegen (Andreasen 1990, Straube 1992).

Den positiven wie den negativen Symptomen liegen nach Frith und Done (1988) psychologische Prozesse zugrunde, welche mit unterschiedlichen neurobiologischen Defiziten oder Dysfunktionen korrelieren. Der Crow'sche Typ I soll sich dabei durch die Unfähigkeit auszeichnen, Rückmeldungen über die eigenen Handlungen in ein gleichzeitig ablaufendes collaterales Monitoring zu integrieren, durch welches aktuelle Handlungen mit den neuronalen Repräsentationen von kurz zuvor ausgeführten und von gerade angestrebten Handlungen verglichen werden. Dieser Mangel an Integration soll nicht nur für zusammenhangslose Handlungen sondern auch für schizophrenietypische positive Wahnsymptome verantwortlich sein. Beim Crow'schen Typ II seien zwar die Integrationsfähigkeiten intakt, nicht aber deren Umsetzung in konkretes Handeln. Diese psychologischen Prozesse korrelieren nach Frith und Done mit spezifischen neurobiologischen Funktionsstörungen, beim Typ I sind dies Störungen vorwiegend der hyppocampal-frontalen Bahnen, beim Typ II vorwiegend der frontal-striatalen Bahnen.

Spring et al. (1990) versuchten mittels des Vulnerabilitätsmodells aetiopathogenetische Unterschiede zwischen positiver und negativer Symptomatik aufzuzeigen. Das Vulnerabilitätsmodell basiert auf der Annahme, daß Schizophrenie durch einen tieferen Schwellenwert in der Toleranz gegenüber psychosozialen Stressoren charakterisiert ist, wobei für diese Schwelle spezifische, bei der positiven wie bei der negativen Symptomatik unterschiedliche psychophysiologische „Marker" existieren. Beispielsweise sollen spezifische Störungen der Reaktionszeit sich als Marker der Minussymptomatik eignen (Straube und Oades 1992).

In neuerer Zeit fand auch der Zusammenhang zwischen psychosozialen Therapien und der Minussymptomatik zunehmend Interesse (vgl. Bellack 1986): Erkrankte mit Minussymptomen nehmen einerseits oft verlangsamter, anderseits passiver und desinteressierter an Therapien teil (Zubin und Spring 1977, Morrison und Bellack 1984). Die Erfolge sind bei diesen Patienten dementsprechend weniger ausgeprägt und/ oder weniger dauerhaft (Bellack 1986).

Solche Ergebnisse führten Hogarty und Flesher (1992) dazu, die Minussymptomatik mit einem defizitären Bereitstellen von kognitiven Fertigkeiten in Verbindung zu setzen. Ihre diesbezüglichen Annahmen sind dabei den bereits genannten von Frith und Done (1988) ähnlich. Geringere Therapieerfolge bei schizophren Erkrankten erklären Hogarty und Flesher (1992) als Folge eines gestörten Zugriffs zur Informationsverarbeitung. Schizophren Erkrankte mit Minussymptomen seien nur „passive" Benützer ihrer Informationsverarbeitung, deren aktive Nutzung sei fehlerhaft oder reduziert. Beispielsweise könnten sie Abstraktionen oder kognitive Transfers kaum selbständig durchführen. Die Autoren forderten deshalb, daß bei Patienten mit vorwiegender Minussymptomatik in der Therapie besonders Gewicht auf eine Verbesserung der selbständigen Nutzung der Informationsverarbeitung gelegt werden sollte.

Brenner et al. (1991) untersuchten in einer Sekundäranalyse der Daten von drei Evaluationsstudien zum Integrierten Psychologischen Therapieprogramm für schizophrene Patienten (IPT) die Effektivität therapeutischer Interventionen bei Minussymptomen. Mittels des IPT wird die Annahme sich gegenseitig aufschaukelnder negativer Rückkoppelungen zwischen Störungen elementarer und komplexer kognitiver Funktionen einerseits sowie komplexer kognitiver Funktionen und psychosozialer Stressoren anderseits therapeutisch umgesetzt (Brenner et al. 1992): Diese beiden vitiösen Rückkoppelungen sollen durch ineinandergreifende kognitive und soziale Interventionen durchbrochen werden.

Das IPT ist ein „step-by-step" Programm für Gruppen mit 5–7 schizophren Erkrankten (Roder et al. 1992). Es besteht aus insgesamt fünf Unterprogrammen, in welchen zuerst kognitive, später soziale Dysfunktionen therapeutisch angegangen werden: Im ersten Unterprogramm „Kognitive Differenzierung" werden elementare kognitive Fertigkeiten wie Aufmerksamkeit, Reizdiskrimination, Begriffsbildung etc. eingeübt. Ihm folgt das Unterprogramm „Soziale Wahrnehmung", welches das Analysieren und Interpretieren von sozialen Interaktionen trainiert. Das nachfolgende Unterprogramm „Verbale Kommunikation“ zielt auf die Verbesserung der kommunikativen Fertigkeiten ab. Die beiden letzten Unterprogramme „Soziale Fertigkeiten“ und „Interpersonelles Problemlösen“ sind mit anderen „Social Skills-Trainings“ vergleichbar (vgl. Liberman und Green 1992), allerdings werden darin die kognitiven Komponenten wie beispielsweise Verhaltensplanung und Problemlösefertigkeiten besonders gewichtet. Das IPT wurde in mehreren, voneinander unabhängigen – im Design vergleichbaren – Studien in verschiedenen Kliniken mit mehrheitlich chronisch schizophrenen Patienten sowohl auf seine Gesamtwirksamkeit wie auch auf die Wirksamkeit der einzelnen Therapiekomponenten hin überprüft, wobei aber Fragen der Differentialindikation kaum Berücksichtigung fanden (Überblick über die Evaluationsstudien bei Brenner et al. 1991, Roder et al. 1992).

Für die genannte Sekundäranalyse wurden drei Untersuchungen (Brenner et al. 1987, Hodel 1989, Roder 1990) herangezogen, in denen die Ausprägungen der Minussymptomatik mittels des BPRS Untertests „Anergie“ erfaßt worden waren. Dieser Unterscore wird auch in anderen Studien zu diesem Zweck verwendet (siehe z. B. Meltzer und Zureick 1991). Von den an den Therapiegruppen der drei Studien teilnehmenden Patienten wurden jene ausgewählt, welche vor der Therapie mindestens 25 Prozent über oder unterhalb des durchschnittlichen studienbezogenen „Anergie“ Wertes lagen. Damit wurde versucht, eine gewisse Vergleichbarkeit zwischen den Patienten der drei Studien zu erreichen. Von den 14 Patienten der Studie von Brenner et al. (1987, im folgenden Studie I) (durchschnittlicher BPRS „Anergie“ Wert: 12,8, sd = 3,2) wurden 10 Patienten ausgewählt, davon lagen 5 oberhalb, 5 unterhalb dieser Grenze. Von den 16 Patienten der Studie von Hodel (1989, im folgenden Studie II) (durchschnittlicher BPRS „Anergie“ Wert: 12,1, sd = 4,9) lagen 9 oberhalb, 7 unterhalb, von den 11 Patienten der Studie von Roder (1990, im folgenden Studie III) (durchschnittlicher BPRS „Anergie“ Wert: 12,5, sd = 5,6) 6 oberhalb, 5 unterhalb. Tabelle 1 zeigt die Patientencharakteristika jeder Studie.

Für jede Studie wurden die Leistungen der Patienten auf den verschiedenen Ebenen der Informationsverarbeitung vor und nach dem IPT Training überprüft. Allerdings waren dazu jeweils unterschiedliche Kontrollmittel verwendet worden: Die kognitive Ebene wurde in Studie I mittels Benton, SASKA (sprachlicher Leistungstest, Riegel 1967), D2 (Aufmerksamkeitstest, Brikenkamp 1978), KVT (Konzentrationsverlaufstests, Brikenkamp 1978) erfaßt, in Studie II mittels den RPM Untertests Silben Merken, Wörter Erkennen, Ziffern Durchstreichen (Fahrenberg et al. 1977) und in Studie III mittels Karten Sortier Test, Begriffsbildungstest (Roder 1990) sowie dem HAWIE Untertest Bilder Ordnen (Dahl 1972). Die subjektiv-kognitive Ebene wurde in allen Studien mittels FBF (Süllwold und Huber 1986) überprüft, in Studie II zusätzlich noch mittels der Skala zur Erfassung des Selbstbildes

Tabelle 1. Patientencharakteristika der Studie I, Studie II und Studie III

Soziodemographie der Patienten

STUDIE I (n = 10)			
Alter	IQ	Krankheitsdauer (Jahre)	Hospitalisationsdauer (Jahre)
$\bar{x}$ = 29,7 sd = 8,3	$\bar{x}$ = 92,9 sd = 7,8	$\bar{x}$ = 6.8 sd = 4,5	$\bar{x}$ = 1,3 sd = 0,6
STUDIE II (n = 16)			
Alter	IQ	Krankheitsdauer (Jahre)	Hospitalisationsdauer (Jahre)
$\bar{x}$ = 31,8 sd = 6,7	$\bar{x}$ = 95,7 sd = 7,6	$\bar{x}$ = 10,8 sd = 6,6	$\bar{x}$ = 2,4 sd = 3,6
STUDIE III (n = 12)			
Alter	IQ	Krankheitsdauer (Jahre)	Hospitalisationsdauer (Jahre)
$\bar{x}$ = 29,3 sd = 4,1	$\bar{x}$ = 96,3 sd = 6,7	$\bar{x}$ = 22,3 sd = 13,2	$\bar{x}$ = 15,2 sd = 3,5

BPRS „Anergie"-Werte der Patienten, unterteilt in geringere bzw. ausgeprägtere Minussymptome

STUDIE I	
Minussymptome (BPRS „Anergie")	
geringere (n = 5) $\bar{x}$ = 10,5 sd = 1,9	ausgeprägtere (n = 5) $\bar{x}$ = 15,5 sd = 1,9
STUDIE II	
Minussymptome (BPRS „Anergie")	
geringere (n = 9) $\bar{x}$ = 11,8 sd = 2,7	ausgeprägtere (n = 7) $\bar{x}$ = 12,3 sd = 5,6
STUDIE III	
Minussymptome (BPRS „Anergie")	
geringere (n = 5) $\bar{x}$ = 10,8 sd = 3,7	ausgeprägtere (n = 7) $\bar{x}$ = 12,7 sd = 8,6

(Selbstbild-Skala SIS, Hodel 1988). Die Psychopathologie-Ebene wurde in allen drei Studien mittels des BPRS (CIPS 1981) abgebildet. Die soziale Ebene wurde in Studie II und III mit der NOSIE (CIPS 1981) erfaßt, in Studie I mittels der Skala zur psychosozialen Anpassung (PSA, Brenner et al. 1982).

Auf Grund dieser Unterschiedlichkeit in der Auswahl der Kontrollmittel wurden die drei Studien in der Sekundäranalyse einzeln ausgewertet. Kruskal-Wallis Tests vor und nach dem IPT Training zeigten für keine Studie signifikante Unterschiede zwischen den Patienten mit geringeren bzw. ausgeprägteren Minussymptomen. Anschließende Vergleiche der Differenzen zwischen den Pre- und Postmessungen der jeweiligen Studie ergaben ebenfalls keine signifikanten Unterschiede. Zusätzliche Korrelationsanalysen zeigten folgende Resultate auf (siehe Tabelle 2):

Tabelle 2. Ergebnisse der Kendall Tau Korrelationsanalysen zwischen BPRS „Anergie" und den weiteren Kontrollmitteln für Studie I und Studie III

STUDIE I		
geringere Minussymptome (n = 5)		
Meßmittel	Korrelation mit BPRS „Anergie"	p
Benton (post) x = 61,5 sd = 5,9	r = 0,11	p = 0,034
KVT (post) x = 99,5 sd = 4,7	r = –0,88	p = 0,006
FBF (pre) x = 25,8 sd = 15,4	r = 0,74	ns
ausgeprägtere Minussymptome (n = 5)		
Meßmittel	Korrelation mit BPRS „Anergie"	p
SASKA (pre) x = 102,8 sd = 20,3	r = –0,95	ns
SASKA (post) x = 121,4 sd = 13,2	r = –0,89	ns
D2 (pre) x = 81,4 sd = 13,1	r = –0,89	p = 0,049
D2 (post) x = 90,0 sd = 33,1	r = –0,95	ns
STUDIE III		
geringere Minussymptome (n = 5)		
Meßmittel	Korrelation mit BPRS „Anergie"	p
Karten Sort. (pre) x = 1,0 sd = 2,8	r = –0,73	ns
Begriffsbild. (pre) x = 8,5 sd = 12,1	r = 0,59	p = 0,037
Begriffsbild. (post) x = 8,3 sd = 6,2	r = 0,65	p = 0,045
Bilder Ord. (pre) x = 86,0 sd = 10,6	r = 0,80	ns
Bilder Ord. (post) x = 100,0 sd = 20,0	r = 0,88	ns

In der Tabelle 2 ist die Studie II nicht aufgeführt, weil hier insgesamt keine signifikanten und – abgesehen von einer Ausnahme – nur schwache Korrelationen erkennbar waren. Nur für die 7 Patienten mit geringeren Minussymptomen zeigte sich zu Therapieende ein Zusammenhang von r = -0,75 zwischen BPRS „Anergie“ und SIS (Hodel 1988). Wie aus der Tabelle 2 ersichtlich, bestanden in Studie I vor wie nach der IPT Durchführung zwar einige relativ hohe, jedoch kaum signifikante Korrelationen. In Studie III ergaben sich nur für die Patienten mit geringeren Minussymptomen vor und nach dem IPT Training einige hohe Korrelationen, jedoch nur der Begriffsbildungstest (Roder 1990) zeigte aussagekräftige, d. h. signifikante Zusammenhänge.

Das eindeutige Fehlen von signifikanten Leistungsunterschieden einerseits, die wenigen signifikanten, d. h. aussagekräftigen Korrelationen anderseits legen die Schlußfolgerung nahe, daß die Effekte der IPT Interventionen auf die Informationsverarbeitungs-Funktionen unabhängig von der Ausprägung der Minussymptomatik sind.

Kürzlich haben wir eine Arbeit zur Überprüfung von Positionseffekten der kognitiven und der sozialen IPT Interventionen abgeschlossen. Die Ausprägung der Minussymptomatik wurde wie bei Brenner et al. (1991) mittels des BPRS Untertests „Anergie“ erfaßt. An dieser Studie nahmen insgesamt 21 Patienten teil, welche ein Alter von durchschnittlich 31,0 Jahren (sd = 10,1), einen IQ von durchschnittlich 101,4 (sd = 10,3), eine Hospitalisationsdauer von 35,2 Monaten (sd = 9,3) und eine Krankheitsdauer von 9,4 Jahren (sd = 5,2) aufwiesen. Die IPT Interventionen wurden dabei in einem sogenannten Spiegelbilddesign durchgeführt. Dazu wurde die Abfolge der IPT-Unterprogramme (kognitive/soziale Unterprogramme) nach einer Ausblendungsphase in umgekehrter Reihenfolge wiederholt. Dieses Design zeichnet sich durch eine hohe interne Konsistenz aus, so daß auf die Durchführung einer Kontrollgruppe verzichtet werden kann (Friedrich und Hennig 1980). Die Leistungen der Patienten vor und nach der Therapie wurden auf folgenden Ebenen der Informationsverarbeitung erfaßt: – Ebene der zentralen kognitiven Fähigkeiten: RPM-Untertests „Ziffern Durchstreichen“, „Wörter Erkennen“, „Silben Merken“ (Fahrenberg et al. 1977). – Ebene der subjektiv wahrgenommenen kognitiven Fähigkeiten: FBF (Süllwold und Huber 1986), Selbstbildskala SIS (Hodel 1988). – Ebene der sozialen Fertigkeiten und psychopathologischen Prozesse: NOSIE (CIPS 1981), BPRS (CIPS 1981).

Zur statistischen Analyse der erhobenen Daten wurden nach Therapieende die Patienten folgendermaßen unterteilt: Sie wurden auf Grund des in der Premessung erzielten BPRS „Anergie“-Medians (mit Wert = 8) „dichotomisiert“: 12 Patienten mit BPRS „Anergie“ Werten unterhalb des Medians wurden dabei der Gruppe 1 (geringere Minussymptome) zugeteilt, 9 Patienten mit BPRS „Anergie“ Werten oberhalb des Medians der Gruppe 2 (ausgeprägtere Minussymptome). Zusätzlich wurden die Patienten auf Grund der Veränderungen ihres „Anergie“-Wertes erneut „dichotomisiert“: Waren die Werte der Premessung höher als diejenigen der Postmessung, wurde dies als Verschlechterung definiert, waren sie niedriger, als Verbesserung. Dadurch entstand die Gruppe 3 mit 11 Patienten mit einer Zunahme der Minussymptomatik und die Gruppe 4 mit 10 Patienten mit einer Abnahme der Minussymptomatik. Die Patientenverteilung zwischen den unterschiedlichen Gruppierungen zeigte ausgeprägte Überschneidungen. Von den 11 Patienten der Gruppe 3 hatten 8 bereits zu Therapiebeginn ausgeprägtere Minussymptome. Von insgesamt 10 Patienten der Gruppe 4 zeigten 7 bereits zu Therapiebeginn geringere Minussymptome.

Die Pre- und Post-Leistungen in den oben erwähnten Kontrollmitteln der beiden Gruppen 1 und 2 wurden mittels Kruskal Wallis Tests überprüft. In der Premessung unterschieden sich die Patienten signifikant in den BPRS Untertests „Denkstörung" (p = 0,0376, chi2 = 4,3211), „Aktivierung" (p = 0,0018, chi2 = 9,7155) und „Feindseligkeit" (p = 0,0007, chi2 = 11,5832). In der Postmessung unterschieden sie sich signifikant nur im BPRS Untertest „Aktivierung" (p = 0,0214, chi2 = 5,2973). Zusätzlich wurden die Leistungen innerhalb der beiden Gruppen mittels Wilcoxon Test überprüft, wobei nur jene Kontrollmittel berücksichtigt wurden, welche in der Premessung keine signifikanten Unterschiede zwischen den Gruppen aufwiesen (siehe Tabelle 3):

Tabelle 3. Wilcoxon Test über Pre- und Post-Messzeitpunkt für Gruppe 1 mit geringeren Minussymptomen und Gruppe 2 mit ausgeprägteren Minussymptomen

Gruppe 1 (n = 12) (BPRS „Anergie" $\bar{x}$ = 6,6 sd = 3,2)				
Meßmittel			p	z
FBF	(pre: $\bar{x}$ = 29,5, sd = 12,3;	post: $\bar{x}$ = 18,3, sd = 11,9)	0,0431	–2,0226

Gruppe 2 (n = 9) (BPRS „Anergie" $\bar{x}$ = 11,8 sd = 5,1)				
Meßmittel			p	z
Ziffern D.	(pre: $\bar{x}$ = 13,2, sd = 13,4;	post: $\bar{x}$ = 7,0, sd = 12,1)	0,0431	–2,0226
Wörter E.	(pre: $\bar{x}$ = 11,5, sd = 23,1;	post: $\bar{x}$ = 15,3, sd = 9,2)	0,0277	–2,2014
SIS	(pre: $\bar{x}$ = 4,8, sd = 9,5;	post: $\bar{x}$ = 7,3, sd = 17,1)	0,0277	–2,1014
FBF	(pre: $\bar{x}$ = 37,2, sd = 21,3;	post: $\bar{x}$ = 7,9, sd = 36,1)	0,0431	–2,0226
BPRS „Aktivierg."	(pre: $\bar{x}$ = 8,3, sd = 5,3;	post: $\bar{x}$ = 4,2, sd = 5,5)	0,0346	–2,1129

Für die Patienten mit ausgeprägteren Minussymptomen zeigen sich signifikante Leistungsverbesserungen auf der kognitiven und der subjektiv-kognitiven Ebene. Demgegenüber zeigen die Patienten mit einer geringeren Minussymptomatik kaum Verbesserungen. Anschließende Analysen der mittleren Differenzen ergaben für die Gruppe 2 einen bis zu 50 Prozent höheren Leistungszuwachs im Vergleich mit Gruppe 1. Allerdings begann sie die Therapie mit tieferen Leistungen. Auf der sozialen Ebene ergaben sich weder für Gruppe 1 noch für Gruppe 2 signifikante Änderungen.

Die Pre- und Post-Leistungen der Gruppen 3 und 4 wurden ebenfalls mittels des Kruskal Wallis Tests überprüft. Während sich die Patienten in den Premessungen nicht unterschieden, ergab sich in den Postmessungen ein signifikanter Unterschied bezüglich des BPRS Untertest „Aktivierung" (p = 0,0191, chi2 = 5,491). Zusätzlich wurden auch hier die Leistungen innerhalb der beiden Gruppen mittels Wilcoxon Test überprüft (siehe Tabelle 4):

Tabelle 4. Wilcoxon Test über Pre- und Post-Meßzeitpunkt für Gruppen 3 und 4 mit einer Zunahme der Minussymptome und Gruppe 4 mit einer Abnahme der Minussymtome

Gruppe 3 (n = 11) (BPRS „Anergia" $\bar{x}$ = 12,9 sd = 3,8)				
Meßmittel			p	z
Wörter E.	(pre: $\bar{x}$ = 23,2, sd = 35,4;	post: $\bar{x}$ = 18,2, sd = 21,2)	0,0051	–2,8031
Ziffern D.	(pre: $\bar{x}$ = 11,2, sd = 18,4;	post: $\bar{x}$ = 9,0, sd = 5,3)	0,0180	–2,5482
SIS			0,0209	–2,3102
FBF	(pre: $\bar{x}$ = 19,2, sd = 31,2;	post: $\bar{x}$ = 5,0, sd = 11,6)	0,0117	–2,5251
BPRS „Denkst."	(pre: $\bar{x}$ = 12,2, sd = 6,7;	post: $\bar{x}$ = 7,0, sd = 5,8)	0,0044	–2,8451
Gruppe 4 (n = 10) (BPRS „Anergia" $\bar{x}$ = 5,2 sd = 2,9)				
Meßmittel			p	z
BPRS „Denkst."	(pre: $\bar{x}$ = 7,2, sd = 5,4;	post: $\bar{x}$ = 5,1, sd = 2,1)	0,0129	–2,4879

Für die Patienten mit einer Zunahme der Minussymptomatik zeigen sich auffällige signifikante Leistungssteigerungen auf der kognitiven Ebene sowie auf der subjektiv-kognitiven Ebene. Die Patienten mit einer Symptomabnahme zeigen demgegenüber kaum Verbesserungen auf. Die Analyse der mittleren Differenzen ergab für die Gruppe 3 im kognitiven Bereich einen bis zu 50 Prozent höheren Leistungszuwachs als für Gruppe 4. Allerdings begann sie die Therapie mit tieferen Leistungen.

Zusätzlich wurden die Leistungen beider Gruppen mit einer der möglichen experimentalpsychologischen Korrelate der Minussymptomatik in Bezug gesetzt: Die Patienten nahmen vor und nach dem IPT Training an einer Reaktionszeitmessung nach Gerstner (1981) teil, welche eine Kombination des „cross over" und des „cross modality" Paradigmas darstellt: Dabei wurde die Reaktionszeit anhand der Latenzzeit zwischen der Darbietung eines visuellen oder auditiven Reizes und der darauffolgenden Reaktion des Patienten definiert. Alle 21 Patienten zeigten dabei knapp auffällige Reaktionszeiten (siehe Hodel 1993). Aussagekräftige Korrelationen des Kendall Tau-Verfahrens sind in Tabelle 5 aufgeführt.

Tabelle 5. Korrelationen zwischen Reaktionszeit (RZ) und den weiteren Kontrollmitteln der Post-Messung für alle Gruppen

Gruppe 1 mit geringeren Minussymptomen (n = 12)		
Meßmittel	Korrelation mit RZ	p
BPRS „Denkst." (pre: $\bar{x}$ = 14,5, sd = 4,5; post: $\bar{x}$ = 9,5, sd = 3,2)	0,50000	0,015
Gruppe 2 mit ausgeprägteren Minussymptomen (n = 9)		
Meßmittel	Korrelation mit RZ	p
Silben M. (pre: $\bar{x}$ = 4,5, sd = 6,5; post: $\bar{x}$ = 6,8, sd = 2,2)	0,50000	0,015
NOSIE (pre: $\bar{x}$ = 46,6, sd = 12,7; post: $\bar{x}$ = 39,1, sd = 13,2)	0,5696	0,012
Gruppe 3 mit Zunahme der Minussymptome (n = 11)		
Meßmittel	Korrelation mit RZ	p
Silben M. (pre: $\bar{x}$ = 1,0, sd = 5,8; post: $\bar{x}$ = 5,5, sd = 6,3)	0,66116	0,0067
BPRS „Denkst." (pre: $\bar{x}$ = 11,2, sd = 8,4; post: $\bar{x}$ = 6,4, sd = 4,2)	0,50000	0,0149

In der Tabelle 5 ist die Gruppe 4 (Abnahme der Minussymptome) nicht aufgeführt, weil hohe oder signifikante Korrelationen fehlten. Zusammengefaßt zeigten sich aussagekräftige zu Trainingsende vor allem für die Gruppen mit ausgeprägterer Minussymptomatik bzw. mit einer Zunahme der Minussymptomatik.

Diskussion

Nach den vorliegenden Ergebnissen der zum Schluß dargestellten Studie zeigen Patienten mit ausgeprägteren Minussymptomen mehr signifikante Verbesserungen auf den Ebenen der Informationsverarbeitung als Patienten mit geringerer Minussymptomatik. Dieser Befund wird zusätzlich durch die Überschneidung mit den Gruppierungen nach der Zu- und Abnahme der Minussymptome im Therapieverlauf erhärtet.

Wird dieses Ergebnis mit jenem von Brenner et al. (1991) verglichen, scheint auf den ersten Blick eine Gegensätzlichkeit zu bestehen. Bei näherer Betrachtung ist jedoch erkennbar, daß dort besonders in den Studien I und III einerseits die Patienten mit ausgeprägteren Minussymptomen wesentlich höhere BPRS „Anergie"-Werte aufwiesen, und anderseits auch die Patienten mit „geringeren" Ausprägungen der Minussymptome hohe absolute BPRS „Anergie"-Werte zeigten. Die Differenzen zwischen den mittleren BPRS „Anergie"-Werten der Untergruppen zur

Minussymptomatik bei Brenner et al. (1991) waren bei insgesamt höhrem Niveau also kleiner ist als in der zum Schluß dargestellten Studie, welche demzufolge eine ausgeprägtere Dichotomisierung zeigte. Es lag zudem eine geringere Minussymptomatik-Varianz vor. Mit anderen Worten bezog sich die Sekundäranalyse bei Brenner et al. (1991) praktisch durchwegs auf Patienten mit ausgeprägteren Minussymptomen.

Abgesehen von den Arbeiten von Hermanutz und Gestrich (1987) und Kraemer et al. (1991) sind bezüglich der Frage der Bedeutung der Minussymptomatik für den Therapieerfolg keine weitere vergleichbare IPT-Studien vorhanden. Zwar wurde zur IPT-Evaluation sehr häufig die BPRS als Meßmittel verwendet, vorwiegend aber nur in Form des Gesamtscores (siehe Brenner et al. 1990, Roder et al. 1992). Hermanutz und Gestrich (1987) analysierten ebenfalls die einzelnen BPRS-Unterscores, konnten dabei jedoch keine signifikante Veränderung des „Anergie"-Scores feststellen. Kraemer et al. (1991) verglichen die kognitiven IPT-Unterprogramme mit einem von ihnen entwickelten Streßbewältigungsprogramm. Ihre Ergebnisse zeigten neben verschiedenen signifikanten Verbesserungen auf den Ebenen der Informationsverarbeitung, auch eine signifikante Reduktion des Anergie-Wertes durch die IPT-Unterprogramme.

Einschränkend ist zu den zum Schluß dargestellten Untersuchungsergebnissen festzustellen, daß der BPRS Unterscore „Anergie" nur ein relativ grobes Meßmittel zur Erfassung der Minussymptomatik ist. Deshalb dürfen ohne weitere Untersuchungen noch keine endgültigen Schlußfolgerungen über die Relevanz des IPT oder vergleichbarer Interventionsprogramme bezüglich Patienten mit Minussymptomen gezogen werden. Diese Arbeit macht aber immerhin wahrscheinlich, daß speziell auch Patienten mit ausgeprägterer Minussymptomatik davon profitieren, was angesicht der bisher angenommenen unzureichenden Ansprechbarkeit dieser Patienten auf psychosoziale Therapieinhalte von großem theoretischem und praktischem Interesse ist. Für die Validität der Ergebnisse dieser Arbeit spricht einerseits, daß die Ausgangsbedingungen durchgängig mitberücksichtigt wurden, anderseits daß auch einige Zusammenhänge mit den Leistungen in den Reaktionszeittests aufgezeigt werden konnten, die nach Spring et al. (1990) einen Marker der Minussymptomatik darstellen dürften. Als Erklärung für das Zustandekommen dieser Ergebnisse wäre denkbar, daß die Patienten mit ausgeprägterer Minussymptomatik wegen den speziell für Defizitsymptome relevanten IPT Inhalten einen höheren Lernzuwachs als die anderen Patienten haben. Ihr Lernzuwachs könnte möglicherweise auch am Untersuchungsvorgehen liegen, bei denen die IPT Interventionen wiederholt werden (Spiegelbild-Design). Diese Redundanz wird jenen Patienten mehr gerecht, welche wegen Verlangsamung und Antriebsstörungen beim üblichen Vorgehen überfordert sind. Erst die Interventionswiederholung dürfte eine Verbesserung der Bereitstellung von Informationsverarbeitungs-Funktionen nach Hogarty und Fleshner (1992) oder der Integration der Informationen nach Frith und Doe (1988) bewirken.

Wünschenswert wären diesbezüglich weitere Untersuchungen, welche die Minussymptomatik differenzierter erfassen, und deren Design auch den hypothetischen Wirkungsmechanismen Rechnung tragen.

Literatur

Andreasen NC (1990) Positive and negative symptoms: historical and conceptual aspects. In: Andreasen NC (ed) Schizophrenia: positive and negative symptomes and syndromes. Karger, Basel (Mod Probl Pharmacopsychiatry 24)

Bellack AS (1986) Das Training sozialer Fertigkeiten zur Behandlung chronisch Schizophrener. In: Böker W, Brenner HD (Hrsg) Bewältigung der Schizophrenie. Huber, Bern

Brenner HD, Hodel B, Kube G, Roder V (1987). Kognitive Therapie bei Schizophrenen: Problemanalyse und empirische Ergebnisse. Nervenarzt 58: 72–83

Brenner HD, Hodel B, Merlo M (1991) Nonpharmalogical treatment concepts of negative symptomatology. In: Marneros A (ed) Proceedings of the European-American Workshop „Negative versus Positive Schizophrenia". Springer, Berlin Heidelberg New York Tokyo

Brenner HD, Hodel B, Roder V, Corrigan P (1992) Treatment of cognitive dysfunctions and behavioral deficits in schizophrenia: integrated psychological therapy. Schizophr Bull 18 (1): 21–26

Brenner HD, Kraemer S, Hermanutz M, Hodel B (1990) Cognitive treatment in schizophrenia. In: Straube ER, Hahlweg K (eds) Schizophrenia: concepts, vulnerability and intervention. Springer, Berlin Heidelberg New York Tokyo

Brenner HD, Stramke WG, Hodel B, Rui C (1982) Untersuchungen zur Effizienz und Indikation eines psychologischen Therapieprogrammes bei schizophrenen Basisstörungen. In: Reimer F (Hrsg) Verhaltenstherapie in der Psychiatrie. Weissenberg, Weinsberg

Brickenkamp R (1978) Handbuch der psychologischen Testverfahren. Hogrefe, Göttingen Toronto Zürich

CIPS, Collegium Internationale Psychiatriae Scalarum (1981) Internationale Skalen für Psychiatrie. Beltz, Weinheim

Crow TJ (1985) The two syndrome concept: origins and current status. Schizophr Bull 11: 471–486

Dahl G (1972) WIP. Hain, Meisenheim am Glan

Fahrenberg J, Kuhn M, Kulick B, Myrtek M (1977) Methodenentwicklung für psychologische Zeitreihenstudien. Diagnostica 23: 15–36

Friedrich W, Hennig W (1980) Der sozialwissenschaftliche Forschungsprozess. VEB, Berlin

Frith CD, Done DJ (1988) Towards a neuropsychology of schizophrenia. Br J Psychiatry 153: 437–443

Gerstner G (1981) Eine experimentalpsychologische Untersuchung zur beeinträchtigten Aufmerksamkeit bei schizophrenen Patienten am Beispiel von Reaktionszeiten. Diplomarbeit, Universität Mannheim, Psychologisches Institut

Hermanutz M, Gestrich J (1987) Kognitives Training mit Schizophrenen. Nervenarzt 58: 91–96

Hodel B (1988) Selbstbild-Skala (SIS). Das Selbstbild schizophrener Patienten (unveröffentlicht)

Hodel B (1989) The course of cognitive and social interventions in schizophrenia. World Congress of Cognitive Therapy, Oxford, 28. Juni – 2. Juli 1989 (Vortrag)

Hodel B (1993) Zur Frage der Pervasivität von Interventionseffekten bei schizophren Erkrankten. Dissertation, Universität Bern

Hogarty GE, Flesher S (1992) Cognitive remediation in schizophrenia: Proceed ... with caution. Schizophr Bull 18 (1): 51–57

Kraemer S, Zinner H-J, Möller HJ (1991) Kognitive Therapie und Sozialtraining: Vergleich zweier verhaltenstherapeutischer Behandlungskonzepte für chronisch schizophrene Patienten. Erste und vorläufige Ergebnisse. In: Schüttler R (Hrsg) Theorie und Praxis kognitiver Therapieverfahren bei schizophrenen Patienten. Zuckschwerdt, München

Liberman RP, Green MF (1992) Whither cognitive-behavior therapy for schizophrenia? Schizophr Bull 18 (1): 27–35

Meltzer HY, Zureick JH (1991) Negative symptoms in schizophrenia: a target for new drug development. In: Dahl SG, Gram LF (eds) Clinical pharmacology in psychiatry. From molecular studies to clinical reality. Springer, Berlin Heidelberg New York Tokyo

Morrison RL, Bellack AS (1984) Social skills training. In: Bellack AS (ed) Schizophrenia: treatment, managment and rehabilitation. Grune and Straton, Orlando

Riegel KF (1967) Der sprachliche Leistungstest SASKA. Hogrefe, Göttingen Toronto Zürich

Roder V (1990) Evaluation einer kognitiven Schizophrenietherapie. In: Kühne GE, Brenner HD, Huber G (Hrsg) Kognitive Therapie bei Schizophrenen. Gustav Fischer, Jena

Roder V, Brenner HD, Kienzle N, Hodel B (1992) Integriertes Psychologisches Therapieprogramm für schizophrene Patienten (IPT). Psychologie Verlags Union, München

Spring BJ, Lemon M, Fergeson P (1990) Vulnerabilities to schizophrenia: informations-processing markers. In: Straube ER, Hahlweg K (eds) Schizophrenia. Concepts, vulnerability, and intervention. Springer, Berlin Heidelberg New York Tokyo

Straube ER (1992) Perception and response. In: Straube ER, Oades RB (eds) Schizophrenia. Empirical research and findings. Academic Press, San Diego

Straube ER, Oades RB (1992) Schizophrenia. Empirical research and findings. Academic Press, San Diego

Strauss JS, Carpenter WT, Bartko JJ (1974) The diagnosis and understanding of schizophrenia. III. Speculations on the processes that underlie schizophrenic symptoms and signs. Schizophr Bull 1: 61–69

Süllwold L, Huber G (1986) Schizophrene Basisstörungen. Springer, Berlin Heidelberg New York Tokyo

Zubin J, Spring BJ (1977) Vulnerability – a new view of schizophrenia. J Abnorm Psychol 86: 103–126

Korrespondenz: Prof.DDr. H.D. Brenner, Psychiatrische Universitätsklinik Bern, Bolligenstraße 111, CH-3072 Ostermundingen, Schweiz

Schizophrene Negativsymptomatik: Überlegungen für klinische Studien

P. E. Bailey und **Arbeitsgruppe Antinegativa***

Einleitung

Fragen zur Definition, Messung und zum Verlauf der Negativsymptomatik in der Schizophrenie haben in letzter Zeit ein immer größeres Interesse bei Forschern und Klinikern erweckt. Parallel zu dieser Entwicklung ist ein großer Bedarf an Behandlungsmöglichkeiten für diese Symptome festgestellt worden. Die pharmazeutische Industrie sucht seit langem nach neuen Neuroleptika, die ein besseres Verträglichkeitsprofil als die herkömmlichen Substanzen zeigen. Aber auch die klinische Entwicklung von Substanzen, die gegen die negativen Symptome wirken, gewinnt an Bedeutung, andererseits wird sie dadurch erschwert, daß unterschiedliche Meinungen etwa zur Definition und Ansprechbarkeit dieser Symptome existieren.

Vergleichsstudien zwischen neuen oder zwischen neuen und älteren Neuroleptika würden durch eine einheitliche Methodologie vereinfacht werden. Aus diesem Grund hat sich eine kleine Gruppe von Industriemitarbeitern im Mai 1991 mit dem Ziel zusammengefunden, Überlegungen zu den methodologischen Fragen anzustellen. Zwischen Mai 1991 und März 1992 fanden sechs Treffen statt; die Gruppe hat einen kurzen Bericht über ihre Arbeit zusammengestellt, die dazu beigetragen hat, Kliniker für die Mitarbeit in der Gruppe zu gewinnen. Zwei weitere Treffen zusammen mit den Klinikern wurden danach organisiert, und aufgrund der gemeinsamen Arbeit hat die Gruppe einen Überblick über die methodologischen Schwierigkeiten sowie praktische Vorschläge für solche Studien ausgearbeitet.

Kernpunkt der Arbeit war, praktische Vorschläge zu machen, die nicht nur von der kritischen Betrachtung der Literatur ausgehen, son-

---

* H.-J. Möller, H. M. van Praag, B. Aufdembrinke, T. R. E. Barnes, J. Beck, H. Bentsen, F. X. Eich, L. Farrow, W. W. Fleischhacker, J. Gerlach, K. Grafford, B. Hentschel, A. Hertkorn, S. Heylen, Y. Lecrubier, J. P. Leonard, P. McKenna, W. Maier, V. Pedersen, A. Rappard, W. Rein, J. Ryan, M. Sloth Nielsen, R.-D. Stieglitz, G. Wegener, J. Wilson

dern auch von den praktischen Erfahrungen der Kliniker und Industriemitarbeiter mit den sogenannten „Antinegativa".

Analyse der vorhandenen Literatur

Mit Hilfe einer Medline-Recherche mit den Merkmalen „schizophrenia", „negative symptoms" und „psychiatric status rating scales" wurden 57 Artikel identifiziert, die direkt über eine klinische Studie berichten. Diese Artikel wurden zwischen 1972 und 1992 publiziert, wobei 30 davon in den letzten 5 Jahren dieses Zeitraums erschienen waren. In diesen Studien hat man nicht nur Antipsychotika untersucht, sondern auch Antidepressiva, Anxiolytika, Anticholinergika und dazu auch verschiedene nicht-psychiatrische Medikamente. Die Methodologie dieser Studien war sehr unterschiedlich: offene, einfachblinde und doppelblinde Studien wurden durchgeführt. Die Testsubstanz wurde zum Teil allein, zum Teil zusätzlich zu einer bestehenden Therapie verabreicht. Bei 13 Studien wurde ein Vergleich mit Placebo durchgeführt.

Die Skalen, die zur Messung der Negativsymptomatik dienten, waren ebenfalls sehr unterschiedlich. In Tabelle 1 sind die in mehr als einer Studie erschienenen Skalen abgebildet.

Die Brief Psychiatric Rating Scale (oder die Positive and Negative Syndrome Scale, in der die BPRS Items reproduziert sind) wurde, abgesehen von 8 Studien, in allen vorliegenden Prüfungen angewandt. Trotzdem waren die BPRS Items, die zur Messung der Negativsymptomatik angewandt wurden, nicht konsistent. Normalerweise werden die vier Items „Emotionale Zurückgezogenheit", „Motorische Verlangsamung", „Affektive Abstumpfung" und „Orientierungsstörungen" als ne-

Tabelle 1. Skalen für die Messung der Negativsymptomatik

BPRS	Overall und Gorham (1976)
CGI	National Institute of Mental Health (1976)
SANS	Andreasen (1981)
PANSS	Kay et al. (1987)
AMDP	Association for Methodology and Documentation in Psychiatry (1981)
NOSIE	Honigfeld und Klett (1965)
SADS	Endicott und Spitzer (1978)
Bunney-Hamburg	Bunney und Hamburg (1963)
Abrams-Taylor	Abrams und Taylor (1978)
Katz Social Adjustment	Katz und Lyerly (1963)
Krawiecka-Goldberg	Krawiecka et al. (1977)

gative Subskala betrachtet. Vier von diesen Studien haben eine andere Subskala gebildet, drei davon mit der Auslassung des Items „Orientierungsstörungen".

Auffällig waren auch Unterschiede in der Patientenzahl und der Studiendauer. In 18 von 31 Vergleichsstudien gab es weniger als 20 Patienten pro Behandlungsgruppe. In den Studien, in denen zwei aktive Substanzen miteinander verglichen wurden, war diese Patientenzahl normalerweise zu klein, um einen statistisch signifikanten Unterschied zu beweisen. Die Studiendauer lag zwischen 2 Tagen und 14 Monaten. Die meisten Studien aber dauerten vier Wochen oder länger.

Durch diese Literaturbetrachtung kam die Arbeitsgruppe zu dem Schluß, daß es in der Tat erhebliche Meinungsunterschiede über die Methodologie von Studien über Antinegativa gibt.

Patientenwahl

Wie schon erwähnt, gibt es unterschiedliche Definitionen von negativen Symptomen. Aber auch die gleichen Symptome können unterschiedliche prognostische Signifikanz haben. Die Gruppe von Kay et al. hat gezeigt, daß negative Symptome während eines akuten Schubs mit einem guten Verlauf in Zusammenhang standen, daß sie jedoch bei chronischen Patienten mit den Indizien eines schlechten Verlaufs assoziiert waren. Eine mögliche Erklärung wäre, daß die während eines akuten Schubs gefundenen Negativsymptome durch die Positivsymptomatik verursacht wurden mit der Folge, daß diese Symptome bei erfolgreicher Behandlung der Positivsymptomatik zurückgingen. Carpenter hat diesen Punkt sehr deutlich herausgestellt. Man muß trennen zwischen

1. Primär- und Sekundärsymptomatik und auch zwischen
2. transitorischen und langfristigen Negativsymptomen.

Die Behandlung von primären und langfristigen negativen Symptomen stellt nach Ansicht der Arbeitsgruppe die wichtigste Herausforderung in der Entwicklung eines neuen Neuroleptikums dar.

Positivsymtomatik ist nicht der einzige Faktor, der zu sekundären negativen Symptomen führen kann. Depression kann durch Anhedonie zu einem sekundären Negativsyndrom führen; die Parkinson'schen Nebenwirkungen von herkömmlichen Substanzen können zu negativen Symptomen wie verminderte Gestik und Verflachung von Mimik führen. Infolgedessen muß eine Wirkung auf primäre Negativsymptomatik von mindestens drei anderen Wirkungen getrennt werden:

1. Wirkung auf Positivsymptomatik
2. Antidepressive Wirkung
3. Verminderte Tendenz, extrapyramidale Nebenwirkungen zu verursachen.

Weder die ICD noch die DSM allein können eine passende Patientengruppe definieren, obwohl die Definition der negativen Schizophrenie in der DSM-IV mit aller Wahrscheinlichkeit vertieft werden wird.

Deshalb sind zu dem entsprechenden Diagnostiksystem (DSM oder ICD) weitere Kriterien hinzuzufügen, so daß eine Patientengruppe definiert wird, die folgende Symptome zeigt:

1. Primäre negative Symptome
2. Langfristige negative Symptome
3. Einen bestimmten Schweregrad der Negativsymptomatik

Dies sollte allerdings nicht zu restriktiv gehandhabt werden, da andernfalls die Patientenzahl einer Studie zu klein würde.

Die Arbeitsgruppe empfielt daher das folgende Verfahren:

Um den Einfluß der Positivsymptomatik zu reduzieren, müssen Patienten entweder einen PANSS Positive Score unterhalb einer bestimmten Grenze zeigen oder, falls die PANSS nicht angewandt wird, dürfen die Hauptmerkmale der Positivsymptomatik, Wahnideen und Halluzinationen, in der Meinung des Prüfarztes das klinische Bild nicht dominieren. Um das Vorhandensein eines Negativsyndroms zu beweisen, müssen Patienten die beiden Hauptmerkmale des Negativsyndroms, affektive Abstumpfung und vermindertes Gespräch, zeigen. Die Einbeziehung von Anhedonie als Einschlußkriterium wird nicht empfohlen, da dies zum Einschluß deprimierter Patienten führen könnte. Signifikante Depression muß außerdem durch einen entsprechenden Grenzwert mittels einer Depressionsskala ausgeschlossen werden. Die Dauer der Negativsymptomatologie muß mindestens 6 Monate betragen, und in diesem Zeitraum muß die schizophrene Störung stabil gewesen sein. In dieser Zeit muß der Patient mit einer möglichst niedrigen Dosis Neuroleptika behandelt worden sein, um den Einfluß Parkinson'scher Symptomatik zu reduzieren.

Wichtig ist auch, den Verlauf der schizophrenen Störung zu dokumentieren. In der Entwicklung einer neuen Substanz muß eine breite Gruppe von Patienten behandelt werden, nicht nur die sogenannten „ausgebrannten" Patienten.

Studienverlauf

Studien bei Patienten mit Negativsymptomatik zeigen viele Gemeinsamkeiten mit allgemeinen Studien in der klinischen Psychopharmakologie. Trotzdem können einige zusätzliche Aussagen gemacht werden.

Da es keine Standardbehandlung für Negativsymptomatik gibt, ist ein doppelblinder Vergleich mit Placebo zu empfehlen. Eine dritte Gruppe unter Behandlung mit einem herkömmlichen Neuroleptikum kann auch einbezogen werden, um die Auswirkung einer möglichen Verschlechterung der Positivsymptomatik in der Placebogruppe zu kontrollieren. Falls die Testsubstanz als Add-on zu schon bestehender Medikation anzuwenden ist, sind pharmakokinetische und pharmakodynamische Interaktionen in Betracht zu ziehen. Während der Entwicklung einer neuen Substanz wird ein Vergleich zwischen verschiedenen Dosisstufen notwendig sein, um eine Dosis-Wirkungsbeziehung zu etablieren. Obwohl es keine klaren Daten über die Dauer einer Studie bei Negativschizophrenie gibt, scheint eine Mindestdauer von 8 Wochen empfehlenswert zu sein.

Als Maßskala kommen hauptsächlich die BPRS, die SANS und die PANSS in Frage. Die Korrelationen zwischen SANS Gesamtscore, PANSS Negativscore und BPRS Anergia-Subscore sind hoch, d. h., die Skalen messen ähnliche psychopathologische Faktoren. Von den drei Skalen ist die *BPRS* am längsten in Gebrauch und vereinfacht deshalb den Vergleich mit früheren Studien. Zusätzlich zu der Anergia-Subskala bringen die vier anderen Subskalen Informationen über Positiv- und allgemeine Symptomatik. Die *SANS* ist auch seit langer Zeit in Gebrauch und ist die älteste Skala, die ausschließlich für die Messung von Negativsymptomatik angewendet worden ist. Die Sensitivität dieser Skala gegenüber Wirkungen von Medikamenten ist bewiesen worden. Trotzdem hat die Skala einige psychometrische Nachteile, und erfahrungsgemäß ist es schwierig, eine zufriedenstellende Inter-Rater-Reliabilität zu erlangen. Die psychometrischen Eigenschaften der *PANSS* sind zufriedenstellend bis gut. Fünf von den sieben Items der Negativskala sind mit dem Kernnegativsymptom „Affektive Verflachung“ verwandt; diese Items bilden einen getrennten Faktor in einer Analyse von Kay und Sevy (1990).

Unabhängig von der ausgewählten Hauptskala muß eine klinische Gesamtbewertung durchgeführt werden, und zwar für den gesamten klinischen Zustand des Patienten und nicht nur für die Negativsymptomatik.

Depressive Symptome und extrapyramidale Symptome müssen auch durch entsprechende Skalen bewertet werden, da sie, wie bereits erwähnt, die Beurteilung der Negativsymptomatik beeinflussen können.

Schlußfolgerungen

Die Hauptpunkte der Überlegungen sind in Tabelle 2 dargestellt:

Tabelle 2. Wichtige Punkte in der Methodologie

Ausschluß von Patienten mit einem hohen Maß positiver Symptome
Sicherstellen, daß die Patienten die Hauptmerkmale der Negativsymptomatik, affektive Abstumpfung und vermindertes Gespräch, zeigen
Niedrige Basiswerte bezüglich Depression und extrapyramidaler Symptome sicherstellen und diese während der Studie kontrollieren
Eine Placebo-Kontrollgruppe und entsprechende Patientenzahl

Die Arbeitsgruppe hofft, daß diese methodologischen Überlegungen zu einer besseren Vergleichbarkeit klinischer Studien in der Negativschizophrenie führen können. Eine gewisse Harmonisierung dieser Methodologie würde die Entwicklung von innovativen Neuroleptika vereinfachen und beschleunigen.

Literatur

Abrams R, Taylor MA (1978) A rating scale for emotional blunting. Am J Psychiatry 135: 226–229

AMDP (1981) Das AMDP-System. Manual zur Dokumentation psychiatrischer Befunde. Springer, Berlin Heidelberg New York

Andreasen N (1981) Scale for the Assessment of Negative Symptoms (SANS). University of Iowa, Iowa City

Bunney WE, Hamburg DA (1963) Methods for reliable longitudinal observation of behavior. Arch Gen Psychiatry 9: 280–294

Endicott J, Spitzer RL (1978) A diagnostic interview: the schedule for affective disorders and schizophrenia. Arch Gen Psychiatry 35: 837–844

Honigfeld G, Klett CJ (1965) The nurses observation scale for inpatient evaluation. J Clin Psychol 21: 65–71

Katz MM, Lyerly SB (1963) Methods for measuring adjustment and social behavior in the community: rationale, description, discriminative validity and scale development. Psychol Rep 11: 503–535

Kay SR, Fiszbein A, Opler LA (1987) The Positive and Negative Syndrome Scale (PANSS) for schizophrenia. Schizophr Bull 13 (2): 261–276

Kay SR, Sevy S (1990) Pyramidical model in schizophrenia. Schizophr Bull 16: 537–545

Krawiecka M, Goldberg D, Vaughan M (1977) A standardized psychiatric assessment scale for rating chronic psychotic patients. Acta Psychiatr Scand 55: 299–308

National Institute of Mental Health (1976) Clinical global impressions. In: Guy W (ed) ECDEU assessment manual for psychopharmacology, rev ed. Rockville Maryland, pp 217–222

Overall JE, Gorham DR (1976) Brief Psychiatric Rating Scale. In: Guy W (ed) ECDEU assessment manual for psychopharmacology, rev ed. Rockville Maryland, pp 157–169

Korrespondenz: Dr. P. E. Bailey, Centre Hospitalier Spécialisé, F-68250 Rouffach, Frankreich

Sachverzeichnis